高 | 等 | 学 | 校 | 计 | 算 | 机 | 专 | 业 | 系 | 列 | 教 | 材

自然语言处理
——基于深度学习的理论与案例

雷 擎 编著

清華大学出版社
北 京

内 容 简 介

本书主要介绍神经网络、深度学习和自然语言处理的基本原理、方法和应用,全书分为3部分,每部分涵盖了不同的主题:第1部分(第1~3章)介绍神经网络和深度学习的基础知识,包括人工神经网络的起源和发展,神经网络的表示方法、数学基础理论和机器学习基础,以及表征学习的概念;第2部分(第4章和第5章)介绍自然语言处理和转换器网络;第3部分(第6~10章)介绍自然语言处理的案例分析,包括文本分类任务、实体识别、文本生成和文本摘要的方法和技术、基于评审的问答系统等。

本书是学习并实践神经网络、深度学习和自然语言处理的实用指南,每章都给出了代码示例和实际案例,帮助读者理解和实践所学的知识。本书采用渐进式讲解,理论与实践结合,强调自然语言处理,并且关注最新技术和趋势,适合作为高等学校神经网络、深度学习和自然语言处理相关课程的教材,也是相关专业人员很好的参考用书。

图书在版编目(CIP)数据

自然语言处理:基于深度学习的理论与案例/雷擎编著.—北京:清华大学出版社,2024.3
高等学校计算机专业系列教材
ISBN 978-7-302-65747-7

Ⅰ.①自… Ⅱ.①雷… Ⅲ.①自然语言处理-高等学校-教材 Ⅳ.①TP391

中国国家版本馆 CIP 数据核字(2024)第 052361 号

责任编辑:龙启铭
封面设计:何凤霞
责任校对:刘惠林
责任印制:宋 林

出版发行:清华大学出版社
       网   址:https://www.tup.com.cn,https://www.wqxuetang.com
       地   址:北京清华大学学研大厦 A 座   邮   编:100084
       社 总 机:010-83470000   邮   购:010-62786544
       投稿与读者服务:010-62776969,c-service@tup.tsinghua.edu.cn
       质量反馈:010-62772015,zhiliang@tup.tsinghua.edu.cn
       课件下载:https://www.tup.com.cn,010-83470236
印 装 者:三河市龙大印装有限公司
经   销:全国新华书店
开   本:185mm×260mm   印   张:22.5   字   数:549 千字
版   次:2024 年 3 月第 1 版   印   次:2024 年 3 月第 1 次印刷
定   价:69.00 元

产品编号:097464-01

前言

本书是关于神经网络、深度学习和自然语言处理的实用指南。全书分为 3 部分,每部分涵盖了不同的主题。

第 1 部分(第 1～3 章)介绍了神经网络和深度学习的基础知识。其中,第 1 章概述了人工神经网络的起源和发展,并解释了深度学习的概念;第 2 章和第 3 章讨论了神经网络的表示方法、数学基础理论和机器学习基础,以及表征学习的概念。

第 2 部分(第 4 章和第 5 章)专注于自然语言处理和转换器网络。其中,第 4 章回顾了自然语言处理的历史发展、常见任务和未来趋势,并引入了转换器的概念;第 5 章详细介绍了转换器网络,包括编码器和解码器的结构、注意力机制及训练过程。

第 3 部分(第 6～10 章)给出了一些自然语言处理的案例分析。其中,第 6 章讨论了文本分类任务,包括数据预处理和训练分类器的方法。第 7 章介绍了实体识别,展示了多语言转换器的应用;第 8 章和第 9 章分别探讨了文本生成和文本摘要的方法与技术;第 10 章介绍了基于评审的问答系统,包括从文本中提取答案的方法。

通过本书,读者可以了解神经网络、深度学习和自然语言处理的基本原理、方法与应用。每个章节都有代码示例和实际案例,帮助读者理解和实践所学的知识。

本书有以下几个特点。

(1) 综合性:本书内容涵盖了神经网络、深度学习和自然语言处理等多个领域。本书提供了一个全面的视角,将这些领域的关键概念和技术联系在一起,帮助读者建立起一个完整的知识体系。

(2) 渐进式学习:本书以渐进式的方式,从基础概念开始逐步深入介绍。本书从人工神经网络和深度学习的起源和发展开始,逐步介绍了不同类型的神经网络和深度学习模型,最后深入介绍自然语言处理和转换器网络领域。

(3) 理论与实践结合:本书不仅提供了理论知识,还通过代码示例和案例分析将理论应用到实际问题中。读者可以通过实际的代码和案例来理解和实践所学的概念与技术。

(4) 强调自然语言处理的应用:本书在深度学习的框架下,特别强调了自然语言处理的应用,包括文本分类、实体识别、文本生成、文本摘要和问答系统等多种自然语言处理任务,并提供了详细的案例分析,帮助读者在实际场景中应用深度学习技术解决自然语言处理问题。

（5）最新技术和趋势：本书通过介绍最新的技术和趋势，使读者能够跟上神经网络、深度学习和自然语言处理领域的最新发展。本书讨论了转换器网络和迁移学习等热门话题，并提供了与 Hugging Face 生态系统相关的内容，使读者能够了解当前前沿的技术和工具。

总之，本书采用渐进式讲解，理论与实践结合，强调自然语言处理，并且关注最新技术和趋势，适合作为高等学校神经网络、深度学习和自然语言处理相关课程的教材，也是相关专业人员很好的参考用书。

在线 MOOC 网址：

https://mooc1.chaoxing.com/mooc-ans/course/237575981.html

编　者

2024 年 1 月

目 录

第 1 部分　神经网络与深度学习

第 2 部分　自然语言处理与转换器网络

第 3 部分　自然语言处理案例分析

第 10 章　问答系统案例分析　　/336

参考文献　　/349

第 1 部分
神经网络与深度学习

以下是本部分每章的主要内容概述。

第1章　人工神经网络

- 介绍了人工神经网络的现代起源和发展历程。
- 解释了深度学习的概念和原理。
- 探讨了神经网络的表示方法。
- 引入了人工神经网络所需的数学基础理论,包括数据类型、函数基础、线性代数、梯度计算、概率分布等。
- 提供了一些代码示例。
- 简要介绍了机器学习的基础知识,包括分类、朴素贝叶斯、逻辑回归及评估分类结果的方法。
- 探讨了表征学习的概念和主成分分析、词袋的表征等方法。

第2章　前馈神经网络

- 介绍了单层感知器和三层神经网络的结构和原理。
- 解释了激活函数的作用和常见的线性函数、逻辑函数。
- 讨论了如何更新权重的学习规则,包括反向传播和算法优化方法。
- 提供了代码示例。
- 探讨了修改和扩展前馈神经网络的方法,包括预期泛化误差、正则化的思想、调整超参数以及其他相关问题。

第3章　深度学习网络

- 解释了深度学习中深度的定义。
- 介绍了卷积神经网络的原理和应用,包括卷积计算、感受野与卷积层、特征图和池化层等。
- 探讨了循环神经网络处理不等长序列数据的方法,包括循环连接的构成和长短期记忆网络。
- 介绍了深度分布式表征方法,包括自编码器和神经语言模型。

总体而言,本部分涵盖了人工神经网络、深度学习的基础知识和技术,包括数学理论、机器学习基础、前馈神经网络、卷积神经网络、循环神经网络及深度分布式表征等内容。此外,书中还提供了代码示例及讨论如何修改和扩展这些网络的方法。

第1章

人工神经网络

人工神经网络(artificial neural network，ANN)，简称神经网络(neural network，NN)，在机器学习和认知科学领域中，是一种模仿生物神经网络(动物的中枢神经系统，特别是大脑)的结构和功能的数学模型或计算模型，用于对函数进行估计或近似。神经网络由大量的人工神经元联结进行计算。在大多数情况下人工神经网络能在外界信息的基础上改变内部结构，是一种自适应系统，通俗地讲就是具备学习功能。现代神经网络是一种非线性统计数据建模工具，神经网络通常是通过一个基于数学统计学类型的学习方法进行优化，所以也是数学统计学方法的一种实际应用。人工神经网络通过统计学的标准数学方法能够得到大量的可以用函数来表达的局部结构空间，通过人工智能的应用可以来做人工感知方面的决策问题。也就是说，通过统计学的方法人工神经网络能够类似人一样具有简单的决定能力和判断能力，这种方法比起逻辑学推理演算更具有优势。与其他机器学习方法一样，目前神经网络已经被用于解决各种各样的问题，如机器视觉和语音识别，这些问题都是很难被传统基于规则的编程所解决的。

1.1 起源和发展

阿兰·图灵(Alan Turing)在 1950 年发表的开创性论文中[1]，通过引入图灵测试来确定计算机是否可以被视为具有人类的智能，这标志着判断人工智能诞生的第一步。在图灵测试中，人类作为测试员人工的自然语言测试。一个人在不知道对方身份的情况下分别与真人和计算机交流 5min，如果测试员无法区分两者，则计算机通过了图灵测试，可以认为其具有人类的智能。虽然有很多修改和批评，但时至今日图灵测试依旧是人工智能中使用最广泛的基准测试之一。第二个人工智能诞生的事件被认为是达特茅斯人工智能夏季研究项目(Dartmouth Summer Research Project)[2]。该研究是在假设的基础上进行的，即学习的每个方面或任何其他智能特征原则上都可以精确地描述，以便可以使机器模拟它。将尝试找到机器如何使用语言形成抽象和概念，以解决现在人类保留的各种问题并改进自己。这一假设在未来几年取得了重大进展，逻辑人工智能成为人工智能的主流，这种合乎逻辑的人工智能多年来一直没有受到挑战，最终在 21 世纪被一种新的理论推翻，目前称为深度学习。这一理论实际上早在 1943 年就已在由一位逻辑学家和另一位哲学家和精神病学家撰

---

[1] A.M. Turing. Computing Machinery and Intelligence (PDF). 1950 [2016-04-26].

[2] 参与者包括 John McCarthy，Marvin Minsky，Julian Bigelow，Donald MacKay，Ray Solomonoff，John Holland，Claude Shannon，Nathanial Rochester，Oliver Selfridge，Allen Newell and Herbert Simon。

写的一篇论文中创立①。他们基于数学和一种称为阈值逻辑的算法创造了一种神经网络的计算模型,使得神经网络的研究分裂为两种不同研究思路:一种主要关注大脑中的生物学过程;另一种主要关注神经网络在人工智能里的应用。这就是神经网络历史的起点。众所周知,逻辑规则是基于思维的,逻辑规则和思维之间的相互联系被认为是有方向的。在思考人工智能的问题时,询问是否可以在具有逻辑规则的机器中模拟人的思维过程;还有另一个方向是基于哲学逻辑的特征,即是否可以将人思维的心理过程使用逻辑规则建模。

人工智能的发展在20世纪90年代初期基本上是平淡无奇的,因为人工智能社区普遍采用支持向量机(support vector machines,SVM),而且有大量的传统模型来提高数学精度,支持向量机似乎也能产生更好的结果。此时机器学习算法是在数学基础上构建的,而与之相对的神经网络从哲学的角度吸引人们的兴趣,主要由心理学家和认知科学家开发。深度学习这个术语由Rina Dechter在1986年引入机器学习社区,并在2000年由Igor Aizenberg及其同事在布尔阈值神经元的背景下引入人工神经网络。在20世纪90年代后期,发生了两件重大事件导致了神经网络的出现,甚至在今天仍是深度学习发展的重要标志。其中之一的长短期记忆②(long short-term memory,LSTM)是由Hochreiter等在1997年发明的,它仍然是最广泛使用的循环神经网络架构之一;另一个是在1998年Yann等产生了第一个称为LeNet-5的卷积神经网络(convolutional neural network,CNN)③,在MNIST数据集上取得了显著成果。当时CNN和LSTM都没有被更大的人工智能社区注意到,但这些事件已经开始让神经网络再次回归业界的主流。神经网络回归的另一件事是Hinton、Osindero和Teh于2006发表的论文,该论文引入了深度置信网络④(deep belief networks,DBN),它在MNIST上产生了明显更好的结果。在这篇论文之后,深度神经网络向深度学习的更名已经完成,人工智能历史上的一个新时期将开始。随后出现了许多新的架构,其中一些将在本书进行探索,而另一些则留给读者自己探索。

硬件的进步重新激发了人们对深度学习的兴趣。2009年,英伟达公司参与了所谓的深度学习大爆炸,因为深度学习神经网络是使用英伟达图形处理单元(GPU)进行训练的,这一年吴恩达确定GPU可以将深度学习系统的速度提高约100倍,特别是GPU非常适合机器学习中涉及的矩阵和向量计算。GPU将训练算法的速度提高了几个数量级,将运行时间从几周缩短到几天。此外,专门的硬件和算法优化可用于有效处理深度学习模型。2012年,由George E. Dahl领导的团队利用多任务深度神经网络预测一种药物的生物分子靶点,赢得了"默克分子活动挑战赛"。2014年,Hochreiter团队利用深度学习检测环境化学物质在营养物质、家用产品和药物中的脱靶和毒性作用,并赢得了NIH、FDA和NCATS的"Tox21数据挑战赛"。2011—2012年,神经网络在图像或对象识别方面受到了显著的额外影响。尽管通过反向传播训练的CNN已经存在了几十年,并且包括CNN的神经网络在

① Walter Pitts, Warren McCulloch, A Logical Calculus of Ideas Immanent in Nervous Activity,发表于Bulletin of Mathematical Biophysics.

② S. Hochreiter, J. Schmidhuber, Long short-term memory. Neural Comput. 9(8),1735-1780 (1997).

③ Y. LeCun, L. Bottou, Y. Bengio, P. Haffner, Gradient-based learning applied to document recognition. Proc. IEEE 86(11), 2278-2324 (1998).

④ G.E. Hinton, S. Osindero, Y.-W. Teh, A fast learning algorithm for deep belief nets. Neural Comput. 18(7), 1527-1554 (2006).

GPU 上实现多年,但仍然需要在 GPU 上快速实现 CNN 以在计算机视觉方面取得进展。2011 年,这种方法首次在视觉模式识别比赛中取得了超人的表现,同样在 2011 年获得 ICDAR 中文手写大赛冠军,2012 年 5 月获得 ISBI 图像分割大赛冠军。直到 2011 年,CNN 在计算机视觉会议上都没有发挥重要作用。但在 2012 年 6 月,Ciresan 等在领先的会议 CVPR 上的一篇论文展示了在 GPU 上最大池化 CNN 如何显著改善许多视觉基准的记录。2012 年 10 月,Krizhevsky 等的类似系统在大规模 ImageNet① 竞赛中胜过浅层机器学习方法。2012 年 11 月,Ciresan 等的系统还赢得了 ICPR 竞赛中的大型医学图像分析用于癌症检测,并于次年获得了相同主题的 MICCAI 大挑战赛。在 2013 年和 2014 年,使用深度学习的 ImageNet 任务的错误率进一步降低,与大规模语音识别的趋势类似。然后将图像分类扩展到更具挑战性的任务,即为图像生成描述(标题),通常作为 CNN 和 LSTM 的组合。一些研究人员表示,2012 年 10 月 ImageNet 的胜利开启了一场改变人工智能行业的"深度学习革命"。2019 年 3 月,Yoshua Bengio、Geoffrey Hinton 和 Yann LeCun 因在概念和工程方面的突破而获得图灵奖,这些突破使深度神经网络成为计算的关键组成部分。

1.2 什么是深度学习

深度学习(deep learning)是机器学习的分支,是一种以人工神经网络为架构对数据进行表征学习的算法。例如,一幅图像可以使用多种方式来表示,如每个像素强度值的向量,或者更抽象地表示成一系列边、特定形状的区域等。深度学习使用某些特定的表示方法更容易从实例中学习任务,如人脸识别或面部表情识别,如图 1-1 所示。

深度学习使用多层结构从原始输入中逐步提取更高级别的特征。例如,在图像处理中,较低层可以识别边缘,而较高层可以识别与人类相关的概念,如数字、字母或面孔。在深度学习中,每个层次都可以学习将其输入数据转换为某种抽象和复合的表示。在图像识别应用中,原始输入可能是像素矩阵;第一表示层可以抽象像素并对边缘进行编码;第二层可以对边缘的排列进行组合与编码;第三层可以编码具有的部位,如鼻子和眼睛;第四层可以识别出图像中包含人脸。

重要的是,深度学习过程可以自行学习哪些特征以最佳方式放置在哪个级别,但是这并不能消除手动调整的需要。例如,调整层数量和大小可以提供不同程度的抽象。深度学习是一种能够自动学习高度抽象的特征表示的机器学习方法,它可以自动学习哪些特征对于解决给定任务最为关键,并且可以根据给定的数据集自动确定层数、大小和形状等超参数。然而,在实践中,手动调整模型架构和超参数仍然是非常重要的。例如,在训练深度神经网络时,过拟合和欠拟合是常见的问题。为了避免这些问题,需要手动调整模型的架构和超参数,如调整层数量、大小和形状等。另外,还可以使用正则化技术、批归一化等方法来控制模型的复杂度,从而提高模型的泛化能力。因此,手动调整模型架构和超参数是深度学习中必

---

① ImageNet 是一个大规模视觉识别挑战赛(ILSVRC)的数据集,包含数百万幅标记图像和数千个标签类别。该数据集被广泛用于计算机视觉领域的深度学习模型训练和评估,特别是用于图像分类任务。在 2012 年的 ILSVRC 比赛中,深度卷积神经网络 AlexNet 首次引入并获得了显著的突破,将错误率降低到当时最先进的方法的一半以下,从而引发了深度学习在计算机视觉领域的热潮。自那时起,各种深度学习模型不断涌现,但 ImageNet 仍然是广泛使用的基准数据集之一。

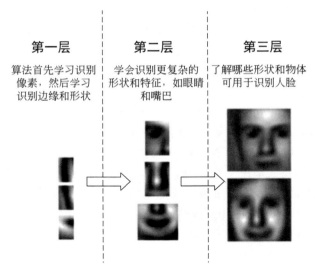

第一层   第二层   第三层

算法首先学习识别   学会识别更复杂的   了解哪些形状和物体
像素，然后学习   形状和特征，如眼睛   可用于识别人脸
识别边缘和形状   和嘴巴

图 1-1　深度学习进行面部识别

不可少的一部分，可以帮助我们获得更好的模型性能。

在深度学习中，深度指的是神经网络的层数，也就是数据在神经网络中经过的转换次数。更深的神经网络可以学习到更高级别的特征表示，从而提高了模型的表现能力和泛化能力。另外，深度学习系统具有相当大的置信分配路径（credit assignment path，CAP）深度，这也是一种解释深度的方法。置信分配路径指的是从输出层到输入层的反向传播路径，它表示每个神经元在计算输出值时所参考的输入和权重。在深度神经网络中，置信分配路径的深度随着网络的深度而增加，因为每个神经元的输出都依赖于前面所有层的神经元输出和权重。这种复杂的置信分配路径可以帮助深度神经网络对数据进行更准确地建模和预测，也是深度学习中深度的另一个解释方法。

置信分配是指在深度学习中如何分配系统内部成员最终实现对结果的影响。例如，在监督系统中分析输入各维度对输出结果的影响；在强化学习系统中分析动作序列对最终奖励值的贡献；在全局与延迟奖励环境可以加快学习速度，提高样本利用率。置信分配路径是从输入到输出的转换链，描述了输入和输出之间潜在的因果关系。对于前馈神经网络，其置信分配路径的深度就是网络的深度，即隐含层的数量加上输出层。而对于循环神经网络，由于信号可以在同一层之间传播多次，因此其置信分配路径深度可能是无限的。虽然没有普遍认可的深度阈值可以将浅层学习与深度学习区分开来，但大多数研究人员认为，深度学习所涉及的置信分配路径深度应该大于 2。这是因为，深度为 2 的置信分配路径已经被证明是一种通用逼近器，因为它可以模拟任何函数。因此，深度学习通常需要更深的网络来处理更复杂的任务和数据集。总的来说，置信分配路径深度是衡量深度学习模型深度的一种方法，但不是唯一的方法。在实践中，网络的深度还受到许多其他因素的影响，如网络结构、激活函数、优化算法等。

虽然增加网络的深度并不一定会增加其函数逼近能力，但在实践中，更深的网络通常能够提取更好的特征，从而提高模型的表现能力和泛化能力。这是因为深度网络可以通过逐层提取抽象的特征来捕获更高级别的概念，并且可以学习到更复杂的函数。此外，深度学习架构的逐层贪心构建方法可以帮助解开这些抽象,并找出哪些特征可以提高性能。这种方法可以让每层网络都专注于一个特定的任务,如特征提取、特征组合和分类。在逐层训练的过程中,每层都可以独立地优化它自己的权重,从而最大化它们对整体模型的贡献,这种方法在深度学习中非常流行。例如,在卷积神经网络和深度信念网络中就采用了逐层贪心构建的方法。总之,增加网络的深度可以提高模型的表现能力和泛化能力,但要注意避免过度拟合和梯度消失问题。同时,逐层贪心构建方法可以帮助深度学习架构更好地学习抽象特征。通常将具有两层或两层以上隐含层的神经网络称为深度神经网络。与浅层神经网络类似,深度神经网络也能够为复杂非线性系统提供建模,但多出的层次为模型提供了更高的抽象层次,因而提高了学习的能力。深度神经网络通常都是前馈神经网络,但也有语言建模等方面的研究将其拓展到循环神经网络。卷积神经网络在计算机视觉领域得到了成功的应用,此后也作为听觉模型被使用在自动语音识别领域,较以往的方法获得了更优的结果。

对于监督学习任务,深度学习方法通过将数据转换为类似于主成分的紧凑中间表示模型来消除烦琐的特征工程,并派生分层结构以消除表示中的冗余。深度学习算法也可以应用于无监督学习任务,这有一个重要的好处,即未标记的数据比标记的数据更丰富,深度置信网络就是可以以无监督方式训练的深层结构。深度学习的好处是用非监督式或半监督式的特征学习和分层特征提取高效算法来替代手工获取特征,其表征学习的目标是寻求更好的表示方法并创建更好的模型来从大规模未标记数据中学习。这种方法来自生物神经科学,通过对通信模式的理解松散地创建了类似神经系统信息的处理过程,就像神经编码①试图定义拉动神经元反应之间的关系,以及大脑中神经元电活动之间的关系。至今已有数种深度学习框架,如深度神经网络、卷积神经网络和深度置信网络和循环神经网络。它们已被应用在计算机视觉、语音识别、自然语言处理、音频识别与生物信息学等领域并获取了极好的效果。另外,深度学习已成为流行术语,或者说是在理论上重塑了人工神经网络。

深度学习的基础是机器学习中的分布式表征(distributed representation)。分布式表征假定观测值是由不同因子相互作用生成的。在此基础上,深度学习进一步假定这一相互作用的过程可分为多个层次,这代表对观测值的多层抽象。不同的层次数量和单层规模可用于不同程度的抽象,深度学习运用了这分层次抽象的思想,即更高层次的表示从低层次的表示学习得到。这一分层结构常常使用贪心算法逐层构建而成,并从中选取有助于机器学习的更有效的特征。不少深度学习算法都以无监督学习的形式出现,应用于其他算法无法企及的无标签数据,而这类数据比有标签数据量更丰富,也更容易获得,这一点也为深度学习赢得了重要的优势。

另外,对深度学习的主要批评是许多方法缺乏理论支撑,这是深度学习领域的一些重要问题。许多深度学习方法缺乏理论支持,并且只是梯度下降的某些变化形式。虽然梯度下降法已经被充分地研究,但其他算法的理论问题,如对比分歧算法,仍然没有得到充分的研究,其收敛性等问题仍不明确。此外,许多深度学习模型通常被视为黑盒子,不易理解其内部运作机制,也难以解释其预测结果。这些问题使得深度学习方法难以应用于一些对解释

---

①　神经编码(neural coding)是一个和神经科学相关的领域,研究外界刺激与特定的神经元或者神经元组合之间的电生理学关系,以及这些神经元组合电活动之间的关系。感觉信息与其他信息都是由脑中的生物神经网络来承载与呈现,基于这个理论,人们认为神经元既可以编码数字信号,也可以编码模拟信号。

性要求较高的任务,如医疗诊断和金融风险管理等领域。同时,对于深度学习的广泛应用也引发了一些对其局限性的讨论。虽然深度学习具有强大的能力,但其仍然缺乏许多人工智能的基本能力,如常识推理、逻辑推理、自然语言理解和目标导向推理等,因此许多学者认为深度学习应该被视为通向真正人工智能的一条途径,而不是一种包罗万象的解决方案。尽管深度学习已经取得了很多令人印象深刻的成果,但其仍然需要更多的研究来解决这些重要的挑战。

1.3　神经网络的表示

在生物学上,神经元是构成神经系统的基本单位,也称为神经细胞或神经纤维。神经元主要由细胞体、树突、轴突、突触等部分组成。神经元的基本功能是接收、处理和传递信息。它们通过树突接收来自其他神经元或感受器的输入信号,将这些信号集成并处理后,通过轴突传递到其他神经元或肌肉、腺体等靶器官,从而产生生理反应。神经元之间的连接是通过突触实现的,即一个神经元的轴突释放化学物质(神经递质)到另一个神经元的树突或细胞体上,从而使信息传递。神经元是神经系统中较重要的细胞类型之一,它们负责感知和响应外部刺激、控制身体的运动和行为、调节内部环境等多种生理功能。对神经元的研究对于理解神经系统的功能、疾病的发生和治疗具有重要的意义。

人工神经网络由概念上源自生物神经元的人工神经元组成,每个人工神经元都有输入并产生可以发送到多个其他神经元的单个输出。输入可以是外部数据样本的特征值,如图像或文档,也可以是其他神经元的输出。神经网络的最终输出神经元的输出完成任务,如识别图像中的对象。在神经网络中,每个神经元都接收来自前一层神经元的输入,并根据每个输入的权重进行加权求和,然后将这个加权总和加上一个偏差项(也称为偏置),最后将结果传递到激活函数,得到神经元的输出。激活函数通常用于在输入和输出之间引入非线性,从而使神经网络能够学习更复杂的函数映射。总体而言,神经网络的每个神经元都执行类似的计算过程,但在不同的层次和位置上具有不同的权重和偏置项。通过在许多神经元之间组成复杂的网络结构,神经网络可以实现强大的机器学习功能。初始的输入是外部数据,如图像和文档,最终的输出表示需要完成的任务,如识别图像中的对象。神经元示意图如图 1-2 所示。

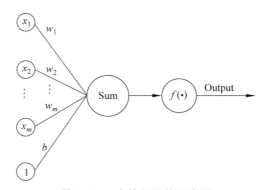

图 1-2　一个神经元的示意图

如图 1-2 所示，$x_1 \sim x_m$ 为输入向量的各个分量；$w_1 \sim w_m$ 为神经元各个突触的权重值；b 为偏置（bias）；$f(\cdot)$ 为激活函数，通常为非线性函数；Output 为神经元输出，神经元的公式表示通常采用如下形式。

$$y = f\left(\sum_{i=1}^{n} w_i x_i + b\right)$$

其中，y 表示神经元的输出；x_i 表示输入信号的第 i 个分量；w_i 表示对应于输入信号的第 i 个分量的权重；b 表示神经元的偏置；$\sum_{i=1}^{n} w_i x_i + b$ 表示加权输入信号的总和；$f(\cdot)$ 表示激活函数，它通常是一个非线性函数，用于将加权输入信号的总和转换为神经元的输出。神经元的激励反应可分为两大部分。

- 神经元接收刺激，并对所有的刺激进行加权求和，然后加上偏置得到激励值。
- 将激励值输入激活函数，通过激励函数的作用得到最后的响应。

神经元通常被组织成多层，尤其是在深度学习中。一层的神经元仅连接到紧邻的前一层和紧邻的后一层的神经元，接收外部数据的层是输入层，产生最终结果的层是输出层，在它们之间可以有零个或多个隐含层。我们可以假设网络总是分层的，但是确实存在单层网络和非分层网络。这些类型的网络与常见的分层神经网络结构不同，因为它们缺少明确定义的层级结构。单层网络是指仅由一个输入层和一个输出层组成的神经网络。每个输入结点都直接连接到输出结点，而没有中间层。这种结构通常用于处理简单的分类或回归问题，或作为更复杂网络结构的基本组成部分。非分层网络是指没有明确定义的层级结构的神经网络。在这种结构中，结点之间的连接形成任意的图形（网络中具有 A→B 和 A→C 及 B→C 的边，不能分为层），每个结点可以直接或间接地连接到其他结点。这种网络结构通常用于解决复杂的非线性问题，如语音识别和图像处理。虽然这些类型的网络不像常见的分层神经网络结构那样得到广泛使用，但它们在某些应用中仍然很有用。

在两层之间，多种连接模式是可能的。它们可以是完全连接的，即一层中的每个神经元都连接到下一层中的每个神经元；也可以汇集到某点，其中一层中的一组神经元连接到下一层中的单个神经元，从而减少了该层中的神经元数量。这两种连接的神经元形成有向无环图（DAG），称其为前馈网络。在前馈网络中，数据从输入层经过一层层的计算传递到输出层，每一层的计算结果都只依赖于上一层的计算结果，不存在循环依赖的情况。前馈网络通常用于处理静态的输入数据，如图像分类、语音识别等任务。或者，允许在同一层或先前层中的神经元之间进行连接的网络，称其为循环网络。循环网络是指网络中存在反馈连接，可以接收来自当前时刻和上一时刻的输入，从而可以处理时序数据或动态数据，如语言模型、机器翻译等任务。循环网络计算可以表示为一个递归式的形式，因此也被称为递归神经网络（recurrent neural network，RNN）。

单层神经网络是最基本的人工神经网络形式，如图 1-3 所示。单层神经网络是指只有一层神经元的神经网络，通常包括一个输入层和一个输出层，没有隐含层。它是较简单的神经网络模型之一。在单层神经网络中，每个输入变量都与输出层的每个神经元相连，每个神经元根据其输入

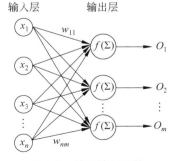

图 1-3　单层神经网络

加权和与激活函数的输出来计算其输出。因为单层神经网络没有隐含层,因此它的计算非常简单,只需要进行简单的矩阵乘法和激活函数的计算。单层神经网络通常用于解决二分类问题或者回归问题。例如,预测一个连续值。在二分类问题中,输出层通常只有一个神经元,使用 Sigmoid 激活函数将输出压缩到 $[0,1]$,代表正类的概率。在回归问题中,输出层通常只有一个神经元,不使用激活函数或者使用恒等映射作为激活函数,直接输出预测的连续值。如果输出层有多个神经元,那么这个单层神经网络就变成了一个多分类器。在这种情况下,通常使用 Softmax 激活函数对输出进行归一化处理,使得所有输出在 $[0,1]$ 范围内且总和为 1。Softmax 激活函数可以将输出解释为各类别的概率分布,使得网络可以对多个类别进行分类。单层神经网络的缺点是它的表示能力有限,只能解决线性可分的问题,而无法解决复杂的非线性问题,因此多层神经网络(如深度神经网络)被广泛应用于实际问题,其具有更强的表示能力和更好的性能。

　　如果可以将整个神经元集合划分为有序的子集列表,使得每个神经元仅指向下一个子集中的神经元,则该网络称为分层网络。通常来说,多层人工神经元网络是由一个多层神经元结构组成,每层神经元拥有输入(它的输入是前一层神经元的输出)和输出,每层由 n 个神经元组成,每个网络神经元把对应在上一层的神经元输出作为它的输入。神经元和与之对应的神经元之间的连线在生物学中称为突触,在数学模型中每个突触有一个加权数值,其被称为权重。要计算第 i 层上的某个神经元所得到的势能[①],等于第 $i-1$ 层上神经元的输出乘以每一个对应权重,然后全体求和得到了第 i 层上的某个神经元所得到的势能,然后势能数值通过该神经元上的激活函数控制输出大小,因为激活函数可微分且连续方便学习规则中更新权重的处理。神经元的输出是一个非线性的数值,也就是说通过激活函数求得数值,根据极限值来判断是否要激活该神经元。一种常见的多层结构的前馈网络由三部分组成。

　　◇ 输入层:输入层是神经网络中的第一层,负责接收来自外部的输入数据,并将其转换为神经网络能够理解的形式。输入层由多个神经元组成,每个神经元对应输入向量中的一个特征或一个像素。输入层的输入数据可以是各种形式,如图像、语音、文本、数值等。输入数据经过预处理后,通常被表示为一个向量,该向量的每个元素表示输入数据中的一个特征。例如,在图像分类任务中,输入向量可以表示图像的像素值,每个神经元对应一个像素;在文本分类任务中,输入向量可以表示文本的词向量,每个神经元对应一个词向量。输入层通常不使用激活函数,因为输入数据已经是原始数据,不需要进行非线性变换。但是,输入层的输入数据需要经过归一化、标准化等预处理操作,以使得输入数据的范围和分布在神经网络中更加均匀。

　　◇ 输出层:输出层是神经网络中的最后一层,它负责产生神经网络的输出结果。输出层通常由一个或多个神经元组成,每个神经元的输出代表着一个输出变量或一组输出变量。例如,在图像分类任务中,输出层通常有多个神经元,每个神经元表示一个类别,并输出该图像属于该类别的概率;在回归任务中,输出层通常只有一个神经元,输出该样本的预测值。输出层的输出结果可以用向量表示,通常称为输出向量。在

---

　　① 从物理意义上来说,势能表示物体在特定位置上所储存的能量,描述做功能力的大小。在适当的情况下,势能可以转化为动能、内能等其他能量。

分类任务中,输出向量可以被解释为各个类别的概率分布,网络可以将输入样本分类为概率最大的类别。在回归任务中,输出向量可以表示样本的预测值。输出层的激活函数通常根据任务的性质而定。在分类任务中,输出层通常使用 Softmax 函数将输出映射到概率分布上;在回归任务中,输出层通常不使用激活函数,直接输出预测值。需要注意的是,神经网络的输出结果可能需要根据任务进行后处理。例如,在图像分类任务中,通常会将输出概率最大的类别作为分类结果,但需要设置一个阈值来判断网络是否对输入图像进行了正确分类。在回归任务中,输出结果可能需要进行平移、缩放等变换,以适应不同的应用场景。

◇ 隐含层:隐含层是神经网络中的一种层次结构,位于输入层和输出层之间。隐含层由多个神经元组成,每个神经元接收来自上一层(输入层或前一个隐含层)的输出,通过加权和并经过一个激活函数,产生一个输出信号,作为下一层的输入。隐含层可以有一层或多层,每一层的神经元数目不定。通过多层非线性变换,神经网络可以从原始输入中提取出更高层次的抽象特征,从而更好地表征数据。同时,隐含层也使得神经网络具有更强的泛化能力,能够处理未见过的数据。隐含层中的神经元数目不定,通常会通过实验和调参来确定最佳的神经元数目。如果神经元数目过少,网络的表达能力可能不足,无法拟合复杂的数据;如果神经元数目过多,网络可能会过拟合,导致泛化能力下降。因此,确定隐含层神经元数目是设计神经网络的重要方面之一。

如图 1-4 所示,这是一个三层的神经网络,输入层有 n 个结点,隐含层有 m 个结点,输出层有 o 个结点,除了输入层每一层的结点都包含一个非线性变换。典型的人工神经网络具有以下三个特性。

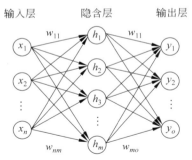

图 1-4 三层前馈神经网络

◇ 拓扑结构:拓扑结构指的是神经网络的网络结构,包括层数、每层神经元数量及神经元之间的连接方式。神经元之间的连接通过权值相互连接,形成一个多层的神经网络。典型的神经网络结构包括输入层、隐含层和输出层。输入层用于接收输入数据,输出层用于输出结果,中间的隐含层可以有一层或多层,用于对输入数据进行处理和转换。隐含层中的神经元数量和层数的不同组合可以影响神经网络的性能和能力。常见的神经网络结构包括前馈神经网络、循环神经网络和卷积神经网络等。

◇ 激活函数:激活函数是一种非线性函数,将神经元的输入转换为输出。它们的作用是为神经网络引入非线性特征,从而提高其表达能力和泛化能力。常见的激活函数包括 Sigmoid 函数、Tanh 函数和 ReLU 函数。

◇ 学习规则:学习规则是指在神经网络中使用的一种算法或数学逻辑,它规定了如何随着时间推进而调整网络中的权重。通过在网络上重复应用学习规则,可以改进网络性能,使其能够更好地完成特定的任务。在神经网络中,权重是指连接不同神经元之间的强度,学习规则可以根据网络的输入和输出来调整这些权重,从而使网络能够更准确地预测输出。通常,学习规则的目标是最小化网络的误差,即使得网络输出与实际输出之间的差距最小化。常见的学习规则包括梯度下降、反向传播、随机梯度下降等。这些学习规则通常会在训练数据集上进行迭代训练,直到网络的性能达到预定的标准为止。此外,还有一些基于强化学习的学习规则,它们可以使网络通过不断试错来学习最优解决方案。

可以用一个例子来简单说明神经网络的学习过程。假设我们要训练一个用于手写数字识别的神经网络,可以将数字图像转换为像素值的向量,并将其作为输入数据。神经网络的结构通常由多个层次组成,每一层都由多个神经元组成。在手写数字识别的神经网络中,输入层通常由像素值对应的神经元组成,而输出层则对应着数字 0~9 的 10 个类别。在训练开始之前,我们需要随机初始化神经网络中的权重。然后,我们会将一批手写数字的图像作为输入,通过前向传播的方式计算出每个输出神经元的输出值。由于权重是随机初始化的,因此网络的输出很可能与正确的输出不符,这就产生了一个误差。接下来,我们可以使用一个损失函数来度量网络的误差,例如均方误差或交叉熵损失函数。现在,我们需要通过反向传播算法来更新网络中的权重,以使误差最小化。反向传播算法通过计算每个神经元对误差的贡献,从输出层向输入层逐层反向传播,计算每个权重对误差的影响,并使用梯度下降等优化算法来更新权重。这个过程会不断重复,直到网络的输出与正确输出的误差足够小为止。在经过足够多的训练之后,我们可以用新的手写数字图像来测试网络的性能。当输入图像被输入到网络中时,网络会根据之前学习到的知识来计算出每个输出神经元的激活值,并输出最终的预测结果。这就是神经网络的学习过程,通过反复训练和调整权重,使得神经网络能够准确地识别出手写数字图像。

1.4　数学基础理论

前面概述了人工神经网络的现代起源、发展和典型的网络表示,为了进一步深入地研究人工神经网络,这部分将给出理解后面章节所必需的大部分数学知识。

深度学习的主要引擎是反向传播算法,而梯度下降是反向传播算法中的一种常用优化方法。梯度是一个向量,它由函数的偏导数构成。在深度学习中,我们通常使用梯度来指代函数在某一点的导数。梯度表示了函数在该点的变化方向和速率,可以用来寻找函数的最小值或最大值。在深度学习中,我们通过计算损失函数对于模型参数的梯度来进行优化,以使得损失函数最小化。梯度下降是一种迭代算法,它的基本思想是通过沿着梯度方向对参数进行调整,从而逐步减小损失函数的值。具体而言,每次迭代都会根据当前的梯度值,乘以一个学习率的比例因子,来更新模型参数,以期能够到达一个局部最优点或全局最优点。在学习深度学习算法时,需要掌握一些基本的数学知识,如线性代数和微积分。向量和矩阵是深度学习中常见的数据结构,需要了解如何定义和操作它们,包括矩阵的转置、点积及逆矩阵等。同时,我们还需要掌握偏导数的概念,它是微积分中的一个重要概念,用于计算多变量函数的导数,也是梯度的基础。总之,学习深度学习算法需要一定的数学基础,需要了解梯度、梯度下降、向量和矩阵等基本概念,并掌握如何应用这些知识来理解和实现深度学习算法。

1.4.1　数据类型

将集合视为基本的数学概念,因为大多数其他概念都可以通过使用集合来构建或解释。

所谓的一个集合,就是将数个对象归类而分成一个或数个形态各异的大小整体。一般来讲,集合是具有某种特性的事物的整体,或是一些确认对象的汇集。构成集合的事物或对象称作"元素"或"成员"。集合的元素可以是任何事物,可以是人,可以是物,也可以是字母或数字等。在数学中,集合是一个基本的概念,几乎所有的其他数学概念都可以用集合来构建或解释。而在计算机科学和人工智能领域,集合也被广泛应用。在人工神经网络中,集合的概念主要应用在数据的表示和处理上。神经网络通过对输入数据进行集合化处理,将输入数据转换为一组相关的元素,从而使得神经网络能够更好地理解数据的特征和规律。

　　集合可以用多种方式进行表示,其中常用的有以下几种:①将集合中的元素一一列举出来,并用花括号括起来表示。例如,集合{1,2,3,4,5}就是由元素 1、2、3、4、5 组成的集合;②用一种描述性语言来定义集合中元素的特征,然后用符号表示出来。例如,集合$\{x \mid x$ 是自然数,且 $x<6\}$ 表示由自然数中小于 6 的元素组成的集合;③将集合中的元素表示为一个区间。例如,集合$\{x \mid 1 \leqslant x \leqslant 5\}$ 表示由 1~5 的整数组成的集合;④将集合中的元素用图形的方式表示出来。例如,用一个圆圈表示一个集合,然后在圆圈内画出集合中的元素。这些表示方法可以相互转换,可以根据需要选用不同的表示方法。

　　平等原则被称为外延公理(extensionality axiom),是集合论中的一项基本公理之一。它表明,两个集合相等当且仅当它们拥有相同的元素。更具体地,如果两个集合 A 和 B 拥有相同的元素,则它们相等。即,如果对于任意一个元素 x,x 属于 A 当且仅当 x 属于 B,则 A 和 B 是相等的。符号化表示为

$$\forall x(x \in A \Leftrightarrow x \in B) \rightarrow A = B$$

其中,"$\forall$"表示"对于所有";"$\Leftrightarrow$"表示"当且仅当";"$\in$"表示"属于";"$\rightarrow$"表示"蕴含"。外延公理是集合论的基础,它确保了集合的唯一性,避免了出现相同元素但却不同的集合。这意味着$\{0,1\}$和$\{1,0\}$是相等的,而且$\{1,1,1,1,0\}$和$\{0,0,1,0\}$也是相等的,因为它们都有相同的成员 0 和 1。在集合论中,集合中元素的顺序是不重要的,只要它们具有相同的元素,它们就是相等的,因此即使元素出现的顺序不同,这些集合仍然是相等的。

　　在数学和计算机科学中,一个有序的元素序列通常被称为向量(vector),也被称为 n 元组(n-tuple),其中 n 表示向量的长度或维度。与集合不同,向量是有序的,也可以包含重复的元素。例如,(1,0,0,1,1)就是一个长度为 5 的向量,它包含了两个 1 和三个 0,并按顺序排列。在向量中,通常使用位置或索引来唯一地标识向量中的每个元素。向量在许多领域中都有广泛的应用,如线性代数、计算机图形学、信号处理等。如果有一个变量向量$(x_1, x_2, \cdots, x_n)$,将其写为 X,每个成员 $x_i (1 \leqslant i \leqslant n)$ 称为一个分量,分量的数量称为向量 X 的维数。

　　元组(tuple)和列表(list)是编程中常用的数据类型,可以用于表示有序的元素序列,与向量的概念非常相似。然而,它们通常用于不同的目的,且有一些差别。元组是一个有序的、不可变的序列,其中的元素可以是不同的数据类型。元组的每个元素都可以通过其索引位置来访问,元组中的元素不能修改或删除,除非重新定义整个元组。因此,元组通常用于存储和传递不可变的数据。列表是一个有序的、可变的序列,其中的元素可以是不同的数据类型。列表中的元素可以修改、删除和添加,具有很大的灵活性。列表通常用于需要动态地添加、删除和修改元素的情况,如存储用户输入的数据等。在编程中,元组和列表都可以用于表示向量,但它们的使用取决于具体的情况和需要。在一些编程语言中,如 Python,也提

供了专门的向量类型，如 NumPy 中的 ndarray，它们具有更强的数学计算能力和性能。

在 Python 中，元组使用圆括号()表示；而列表使用方括号[]表示。元组相邻元素之间用逗号"，"分隔$(x_1, x_2, \cdots, x_n)$，其中 $x_1 \sim x_n$ 表示元组中的各个元素，个数没有限制只要是 Python 支持的数据类型就可以。从存储内容上看，元组可以存储整数、实数、字符串、列表、元组等任何类型的数据，并且在同一个元组中元素的类型可以不同。例如

```
("Deep Learning", 1, [2,'a'], ("abc",3.0))
```

在这个元组中，有多种类型的数据，包括整型、字符串、列表、元组。Python 访问元组元素和列表一样，可以使用索引访问元组中的某个元素，得到的是一个元素的值；也可以使用切片访问元组中的一组元素，得到的是一个新的子元组。使用索引访问元组元素的格式为 A[i]。其中，A 表示元组名；i 表示索引值。元组的索引可以是正数，也可以是负数。使用切片访问元组元素的格式为 A[start：end：step]，其中，start 表示起始索引；end 表示结束索引；step 表示步长。

有时可能希望将向量建模为元组，但通常在编程代码中将它们建模为列表。列表是 Python 中基本的数据结构之一，可以用于存储和处理元素的序列。由于列表是可变的，因此可以在创建后进行修改。下面是一些 Python 中列表的基本操作。

（1）创建列表：可以使用方括号([,])来创建一个列表，并在其中添加元素。例如

```
my_list=[1, 2, 3, 4, 5]
```

（2）访问元素：可以使用索引来访问列表中的元素，索引从 0 开始。例如

```
print(my_list[0])                              #输出 1
```

（3）切片：可以使用切片来访问列表中的一部分元素。例如

```
print(my_list[1:3])                            #输出[2, 3]
```

（4）添加元素：可以使用 append()方法将元素添加到列表的末尾。例如

```
my_list.append(6)
print(my_list)                                 #输出[1, 2, 3, 4, 5, 6]
```

（5）删除元素：可以使用 del 语句或 remove()方法从列表中删除元素。例如

```
del my_list[0]                                 #删除第一个元素
my_list.remove(2)                              #删除值为 2 的元素
print(my_list)                                 #输出[3, 4, 5, 6]
```

（6）长度：可以使用 len()函数获取列表中元素的数量。例如

```
print(len(my_list))                            #输出 4
```

（7）运算符：可以使用加法运算符（＋）将两个列表连接在一起，使用乘法运算符（＊）将一个列表重复多次。例如

```
new_list =my_list+[7, 8, 9]
print(new_list)                                #输出[3, 4, 5, 6, 7, 8, 9]
print(my_list * 2)                             #输出[3, 4, 5, 6, 3, 4, 5, 6]
```

列表是 Python 中非常有用和灵活的数据结构,可以在许多情况下使用,但是对于包含数值的向量,元组可能更适合作为数据结构,因为使用元组来表示包含数值的向量可以在某些情况下提供更安全的编程方式,避免意外修改数据导致的问题,但是如果需要对向量进行修改,则应使用列表而不是元组。

1.4.2　函数基础

函数是数学中的基本概念之一,它描述了输入和输出之间的关系。在计算机科学中,函数也是一种重要的概念,它可以将程序中的操作和数据进行模块化和抽象化,使得程序更易于理解和维护。深度学习是一种机器学习技术,它的核心是构建深度神经网络模型,通过多层神经元之间的连接和计算来实现对数据的特征提取和分类。深度学习模型本质上也是由一系列函数组成的,这些函数包括激活函数、损失函数、优化函数等。在深度学习中,函数的选择和设计对模型的性能和效果有着重要的影响。常见的激活函数包括 Sigmoid 函数、ReLU 函数、Tanh 函数等,它们不仅能够引入非线性,还可以避免梯度消失或梯度爆炸的问题。损失函数则用于衡量模型预测结果与真实标签之间的差异,常见的损失函数包括交叉熵、均方误差等。优化函数则用于更新模型参数,常见的优化函数包括随机梯度下降、Adam 等。总之,函数是深度学习中不可或缺的基础,通过合理选择和设计函数,可以帮助构建高效、准确的深度学习模型。

现在进一步将注意力转向函数。函数是一种神奇的工具,接收参数(输入)并将其转换为值(输出),必须在函数中定义如何从输入到输出。假设带有两个参数的函数 $f(x,y)=x^y$ 并传递值 $(2,3)$ 得到 8;如果传入 $(3,2)$ 将得到 9,这意味着函数是顺序敏感的,即其对向量输入进行操作。函数因此可以将向量作为输入,而以 n 维向量为输入的函数称为 n 元函数,可以将函数的参数输入向量添加其输出,这样就有 $(x_1,x_2,\cdots,x_n,y)$ 结构的表示。本节介绍的概念在数学中非常重要,因为它们描述了函数之间的关系和特性,函数的属性对于机器学习和神经网络的理解和设计非常重要。

函数可以有参数,这使得函数能够灵活地处理不同的输入,并且通过调整参数可以改变函数的行为。例如,函数 $f(x)=ax+b$ 有 a 和 b 作为参数。这个函数描述了一个直线,其中 a 是斜率,b 是截距。通过调整 a 和 b 的值,可以改变这条直线的位置和斜率,使其更好地拟合数据。更一般地,参数化的函数可以根据特定的需求来自动调整其行为。例如,计算机视觉中的神经网络就是由一系列参数化的函数组成的。这些函数可以调整其参数,以便自动识别图像中的对象、语音识别等。如果给定相同的输入并且不更改参数,则函数始终会给出相同的结果,通过更改参数可以更改输出,这对于深度学习非常重要,原因是深度学习是一种自动调整参数的方法,参数反过来会修改输出。

在集合论中,指示函数是定义在某集合 X 上的函数,表示其中有哪些元素属于某一子集 A,该函数被称为指示函数或特征函数。如果集合 A 是 X 的子集,那么它的指示函数 $1_A: X \rightarrow 0,1$ 定义如下:

$$1_A(x) = \begin{cases} 1 & \text{如果 } x \in A \\ 0 & \text{如果 } x \notin A \end{cases}$$

这个函数被称为指示函数,因为它指示了集合 A 中的元素是否属于 X。当输入 x 属于集合 A 时,函数返回 1,否则返回 0。例如,假设 $X=1,2,3,4,5$,$A=1,3,5$,那么 A 的指示

函数为

$$1_A(x) = \begin{cases} 1 & 如果\ x \in \{1,3,5\} \\ 0 & 如果\ x \notin \{1,3,5\} \end{cases}$$

这个函数的值表如下：

x	1	2	3	4	5
$1_A(x)$	1	0	1	0	1

A 的指示函数可以记作 $\chi_A(x)$ 或 $1_A(x)$，这将用于后面介绍的 one-hot 编码。在机器学习中，指示函数也经常被称为 one-hot 编码。在这种情况下，如果我们有一个集合 A，并且希望将其编码为一个向量，其中 x 的值为 1 表示 x 属于 A，0 表示 x 不属于 A，则可以使用指示函数来实现。这个向量被称为 one-hot 向量，因为它的所有元素都是 0，除了一个元素为 1。例如，如果我们有一个集合 $A=$（红色，绿色，蓝色），可以使用以下指示函数来创建一个 one-hot 向量。

$$1_A(红色) = \begin{bmatrix} 1 \\ 0 \\ 0 \end{bmatrix}, \quad 1_A(绿色) = \begin{bmatrix} 0 \\ 1 \\ 0 \end{bmatrix}, \quad 1_A(蓝色) = \begin{bmatrix} 0 \\ 0 \\ 1 \end{bmatrix}$$

在数学中，如果实数域上的某个函数可以用半开区间上的指示函数的有限次线性组合来表示，那么这个函数就是阶跃函数。换一种不太正式的说法就是，阶跃函数是有限段分段常数函数的组合。阶跃函数是实数域上的一种特殊函数，我们给出一个关于阶跃函数的精确定义。

设函数 $f: \mathbb{R} \to \mathbb{R}$，如果存在实数 $a_1, a_2, \cdots, a_n$，以及常数 $c_0, c_1, \cdots, c_n$，使得对于任意 $x \in \mathbb{R}$，都有以下等式成立。

$$f(x) = c_i, \quad 如果\ x \in [a_i, a_{i+1}) \quad (0 \leqslant i < n)$$

那么函数 f 就被称为实数域上的阶跃函数。其中，半开区间 $[a_i, a_{i+1})$ 表示 x 满足 $a_i \leqslant x < a_{i+1}$。阶跃函数通常被用于描述突变或跃变现象。在实际应用中，它们经常出现在控制论、信号处理、微积分等领域中。

阶跃函数是神经网络中常用的激活函数之一。在神经网络中，激活函数被用于计算每个神经元的输出，其作用是将输入信号的非线性变换为输出信号，从而增加网络的表达能力。阶跃函数的作用是将输入信号映射到输出信号 0 或 1，因此它常被用作二元分类问题的输出层激活函数。比如，判断一张图片中是否包含狗或猫。此外，它还常被用作感知机模型的激活函数，因为感知机模型的输出也是二元的。然而，阶跃函数也有一些缺点。其中一个显著的缺点是它不可导，这意味着在使用梯度下降等优化算法进行模型训练时，无法直接计算它的梯度。这对于深度神经网络等复杂模型的训练造成了很大的困难，因此在实际应用中，更常用的激活函数是可导的函数，如 Sigmoid、ReLU 和 Tanh 函数等。

如果有一个函数 $y = ax$，那么我们从中取输入 x 的集合称为函数的定义域，而输出 y 所属的集合称为函数的值域。一般来说，函数不需要为定义域中的所有成员都定义，如果定义了就称为全函数，所有不是全函数的函数都称为部分函数。请记住，函数为每个输入向量始终分配相同的输出（前提是参数不变）。如果这样做后，函数"用完"了整个值域，即在分配后没有值域的成员不是某些输入的输出,则该函数称为满射。如果函数从不将不同的输入向量分配给相同的输出,则称其为单射。如果既是单射又是满射,则称为双射。给定输入集合 A 的函数的输出集合 B 称为其像,记作 $f[A]=B$。如果我们寻找给定输出集合 B 的输入集合 A,则我们正在查看其逆像,记作 $f^{-1}[B]=A$(可以使用相同的符号表示单个元素 $f^{-1}(b)=a$)。在数学定义中,单射、满射和双射是指根据其定义域和对应域的关联方式所区分的三类映射。

从数学的角度,单射是指一个映射,它能够将不同的输入值映射到不同的输出值,即任何两个不同的输入值都会被映射到不同的输出值。满射是指一个映射,它能够将所有的输出值都映射到至少一个输入值,即对于映射的值域中的任意一个元素,都存在一个定义域中的元素能够映射到该值。双射也称为一一对应或一一映射,它是指一个映射,它既是单射又是满射。换句话说,每个输入值都只能映射到唯一的输出值,同时每个输出值都只能由唯一的输入值映射得到。因此,它可以形成一个一一对应的关系,每个输入都与唯一的输出相对应,同时每个输出也都与唯一的输入相对应。图 1-5、图 1-6、图 1-7、图 1-8 分别对比了 4 种不同的情况。

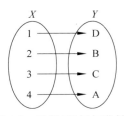 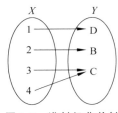 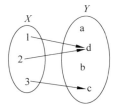

图 1-5　双射(单射与满射)　图 1-6　单射但非满射　图 1-7　满射但非单射　图 1-8　非满射非单射

在研究神经网络结构和优化算法时,需要考虑函数的单射性、满射性和双射性等概念,以便更好地理解网络的特性并设计更有效的算法。它们可以帮助我们了解函数的行为,并帮助我们设计更有效的算法和数据结构。在机器学习和神经网络中,这些概念也被广泛应用。例如,在神经网络中,每个神经元可以看作一种映射,将输入向量映射到输出向量。如果每个输入向量对应唯一的输出向量,那么这个神经元就是单射的;如果对于任何可能的输出向量,都存在至少一个输入向量使得该输出向量是神经元的输出,那么这个神经元就是满射的;如果神经元是单射和满射的,则它是双射的。这些概念在神经网络的设计和优化中非常重要。例如,设计一个双射的神经网络可以确保网络的稳定性和可靠性,同时减少不必要的计算量和存储空间。神经网络本质上是一组函数的组合。例如,在分类问题中,我们需要将输入映射到输出,这个映射通常由神经网络实现。在这种情况下,我们希望神经网络是双射,因为这意味着对于每个输出,都有唯一的输入与之对应,这可以帮助我们更准确地理解和优化模型的性能。

函数的单调性也叫函数的增减性,可以定性描述在一个指定区间内,函数值变化与自变量变化的关系。当函数 $f(x)$ 的自变量在其定义区间内增大(或减小)时,函数值也随着增大(或减小),则称该函数为在该区间上具有单调性(单调递增或单调递减)。在集合论中,在有序集合之间的函数,如果它们保持给定的次序,是具有单调性的。如果说明一个函数在某个区间 D 上具有单调性,则将 D 称作函数的一个单调区间,则可判断出

◇ $D \subseteq Q$(Q 是函数的定义域)。

◇ 区间 D 上,对于函数 $f(x)$,$\forall$(任取值)$x1$ 和 $x2 \in D$ 且 $x1 > x2$,都有 $f(x1) > f(x2)$。

◇ 函数曲线一定是上升或下降的。

◇ 该函数在 $E \subseteq D$ 上与 D 上具有相同的单调性。

连续函数是指在数学上的属性为连续。直观上来说,连续的函数就是当输入值的变化足够小时,输出的变化也会随之足够小的函数。如果输入值的某种微小的变化会产生输出值的一个突然的跳跃甚至无法定义,则这个函数被称为不连续函数,或者说具有不连续性,非连续函数一定存在间断点。

在研究函数的导数之前,我们还需要了解的概念是函数极限。极限是数学分析或微积分的重要基础概念,函数的导数是通过极限来定义的。极限分为描述序列的下标越来越大时的趋势(序列极限),或是描述函数的自变量接趋近某个值时函数值的趋势(函数极限)。函数极限的定义为自变量趋近有限值时函数的极限:设函数 $f(x)$ 在点 x_0 的某一去心邻域内有定义,如果存在常数 a,对于任意给定的正数 ε,都 $\exists \delta > 0$,使不等式 $|f(x) - a| < \varepsilon$ 在 $|x - x_0| \in (0, \delta)$ 时恒成立,那么常数 a 就称为函数 $f(x)$ 当 $x \to x_0$ 时的极限,记作 $\lim\limits_{x \to x_0} f(x) = a$;如果函数 $f(x)$ 当 $x \to x_0$ 时不以 a 为极限,则存在某个正数 ε,对于任何正数 δ,当 $0 < |x - x_0| < \delta$ 时,$|f(x) - a| \geqslant \varepsilon$。对这个定义理解为,当 $x \to x_0$ 时 $f(x)$ 收敛于 a,我们一定能证明 x 足够接近 x_0 时,$f(x)$ 与极限 a 的差距小于任意小的指定误差;而当 $x \to x_0$ 时 $f(x)$ 不收敛于 a,我们就能证明无论 x 与 x_0 的距离有多近,$f(x)$ 与 a 的差距都无法小于指定的某个误差。

现在可以开始讲一讲导数的概念。函数在某一点的导数是指这个函数在这一点附近的变化率。导数的本质是通过极限的概念对函数进行局部的线性逼近。当函数 f 的自变量在一点 x_0 上产生一个增量 h 时,函数输出值的增量与自变量增量 h 的比值在 h 趋于 0 时的极限如果存在,即为 f 在 x_0 处的导数,记作 $f'(x_0)$、$\dfrac{\mathrm{d}f}{\mathrm{d}x}(x_0)$ 或 $\dfrac{\mathrm{d}f}{\mathrm{d}x}\bigg|_{x=x_0}$。例如,在运动学中,物体的位移对于时间的导数就是物体的瞬时速度。

导数是函数的局部属性,不是所有的函数都有导数,一个函数也不一定在所有的点上都有导数。若某函数在某一点导数存在,则称其在这一点可导或可微分,否则称为不可导或不可微分。如果函数的自变量和取值都是实数,那么函数在某一点的导数就是该函数所代表的曲线在这一点上的切线斜率,如图 1-9 所示。如果一个函数 f 在某个点 x 处可导,那么 f 在这个点的导数(或者说斜率)就是 f 在这个点的切线的斜率,也就是 f 的导函数 $f'(x)$ 在这个点的值,因此导函数可以看作原函数在每个点处的斜率的函数。

当函数定义域和取值都在实数域中时,导数可以表示函数的曲线上的切线斜率。如图 1-9 所示,设 P_0 为曲线上的一个定点,P 为曲线上的一个动点。当 P 沿曲线逐渐趋向于点 P_0 时,并且割线 PP_0 的极限位置 P_0T 存在,则称 P_0T 为曲线在 P_0 处的切线。若曲线为一函数

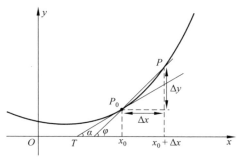

图 1-9　导数的几何意义

$y = f(x)$ 的图像,那么割线 PP_0 的斜率为

$$\tan \varphi = \frac{\Delta y}{\Delta x} = \frac{f(x_0 + \Delta x) - f(x_0)}{\Delta x}$$

当 P_0 处的切线 $P_0 T$,即 PP_0 的极限位置存在时,此时 $\Delta x \to 0, \varphi \to \alpha$,则 $P_0 T$ 的斜率 $\tan \alpha$ 为

$$f'(x_0) = \tan \alpha = \lim_{\Delta x \to 0} \tan \varphi = \lim_{\Delta x \to 0} \frac{f(x_0 + \Delta x) - f(x_0)}{\Delta x}$$

上式与一般定义中的导数定义完全相同,也就是说 $f'(x_0) = \tan \alpha$,因此导数的几何意义即曲线 $y = f(x)$ 在点 $P_0(x_0, f(x_0))$ 处切线的斜率。原则上,函数的导数可以通过考虑差商①和极限来从其定义计算。在实践中,一旦知道了一些简单函数的导数,就可以从更简单的函数获得更复杂函数的导数,更容易地计算函数的导数。关于导数的最基本的事情之一是常数的导数总为 0,函数 $f(x) = x$ 的导数始终是 1。如果 $f(x) = x^r$,其中 r 是任意实数,那么 $f'(x) = rx^{r-1}$。由基本函数的和、差、积、商或相互复合构成的导函数则可以通过函数的求导法则来推导,基本的求导法则如下。

◇ 求导的线性是指对函数的线性组合求导,等于先对其中每部分求导后再取线性组合。

$$(af + bg)' = af' + bg' \quad (\text{其中 } a \text{ 和 } b \text{ 为常数})$$

◇ 两个函数的乘积的导函数,等于其中一个的导函数乘以另一者,加上另一者的导函数与其的乘积。

$$(fg)' = f'g + fg'$$

◇ 两个函数的商的导函数也是一个分式,其中分子是分子函数的导函数乘以分母函数减去分母函数的导函数乘以分子函数后的差,而其分母是分母函数的平方。

$$\left(\frac{f}{g}\right)' = \frac{f'g - fg'}{g^2} \quad (\text{在 } g(x) \neq 0 \text{ 处才有意义})$$

◇ 对于复合函数的求导法则,如果有复合函数 $f(x) = h[g(x)]$,那么

$$f'(x) = h'[g(x)] \cdot g'(x) \quad \text{或表示为} \quad \frac{\mathrm{d}f}{\mathrm{d}x} = \frac{\mathrm{d}f}{\mathrm{d}g} \cdot \frac{\mathrm{d}g}{\mathrm{d}x}$$

若要求某个函数在某一点的导数,可以先运用以上方法求出这个函数的导函数,再看导函数在这一点的值。最后一项也可以称为链式法则,用于求一个复合函数的导数,是在微积分的求导运算中一种常用的方法,就像锁链一样一环套一环,故称链式法则。例如,$f(x) = (g(x))^3$,$g(x) = x^2 + 1$,然后求 $f(x)$ 的导数。

$$f'(x) = h'(g(x))g'(x) = 3(g(x))^2(2x) = 3(x^2 + 1)^2(2x) = 6x(x^2 + 1)^2$$

寻找已知的函数在某点的导数或其导函数的过程称为求导;反之,已知导函数也可以倒过来求原来的函数,即不定积分。微积分中的求导和不定积分是互逆的操作,也就是说如果我们对一个函数进行不定积分,得到的结果就是这个函数的原函数(除了一个常数项),而如果我们对一个函数求导,得到的结果就是这个函数的导函数。这两个操作之间的关系被称为微积分基本定理。在实际应用中,求导和不定积分经常被用于解决各种问题。例如,在物理学中,求导可以用于计算物体的速度和加速度,而不定积分可以用于计算物体的位移和动

---

① 均差是递归除法过程。在数值分析中,可用于计算牛顿多项式形式的多项式插值的系数。在微积分中,均差与导数一起合称差商,是对函数在一个区间内的平均变化率的测量。

能等;在经济学中,求导和不定积分可以用于计算边际收益和总收益等。因此,微积分是一门非常重要的数学学科,具有广泛的应用价值。

在神经网络中,求导和不定积分也是非常重要的概念。特别地,对于深度神经网络,求导是反向传播算法的基础,而不定积分则与优化问题密切相关。在深度神经网络中,我们需要通过训练数据来更新网络的参数,使得网络的输出能够尽可能地接近真实值。这个过程中,我们需要计算损失函数对网络参数的导数,以确定在什么方向上更新参数可以使得损失函数值减小。反向传播算法就是一种高效地计算导数的方法,它利用了链式法则和求导的基本规则,将导数从网络的输出层向输入层逐层传递,以求得每个参数的导数。另外,在神经网络的优化问题中,我们通常需要对目标函数进行优化,以找到最优解或次优解。在这个过程中,不定积分的概念则被用于计算目标函数的积分或期望,从而确定如何更新网络的参数。例如,梯度下降算法就是一种基于不定积分的优化方法,它根据函数的梯度方向来更新参数,以期望能够找到局部最优解。因此,求导和不定积分在神经网络中也具有非常重要的作用,它们帮助我们通过训练和优化来提高神经网络的性能和准确度。

1.4.3　线性代数

神经网络是深度学习算法的重要组成部分,而线性代数是神经网络中必不可少的数学基础之一。在神经网络中,许多关键概念和算法都建立在线性代数的基础上。神经网络的输入通常是一个向量或矩阵,然后经过一系列线性和非线性变换后输出另一个向量或矩阵。这个过程中使用到了许多线性代数的概念,如矩阵乘法、向量加法、矩阵求逆、特征值和特征向量等。此外,神经网络的训练也需要使用到线性代数的概念和技术,例如,梯度下降算法的实现就依赖于矩阵求导和矩阵的乘法等运算。因此,深入理解线性代数的知识对于理解和应用神经网络算法至关重要。下面简要介绍线性代数和深度学习算法之间的关系。

◇ 向量和矩阵:向量和矩阵是线性代数的基础概念。在深度学习中,许多数据都可以表示为向量或矩阵的形式,如图像、语音、文本等。因此,对向量和矩阵的操作和运算是深度学习算法的基础。

◇ 线性方程组:线性方程组的求解在深度学习中非常常见,如最小二乘法、线性回归、支持向量机等算法都是基于线性方程组求解的。

◇ 矩阵分解:矩阵分解在深度学习中有着广泛的应用,如主成分分析、奇异值分解等算法都是基于矩阵分解的。

◇ 特征值和特征向量:特征值和特征向量是矩阵分解的重要概念,在深度学习中用于降维、特征提取等任务。

◇ 矩阵求导:矩阵求导是深度学习中非常重要的技术,用于计算神经网络的反向传播。

总之,线性代数是深度学习算法的重要数学基础,掌握好线性代数的知识可以更好地理解和应用深度学习算法。

在计算机科学中向量通常是指一组有限的数值或数据,这些数据按照一定的顺序排列在一起,可以用一个向量来表示。这种向量可以是一个一维数组或列表,也可以是一个多维数组或张量。在这种情况下,向量的加法和数乘也有相应的定义,它们与线性代数中向量的加法和数乘有一些相似之处。然而,这种数据类型的向量与线性代数中的向量并不完全相同。在线性代数中,向量通常是指一个元素属于某个向量空间的对象,这个空间中的元素必须满足一些特定的性质。例如,满足向量加法和数乘的封闭性、满足向量加法和数乘的结合律、交换律、分配律等。在线性代数中,向量的加法和数乘是由这些性质所定义的,并且向量之间的内积和范数等概念也有相应的定义和性质。虽然数据类型的向量与线性代数中的向量并不完全相同,但是它们之间存在一些相似之处,这使得线性代数的概念和技术在计算机科学中得到了广泛的应用。例如,在机器学习和深度学习中,我们通常需要对大量的数据进行处理和分析,这些数据可以用向量来表示,而线性代数中的向量运算和矩阵运算可以方便地应用于这些数据的处理中。

在继续之前,需要再定义欧几里得距离。这个距离定义了整个空间的行为,从某种意义上说空间中的距离是影响整个空间行为的基础。欧几里得空间是指具有欧几里得度量的空间,也被称为平直空间。欧几里得度量是指在该空间中测量两点之间距离的方式,通常使用的是欧几里得距离公式。在欧几里得空间中,两点之间的距离是一个非负实数,同时满足三角不等式和对称性等性质。欧几里得空间在数学中有广泛的应用,尤其是在几何学和分析学中。它是研究欧几里得几何的基础,也是分析学中许多概念和定理的基础。在应用领域中,欧几里得空间也被广泛地用于建模和解决实际问题,如计算机视觉、机器学习、物理学等。欧几里得距离公式是计算欧几里得空间中两点距离的公式。假设在欧几里得空间中有两点 $P=(x_1,y_1,z_1)$ 和 $Q=(x_2,y_2,z_2)$,则它们之间的欧几里得距离 $d(P,Q)$ 定义为

$$d(P,Q)=\sqrt{(x_2-x_1)^2+(y_2-y_1)^2+(z_2-z_1)^2}$$

这个公式可以推广到更高维的欧几里得空间中。如果在 n 维欧几里得空间中有两个点 $P=(x_1,x_2,\cdots,x_n)$ 和 $Q=(y_1,y_2,\cdots,y_n)$,则它们之间的欧几里得距离 $d(P,Q)$ 定义为

$$d(P,Q)=\sqrt{(y_1-x_1)^2+(y_2-x_2)^2+\cdots+(y_n-x_n)^2}$$

这个公式在计算机科学和数据分析领域中也经常被用到,如在聚类分析、异常检测、图像处理等方面。

在线性代数中,向量的代数表示指的是在一个指定的坐标系下,用有序数对或有序数组来表示向量。在欧几里得空间中,向量通常用一组有序的实数 $(x_1,x_2,\cdots,x_n)$ 来表示,这组实数被称为向量的坐标或分量。这些实数对应于向量在坐标系中的投影,其中 n 是欧几里得空间的维数。在三维空间中,通常使用笛卡儿坐标系来表示向量,这时一个向量可以用一个三元组 (x,y,z) 来表示,其中 x、y 和 z 分别代表该向量在 x、y 和 z 轴上的分量。例如,向量 $\vec{v}=(1\ 2\ 3)$ 可以表示为三个分量 $(1,2,3)$。在二维空间中,向量通常使用笛卡儿坐标系或极坐标系来表示。在笛卡儿坐标系中,一个向量可以用一个有序数对 (x,y) 来表示,其中 x 和 y 分别代表该向量在 x 和 y 轴上的分量。在极坐标系中,一个向量可以用一个有序数对 (r,θ) 来表示,其中 r 和 θ 分别代表该向量的模长和极角。例如,向量 $\vec{u}=(2,2)$ 可以用有序数对 $(2,2)$ 或 $\left(2\sqrt{2},\dfrac{\pi}{4}\right)$ 来表示。向量的代数表示可以方便地进行向量的加减、数量积、向量积等运算。

如果基向量为 $\vec{i}=(1,0)$ 和 $\vec{j}=(0,1)$,则任意向量 $\vec{v}=(x,y)$ 可以表示为 $\vec{v}=x\vec{i}+y\vec{j}$,即 $\vec{v}=x(1,0)+y(0,1)$,那么 $\vec{i}$ 和 $\vec{j}$ 就是该向量空间的基底。同样地,在三维笛卡儿坐标系中,常用的基向量为 $\vec{i}=(1,0,0),\vec{j}=(0,1,0)$ 和 $\vec{k}=(0,0,1)$。任意向量 $\vec{v}=(x,y,z)$ 可以表示为 $\vec{v}=x\vec{i}+y\vec{j}+z\vec{k}$,即 $\vec{v}=x(1,0,0)+y(0,1,0)+z(0,0,1)$。在向量空间

中,基底是一组线性无关的向量,它们可以用来表示该向量空间中的任意向量。具体来说,如果一个向量空间的维度为 n,那么它可以用 n 个线性无关的向量作为基底。基向量在向量计算中具有重要的作用,它们可以方便地表示向量在坐标系中的位置和方向,也可以用于计算向量的投影、正交分解等问题。基向量是欧几里得空间中一组特殊的向量,它们具有以下性质。

◇ 任意向量都可以表示为基向量的线性组合。

◇ 基向量之间互相垂直。

◇ 基向量的模长为 1。

请注意:在有些书中,向量用小写字母加上一个箭头来表示,如 $\vec{v}$。箭头表示该字母代表的是一个向量而不是一个标量。另一种常见的表示方法是用粗斜体字母表示向量,如 $\boldsymbol{v}$。在某些情况下,向量也可以用单独的小写字母表示,但是在这种情况下需要上下文来确定它是否是一个标量或向量。文中后面的章节统一使用粗斜体小写字母表示向量,并加以说明。

在一个有限维的向量空间中,确定一组标准正交基 $B=\{e_1, e_2, \cdots, e_n\}$,那么所有的向量都可以用 n 个标量来表示。比如说,如果某个向量 v 表示为

$$v = \lambda_1 e_1 + \lambda_2 e_2 + \cdots + \lambda_n e_n$$

那么向量 v 的坐标为 $(\lambda_1, \lambda_2, \cdots, \lambda_n)$,这种方式称为向量的坐标表示,标准正交基的元素为

$$e_1 = (1, 0, \cdots, 0), \quad e_2 = (0, 1, \cdots, 0), \cdots, \quad e_n = (0, 0, \cdots, 1)$$

设向量 v,有坐标系 S。在 S 中定义好若干特殊的基向量 $(e_1, e_2, \cdots, e_n)$,各个基向量共同组成该坐标系下的基底,则向量在各个基方向的投影值即为对应的坐标值,各个投影值组成的有序数组称为该向量在坐标系 S 的坐标,是向量的唯一表示。换言之,其他的向量只需通过将这些基本向量拉伸后再按照平行四边形法则进行向量加法即可表示:$\boldsymbol{a} = a_1 e_1 + a_2 e_2 + \cdots + a_n e_n$,其中 $a_1, a_2, \cdots, a_n$ 分别为 a 在 $e_1, e_2, \cdots, e_n$ 方向的投影。当基底已知时可直接省略各基向量的符号,类似于坐标系上的点直接用坐标表示为 $\boldsymbol{a} = (a_1, a_2, \cdots, a_n)$。向量加法非常简单,如果要两个 n 维向量 $\boldsymbol{a} = (a_1, a_2, \cdots, a_n)$ 和 $\boldsymbol{b} = (b_1, b_2, \cdots, b_n)$ 做加法,必须具有相同的维度,然后 $\boldsymbol{a} + \boldsymbol{b} = (a_1 + b_1, \cdots, a_n + b_n)$。例如,$(1, 2, 3) + (4, 5, 6) = (1+4, 2+5, 3+6) = (5, 7, 9)$。

现在介绍一下标量的概念。标量只是一个数字,可以将其视为来自一维空间 $\mathbb{R}^1$ 的向量,总是可以将向量乘以一个标量。例如,$3 \cdot (1, 4, 6) = (3, 12, 18)$。将一个 n 维向量想象为 n 维空间中的一个点,这个空间将被称为向量空间 $\mathbb{R}^n$。向量空间是现代数学中的一个基本概念,是线性代数研究的基本对象。在线性代数中,一个向量空间的维度是指它所包含的基向量的数量,记作 $\dim(V)$,其中 V 是一个向量空间。如果一个向量空间有一个基,那么这个基的基向量数量是该空间的维度。同一个向量空间的所有基向量数量都是相同的,因此该空间的维度是唯一的。在一个有限维空间中,任何一组基中的元素个数都是定值,等于空间的维度。例如,在各种实数向量空间:$\mathbb{R}^0, \mathbb{R}^1, \mathbb{R}^2, \mathbb{R}^3, \cdots, \mathbb{R}^\infty$ 中,$\mathbb{R}^n$ 的维度就是 n。

为简单起见现在讨论三维实体,但所说的任何内容都可以轻松推广到 n 维情况。三维空间是三维向量所在的地方,其表示为该空间中的点。可以问一个问题,是否存在一个最小向量集用来定义整个三维向量的向量域?答案是肯定的。如果取三个向量 $e_1 = (1, 0, 0)$、$e_2 = (0, 1, 0)$ 和 $e_3 = (0, 0, 1)$,可以用公式表示三维空间中的任何向量:$\lambda_1 e_1 + \lambda_2 e_2 + \lambda_3 e_3$,其中 λ_1、λ_2 和 λ_3 是标量。来看一个例子,如果想用这种方式表示向量 $(1, 34, -28)$,需要将

$\lambda_1 = 1$、$\lambda_2 = 34$ 和 $\lambda_3 = -28$ 代入公式中,称为线性组合。三维向量场中的每个向量都可以定义为向量 e_1、e_2 和 e_3,以及适当的标量组合,集合 $\{e_1, e_2, e_3\}$ 称为三维向量空间的标准正交基,通常记为 $\mathbb{R}^3$。

在线性代数中,一个内积空间的正交基是元素两两正交的基,称基中的元素为基向量。如果一个正交基的基向量的模长都是单位长度 1,则称这正交基为标准正交基或规范正交基。如果令 V 为向量空间且 $B \subseteq V$,然后当且仅当 B 中的所有向量都是线性无关的(即不是彼此的线性组合),并且 B 是 V 中向量的最小生成子集,B 称为 V 的标准正交基。在向量空间中,一组向量如果不存在任何一种有限数量的其他向量的线性组合能够表示出来,那么这组向量就被称为线性无关或线性独立的;反之,如果这组向量中存在某个向量可以被有限数量的其他向量的线性组合所表示,那么这组向量就被称为线性相关的。例如,在三维欧几里得空间 $\mathbb{R}^3$ 的三个向量 $(1,0,0)$、$(0,1,0)$ 和 $(0,0,1)$ 线性无关,但 $(2,-1,1)$、$(1,0,1)$ 和 $(3, -1,2)$ 线性相关,因为第三个是前两个向量的和。

如果 $v_1, v_2, \cdots, v_n$ 是 V 中的一组线性相关的向量,则在域 K 中一定存在非全零的元素 $a_1, a_2, \cdots, a_n$,使得至少存在一个 a_i 不等于 0,并且满足以下条件。

$$a_1 v_1 + a_2 v_2 + \cdots + a_n v_n = 0 \text{ 或 } \sum_{i=1}^{n} a_i v_i = \mathbf{0}$$

其中,$\mathbf{0}$ 表示向量空间 V 中的零向量。这个式子的意思是,存在一组不全为零的系数 $a_1, a_2, \cdots, a_n$,可以将这组向量的线性组合表示成零向量。因为这组向量是线性相关的,所以存在某个向量可以表示成其他向量的线性组合,因此可以通过对这个向量做变换,将式子化简成上述形式。在这个式子中,非零系数的存在表明这组向量之间存在某种依赖关系,因此它们是线性相关的。

现在需要定义向量的一个最重要操作,即内积或点积。具有相同的维度两个向量的内积是一个标量,其被定义为

$$a \cdot b = \sum_{i=1}^{n} a_i b_i = a_1 b_1 + a_2 b_2 + \cdots + a_n b_n = \sum_{i=1}^{n} a_i b_i$$

如果两个向量的点积等于 0,则称为正交向量。向量也有长度,称为向量的模长,a 向量的模长定义为

$$|a| = \sqrt{a \cdot a} = \sqrt{a_1^2 + a_2^2 + \cdots + a_n^2}$$

对于一个非零向量 a,我们可以将它转换为一个归一化向量 v,也称为单位向量,通过将 a 除以它的模长,即 $v = \dfrac{a}{|a|}$。通过这种方式,我们可以将任何非零向量转换为长度为 1 的向量 v,它指向与 a 相同的方向。这种归一化的方式在许多应用中非常有用,例如在机器学习中,通常需要对数据进行归一化,以便在模型训练期间更快地收敛。

内积运算将两个向量映射为一个实数。例如,$(1,2,3) \cdot (4,5,6) = 1 \cdot 4 + 2 \cdot 5 + 3 \cdot 6 = 32$,其计算方式非常容易理解,但是其意义并不明显。内积在向量几何中有很重要的几何意义,它可以用于度量两个向量的相似性,以及计算它们之间的夹角和投影等几何量。具体来说,设 a 和 b 是向量空间中的两个向量,它们的内积定义为

$$a \cdot b = a_1 b_1 + a_2 b_2 + \cdots + a_n b_n = \sum_{i=1}^{n} a_i b_i$$

内积的几何意义可以通过它的几何定义来理解。在二维向量空间中,内积可以表示为

$$\boldsymbol{a} \cdot \boldsymbol{b} = |\boldsymbol{a}||\boldsymbol{b}|\cos\theta$$

其中,θ 是 $\boldsymbol{a}$ 和 $\boldsymbol{b}$ 之间的夹角;$|\boldsymbol{a}|$ 和 $|\boldsymbol{b}|$ 分别是它们的模长。这个式子表明,两个向量的内积是它们模长乘积与夹角余弦值的乘积。因此,内积可以用来度量两个向量之间的相似性。如果两个向量之间的夹角越小,则它们的内积越大,相似性也越高。另外,如果两个向量的内积为 0,则它们是垂直的。此外,内积还可以用来计算向量在某个方向上的投影。具体来说,向量 $\boldsymbol{a}$ 在向量 $\boldsymbol{b}$ 上的投影等于

$$\operatorname{proj}_b(\boldsymbol{a}) = \frac{\boldsymbol{a} \cdot \boldsymbol{b}}{|\boldsymbol{b}|^2}\boldsymbol{b}$$

这个式子告诉我们,向量 $\boldsymbol{a}$ 在向量 $\boldsymbol{b}$ 上的投影等于 $\boldsymbol{a}$ 和 $\boldsymbol{b}$ 的内积除以 $\boldsymbol{b}$ 的长度的平方,再乘以 $\boldsymbol{b}$。这个投影的长度等于 $\boldsymbol{a}$ 在 $\boldsymbol{b}$ 方向上的长度,方向与 $\boldsymbol{b}$ 相同。$\boldsymbol{a}$ 和 $\boldsymbol{b}$ 可以等价表示为 n 维空间中的一条从原点发射的有向线段,为了简单起见,$\boldsymbol{a}$ 和 $\boldsymbol{b}$ 均为二维向量,则 $\boldsymbol{a} = (x_1, y_1)$,$\boldsymbol{b} = (x_2, y_2)$,则在二维平面上 $\boldsymbol{a}$ 和 $\boldsymbol{b}$ 可以用两条发自原点的有向线段表示,如图 1-10 所示。

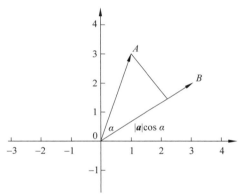

现在从 A 点向 B 点所在直线引一条垂线(从原点到 A 点的线段代表向量 $\boldsymbol{a}$,从原点到 B 点的线段代表向量 $\boldsymbol{b}$),垂线与向量 $\boldsymbol{b}$ 的交点称为向量 $\boldsymbol{a}$ 在向量 $\boldsymbol{b}$ 上的投影,再设向量 $\boldsymbol{a}$ 与向量 $\boldsymbol{b}$ 的夹角是 α,则投影的矢量长度为 $|\boldsymbol{a}|\cos\alpha$,其中 $|\boldsymbol{a}| = \sqrt{x_1^2 + y_1^2}$ 是向量 $\boldsymbol{a}$ 的模长,也就是 A 点到原点的标量长度。向量 $\boldsymbol{a}$ 和 $\boldsymbol{b}$ 的内积等于 A 点到 B 点的投影长度乘以向量 $\boldsymbol{b}$ 的模长。再进一步,如果我们假设向量 $\boldsymbol{b}$ 的模长为 1,即让 $|\boldsymbol{b}| = 1$,那么就 $\boldsymbol{a} \cdot \boldsymbol{b} = |\boldsymbol{a}|\cos\alpha$;也就是说,设向量 $\boldsymbol{b}$ 的模长为 1,则向量 $\boldsymbol{a}$ 和 $\boldsymbol{b}$ 的内积值等

图 1-10　向量 $\boldsymbol{a}$ 在向量 $\boldsymbol{b}$ 上的投影

于 A 点到 B 点所在直线投影的矢量长度,这就是内积的一种几何解释。

矩阵是由 m 行 n 列的元素排列成的矩形数组,通常用大写字母表示。矩阵中的元素可以是实数、复数或其他可加可乘的数,通常把它们表示为 a_{jk},其中 j 表示矩阵中的行数,k 表示矩阵中的列数。为了理解什么是矩阵,借一个例子来理解:

$$\boldsymbol{A} = \begin{bmatrix} a_{11} & a_{12} & a_{13} \\ a_{21} & a_{22} & a_{23} \\ a_{31} & a_{32} & a_{33} \\ a_{41} & a_{42} & a_{43} \end{bmatrix}$$

首先,矩阵中的条目由 a_{jk} 表示,j 表示行,k 表示给定条目的列。矩阵 $\boldsymbol{A}$ 是一个 4×3 维矩阵。请注意,这与 3×4 维矩阵不同。可以将矩阵视为向量的向量,在这里有两个选择:可以被视为向量 $\boldsymbol{a}_{1x} = (a_{11}, a_{12}, a_{13})$、$\boldsymbol{a}_{2x} = (a_{21}, a_{22}, a_{23})$、$\boldsymbol{a}_{3x} = (a_{31}, a_{32}, a_{33})$ 和 $\boldsymbol{a}_{4x} = (a_{41}, a_{42}, a_{43})$ 堆叠成一个新向量 $\boldsymbol{A} = (\boldsymbol{a}_{1x}, \boldsymbol{a}_{2x}, \boldsymbol{a}_{3x}, \boldsymbol{a}_{4x})$;或者可以被视为向量 $\boldsymbol{a}_{x1} = (a_{11}, a_{21}, a_{31}, a_{41})$、$\boldsymbol{a}_{x2} = (a_{12}, a_{22}, a_{32}, a_{42})$ 和 $\boldsymbol{a}_{x3} = (a_{13}, a_{23}, a_{33}, a_{43})$,然后将它们捆绑在一起作为 $\boldsymbol{A} = (\boldsymbol{a}_{x1}, \boldsymbol{a}_{x2}, \boldsymbol{a}_{x3})$。

实际上,向量的维度和矩阵的维度是两个不同的概念。在向量的情况下,维度通常指向量所在的向量空间的维数,也就是向量的元素个数。例如,一个 n 维向量可以表示为一个 $1 \times n$ 的行向量或 $n \times 1$ 的列向量,其中 n 是向量的元素个数。在矩阵的情况下,维度通常指矩阵的行数和列数,也就是矩阵的大小。例如,一个 $m \times n$ 的矩阵具有 m 行和 n 列,其中 m 和 n 是矩阵的行数和列数。虽然向量和矩阵都可以看作一种多维数组,但是它们的维度概念略有不同。向量的维度通常只涉及一个方向,即向量的元素个数,而矩阵的维度通常涉及两个方向,即矩阵的行数和列数。因此,在处理向量和矩阵时,需要注意它们的维度概念的区别。另外,一维矩阵通常也被称为行向量或列向量,它们可以被视为向量的一种形式。具体地说,一个 n 个元素的行向量可以表示为 $1 \times n$ 的矩阵,而一个 n 个元素的列向量可以表示为 $n \times 1$ 的矩阵。因此,行向量和列向量都可以被视为向量的特殊形式,它们具有向量的性质和应用,可以进行向量空间的计算、矢量场分析等。因此,一维矩阵通常也被称为向量,二者在很多情况下是等价的。

　　这两种表示方法无论哪种方式都必须跟踪矩阵的垂直或水平方向。对于矩阵的表示方法,需要定义行向量和列向量这两个标准。行向量是指一个水平方向的向量,它由一个一维数组表示。在矩阵中,行向量通常被用来表示矩阵的一行。列向量是指一个垂直方向的向量,它由一个一维数组表示。在矩阵中,列向量通常被用来表示矩阵的一列。在实际应用中,行向量和列向量的定义非常重要。例如,在计算矩阵乘法时,需要将一个矩阵的行向量与另一个矩阵的列向量进行内积运算,才能得到结果矩阵的每个元素。因此,在定义和操作矩阵时,需要明确指定每个向量是行向量还是列向量,以确保正确计算和结果。行向量是一个 $1 \times n$ 维矩阵,即

$$[a_1 \quad a_2 \quad a_3 \quad \cdots \quad a_n]$$

列向量是一个 $n \times 1$ 维矩阵,即

$$\begin{bmatrix} a_1 \\ a_2 \\ a_3 \\ \vdots \\ a_n \end{bmatrix}$$

　　现在需要一个操作来将行向量转换为列向量,一般来说,将 $m \times n$ 维矩阵转换为 $n \times m$ 维矩阵,同时保持行和列的顺序,这样的操作称为“转置”。形式上,如果有一个 $n \times m$ 矩阵 $\boldsymbol{A}$,然后构造另一个矩阵 $\boldsymbol{B}$,从 $\boldsymbol{A}$ 取出每个 a_{jk} 并将其放在 b_{kj} 的位置,$\boldsymbol{B}$ 被称为 $\boldsymbol{A}$ 的转置,并且由 $\boldsymbol{A}^{\mathrm{T}}$ 表示。如果有一个 $n \times n$ 的矩阵 $\boldsymbol{A}$(称为方阵),并且 $\boldsymbol{A} = \boldsymbol{A}^{\mathrm{T}}$ 成立的,那么这样的矩阵称为对称矩阵。现在从标量乘法开始学习矩阵运算,可以通过将矩阵中的每个条目乘以标量来将矩阵 $\boldsymbol{A}$ 乘以标量 s。

$$s \cdot \boldsymbol{A} = \begin{bmatrix} s \cdot a_{11} & s \cdot a_{12} & s \cdot a_{13} \\ s \cdot a_{21} & s \cdot a_{22} & s \cdot a_{23} \\ s \cdot a_{31} & s \cdot a_{32} & s \cdot a_{33} \\ s \cdot a_{41} & s \cdot a_{42} & s \cdot a_{43} \end{bmatrix}$$

如果想将函数 $f(x)$ 应用于矩阵 $\boldsymbol{A}$,通过将函数应用于所有元素来实现。

$$f(\boldsymbol{A}) = \begin{bmatrix} f(a_{11}) & f(a_{12}) & f(a_{13}) \\ f(a_{21}) & f(a_{22}) & f(a_{23}) \\ f(a_{31}) & f(a_{32}) & f(a_{33}) \\ f(a_{41}) & f(a_{42}) & f(a_{43}) \end{bmatrix}$$

如果两个矩阵 $\boldsymbol{A}$ 和 $\boldsymbol{B}$ 相加,它们必须具有相同的维度,即必须都是 $n \times m$,然后相加对应的条目,结果也将是一个 $n \times m$ 矩阵。例如

$$\boldsymbol{A} + \boldsymbol{B} = \begin{bmatrix} 3 & -4 & 5 \\ -19 & 10 & 12 \\ 1 & 45 & 9 \\ -45 & -1 & 0 \end{bmatrix} + \begin{bmatrix} 4 & -1 & 2 \\ -3 & 10 & 26 \\ 13 & 51 & 90 \\ -5 & 1 & 30 \end{bmatrix} = \begin{bmatrix} 7 & -5 & 7 \\ -22 & 20 & 38 \\ 14 & 96 & 99 \\ -50 & 0 & 30 \end{bmatrix}$$

如果两个矩阵相乘,但是矩阵乘法不可交换,所以 $\boldsymbol{AB} \neq \boldsymbol{BA}$。要将两个矩阵相乘,它们必须具有匹配的维度。如果想将 $\boldsymbol{A}$ 与 $\boldsymbol{B}$ 相乘,即计算 $\boldsymbol{AB}$,$\boldsymbol{A}$ 必须是 $m \times p$ 维,$\boldsymbol{B}$ 必须是 $p \times n$ 维,得到的矩阵 $\boldsymbol{AB}$ 必须是 $m \times n$ 维的。这种"维数一致性"的想法对于矩阵乘法的计算非常重要,但是从这种约定俗成到矩阵相乘具体的方式,还有复杂的过程需要计算,但是了解这个过程是非常重要的。先从一个定义开始,设 $\boldsymbol{A}$ 为 $m \times p$ 的矩阵,$\boldsymbol{B}$ 为 $p \times n$ 矩阵,那么称 $m \times n$ 的矩阵 $\boldsymbol{C}$ 为矩阵 $\boldsymbol{A}$ 与 $\boldsymbol{B}$ 的乘积,记作其中矩阵 $\boldsymbol{C}$ 中的第 i 行和第 j 列元素可以表示为

$$(\boldsymbol{AB})_{ij} = \sum_{k=1}^{p} a_{ik} b_{kj} = a_{i1} b_{1j} + a_{i2} b_{2j} + \cdots + a_{ip} b_{pj}$$

如下所示:

$$\boldsymbol{A} = \begin{bmatrix} a_{1,1} & a_{1,2} & a_{1,3} \\ a_{2,1} & a_{2,2} & a_{2,3} \end{bmatrix} \quad \boldsymbol{B} = \begin{bmatrix} b_{1,1} & b_{1,2} \\ b_{2,1} & b_{2,2} \\ b_{3,1} & b_{3,2} \end{bmatrix}$$

$$\boldsymbol{C} = \boldsymbol{AB} = \begin{bmatrix} a_{1,1} b_{1,1} + a_{1,2} b_{2,1} + a_{1,3} b_{3,1}, & a_{1,1} b_{1,2} + a_{1,2} b_{2,2} + a_{1,3} b_{3,2} \\ a_{2,1} b_{1,1} + a_{2,2} b_{2,1} + a_{2,3} b_{3,1}, & a_{2,1} b_{1,2} + a_{2,2} b_{2,2} + a_{2,3} b_{3,2} \end{bmatrix}$$

注意事项:

◇ 当矩阵 $\boldsymbol{A}$ 的列数等于矩阵 $\boldsymbol{B}$ 的行数时,$\boldsymbol{A}$ 与 $\boldsymbol{B}$ 可以相乘。

◇ 矩阵 $\boldsymbol{C}$ 的行数等于矩阵 $\boldsymbol{A}$ 的行数,$\boldsymbol{C}$ 的列数等于 $\boldsymbol{B}$ 的列数。

◇ 矩阵 $\boldsymbol{C}$ 的第 m 行和第 n 列的元素等于矩阵 $\boldsymbol{A}$ 的第 m 行的元素与矩阵 $\boldsymbol{B}$ 的第 n 列对应元素乘积之和。

在深度学习中,矩阵乘法是一种非常重要的运算,因为它可以用于计算神经网络中的权重更新、前向传播和反向传播等操作,因此对于矩阵乘法的理解和掌握对于深度学习的学习和实践非常重要。

在继续之前必须再定义两类矩阵,第一个是零矩阵,其可以是任意大小,并且所有条目都是零,尺寸将取决于想用其做什么,即取决于要与之相乘的矩阵的维度;第二个是一个单位矩阵,这种矩阵始终是方阵(即两个维度是相同的),并将沿对角线的值为1,所有其他条目为0,即当且仅当 $j = k$ 时 $a_{jk} = 1$,否则 $a_{jk} = 0$。请注意,单位矩阵是对称矩阵。注意每个维度的矩阵只有一个单位矩阵,由于是一个 $n \times n$ 方阵,其不需要指定两个维度,所以单位矩阵可以写为 $\boldsymbol{I}_n$。例如

$$
\boldsymbol{I}_1 = \begin{bmatrix} 1 \end{bmatrix} \quad \boldsymbol{I}_2 = \begin{bmatrix} 1 & 0 \\ 0 & 1 \end{bmatrix} \quad \boldsymbol{I}_3 = \begin{bmatrix} 1 & 0 & 0 \\ 0 & 1 & 0 \\ 0 & 0 & 1 \end{bmatrix} \cdots \quad \boldsymbol{I}_n = \begin{bmatrix} 1 & 0 & \cdots & 0 \\ 0 & 1 & \cdots & 0 \\ \vdots & \vdots & \ddots & \vdots \\ 0 & 0 & \cdots & 1 \end{bmatrix}
$$

在线性代数中,矩阵的正交性是指一个矩阵 $\boldsymbol{Q}$ 满足 $\boldsymbol{Q}^{\mathrm{T}}\boldsymbol{Q} = \boldsymbol{Q}\boldsymbol{Q}^{\mathrm{T}} = \boldsymbol{I}$,其中 $\boldsymbol{Q}^{\mathrm{T}}$ 表示 $\boldsymbol{Q}$ 的转置矩阵,$\boldsymbol{I}$ 表示单位矩阵。也就是说,一个正交矩阵的转置矩阵等于其逆矩阵,即 $\boldsymbol{Q}^{\mathrm{T}} = \boldsymbol{Q}^{-1}$。几何上,正交矩阵表示一种保持向量长度和夹角不变的线性变换,即旋转和镜像。因此,正交矩阵通常用于表示旋转和镜像操作,因为它们可以保持空间的几何结构不变。需要注意的是,正交矩阵并不一定是方阵,在这种情况下只需将 $\boldsymbol{Q}^{\mathrm{T}}\boldsymbol{Q}$ 或 $\boldsymbol{Q}\boldsymbol{Q}^{\mathrm{T}}$ 与相应的单位矩阵进行比较即可。正交矩阵的应用非常广泛。例如,在旋转、镜像、投影等操作中都可以使用正交矩阵来表示变换。此外,在数值计算和深度学习中,正交矩阵也有很多应用,例如在正交化方法中用于将一个矩阵转换为正交矩阵,以及在神经网络中用于限制权重矩阵的值。

在我们目前讨论的概念中,向量可以看作一维矩阵,而矩阵有两个维度,当我们将一个向量扩展到具更多维度的结构时,就需要用到张量(tensor)的概念。在数学和物理学中,张量是一种多线性映射,将向量和对偶向量映射到实数或复数上。在计算机科学和机器学习中,张量是一种多维数组,可以表示任意维度的数据结构。在深度学习中,我们经常使用的张量是高维数组,它们可以表示训练数据、模型参数、梯度等多种类型的数据。通常把向量看作一维张量,矩阵看作二维张量。在深度学习中,我们也会用到更高维的张量,如三维张量、四维张量等。三维张量可以表示图像数据,四维张量可以表示视频数据或者带有时间维度的数据。高维张量在深度学习中的应用非常广泛,它们可以用于表示卷积神经网络中的卷积核和特征图,循环神经网络中的状态向量,以及各种模型的输入、输出和中间状态。张量转置在深度学习中确实是一个常用的操作,它可以将张量的行和列进行交换,从而改变张量的形状。在深度学习中,通常会将张量的行和列进行转置,以便于进行矩阵乘法、卷积运算等操作。在神经网络中,输入数据和网络的参数通常都是表示为张量的形式,而不同的层之间的张量形状可能会不同,这就需要进行张量转置等操作以匹配不同的张量形状,以确保所有操作都可以在相同的数据结构上进行,从而提高计算效率。例如,在卷积神经网络中,通常会使用卷积操作来提取图像中的特征。卷积操作需要将卷积核与输入张量进行卷积运算,而卷积核的形状通常是一个二维张量,因此需要对输入张量进行转置操作,以便于进行矩阵乘法。除了张量转置,深度学习中还有许多其他常用的张量操作,如张量加法、张量乘法、张量拼接等。这些操作可以在不同的层之间进行数据传递和转换,从而实现神经网络的训练和推理。张量是一种广泛应用于数学、物理学、计算机科学等领域的数学工具,可以用于描述多种数据类型,如图像、声音、视频、文本等。在机器学习和深度学习中,张量是深度学习算法的基础数据结构,存储和处理数据的主要数据结构之一,用于表示图像、文本、声音和其他类型的数据。

请注意:通常情况下,表示向量和矩阵的符号大小写是有一定规范的。向量通常用小写字母表示,如 a、b 等;矩阵通常用大写字母表示,如 $\boldsymbol{A}$、$\boldsymbol{B}$ 等。向量和矩阵的元素通常使用相应符号的小写字母表示。例如,b_i 表示向量 b 的第 i 个元素,a_{ij} 表示矩阵 $\boldsymbol{A}$ 的第 i 行第 j 列的元素。有时候也会使用粗体字母表示向量和矩阵,这种表示方法在某些场合中更加方便,可以避免混淆。需要注意的是,这只是一些常见的表示方法,不同的领域和文献可能会有不同的规范。因此,在阅读文献时,需要根据上下文来理解符号的含义。

1.4.4　梯度计算

到目前为止已经分别讨论了导数和向量,现在看看如何理解深度学习中最重要概念,即梯度。在深度学习模型中,梯度计算和优化是非常重要的部分。梯度计算和优化是指通过计算损失函数的梯度并利用梯度下降算法来更新模型参数,以最小化损失函数。这个过程是深度学习模型训练的核心,因为只有通过不断地优化模型参数,才能使模型的预测结果更加准确。同时,由于深度学习模型通常拥有大量的参数,因此需要使用高效的梯度计算和优化算法来保证训练效率。

梯度是一个向量,它描述了某个函数在给定点的变化率,并且指向函数在该点上升最快的方向。具体来说,对于一个可微的多元函数 $f(x_1, x_2, \cdots, x_n)$,其在某个点 $(x_1^0, x_2^0, \cdots, x_n^0)$ 处的梯度为一个向量 $\nabla f(x_1^0, x_2^0, \cdots, x_n^0)$,其中第 i 个分量表示 f 在该点沿第 i 个自变量的变化率。换句话说,梯度是一个向量,它的方向指向函数在该点上升最快的方向,而它的模长表示函数在该点的变化率大小。因此,通过计算梯度,可以找到函数在某个点上升最快的方向,并可以利用梯度下降等优化算法来最小化函数的值。需要注意的是,梯度只描述了函数在某一点的变化率,因此它并不能完全描述函数在整个定义域上的行为。在实际应用中,通常需要使用更复杂的算法和技巧来理解和优化函数的全局行为。

了解了如何计算单个变量函数 $f(x)$ 的导数,自然可以将这个概念扩展到多个变量,可以得到一个通过两个变量定义的数学对象的斜率,其可以通过使用偏导数来做到这一点。在数学中,偏导数的定义是一个多元变量的函数(或称多元函数),对其中一个变量求导或微分,而保持其他变量恒定。函数 f 关于变量 x 的偏导数写为 f_x' 或 $\dfrac{\partial f}{\partial x}$,偏导数的作用与价值在向量分析和微分几何,以及机器学习领域中受到广泛认可。先看一个二元函数的例子 $f(x, y) = (x - y)^2$,变换为 $f(x, y) = x^2 - 2xy + y^2$,将其看作只有一个变量,另一个作为未知常数。函数 $f(x, y)$ 可以解释为 y 是自变量,而 x 为常数的函数:$f(x, y) = f_x(y) = x^2 - 2xy + y^2$。也就是说,每一个 x 的值定义了一个函数,记为 f_x,这是一个一元函数。如果选择 a 作为一个 x 的值,那么 $f(x, y)$ 便定义了一个函数 f_a:$f_a(y) = a^2 - 2ay + y^2$。在这个表达式中,a 是常数而不是变量,因此 f_a 是只有一个变量的函数,这个变量是 y,这样便可以使用一元函数的导数的定义:$f_a'(y) = -2a + 2y$。以上的步骤适用于任何 a 的选择,这些导数合并起来便得到了一个函数,描述了 $f(x, y)$ 在 y 方向上的变化:$\dfrac{\partial f(x, y)}{\partial x} = -2x + 2y$。这就是 $f(x, y)$ 关于 y 的偏导函数,在这里 ∂ 是一个弯曲的 d,称为偏导符号。当然,正如 $f(x, y)$ 对 y 有偏导一样,也有一个关于 x 的偏导:$\dfrac{\partial f(x, y)}{\partial y} = -2x + 2y$。

所以如果有一个函数 $f(x)$,$x_1, x_2, \cdots, x_n$ 作为参数(可以说函数 $f(x)$ 采用 n 维向量作为自变量),将有 n 个偏导函数 $\dfrac{\partial f(x_1, x_2, \cdots, x_n)}{\partial x_1}$,$\dfrac{\partial f(x_1, x_2, \cdots, x_n)}{\partial x_2}$,$\cdots$,$\dfrac{\partial f(x_1, x_2, \cdots, x_n)}{\partial x_n}$。如果存储这些在一个向量中得到:$\left(\dfrac{\partial f(x)}{\partial x_1}, \dfrac{\partial f(x)}{\partial x_2}, \cdots, \dfrac{\partial f(x)}{\partial x_n} \right)$。将此结构称为函数 $f(x)$

的梯度,并将其写为 $\nabla f(x)$。为了表示梯度的第 i 个分量,写成 $\nabla_i f(x) = \dfrac{\partial f(x)}{\partial x_i}$。其中,$\nabla_i f(x)$ 表示函数 $f(x)$ 在点 x 处梯度的第 i 个分量,也就是函数 $f(x)$ 在 x 处沿第 i 个自变量的变化率;$\dfrac{\partial f(x)}{\partial x_i}$ 表示函数 $f(x)$ 对自变量 x_i 的偏导数。

在向量微积分中,梯度是一种关于多元导数的概括。平常的一元(单变量)函数的导数是标量值函数,而多元函数的梯度是向量值函数。多元可微函数 $f(x)$ 在点 P 上的梯度,是以 $f(x)$ 在 P 上的偏导数为分量的向量。就像一元函数的导数表示这个函数图形切线的斜率,如果多元函数在点 P 上的梯度不是零向量,则它的方向是这个函数在点 P 上最大增长的方向,而它的量是在这个方向上的增长率。

在一个 n 元函数 $f(x)$ 中,每个自变量可以取 n 个不同的值。因此,$f(x)$ 可以表示为一个 n 维空间中的点集,其中每个点都对应于一个唯一的自变量组合。这个函数的值也是一个变量,因此需要添加一个维度来表示这个额外的变量。因此,整个函数 $f(x)$ 可以表示为一个 $(n+1)$ 维空间中的点集,其中前 n 个维度表示自变量的取值,最后一个维度表示函数值。此外,由于函数在 $(n+1)$ 维空间中的点集被定义为其图形,它的图形就是一个 $(n+1)$ 维的面。因此,当我们说函数 $f(x)$ 存在于 $(n+1)$ 维空间中,并具有 $(n+1)$ 维的面。对于一个多元函数 $f(x)$,我们可以将其图形看作一个 $(n+1)$ 维空间中的超曲面。我们可以沿着函数图形上的某个点处的法向量方向来计算梯度,这个梯度向量是一个 $(n+1)$ 维向量,其中前 n 个分量表示在函数图形上的 n 个自变量方向上的斜率,而最后一个分量是函数在该点处的变化率。因此,在每一个 $(n+1)$ 个维度对应的超平面上,我们可以计算函数 $f(x)$ 在该点处的斜率组合,得到一个 $(n+1)$ 维梯度向量。基于这个定义,看看如何使用梯度找到 n 元变量函数的最小值。由于梯度中的每个组件是沿超平面每个维度的斜率,可以从其各自的输入分量中减去梯度分量并重新计算函数。当这样做并将新值提供给函数时,将得到一个新的输出,更接近函数的最小值,这种迭代的过程被称为梯度下降(gradient descent)。

在梯度下降法中,我们将当前点沿着梯度的反方向移动一定的步长,可以使函数在该点处的值减小。具体来说,可以按照以下方式更新自变量。

$$x_i \leftarrow x_i - \alpha \frac{\partial f}{\partial x_i}(x_1, x_2, \cdots, x_n)$$

其中,α 是步长;$\dfrac{\partial f}{\partial x_i}(x_1, x_2, \cdots, x_n)$ 是函数 $f(x)$ 在点 $(x_1, x_2, \cdots, x_n)$ 处在第 i 个自变量方向上的偏导数,也就是梯度的第 i 个分量。重复上述步骤,直到满足收敛条件(如迭代次数达到一定值或梯度向量的长度小于某个阈值),即可找到函数的一个局部最小值。需要注意的是,梯度下降法只能保证找到一个局部最小值,而不一定是全局最小值。在梯度下降法中,需要定义一个起始点 $(x_{10}, x_{20}, \cdots, x_{n0})$ 作为初始值。在实际应用中,初始值的选择非常重要,不同的初始值可能会导致算法收敛到不同的局部最小值。通常情况下,可以随机初始化自变量的值。例如,使用均匀分布或正态分布生成随机数。对于某些特定的问题,可能需要对自变量进行一定的预处理。例如,进行归一化或标准化等操作,以提高算法的收敛速度和稳定性。一般来说,可以通过多次运行梯度下降算法,使用不同的初始值来寻找函数的全局最小值。然而,需要注意的是,随着自变量的维度增加,找到全局最小值变得越来越困难,因为函数可能具有多个局部最小值,而且这些局部最小值可能非常接近。因此,在实际应用中,需要根据具体情况选择合适的优化方法和参数设置,以提高算法的收敛速度和找到更优的解。

看一个使用梯度下降求函数最小化的例子。假设有一个简单的函数 $f(x)=x^2+1$,通过梯度下降法找到 x,使其对应的 $f(x)$ 为最小值。首先为 x 选择一个随机的起始值,让其为 $x=3$。当 $x=3$ 时,$f(x)=10$ 且 $\dfrac{\partial f}{\partial x}=\dfrac{\mathrm{d}f}{\mathrm{d}x}=f'(x)=2x=6$;如果迭代步长 α 为 0.3,表示沿着梯度方向移动 30% 的长度,这个值越小结果越精确,但是计算的步骤也多,反之亦然;接下来,对 x 采取重复的步骤,这将产生一个近似的 $f(x)$ 最小值(或者更准确地说是实际最小值的近似)。如果用 $x^{(0)}=3$ 表示 x 的初始值。所以为了得到 $x^{(1)}$,计算

$$x^{(1)}=x^{(0)}-0.3\times f'(x^{(0)})=3-0.3\times 6=1.2$$

继续计算

$$x^{(2)}=x^{(1)}-0.3\times f'(x^{(1)})=1.2-0.3\times 2.4=0.48$$

通过相同的程序,计算 $x^{(3)}=0.19$、$x^{(4)}=0.07$ 和 $x^{(5)}=0.02$,可以继续得到越来越好的近似值。在这个例子中,$x^{(5)}\approx\mathrm{argmin}\,f(x)$[①]$=0$。请注意,如果将 $\mathrm{argmin}\,f(x)=0$ 代入函数 $f(x)$ 中,最小值实际上是 1。如果在梯度下降公式中使用加法而不是减法,会导致在每次迭代中沿着梯度的正方向更新参数,从而寻找函数的最大值而不是最小值。这种方法被称为梯度上升,它是梯度下降的一种变体。与梯度下降相比,梯度上升的主要区别是更新方向的相反。在梯度下降中,朝着梯度的负方向更新参数,以找到函数的最小值。而在梯度上升中,朝着梯度的正方向更新参数,以找到函数的最大值。需要注意的是,无论是梯度下降还是梯度上升,它们的机制是相同的,都涉及对损失函数的梯度进行计算,并沿着相应的方向对参数进行更新。因此,如果改变了更新方向,其他所有步骤都将保持不变。

在深度学习中,使用梯度来更新模型的参数,从而最小化损失函数。在深度学习中,经常使用反向传播算法来计算梯度。反向传播算法是一种有效地计算梯度的方法,它利用了导数和链式法则的概念。在反向传播算法中,首先计算损失函数对输出层的梯度,然后向后传播这些梯度,以计算每个参数的梯度。通过梯度下降或其他优化算法,可以更新参数,以使损失函数最小化。梯度的大小和方向告诉我们应该如何更新参数。梯度的大小告诉我们参数应该沿着哪个方向移动,而梯度的方向表示在这个方向上移动会使损失函数减小最快。总之,梯度是深度学习中非常重要的概念之一,它描述了一个函数在某个点的变化率,反向传播算法通过计算梯度来更新深度学习模型的参数,以最小化损失函数。这部分的内容将在后面的章节中继续学习。

1.4.5　概率分布

概率分布是深度学习中一个非常重要的概念。深度学习算法的目标是从数据中学习到一个能够预测或分类新数据的函数,而这个函数可以被看作一个概率分布。深度学习中最常用的概率分布是高斯分布和伯努利分布,它们被用于描述输入和输出数据的概率分布。

---

①　argmin 是一个数学术语,代表使一个函数取得最小值的变量的取值。更具体地说,对于一个函数 $f(x)$,argmin 指的是能够使 $f(x)$ 取得最小值的 x 的取值。例如,如果 $f(x)=x^2+3x+2$,那么 argmin($f(x)$) 将是使 $f(x)$ 最小的 x 值,即 $x=-\dfrac{3}{2}$。argmin 与 min 有所不同。min 指的是函数取得的最小值,而 argmin 指的是实现这个最小值的变量的值。

例如,对于一个分类问题,可以使用一个伯努利分布来描述每个类别的概率分布。对于一个回归问题,可以使用高斯分布来描述模型预测的概率分布。深度学习算法通常使用一种称为反向传播算法的方法来学习模型的参数。反向传播算法的核心是基于概率分布的损失函数。损失函数用于度量模型预测结果与实际结果之间的差异,它通常是一个概率分布的负对数似然。通过最小化损失函数,模型可以学习到参数,使得模型预测结果与实际结果之间的差异最小化。因此,概率分布和深度学习算法之间的关系是密切的。概率分布提供了深度学习算法描述输入和输出数据的方式,而反向传播算法则利用概率分布来更新模型的参数,以使得模型能够更好地预测和分类新的数据。

理解深度学习算法的底层逻辑还需要探索统计学和概率论中的相关概念。本节只是初步了解一些深度学习算法所需要的浅层知识。在深度学习或机器学习中,预测问题通常是指给定输入的特征向量,任务是对输出向量或输出的条件概率分布进行估计。模型的学习过程是通过训练数据集来构建一个从特定类别中提取的概率分布,该概率分布被用于表示接收到的输入数据的分布。这个学习过程基于有限的、不完整的信息,即训练数据集,而模型的性能评估主要关注模型对未来数据的预测误差。统计学习理论提供了一种框架来评估学习算法的性能和效果。其中一个判别标准是泛化误差,即模型在未见过的数据上的预测误差。泛化误差反映了模型的泛化能力,即模型对未知数据的适应能力。统计学习理论的目标是通过探索模型空间,找到一个能够最小化泛化误差的最优模型。在学习过程中,模型通过最大化似然函数或最小化经验风险来选择最优模型。似然函数反映了模型与训练数据的拟合程度,经验风险则是模型在训练数据上的平均误差。为了避免过拟合,还需要考虑正则化项,它可以惩罚模型复杂度,以防止过度拟合训练数据。总之,深度学习和机器学习中的预测问题涉及从给定的特征向量中对输出向量或条件概率分布进行估计。学习过程基于训练数据集,通过构建一个特定类别中提取的概率分布来表示输入数据的分布。统计学习理论提供了评估学习算法性能的框架,其中泛化误差是重要的判别标准,而模型的选择是通过最大化似然函数或最小化经验风险来进行的。

期望值是概率论和统计学中重要的概念之一,也是应用广泛的概念之一。在离散型随机变量中,期望值是所有可能结果的加权平均值,其中每个结果的权重是其概率。简单地说,期望值代表随机试验的平均结果。在连续型随机变量中,期望值可以被看作曲线下面积的加权平均值,其中每个面积的权重是其概率密度函数。期望值是许多概率论和统计学中重要的量的基础,如方差和协方差等。需要注意的是,期望值并不一定等于随机变量的分布值域的平均值,因为每个结果的权重是其概率,而不是其在值域中的出现次数。同时,期望值也不一定等于随机变量的某个特定结果,因为期望值是所有可能结果的加权平均值。

在离散情况下,假设有一个随机变量 X,它取可能值 $x_1, x_2, \cdots, x_n$ 的概率分别为 $p_1,p_2, \cdots, p_n$,那么 X 的期望值 $E[X]$ 可以表示为

$$E[X] = \sum_{i=1}^{n} x_i p_i$$

这个公式可以被理解为,将 X 的每个可能取值乘以其对应的概率,然后将所有结果加起来。这就是所有可能结果的平均值,即期望值。在掷一枚公平的六面骰子的随机试验中,每一次可能的结果是 1、2、3、4、5 或 6,它们的概率都是相等的,即 1/6,因此骰子的期望值为

$$E(X)=1\times\frac{1}{6}+2\times\frac{1}{6}+3\times\frac{1}{6}+4\times\frac{1}{6}+5\times\frac{1}{6}+6\times\frac{1}{6}=\frac{1+2+3+4+5+6}{6}=3.5$$

掷一枚公平的六面骰子的期望点数是 3.5,但 3.5 却不属于可能结果中的任一个,没有可能掷出此点数。因此,这个结果可以被理解为,如果掷骰子的操作被重复很多次,那么掷出的点数的平均值将趋于 3.5。

如果 X 是一个连续随机变量,它的概率密度函数为 $f(x)$,那么它的数学期望可以通过下面的公式计算。

$$E(X)=\int_{-\infty}^{\infty}xf(x)\mathrm{d}x$$

其中,积分区间为 $(-\infty,\infty)$;x 是随机变量 X 可能取到的值;$f(x)$ 是 X 取到 x 的概率密度函数。概率密度函数是用于描述连续型随机变量的概率分布的函数。对于一个连续型随机变量 X,它的概率密度函数 $f(x)$ 满足以下两个条件。

◇ 对于任意的 x,$f(x)\geqslant0$,即 $f(x)$ 的取值非负。

◇ $\int_{-\infty}^{\infty}f(x)\mathrm{d}x=1$,即 $f(x)$ 在整个实轴上的积分等于 1。

概率密度函数的意义是:如果一个连续型随机变量 X 的概率密度函数是 $f(x)$,则 X 取到 $[a,b]$ 区间内的概率可以表示为 $P(a\leqslant X\leqslant b)=\int_{a}^{b}f(x)\mathrm{d}x$。也就是说,$X$ 取到某一区间的概率等于概率密度函数在该区间上的积分。需要注意的是,概率密度函数和概率函数(或累积分布函数)是不同的概念。概率密度函数描述的是随机变量在某个点上的取值的概率密度,而概率函数描述的是随机变量在某个区间内的取值的概率。

方差(variance)是一种用来衡量数据分散程度的统计量。它计算的是每个数据点与整个数据集平均值之间的差的平方的平均值。方差越大,表示数据的分散程度越大,而方差越小,表示数据的分散程度越小。在统计学中,通常关注的是样本数据集的方差,它是每个样本值与全体样本值的平均数之差的平方值的平均数。可以用以下公式来计算样本方差。

$$S^2=\frac{1}{n-1}\sum_{i=1}^{n}(x_i-\bar{x})^2$$

其中,x_i 是样本数据集中的第 i 个观察值;$\bar{x}$ 是样本数据集的均值;n 是样本数据集的大小。样本方差可以用来度量样本数据集的变异程度。如果样本方差很小,说明样本数据集中的观察值比较接近均值,反之则说明样本数据集中的观察值比较分散。需要注意的是,样本方差的计算使用的是 $n-1$ 而不是 n,这是由于样本方差的计算中需要用到样本均值 $\bar{x}$,而样本均值的计算中已经使用了一个自由度。因此,在计算样本方差时,需要减去这个自由度,从而得到更准确的估计。在概率论中,方差的定义稍有不同,它是随机变量与其数学期望之差的平方的期望值,即

$$var(X)=E[(X-E[X])^2]$$

其中,X 是随机变量;$E[X]$ 是它的数学期望。方差可以用于衡量随机变量的分散程度,如果方差很小,说明随机变量的取值比较集中,反之则说明随机变量的取值比较分散。在数学和统计学中,方差通常使用 var 或 σ^2 表示。其中,σ^2 是方差的希腊字母符号表示法;var 是方差的函数表示法。需要注意的是,在一些文献中,方差可能会用 V 表示,而不是 var。

在概率分布中,设 X 是一个离散型随机变量,它的概率分布为 $P(X=x_i)=p_i$。其中, x_i 是 X 的可能取值; p_i 是 $X=x_i$ 的概率。则 X 的方差 $\mathrm{var}(X)$ 可以按照以下公式计算。

$$\mathrm{var}(X)=\sum_{i=1}^{n}(x_i-E(X))^2 p_i$$

其中, $E(X)$ 是 X 的期望值(也就是均值); n 是 X 的可能取值个数。这个公式的含义是,对于每个可能的取值 x_i,计算它与 X 的期望值 $E(X)$ 的差的平方,并将这个差的平方乘上 x_i 取到的概率 p_i,最后将所有的结果相加。这个式子可以理解为各个取值的偏差(即差的平方)与取到这些取值的概率的加权平均。

对于连续型随机变量 X,若其定义域为 (a,b),概率密度函数为 $f(x)$,则 X 的方差 $\mathrm{var}(X)$ 可以按照以下公式计算。

$$\mathrm{var}(X)=\int_{a}^{b}(x-E(X))^2 f(x)\mathrm{d}x$$

其中, $E(X)$ 是 X 的期望值(也就是均值),可以用以下公式计算。

$$E(X)=\int_{a}^{b}xf(x)\mathrm{d}x$$

这个公式与离散型随机变量的方差计算公式类似,只不过求和变成了积分。公式的含义是,对于每个 $x\in(a,b)$,计算它与 X 的期望值 $E(X)$ 的差的平方,并将这个差的平方乘上 x 的概率密度函数 $f(x)$,最后将所有的结果在定义域 (a,b) 上积分。

标准差(standard deviation)是方差的平方根,具有与原始数据相同的单位,用来表示数据的离散程度或分散程度,也可以看作数据分布的"标准尺度"。标准差的计算公式是 $\sigma=\sqrt{\mathrm{var}(X)}$。可以发现,标准差和方差都是对数据的离散程度进行度量,但是由于方差是平方的,其数值大小可能受到极端值的影响,因此在某些情况下会使用标准差作为更为稳健的度量。另外,由于标准差和原始数据具有相同的单位,更容易和原始数据进行比较和理解。

另外,均方误差(mean squared error,MSE)是各数据偏离真实值差值的平方和的平均数,也就是误差平方和的平均数。

$$\mathrm{MSE}=\frac{1}{n}\sum_{i=1}^{n}(y_i-\hat{y}_i)^2$$

其中, n 是样本数量; y_i 是第 i 个样本的真实值; $\hat{y}_i$ 是第 i 个样本的预测值。均方误差的平方根叫均方根误差(root mean squared error,RMSE),均方根误差才和标准差形式上接近。

在深度学习算法中,期望值是一个非常重要的概念,它通常出现在损失函数中。在训练神经网络时,可以通过调整模型参数来最小化损失函数,使其预测结果与真实结果尽可能接近。而损失函数通常定义为模型预测结果与真实结果的差异的期望值。例如,在分类问题中,损失函数通常采用交叉熵函数。该函数将真实标签的概率分布与模型预测标签的概率分布进行比较,并计算它们之间的差异的期望值。这样,可以将损失函数最小化,从而提高模型的准确率。除了损失函数之外,期望值还出现在深度学习中其他一些重要的概念中,如梯度下降和反向传播。在梯度下降算法中,计算损失函数对模型参数的导数,并将其乘以一个学习率来更新模型参数。而导数的计算也涉及期望值的计算。在反向传播算法中,需要计算损失函数对每个中间变量的导数,这些导数的计算也涉及期望值的计算。因此,期望值在深度学习算法中扮演着非常重要的角色,它不仅是损失函数的基础,也是许多算法的基础。理解期望值的概念和计算方法,对于理解深度学习算法的原理和实现非常重要。

另外,概率具有多种有用的性质,可以用来理解和优化深度学习算法。以下是其中的一些性质。

◇ 随机性:概率是随机事件的量度,因此可以用来表示深度学习中的随机性,如随机初始化、随机扰动等。在模型训练中,随机性可以用来提高模型的鲁棒性,避免过拟合等问题。

◇ 不确定性:概率可以表示模型的不确定性,如模型预测的置信度、置信区间等。在深度学习中,不确定性是一个重要的问题,因为深度学习模型通常是非常复杂的,并且在处理现实世界的数据时会存在许多不确定性。

◇ 贝叶斯统计:概率可以用来进行贝叶斯统计,即在给定数据和先验分布的情况下推断模型参数和超参数。贝叶斯统计可以用来解决过拟合、优化超参数等问题。

◇ 最大似然估计:概率可以用来进行最大似然估计,即在给定数据的情况下推断模型参数。最大似然估计是深度学习中常用的优化方法,如训练神经网络时的梯度下降。

◇ 信息熵:概率可以用来表示信息熵,即信息的不确定度。在深度学习中,熵可以用来度量模型预测的不确定度,从而提高模型的准确性。

条件概率就是事件 A 在事件 B 发生的条件下发生的概率。条件概率表示为 $P(A\mid B)$,读作"A 在 B 发生的条件下发生的概率"。联合概率表示两个事件共同发生的概率。A 与 B 的联合概率表示为 $P(A\bigcap B)$,或者 $P(A,B)$,或者 $P(AB)$。边缘分布指在概率论和统计学的多维随机变量中,只包含其中部分变量的概率分布。设 A 与 B 为样本空间 Ω 中的两个事件,其中 $P(B)>0$。那么在事件 B 发生的条件下,事件 A 发生的条件概率为

$$P(A\mid B)=\frac{P(A\bigcap B)}{P(B)}=\frac{P(B\mid A)P(A)}{P(B)}$$

当且仅当两个随机事件 A 与 B 满足 $P(A\bigcap B)=P(A)P(B)$ 的时候,它们才是统计独立的,这样联合概率可以表示为各自概率的简单乘积。同样,对于两个独立事件 A 与 B 有 $P(A\mid B)=P(A)$,以及 $P(B\mid A)=P(B)$。换句话说,如果 A 与 B 是相互独立的,那么 A 与 B 这个前提下的条件概率就是 A 自身的概率;同样,B 在 A 的前提下的条件概率就是 B 自身的概率。

全概率公式是概率论中非常重要的公式之一,它描述了如何计算一个复杂事件的概率,这个复杂事件可以分解为若干互不相交的简单事件。全概率公式的表达式如下:

$$P(A)=\sum_{i=1}^{n}P(A\mid B_i)P(B_i)$$

其中,$B_1,B_2,\cdots,B_n$ 是一个完备事件组,即它们是两两互不相交的事件,且它们的并集等于样本空间 S;$P(B_i)$ 是事件 B_i 的概率,也称为先验概率;$P(A\mid B_i)$ 是在给定事件 B_i 发生的条件下,事件 A 发生的条件概率,也称为后验概率。

贝叶斯公式是用于计算条件概率的一种方法,它描述了在已知事件 B 发生的情况下,事件 A 发生的概率。具体而言,贝叶斯公式表达式如下:

$$P(A\mid B)=\frac{P(B\mid A)\cdot P(A)}{P(B)}$$

其中,$P(A|B)$是在已知事件 B 发生的条件下,A 发生的概率;$P(B|A)$是在已知事件 A 发生的条件下,事件 B 发生的概率;$P(A)$是事件 A 发生的边缘概率;$P(B)$是事件 B 发生的边缘概率。

最大似然估计是一种常用的参数估计方法,也是深度学习中常用的优化方法之一。在深度学习中,通常使用最大似然估计来优化模型参数,使其能够最好地拟合训练数据。例如,当训练神经网络时,可以将每个样本的标签看作是由一个参数为 θ 的概率分布生成的。假设神经网络的输出为 $\hat{y}$,那么可以将神经网络的输出看作 $\hat{y}$ 的条件分布,即 $p(\hat{y}|x,\theta)$。给定训练数据$(x_1,y_1),(x_2,y_2),\cdots,(x_N,y_N)$,可以将这些样本的联合概率分布表示为

$$p(y_1,y_2,\cdots,y_N \mid x_1,x_2,\cdots,x_N,\theta) = \prod_{i=1}^{N} p(y_i \mid x_i,\theta)$$

这里,$p(y_i|x_i,\theta)$表示给定输入 x_i 和参数 θ,输出为 y_i 的概率。最大似然估计就是寻找一个参数 θ,使得观测数据的联合概率分布最大,即

$$\hat{\theta}_{\mathrm{ML}} = \underset{\theta}{\mathrm{argmax}}\, p(y_1,y_2,\cdots,y_N \mid x_1,x_2,\cdots,x_N,\theta)$$

在实际应用中,通常采用对数似然函数来代替上述公式中的概率,这样可以将乘积转化为求和,便于计算和优化。因此,最大似然估计的问题可以转化为最大化对数似然函数 $L(\theta) = \log p(y_1,y_2,\cdots,y_N|x_1,x_2,\cdots,x_N,\theta)$。

$$\hat{\theta}_{\mathrm{ML}} = \underset{\theta}{\mathrm{argmax}}\, L(\theta)$$

最大似然估计是一种常用的优化方法。例如,在神经网络中使用梯度下降来最大化对数似然函数 $L(\theta)$。在训练过程中,通过反向传播算法计算梯度,并使用梯度下降更新模型参数,以达到最大化对数似然函数的目的。

信息熵是一种度量信息量不确定度的方法,通常用于度量概率分布的不确定性。在深度学习中,可以利用信息熵来度量模型预测的不确定度,从而提高模型的准确性。在概率论中,给定一个概率分布 P,其信息熵 $H(P)$ 定义为

$$H(P) = -\sum_{i=1}^{n} P(x_i)\log P(x_i)$$

其中,n 表示所有可能事件的数量;x_i 表示第 i 个事件。信息熵反映了概率分布的不确定程度,当概率分布越不确定时,信息熵越大。

在深度学习中,可以使用信息熵来度量模型预测的不确定度。例如,在分类问题中,对于每个测试样本,神经网络会输出一个概率分布,表示该样本属于每个类别的概率。我们可以使用信息熵来度量这个概率分布的不确定度,从而判断模型的预测可靠性。具体地,对于一个样本 x,假设神经网络的输出为 $p(x)$,则其信息熵可以表示为

$$H(p(x)) = -\sum_{i=1}^{n} p(x_i)\log p(x_i)$$

其中,n 表示所有可能的类别数量。当信息熵越大时,表示模型的预测结果越不确定,可以根据信息熵的大小来调整模型的预测结果,从而提高模型的准确性。

马尔可夫链是一种随机过程,它满足马尔可夫性质,即在给定当前状态下,未来的状态只与当前状态有关,与过去的状态无关。这个过程可以被用于描述一系列离散的状态和状态之间的转移概率。马尔可夫链通常由一个状态空间和一个转移矩阵组成。状态空间包含

所有可能的状态,转移矩阵描述了从一个状态到另一个状态的概率。具体来说,假设一个随机过程的状态集合为 $S_1,S_2,\cdots,S_n$,在任意时刻 t,该过程处于状态 S_i 的概率为 $P_t(i)$,则该过程是一个马尔可夫链,当且仅当满足以下条件。

◇ 转移概率矩阵:存在一个 $n \times n$ 的概率矩阵 P,其中 P_{ij} 表示从状态 S_i 转移到状态 S_j

的概率,且对于任意 i 和 j,都有 $P_{ij} \geqslant 0$,且 $\sum\limits_{j=1}^{n} P_{ij} = 1$。

◇ 马尔可夫性质:对于任意状态 S_i 和 S_j,以及任意时刻 t 和 s,有

$$P(X_{t+s}=j \mid X_t=i,X_{t-1}=i_{t-1},\cdots,X_0=i_0)=P(X_{t+s}=j \mid X_t=i)$$

其中,X_t 表示在时刻 t 该随机过程的状态。

在深度学习中,许多模型都可以看作马尔可夫链,如循环神经网络和马尔可夫决策过程等。概率论可以帮助我们分析这些模型的性质,如收敛性和平稳分布等。具体来说,可以利用概率论中的马尔可夫链理论来分析这些模型的长期行为。如果这些模型满足一些假设条件,可以使用马尔可夫链的平稳分布来描述它们的长期行为。这些假设条件包括有限状态空间、正常的转移概率、不可约性和正常的周期性。在深度学习中,循环神经网络是一种特殊类型的马尔可夫链。在循环神经网络中,每个时间步都有一个隐藏状态,它的值取决于当前时间步的输入和前一个时间步的隐藏状态。可以使用概率论中的马尔可夫链理论来分析循环神经网络的收敛性和稳定性,从而更好地理解和优化这些模型。

1.4.6　代码示例

这部分的示例在 c01.math.ipynb 文件中。首先,定义一个简单的目标函数 $f(x)=x^2-2x-3$,其中 x 是实数。由于梯度下降使用梯度,定义 $f(x)$ 的梯度,也就是 $f(x)$ 的一阶导数,即 $\nabla f(x)=2x-2$。

```
def func(x):
    return x * * 2 - 2 * x - 3

def fprime(x):
    return 2 * x - 2
```

接下来,定义用于在优化过程中绘制目标函数和学习路径的 Python 函数。学习路径是指每个下降步骤之后的点 x。如图 1-11 所示,可以很容易地看到 $f(x)$ 在 $x=1$ 处具有最小值,因此 $\min f(x)=-4$。假设从 $x=-4$ 开始(由下面的点 P 表示),观察梯度下降是否可以找到局部最小值 $x=1$。定义一个简单的梯度下降算法如下。对于步骤 k 开始的每个点 x_k,保持步长 α_k 不变,并将方向 p_k 设置为梯度值的负值(在 x_k 处的最陡下降),使用的公式为

$$x_{k+1}=x_k+\alpha_k p_k$$

而梯度仍然高于某个容差值(在例子中是 1×10^{-5}),并且步数仍然低于某个最大值(在例子中是 1000)。

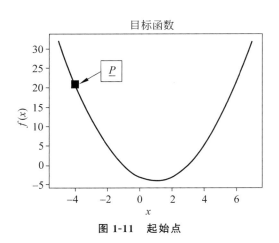

图 1-11　起始点

```
def GradientDescentSimple(func, fprime, x0, alpha, tol=1e-5, max_iter=1000):
    #initialize x, f(x), and -f'(x)
    xk=x0
    fk=func(xk)
    pk=-fprime(xk)
    #initialize number of steps, save x and f(x)
    num_iter=0
    curve_x=[xk]
    curve_y=[fk]
    #take steps
    while abs(pk)>tol and num_iter<max_iter:
        #calculate new x, f(x), and -f'(x)
        xk=xk +alpha * pk
        fk=func(xk)
        pk=-fprime(xk)
        #increase number of steps by 1, save new x and f(x)
        num_iter +=1
        curve_x.append(xk)
        curve_y.append(fk)
    #print results
    if num_iter==max_iter:
        print('Gradient descent does not converge.')
    else:
        print('Solution found:\n y ={:.4f}\n x ={:.4f}'.format(fk, xk))

    return curve_x, curve_y
```

从 $x=-4$ 开始,我们在不同场景下对 $f(x)$ 运行梯度下降算法:$\alpha_k=0.1$(图 1-12)、$\alpha_k=0.9$(图 1-13)、$\alpha_k=1\times10^{-4}$(图 1-14)、$\alpha_k=1.01$(图 1-15)。

这是得到的:

◇ 第一个场景(图 1-12)表现得比较完美,即使步长是恒定的,方向也会朝着零减小,因此会导致收敛。

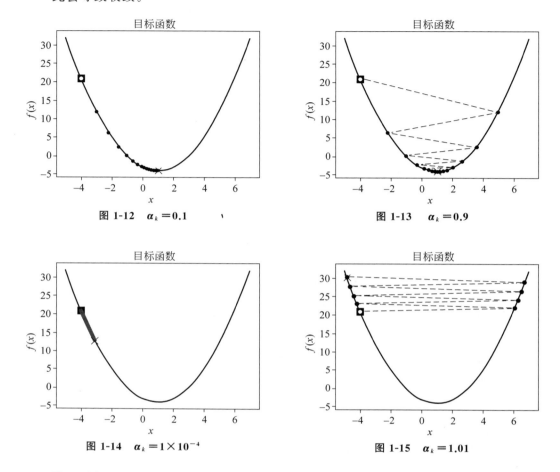

图 1-12　$\alpha_k = 0.1$

图 1-13　$\alpha_k = 0.9$

图 1-14　$\alpha_k = 1 \times 10^{-4}$

图 1-15　$\alpha_k = 1.01$

✧ 第二种情况也会收敛(图 1-13),但由于步长选择了较大的值,学习路径而围绕最低点来回振荡。

✧ 第三种情况是学习路径一直向着最低点(图 1-14),然而步长是如此之小,以至于迭代次数达到程序设置的最大值,虽然增加 max_iter 将解决问题,但需要更长的时间才能找到最低点。

✧ 第四种情况由于步长选择得太大(图 1-15),所以找最低点的过程不收敛(发散)。在这里,设置 max_iter＝8 以使可视化。

总而言之,找到最低点 $x = 1$ 可以通过具有正确步长的梯度下降来达到。

1.5　机器学习基础

机器学习和深度学习都是人工智能的重要分支,它们都涉及使用算法从数据中自动提取模式和知识,但它们之间存在一些不同。机器学习是指从数据中自动提取模式和知识的算法的集合。它主要有两种类型:监督学习和无监督学习。监督学习需要给算法提供带标签的数据,以帮助算法学习从输入到输出的映射关系。常见的监督学习算法有决策树、朴素贝叶斯、支持向量机和神经网络等。无监督学习则不需要标签，它的目的是自动发现数据的结构和模式，如聚类、关联规则和降维等算法。深度学习是一种机器学习算法，它利用多层神经网络模拟人类大脑的工作方式来自动从数据中学习模式和知识。它可以处理大量数据和复杂模型，并能够自动提取高级特征。深度学习的模型通常包含多个隐含层，每个隐含层都由许多神经元组成。在训练过程中，神经网络通过反向传播算法自动调整模型参数，以最小化损失函数。总的来说，深度学习算法是机器学习算法的一种特定类型，它可以在图像识别、自然语言处理、语音识别等领域中取得卓越的表现。但是，它也需要大量的数据和计算资源，并且对算法参数的选择和调整需要更多的专业知识和技巧。

深度学习算法是机器学习算法的一种，因此理解机器学习算法可以帮助读者更好地理解深度学习算法。机器学习算法涉及从数据中自动提取模式和知识，它们可以被视为深度学习算法的基础。深度学习算法在机器学习算法的基础上，利用多层神经网络模拟人脑的工作方式来自动地学习特征表示，可以自动发现数据中的高级特征，而无须人工特征工程。因此，学习机器学习算法可以让读者熟悉算法的基本概念和原理，如监督学习和无监督学习、特征选择和数据预处理等，这些都是深度学习算法所涉及的基础概念。如果读者想深入学习深度学习算法，了解机器学习算法是非常有帮助的，因为深度学习算法的很多概念和技术都建立在机器学习的基础之上。

贝叶斯学派和频率学派是机器学习中两种主要的统计学派别，它们有着不同的方法和应用。简单来说，频率学派主张将概率看作事件在长期重复实验中发生的频率，而贝叶斯学派则认为概率是一种表示信念或不确定性的方式。在机器学习中，频率学派和贝叶斯学派都有着广泛的应用。频率学派主要应用于监督学习问题中的参数估计和假设检验，如线性回归、逻辑回归和支持向量机等。在这些问题中，频率学派使用极大似然估计等方法来寻找最优参数，以最小化训练数据上的预测误差。贝叶斯学派在机器学习中的应用则更加多样化，包括参数估计、模型选择、不确定性量化等。贝叶斯学派使用贝叶斯定理来更新先验概率分布，并将先验概率与数据集结合起来计算后验概率分布。贝叶斯学派也提供了一种统一的框架来解决模型选择问题。例如，通过贝叶斯信息准则（Bayesian Information Criterion，BIC）和超参数调优等方法。总之，贝叶斯学派和频率学派在机器学习中都有着重要的应用，具体的选择取决于具体问题和研究目标。

关于两派的具体思想本书不做深入研究，本书仅探讨它们在机器学习中的一点应用，其中包括朴素贝叶斯和逻辑回归。朴素贝叶斯模型基于贝叶斯定理和条件独立性假设，将分类问题转化为对于类别先验概率和条件概率的估计。具体地，对于每个类别 y_i，朴素贝叶斯模型需要估计其先验概率 $P(y_i)$ 和条件概率 $P(x|y_i)$，其中 x 是输入的特征向量。这些概率可以通过训练集来进行估计。在测试时，朴素贝叶斯模型根据贝叶斯定理，将输入特征向量 x 分别代入每个类别的条件概率，再乘上相应类别的先验概率，最终选择具有最大概率的类别作为预测结果。相比之下，逻辑回归使用的是极大似然估计的思想，不考虑条件的先验分布，而将其视为均匀的分布。具体地，逻辑回归通过对训练集进行拟合，估计出一个参数向量，然后使用逻辑函数将特征向量 x 转化为一个概率值，表示为 $P(y=1|x)$，然后使用交叉熵损失函数来训练模型参数。在测试时，逻辑回归直接根据训练好的参数向量和输入的特征向量 x 计算出预测结果。因此，朴素贝叶斯和逻辑回归的区别在于它们所使用的模型假设和参数估计方法。朴素贝叶斯需要先验概率和条件概率的估计，而逻辑回归只需

要对参数进行估计。而且,朴素贝叶斯假设特征之间是相互独立的,这可能不符合实际情况;而逻辑回归假设特征之间是线性相关的,可以更好地处理特征之间的关系。

1.5.1　什么是分类

在机器学习中,分类问题是一种广泛应用的问题类型,其中算法试图对数据进行分类,并将其分为不同的类别。例如,在图像识别中,算法可以学习将图像分为"有车"或"没车"的两个类别;在预测中,算法可以学习将数据分类为"上涨"或"下跌"的两个类别,以便进行股票交易决策等。对于分类问题,机器学习有两种主要方法:知识工程和基于数据的机器学习。这两种方法都可以用来解决分类和预测问题。在知识工程方法中,需要手动选择某些属性或属性组合作为标志性特征,然后使用专业的知识和经验来创建分类器。这种方法需要专家来设计特征和规则,然后使用这些规则来分类数据。这种方法的优点是可以控制特征的选择和分类器的行为,并且可以提供高精度的分类器。但是,这种方法需要人工干预,因此在应对大量数据或者复杂的数据集时会变得非常耗时和不实际。相比之下,基于数据的机器学习方法可以让算法自己从数据中学习到特征和规律,而无须人工干预。这种方法不需要专业知识,只需要提供足够多的训练数据和一个合适的算法。这种方法的优点是可以应对大量和复杂的数据,并且可以自适应地学习和改进。但是,这种方法的分类器可能不够可解释和可控,因为它们的决策规则可能难以解释或预测。

因此,选择哪种方法取决于应用的特定需求和数据集的特征。在某些情况下,知识工程方法可能更好,因为需要高精度和可解释性;在其他情况下,基于数据的机器学习方法可能更适合,因为需要更好的扩展性和自适应性。这是目标:专注于机器学习的方法和算法。

想象一下有两类动物,比如"狗"和"猫"。如图 1-16 所示,每只"狗"都标为"X",所有"猫"都标为"O"。有两个属性长度和重量,每个特定的动物都有与之相关的两个属性,它们一起形成空间中的一个数据点,其中横轴和纵轴代表属性,在机器学习中属性称为特征。动物可以有一个标签或目标来说明它是什么:标签可能是"狗"和"猫";或简单的"1"和"0"。请注意,如果遇到多分类问题,如"狗""猫"和"仓鼠",可以先执行"狗"和"非狗"的分类,然后对"非狗"数据点分类执行"猫"和"非猫"分类。

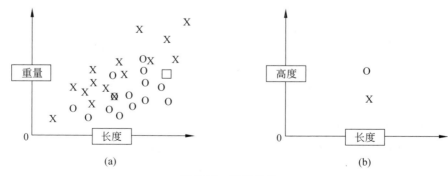

图 1-16　二元分类

如图 1-16 所示,假设第三个属性是高度,需要一个三维坐标系或空间。一般来说,如果有 n 个属性,将需要一个 n 维系统。想象一下二维与三维空间的情况下发生的情况,两只不同的动物具有相同的二维坐标,图1-16(a)中的"X"和"O"的重叠点,如果一种新动物有这样的长度和重量,将无法断定它是什么。但是图1-16(b)添加了一个 z 轴:如果知道它的高度(坐标 z),对于一个是20,另一个是30,现在可以在这个三维空间中轻松地分开它们,但是如果想在它们之间绘制边界,需要一个平面而不是一条线。而这个边界绘制实际上是分类的本质。这一分类的关键是添加一个新特征,将二维空间扩展一个新维度便于更好地分类。在四维或更高的空间中,这个将动物分开的平面称为超平面,是机器学习中最重要的概念之一。一旦在 n 维空间中有了将两个类分开的超平面,就可能知道对于一个新的未标记数据点是什么,只须查看它是落在平面的哪一侧。

超平面是高维空间中的平面。例如,一维空间中的超平面是一个点,而在二维空间中,它只是一条线。可以将分类视为试图找到一个将不同数据点组分开的超平面的过程。一旦定义了特征,数据集中的每个样本都可以被认为是多维特征空间中的一个点。该空间的每个维表示一个特征的所有可能值,点的坐标是该样本的每个特征值。机器学习算法的任务将是绘制一个超平面来分隔具有不同类别的点,现在困难的部分是绘制一个好的超平面。回到只有一条线的二维世界并查看一些示例,"X"和"O"代表狗和猫,是标记的数据点,而小方块代表新的未标记数据点。请注意,这些新数据点拥有所有属性,只是缺少一个现在需要确定的标签,查看新数据点在超平面的哪一侧,然后添加超平面那一侧的标签。机器学习方法尝试绘制超平面以便它很好地适合现有的标记数据点。图1-17绘制了不同的超平面,超平面 A 确实以一种方式分离了大部分数据点,但是还不能完全做到这一点;而超平面 B 一侧可以做到完全的区分,另一侧情况就不好。

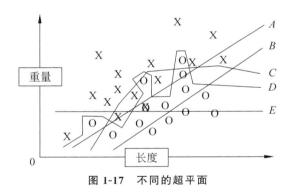

图1-17 不同的超平面

在营销环境中,可以将上述问题重新表述为"如何确定最有可能购买产品的人("O"代表的分类)?"。在这种情况下,超平面可以用于区分哪些人最有可能购买产品和哪些人不太可能购买产品,那么像 B 这样的超平面将提供一个非常有用的区分。具体地说,可以使用一组特征来描述潜在客户,如年龄、性别、收入水平、教育程度等。然后,可以将这些特征用于训练一个机器学习模型,该模型可以根据这些特征来预测一个人是否会购买产品。在这个模型中,超平面可以被视为一个决策边界,它将特征空间分为两个区域:一个区域包含最有可能购买产品的人,另一个区域包含不太可能购买产品的人。这种区分非常有用,因为它可以帮助营销人员更好地定位潜在客户,并有针对性地制定营销策略,从而提高产品销售的效率和成功率。

超平面 E 的分类效果比超平面 A 差,但要定义它只是需要简单的一个重量阈值,比如重量＞5。在这里,可以很容易地将它与其他参数结合起来,并通过纯逻辑方式找到更好的分离方式。虽然超平面是一种简单而有效的分类器,但在某些情况下,例如,需要对复杂的数据进行分类或者需要理解分类器的决策过程,它可能不太适合。在这种情况下,决策树是一种非常有用的机器学习模型,它可以将数据集分成多个小的子集,并在每个子集中确定一个最佳的分类规则。决策树的分类效果比超平面更好,并且通过对树的结构进行分析,可以深入了解分类器的决策过程。与超平面不同,决策树的分类规则可以使用逻辑运算符(如大于、小于和等于),以及逻辑连接词(如或、与和非)来表示。这使得决策树更容易理解,并且可以通过手动调整分类规则来改进分类效果。此外,决策树还具有良好的可解释性,因为可以将每个分裂点看作一个特征,这些特征可以帮助我们解释分类器的决策过程。这对于某些领域非常重要,如医疗领域或金融领域,因为这些领域需要对分类器的决策进行透明度和解释性的要求更高。

超平面 D 看起来很不错,它将所有的"X"都放在了一侧,所有的"O"都放在了另一侧。为什么不使用它呢? 原因是可能会担心一个完美拟合现有数据的超平面,因为数据中总会存在一些噪声,从图中分析,可以看到在一堆"X"中出现了零星的"O"。而一个新的数据点恰好落在噪声点上,可能会是一个"X"。换一种想法,如果这里没有"O",超平面 D 还会为了这个区域绕一个这样的圈吗? 很可能不会;如果总体"O"的数量中有25%出现在这里,超平面 D 绕一个这样的圈是否合理? 很可能是。所以,好像有一个模糊的限制,即想看到的"O"的数量,才能使这样的一个圈显得合理。关键在于期望分类器对新实例有良好的表现,而在旧数据下表现100%的分类器可能会从数据点中学习噪声,而不是重要和必要的信息。所以,虽然超平面 D 可以完美地将所有数据分开,但是它可能会过度拟合现有的数据,并学习到噪声信息,从而不能很好地对新数据进行分类。因此,需要在精确度和泛化能力之间取得平衡。而超平面 C 似乎找到了一个合理的分离面,虽然不是完美的,但可以较好地捕捉数据中的普遍趋势,同时也有更好的泛化能力,能够更好地对新数据进行分类。因此,在选择超平面时,需要考虑数据的特点和对模型的需求,以达到最佳的分类效果。

然而,就像超平面 A 和 B,尤其是 E 一样,我们希望分类器拥有一些简单性。尝试在 z 轴上绘制一个新的特征(长度/重量),如图 1-18(b)所示。实际上通过一个简单的三维平面可以将这两个类分开,当可以用直线的超平面将 n 维空间中的两个类分开时,此分类器是线性可分的。

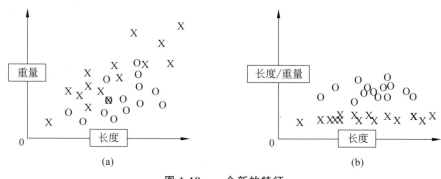

(a)   (b)

图 1-18   一个新的特征

通常可以找到一个特征,然后将其添加为一个新维度,这使得两个类(几乎)线性可分。

上例的人为添加特征,在这种情况下它被称为特征工程,是不是可以设计算法能够自动完成特征的查找? 自动化特征工程是机器学习中非常重要的一个研究领域,目的是让机器能够自动从原始数据中提取出有用的特征,而不需要人工干预。自动化特征工程的主要思想是设计算法能够自动完成特征的查找、提取和组合等操作,以便于训练模型。自动化特征工程的方法包括基于遗传算法、贪心算法、神经网络、决策树等。这些方法都是以数据为基础,通过对数据进行转换、组合等操作,从而自动提取有用的特征。例如,遗传算法可以通过进化过程来筛选和组合出最优的特征集合,贪心算法可以通过局部最优化来逐步提取有用的特征,神经网络可以通过多层神经元来学习数据中的特征等。在深度学习中,自动特征提取是深度学习的核心优势之一。深度学习模型可以通过多层神经网络来学习数据中的特征,这些特征可用于训练分类器或回归器。深度学习模型的自动特征提取能力使得其在很多领域都具有优异的表现,如图像识别、自然语言处理等。总之,自动化特征工程是机器学习中非常重要的一个研究领域,它可以减少人工干预,提高模型的准确率和泛化能力。随着机器学习和深度学习的不断发展,自动化特征工程的研究将会变得越来越重要。值得注意的是,自动化特征学习的效果很大程度上取决于数据集的复杂性、数据量和特征的难以捕捉程度。对于一些简单的数据集,手动特征工程可能仍然是一个更好的选择。但对于大多数真实世界的问题,特征学习已经成为一种非常有效的自动化特征工程方法。尽管以后的深度学习算法会做到这一点,但是在此之前理解手动过程也很重要。

到目前为止,已经探索了数字特征,如身高、重量和长度。数字特征具有两个属性:首先是顺序,因为 1 在 3 之前,并且 3 在 14 之前,所以可以得出 1 在 14 之前;其次是可以将它们相加和相乘。还有一种特征是分类特征,其中只有类别的名称,无法从中推断出任何信息,如动物的颜色,如表 1-1 所示。

表 1-1　动物属性特征

Length(长度)	Weight(重量)	Colour(颜色)	Label(类别)
34	7	Black	Dog
59	15	White	Dog
54	17	Brown	Dog
78	28	White	Dog

分类特征很常见,但是机器学习算法不能接受分类特征,它们必须被转换。在机器学习中,one-hot 编码是处理分类数据的常用方法,如表 1-2 所示,因为许多机器学习模型输入变量要求是数字,所以分类变量需要在预处理部分进行转换。

表 1-2　one-hot 编码处理分类特征

Length(长度)	Weight(重量)	Brown(棕)	Black(黑)	White(白)	Label(类别)
34	7	0	1	0	Dog
59	15	0	0	1	Dog
54	17	1	0	0	Dog
78	28	0	0	1	Dog

　　序数特征确实是一种特殊类型的特征,它与数值型特征和分类特征不同。序数特征表示的是一种有序的关系,如比赛中的名次或学生的等级等。对于序数特征,它们的取值是有序的、可比较的,但在一些情况下,它们的数值之间的距离并不具有实际的意义。在这种情况下,序数特征的数值可以被视为一种标签或者类别,但是并不能像数值型特征那样进行加减、乘除等数值运算。在机器学习中,对于序数特征的处理方式通常取决于具体的问题和应用场景。对于某些算法(如决策树),序数特征可以被当作数值型特征或者分类特征进行处理,具体的处理方式取决于算法的实现和参数设置。而对于一些需要对序数特征进行数值运算的算法,如线性回归、支持向量机等,通常需要将序数特征转换为数值型特征才能使用。需要注意的是,对于序数特征的处理需要根据具体情况进行,不能简单地将其视为分类特征或数值型特征进行处理,否则可能会导致模型性能的下降。

　　机器学习模型将以非常不同的方式处理不同的数据类型。决策树模型对分类特征的处理方式确实是将其拆分成与其取值个数相同的子结点,但对于连续的数值型特征,决策树并不是将其视为序数特征,而是将其视为数值型特征,根据某个阈值将其分为两个子结点。在树的构建过程中,决策树会根据某种标准来选择最佳的特征和阈值进行分裂,其中包括信息增益、基尼不纯度、平均方差等指标。这些指标都是根据特征的属性和值来计算的,而不是将其简单地视为序数特征。贝叶斯分类器是一种基于概率模型的分类算法,它使用贝叶斯定理来计算一个给定输入数据点属于每个类别的概率,并选择概率最大的类别作为预测结果。在贝叶斯分类器中,序数特征通常被视为分类特征,因为它们的取值是有限的、有序的,且之间存在一定的大小关系。对于定量特征,为了能够在贝叶斯分类器中使用,需要将其离散化为有限数量的离散值。这个过程被称为离散化或分箱(binning),可以使用多种方法来完成,如等距离离散化、等频率离散化、k-means 离散化等。离散化的目的是将连续的数值型特征转换为分类特征,从而适应贝叶斯分类器的模型假设。需要注意的是,离散化过程可能会损失原始特征的信息,因此需要根据实际问题和数据情况来选择合适的离散化方法和参数,以获得更好的模型性能和准确度。

　　在机器学习中,对于序数特征的处理通常需要一些特定的技巧和方法。由于序数特征的取值之间缺乏线性尺度,因此不能像连续特征一样进行加减操作。然而,仍然有一些方法可以将序数特征转换为连续特征,以便能够在机器学习模型中使用。一种常见的方法是对序数特征进行编码。例如,可以将序号编码为数字,然后使用这些数字作为特征值。这样,可以使用距离度量来表示不同值之间的差异,并将序数特征合并到基于距离的模型中。具体而言,可以使用各种距离度量来衡量不同序号之间的差异,如曼哈顿距离、欧几里得距离或闵可夫斯基距离等。另一种方法是使用一些非线性转换来将序数特征映射到连续特征空间中。例如,可以使用一些变换函数,如指数函数或对数函数来将序数特征映射为连续特征值。这样,可以在机器学习模型中使用这些转换后的特征值。最后,还有一些基于树的模型,如决策树和随机森林,可以直接处理序数特征。这是因为这些模型在每个结点上使用二元切分来将特征分成两个子集,因此不需要对序数特征进行编码或转换。总之,在机器学习中处理序数特征需要一些特定的技巧和方法。在选择特征表示和模型时,应该考虑特征的属性和目标任务的需求,并选择最合适的方法来处理序数特征。

　　通过对输入和输出的简要描述来总结本节中的所有监督学习算法。每个监督学习算法都接收一组带有标签的训练数据点(它们是行向量)。在这个阶段,算法通过调整其内部参数来创建一个超平面。这个阶段被称为训练阶段：它接收带有相应标签的行向量（称为训练样本）作为输入，不会产生任何输出。相反，在训练阶段，算法只是调整其内部参数（通过这种方式创建超平面）。下一个阶段被称为预测阶段。在这个阶段，训练好的算法接收一些没有标签的行向量，并根据超平面创建标签（取决于行向量在超平面的哪一侧）。这些行向量本身只是来自如表 1-2 所示的行，因此对应于第三行训练样本的行向量只是 (54,17,1,0,0,Dog)。如果它是一个需要预测标签的行向量，它看起来是一样的，除了最后没有"Dog"标记。

1.5.2　一个简单的分类器：朴素贝叶斯

本节将探讨最简单的分类器，称为朴素贝叶斯分类器。朴素贝叶斯分类器至少从 1961 年就开始使用，但由于其简单性很难确定贝叶斯定理应用研究的终点，以及朴素贝叶斯分类器的研究从哪里开始。朴素贝叶斯模型（naive Bayes model）是基于贝叶斯定理与特征条件独立假设的分类方法。与决策树模型相比，朴素贝叶斯模型发源于古典数学理论，有着坚实的数学基础，以及稳定的分类效率。同时，朴素贝叶斯模型所需估计的参数很少，对缺失数据不太敏感，算法也比较简单。理论上，朴素贝叶斯模型与其他分类方法相比具有最小的误差率。但是实际上并非总是如此，这是因为朴素贝叶斯模型假设属性之间相互独立，这个假设在实际应用中往往是不成立的，这给朴素贝叶斯模型的正确分类带来了一定影响。

朴素贝叶斯分类器基于贝叶斯定理，并且它还假设所有特征都是有条件地相互独立的，这就是名称中存在"朴素"的原因。这意味着每个特征在预测能力方面都有"自己的分量"：特征之间没有捎带或协同作用关系。我们将重命名贝叶斯定理中的变量，使其更具机器学习的感觉。设一个样本的特征向量为 x，对应的类别标签为 y，那么

$$P(y \mid x) = \frac{P(x \mid y) \cdot P(y)}{P(x)}$$

其中，$P(y|x)$ 是在给定特征 x 的条件下类别 y 的后验概率；$P(x|y)$ 是在给定类别 y 的条件下特征 x 的概率；$P(y)$ 是类别 y 的先验概率；$P(x)$ 是特征 x 的边缘概率。在机器学习中，常常使用贝叶斯定理来进行分类。给定一个新的样本特征 x，可以通过计算不同类别 y 的后验概率 $P(y|x)$，来决定将样本分类到哪个类别。为了计算后验概率，需要先估计先验概率 $P(y)$ 和条件概率 $P(x|y)$，这可以通过训练数据集来完成。在训练过程中，统计每个类别的样本数量，以及在每个类别下每个特征出现的次数，从而估计出先验概率和条件概率。

可以将贝叶斯定理推广到适用于多维特征向量的情况。假设样本特征向量 x 包含 n 个特征，那么样本特征向量 x 的联合概率密度函数（即联合分布），即

$$P(x \mid y) = P(x_1, x_2, \cdots, x_n \mid y)$$

为了计算条件概率 $P(x_1, x_2, \cdots, x_n | y)$ 和先验概率 $P(y)$，可以使用训练数据集来估计。一种常用的方法是使用极大似然估计，即假设训练数据集是从真实概率分布中独立同分布采样得到的，然后使用训练数据集中的样本计算概率密度函数的参数。对于朴素贝叶斯分类器，假设不同特征之间是相互独立的，因此条件概率可以表示为各个特征概率的乘积。

$$P(x_1, x_2, \cdots, x_n \mid y) = P(x_1 \mid y) \cdot P(x_2 \mid y) \cdots P(x_n \mid y)$$

这样就可以计算后验概率 $P(y|x)$，并选择具有最高后验概率的类别作为样本的分类结果。通过一个简单的例子来看看这在实践中是如何工作的。假设正在构建一个分类器来判断文本是否与体育有关，训练数据有 5 句话，如表 1-3 所示。

表 1-3 训练数据

文　　本	标　　签
"A great game"	Sports
"The election was over"	Not sports
"Very clean match"	Sports
"A clean but forgettable game"	Sports
"It was a close election"	Not sports

现在,句子"a very close game"属于哪个标签? 由于朴素贝叶斯是一个概率分类器,我们要计算句子"a very close game"是"Sports"的概率和它不是"Sports"的概率,然后取最大的一个。如果用公式方式写,我们想要的是：$P(\text{"Sports"}|\text{"a very close game"})$,假设句子是"a very close game",句子的标签是"Sports"的概率。

创建机器学习模型时,需要做的第一件事是决定使用什么作为特征。但在这种情况下,需要以某种方式将此文本转换为可以进行计算的数字。那么该怎么办? 可以简单地使用词频,也就是说忽略了词序和句子结构,将每个文档视为它包含的一组单词,文档的特征将是每个单词的计数。在例子中,使用这个贝叶斯公式得到条件概率。

$$P(\text{"Sports"}|\text{"a very close game"}) = \frac{P(\text{"a very close game"}|\text{"Sports"}) \times P(\text{"Sports"})}{P(\text{"a very close game"})}$$

对于分类器,只是想找出哪个标签的概率更大,$P(\text{"a very close game"})$这对两个标签都是相同的,所以可以丢弃除数然后进行比较两个概率。

$$P(\text{"a very close game"}|\text{"Sports"}) \times P(\text{"Sports"})$$

$$P(\text{"a very close game"}|\text{"Not Sports"}) \times P(\text{"Not Sports"})$$

因为实际上可以计算这些概率。只计算"a very close game"这个句子在"Sports"标签中出现的次数,除以总数得到 $P(\text{"avery close game"}|\text{"Sports"})$。但是有一个问题："a very close game"没有出现在训练数据中,所以这个概率为零。当想要分类的每个句子都出现在训练数据中,该模型才会很有用,对于实际问题来说是很难实现的,所以这里就体现了朴素的意义：假设句子中的每个单词都独立于其他单词,这意味着我们不再查看整个句子而是查看单个单词。所以就目的而言,"this was a fun party"与"this party was fun"和"party fun was this"是一样的,把它写成

$$P(\text{"a very close game"}) = P(\text{"a"}) \times P(\text{"very"}) \times P(\text{"close"}) \times P(\text{"game"})$$

这个假设非常强大且非常有用,这就是使该模型在少量数据或可能被错误标记的数据的情况下运行良好的原因,下一步就是将其应用于之前的内容。

$$P(\text{"A very close game"}|\text{"Sports"}) = P(\text{"a"}|\text{"Sports"}) \times P(\text{"very"}|\text{"Sports"}) \times$$
$$P(\text{"close"}|\text{"Sports"}) \times P(\text{"game"}|\text{"Sports"})$$

而现在,所有这些单词实际上在训练数据中出现了好几次,可以计算它们。最后一步就是计算每个概率,看看哪个概率更大。计算概率只是计算训练数据。

（1）首先计算每个标签的先验概率,对于训练数据中的给定句子,$P(\text{"Sports"}) = \dfrac{3}{5}$,$P(\text{"Not Sports"}) = \dfrac{2}{5}$。

（2）然后计算 $P(\text{"game"}|\text{"Sports"})$，表示"game"一词在标记为"sports"的文本中出现的次数为 2，除以标记为"sports"的文本中的总词数为 11，所以 $P(\text{"game"}|\text{"Sports"})=\dfrac{2}{11}$。但是，在这里遇到了一个问题："close"没有出现在任何文本中，这意味着 $P(\text{"close"}|\text{"Sports"})=0$。要将它与其他概率相乘，所以最终会得到 0，这种方式根本不会给出任何信息，所以必须想办法解决。通过使用称为拉普拉斯平滑的方法将每个计数加 1，因此它永远不会为零。为了平衡这一点将可能单词的数量添加到除数，因此条件概率的结果永远不会大于 1。在例子中，可能的单词是['a', 'great', 'very', 'over', 'it', 'but', 'game', 'election', 'clean', 'close', 'the', 'was', 'forgettable', 'match']，由于可能的单词数是 14，应用平滑得到 $P(\text{"game"}|\text{"Sports"})=\dfrac{2+1}{11+14}$。完整的结果如表 1-4 所示。

表 1-4　完整的结果

单　词	P（单词|**Sports**）	P（单词|**Not Sports**）
a	$(2+1)\div(11+14)$	$(1+1)\div(9+14)$
very	$(1+1)\div(11+14)$	$(0+1)\div(9+14)$
close	$(0+1)\div(11+14)$	$(1+1)\div(9+14)$
game	$(2+1)\div(11+14)$	$(0+1)\div(9+14)$

（3）现在只需将所有概率相乘，看看哪个更大。

$$P(\text{"a"}|\text{"Sports"})\times P(\text{"very"}|\text{"Sports"})\times P(\text{"close"}|\text{"Sports"})\times$$
$$P(\text{"game"}|\text{"Sports"})\times P(\text{"Sports"})$$
$$=2.76\times10^{-5}=0.000\,027\,6$$

与

$$P(\text{"a"}|\text{"Not Sports"})\times P(\text{"very"}|\text{"Not Sports"})\times P(\text{"close"}|\text{"Not Sports"})\times$$
$$P(\text{"game"}|\text{"Not Sports"})\times P(\text{"Not Sports"})$$
$$=0.572\times10^{-5}=0.000\,005\,72$$

比较两个概率的大小，最终分类器为"a very close game"提供了"Sports"标签。

1.5.3　一个简单的神经网络：逻辑回归

逻辑回归（logistic regression）使用极大似然估计的思想来估计模型的参数。具体来说，假设给定一组输入特征和相应的二元标签，目标是找到一组参数（也称为权重），使得该模型对于给定的输入能够最大化输出标签的概率。这相当于最大化似然函数，即在给定参数下观察到数据的概率。在逻辑回归中，通常假设输出标签服从伯努利分布[1]，即标签的取

---

①　伯努利分布是一种离散型概率分布，描述的是单次实验的结果只有两种可能的情况，如投掷硬币或者赌博等。伯努利分布的参数为 p，表示某一次实验中某一种结果发生的概率，另一种结果发生的概率为 $1-p$。伯努利分布的期望和方差分别为：$E(X)=p$ 和 $\text{var}(X)=p(1-p)$。伯努利分布是二项分布的特殊情况，当二项分布的试验次数 $n=1$ 时，二项分布就变成了伯努利分布。伯努利分布常常用于建立分类模型。例如，将某一个特征分为两类（0 和 1），伯努利分布可以用来表示该特征在样本中出现的概率。

值只有 0 和 1 两种可能。在这种情况下,似然函数可以被视为一个关于参数的函数,它表示给定观察数据的条件下,参数取值的可能性大小。然后,使用最大似然估计来选择最优的参数值,使得观察到数据的概率最大化。在逻辑回归中,通常假设参数的先验分布是均匀分布,这意味着每个参数值在先验概率上是等可能的。这种假设通常是为了简化问题,并且在许多实际应用中都能得到很好的结果。但是,在某些情况下,可能希望考虑不同的先验分布,如贝叶斯逻辑回归等方法。这些方法允许我们更好地控制模型的复杂度,并更好地处理过拟合和欠拟合问题。

监督学习算法分为分类算法和回归算法两种,其实就是根据类别标签分布类型为离散型、连续性而定义的。对于回归算法而言,其目标是预测一个连续型变量的数值,因此回归算法主要针对数值型样本进行预测和建模,而不是针对分类预测。回归算法通常应用于探索自变量与因变量之间的关系,以及用于预测连续型变量的值。相比之下,分类算法则主要针对离散型样本进行分类预测。分类算法的目标是将数据分为不同的类别。例如,将邮件分为垃圾邮件和非垃圾邮件,将图像分为猫和狗等。分类算法通常用于探索自变量与离散型因变量之间的关系,以及用于预测未知样本所属的类别标签。因此,回归算法和分类算法有不同的应用场景和目标。回归算法适用于探索和预测连续型变量的数值,而分类算法适用于探索和预测离散型变量的类别标签。

逻辑回归可以被视为一个二元分类器,它使用 Sigmoid 函数将输入的实数值映射到 0 和 1 之间的概率,然后通过概率的独立分布进而得到损失函数。逻辑回归可以看作一种线性分类器,它的决策边界是一个超平面,而且这个超平面是由样本特征的线性组合得到的。因此,逻辑回归本质上是一个超平面分类器。但是,逻辑回归的损失函数不是直接由样本到超平面的距离范数来度量的,而是使用了一个概率模型来描述数据,并使用交叉熵损失函数来优化模型参数。具体来说,逻辑回归假设样本的标签服从伯努利分布,然后使用逻辑函数将线性组合转换为概率值。接着,逻辑回归使用交叉熵损失函数来度量模型预测结果与真实标签之间的差距,从而调整模型参数。虽然逻辑回归的损失函数不是直接由样本到平面的距离范数来度量的,但是可以将其转换为这种形式。例如,在支持向量机中使用的就是这种形式的损失函数。但是需要注意的是,这种转换不是逻辑回归的本质特征,而是一种对于损失函数的不同度量方式,不同的损失函数度量方式可以在不同的问题中起到不同的作用。

逻辑回归本质上是一种基于统计学的回归算法,它的目标是建立一个能够将输入特征映射到对应的输出类别的映射关系。具体来说,逻辑回归使用一个 Sigmoid 函数来建立输入特征和输出类别之间的非线性映射关系,并利用最大似然估计等统计学方法来估计模型参数。这些模型参数可以用于预测新的样本的类别。在机器学习中,逻辑回归通常被用作二元分类算法,即将样本分为两个类别,如“是”或“否”“1”或“0”等。逻辑回归将样本的输入特征映射到一个实数值,并使用一个阈值来将样本分配到不同的类别中。如果映射值超过阈值,则将样本分配到类别 1 中,否则将其分配到类别 0 中。逻辑回归的一个重要特点是可以输出类别的概率估计值,这些概率值可以用于识别分类器的不确定性和进行后续决策。例如,在医学诊断中,逻辑回归可以用于预测某种疾病的患病风险,并输出患病的概率估计值,这可以帮助医生更准确地制定治疗方案和建议。因此,逻辑回归算法既是一种基于统计学的回归算法,也是一种常用的分类器,在机器学习中具有广泛的应用价值。

在逻辑回归中,模型的输出是一个 0~1 的实数,表示某一样本属于某个类别的概率估计值,即"预测概率"。但是,逻辑回归模型并不是直接计算样本属于某个类别的概率。相反,它计算的是样本属于该类别的"可能性",即在给定输入特征的情况下,模型预测为该类别的"可能性"有多大。这个"可能性"值被用来进行样本的分类和预测。在逻辑回归模型中,通常使用 Sigmoid 函数将"可能性"值映射到 0～1 的实数,表示样本属于该类别的"概率估计"。这个概率估计值可以用于加权求和或其他后续处理,但它并不是真正的概率值,因为它不具有概率的性质(如归一性和可加性等[①])。需要注意区分它与真正的概率值之间的差异。在使用逻辑回归模型进行预测和分类时,应该使用它输出的"概率估计值",并根据具体应用需求进行加权求和或其他后续处理。

逻辑回归和线性回归都是回归模型,但是它们的应用场景和方法不同。逻辑回归假设因变量 y 服从伯努利分布,而线性回归假设因变量 y 服从高斯分布[②]。线性回归是用于建立连续型输出变量与一个或多个连续型或分类型输入变量之间的关系的回归分析方法。它的目标是预测一个连续型的输出变量,通过最小化实际输出值与预测值之间的差异来找到最佳拟合的直线或平面。逻辑回归是一种广义线性回归模型,通常用于建立二分类或多分类输出变量与一个或多个连续型或分类型输入变量之间的关系的分类分析方法。它的目标是预测一个离散型输出变量,如二元分类中的"是"或"否",或多元分类中的多个类别之一。它使用 Sigmoid 函数将输入变量映射到一个概率值,该概率值可以被解释为该输出变量为正例的概率。因此,逻辑回归是一种特殊的线性回归模型,它使用 Sigmoid 函数对线性回归模型进行了转换,以将其应用于二分类或多分类问题。

由于逻辑回归是一种监督学习算法,必须将目标值包含在训练集的行向量中。假设有三个训练用例 $x_A = (0.2, 0.5, 1, 1)$,$x_B = (0.4, 0.01, 0.5, 0)$ 和 $x_C = (0.3, 1.1, 0.8, 0)$。如图 1-19 所示,可以看到逻辑回归的示意图,逻辑回归的计算部分可以分为两个方程。

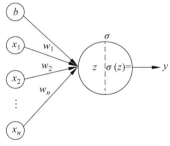

$$z = b + w_1 x_1 + w_2 x_2 + w_3 x_3$$

Sigmoid 函数

$$y = \sigma(z) = \frac{1}{1 + e^{-z}}$$

图 1-19　逻辑回归示意图

第一个等式显示如何通过线性方程计算输入数据,深度学习中的输入总是用 x 表示。神经元的输出总是用 y 表示,第二个是 Sigmoid 函数,如图 1-20 所示,我们可以观察到一些直观的特性:函数的取值在 0～1,且在 0.5 处为中心对称,并且越靠近 $x = 0$ 的取值斜率越大。

逻辑回归是一种基于 Sigmoid 函数实现的预测模型。逻辑回归模型的主要任务是给定

---

① 概率的两个基本性质是归一性和可加性。归一性指所有可能事件的概率之和应该等于 1,而可加性指两个独立事件的概率之和等于它们的联合概率。但是,概率估计值并不一定满足这些性质,因为它们可能被截断、缩放或含入,或者可能基于一些假设或模型,使得它们不再满足概率的基本性质。

② 高斯分布(Gaussian distribution),也被称为正态分布(normal distribution),是统计学中重要的概率分布之一。它的概率密度函数为 $f(x) = \frac{1}{\sigma\sqrt{2\pi}} e^{-\frac{(x-\mu)^2}{2\sigma^2}}$。其中,$\mu$ 表示均值;σ 表示标准差。高斯分布的图像呈钟形曲线,中心点位于均值 μ 处,标准差 σ 决定了曲线的宽窄程度。高斯分布在自然界和社会科学中都有广泛应用,例如在物理学中用于描述粒子的位置和速度分布,生物学中用于描述基因表达的变化,金融学中用于描述股票收益的分布,等等。

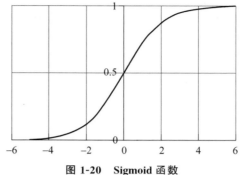

图 1-20　Sigmoid 函数

一些历史的 (X,Y)，其中 X 代表具有 n 个特征值样本，Y 的取值是 $(0,1)$，分别代表两种分类结果。通过对这些历史样本的学习从而得到一个数学模型，给定一个新的 X 能够预测出 Y。逻辑回归模型是一个二分类模型，即对于一个 X 输入样本预测 Y 事件发生或不发生。对于一个事件发生的情况，往往不能得到 100% 的预测，因此逻辑回归可以得到一个事件发生的可能性，超过 50% 则认为事件发生，低于 50% 则认为事件不发生。

如果将上面两个等式连接并稍微整理一下，可以得到

$$y = \sigma(b + w_1 x_1 + w_2 x_2 + w_3 x_3)$$

为了计算 y，除了 x 还需要权重 w 和偏差 b。逻辑回归的重点是学习一组好的权重向量和偏差来实现良好的分类，但是权重和偏差是什么？实际上，权重应该控制输入中的每个特征 x_n 对输出 y 起作用的程度。对于权重向量 w，它的每一个维度的值代表了这个维度的特征对于最终分类结果的贡献大小。假如这个维度是正说明这个特征对于结果是有正向的贡献，那么它的值越大说明这个特征对于分类为正起到的作用越重要。可以直观地将它们视为百分率，区间不限于 $0\sim1$，对于超过 1 的权重可以将其视为对特征 x_n 作用度的放大。

偏差 b 有些复杂，在数学上偏差称为截距，用于产生偏移，曾经被看作阈值，但是这里的行为有点不同。这种行为是：将简单地计算输入的加权和，如果它高于偏差 b 则神经元将输出 1，否则输出 0，如图 1-21(a)所示；如果使用 $\sigma(z)$ 方程代替，而是 $0\sim1$ 的值，如图 1-21(b)所示。就目前而言，偏差可以作为权重之一被处理。在逻辑回归中，偏差表示对于给定的输入数据逻辑回归模型预测输出的偏移量，被用于调整模型的决策边界，从而影响对输入数据的预测。模型的决策边界是指分隔正负样本的超平面。当输入数据经过线性变换后，如果输出值大于 0.5，则预测为正样本；如果输出值小于 0.5，则预测为负样本。通过调整偏差的值，可以改变决策边界的位置，从而影响模型对输入数据的预测。例如，如果偏差为正，则决策边界会向正样本偏移，因此模型会更容易将输入数据预测为正样本；反之，如果偏差为负，则决策边界会向负样本偏移。

现在根据输入的数据人工计算将解释逻辑回归的机制。需要权重和偏差的起始值，通常通过高斯随机变量随机生成，但为了简单起见将通过取 $0\sim1$ 的随机值来生成一组权重和偏差。现在，需要通过 one-hot 编码传递输入行向量并且规范化它们，但假设它们已经被编码和规范化，所以有 $\boldsymbol{x}_A = (0.2, 0.5, 0.91, 1)$，$\boldsymbol{x}_B = (0.4, 0.01, 0.5, 0)$ 和 $\boldsymbol{x}_C = (0.3, 1.1, 0.8,$

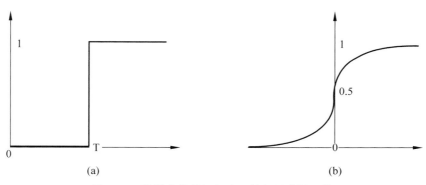

图 1-21 数学中的截距与实际神经元激活函数

0),并假设随机生成的权重向量是 $w=(0.1,0.35,0.7)$,偏差为 $b=0.66$。现在输入 x_A 到方程中,即

$$y_A = \sigma(0.66+0.1 \cdot 0.2+0.35 \cdot 0.5+0.7 \cdot 0.91) = \sigma(1.492) = \frac{1}{1+e^{-1.492}} = 0.8163$$

注意到结果 0.8163 和实际的标签 1。现在输入第二个 x_B 向量,即

$$y_B = \sigma(0.66+0.1 \cdot 0.4+0.35 \cdot 0.01+0.7 \cdot 0.5) = \sigma(1.0535) = \frac{1}{1+e^{-1.0535}} = 0.7414$$

再次注意结果 0.7414 和实际的标签 0。现在将最后一个 x_C 向量,即

$$y_C = \sigma(0.66+0.1 \cdot 0.3+0.35 \cdot 1.1+0.7 \cdot 0.8) = \sigma(1.635) = \frac{1}{1+e^{-1.635}} = 0.8368$$

再次注意结果 0.8368 和实际的标签 0。似乎很明显,对 x_A 向量分类做得很好,但未能正确分类 x_B 和 x_C 输入向量,现在应该以某种方式更新权重,但要做到这一点需要评估分类器的糟糕程度。为了测量这一点需要一个误差函数,将使用平方误差之和(sum of squared error,SSE)。

$$E = \frac{1}{2}\sum_n (t^{(n)} - y^{(n)})^2$$

当然还有其他可以使用的误差函数,但平方误差之和是最简单的函数之一。t 是目标或标签,y 是模型的实际输出。$t^{(n)}$ 的指数部分是训练样本的索引,因此 $t^{(k)}$ 将表示第 k 个训练行向量的目标,现在计算平方误差之和。

$$E = \frac{1}{2}\sum_n (t^{(n)} - y^{(n)})^2 = \frac{1}{2}((1-0.8163)^2 + (0-0.7414)^2 + (0-0.8368)^2) = 0.641\,75$$

现在随机更新 w 和 b,得到 $w=(0.1,0.36,0.3)$ 和 $b=0.25$,这样就完成了一个权重调整周期,通常称为一个"Epoch"。重新计算输出和新的平方误差之和,看看是否新的权重集更好。

$$y_A^{\text{new}} = \sigma(0.25+0.1 \cdot 0.2+0.36 \cdot 0.5+0.3 \cdot 0.91) = \sigma(0.723) = \frac{1}{1+e^{-0.723}} = 0.6732$$

$$y_B^{\text{new}} = \sigma(0.25+0.1 \cdot 0.4+0.36 \cdot 0.01+0.3 \cdot 0.5) = \sigma(0.4436) = \frac{1}{1+e^{-0.4436}} = 0.6091$$

$$y_C^{new} = \sigma(0.25 + 0.1 \cdot 0.3 + 0.36 \cdot 1.1 + 0.3 \cdot 0.8) = \sigma(0.916) = \frac{1}{1 + e^{-1.635}} = 0.7142$$

$$E^{new} \& = \frac{1}{2}((1 - 0.6732)^2 + (0 - 0.6091)^2 + (0 - 0.7142)^2)$$

$$= \frac{0.1067 + 0.371 + 0.51}{2} = 0.4938$$

可以清楚地看到整体误差已经降低,可以继续这个过程多次,误差会减少直到某一点停止下降并趋于稳定,在极少数情况下它甚至可能表现出混乱的行为。这就是逻辑回归的本质,也是深度学习的核心,其所做的一切都是对 w 和 b 的更新或修改。

现在将注意力转向数据的表示。到目前为止,使用了展开过程的视角以便可以清楚地看到一切,但看看如何可以使程序更紧凑并且计算速度更快。请注意,虽然数据集是一个集合(顺序无关紧要),但是可以将 x_A、x_B 和 x_C 放入一个向量中,模拟成队列或堆栈一个接一个使用它们。但由于它们也共享相同的结构,即每个行向量中相同位置具有相同的特征,可以选择矩阵来表示整个训练集。这在计算意义上也很重要,因为大多数深度学习代码是 C 语言编程,而数组(矩阵的编程等价物)是 C 语言中的本地数据结构,并且对它们的计算速度非常快,所以要做的就是首先将 n 个 d 维的输入向量变成大小为 $n \times d$ 的输入矩阵。在例子中这是一个 3×3 矩阵。

$$\boldsymbol{X} = \begin{bmatrix} 0.2 & 0.5 & 0.91 \\ 0.4 & 0.01 & 0.5 \\ 0.3 & 1.1 & 0.8 \end{bmatrix}$$

将目标(标签)保存在一个单独的向量中,并且必须非常小心不要从开始对目标向量和数据集矩阵进行混淆,因为矩阵的行和目标向量的分量顺序是唯一的可以再次连接它们的属性。在例子中目标向量是 $\boldsymbol{t} = (1, 0, 0)$。

然后,将注意力转向权重。在神经网络中,偏差可以被看作一个特殊的权重,它与每个神经元的输入相乘,并且与输入矩阵的其他列相加。为了使偏差能够被视为权重,可以将其添加到输入矩阵的第一列中,并将输入矩阵的第一列设置为1,这样偏差就可以与其他输入相加了。权重的数量将需要与输入向量的维度一样多。此外,如果复杂的分类器有不止一个神经元,将需要很多倍的权重,如果有 5 维输入行向量和 3 个神经元将需要 5×3 的权重,使用 5×3 权重矩阵来存储它。可以通过简单的矩阵乘法来完成所有输入数据的加权计算,这说明了可以应用称为快速计算的通用深度学习策略:尝试使用矩阵(和向量)乘法和转置尽可能多地完成工作。这将是一种精确的计算方法,而不是近似值。使用矩阵乘法来计算神经元的输出可以节省时间并减少计算量,同时还可以轻松地实现向量化。

回到前面的示例中有三个输入,在输入前面添加 1 列以便为权重矩阵中的偏差腾出空间,新的输入矩阵现在是一个 3×4 矩阵。

$$\boldsymbol{X} = \begin{bmatrix} 1 & 0.2 & 0.5 & 0.91 \\ 1 & 0.4 & 0.01 & 0.5 \\ 1 & 0.3 & 1.1 & 0.8 \end{bmatrix}$$

现在可以定义权重矩阵是一个 4×1 矩阵,第一个是偏差,其他是权重。

$$W = \begin{bmatrix} 0.66 \\ 0.1 \\ 0.35 \\ 0.7 \end{bmatrix}$$

W 矩阵可以等效地表示为 $(0.66, 0.1, 0.35, 0.7)^{\mathrm{T}}$，这种形式是将行向量转换为列向量的操作。现在，将做两个矩阵的矩阵相乘，得到一个 3×1 矩阵，其中每一行（每一行都有一个值）将代表每行的输出 y（与之前的计算比较）。

$$Z = XW = \begin{bmatrix} 1 & 0.2 & 0.5 & 0.91 \\ 1 & 0.4 & 0.01 & 0.5 \\ 1 & 0.3 & 1.1 & 0.8 \end{bmatrix} \cdot \begin{bmatrix} 0.66 \\ 0.1 \\ 0.35 \\ 0.7 \end{bmatrix}$$

$$= \begin{bmatrix} 1 \cdot 0.66 + 0.2 \cdot 0.1 + 0.5 \cdot 0.35 + 0.91 \cdot 0.7 \\ 1 \cdot 0.66 + 0.4 \cdot 0.1 + 0.01 \cdot 0.35 + 0.5 \cdot 0.7 \\ 1 \cdot 0.66 + 0.3 \cdot 0.1 + 1.1 \cdot 0.35 + 0.8 \cdot 0.7 \end{bmatrix}$$

$$= \begin{bmatrix} 1.492 \\ 1.0535 \\ 1.635 \end{bmatrix}$$

现在必须只对 Z 应用逻辑函数 σ，这是通过简单地将函数应用于矩阵的每个元素。

$$\sigma(Z) = \begin{bmatrix} \sigma(1.492) \\ \sigma(1.0535) \\ \sigma(1.635) \end{bmatrix} = \begin{bmatrix} 0.8163 \\ 0.7414 \\ 0.8368 \end{bmatrix}$$

逻辑函数 σ 是逻辑回归的主要组成部分。但是如果我们将逻辑回归视为一个简单的神经网络，在这种观点中逻辑函数是非线性的，即它是实现复杂行为的组件（尤其是当我们将模型扩展到经典逻辑回归的单个神经元之外时）。有许多类型的非线性函数，它们的行为都略有不同，而逻辑回归的范围在 0～1。另一个常见的非线性是双曲正切或 tanh，我们将用 τ 表示以增强符号一致性。τ 非线性范围在 -1～1，并且具有与逻辑函数类似的形状，它由下式计算，即

$$\tau(Z) = \frac{\mathrm{e}^{z} - \mathrm{e}^{-z}}{\mathrm{e}^{z} + \mathrm{e}^{-z}}$$

选择在神经网络中使用哪种激活函数是一个偏好问题，并且通常以使用它们获得的结果为指导。如果在逻辑回归中使用双曲正切仍然可以很好地工作，但从技术上讲这不再是逻辑回归，另一方面无论使用哪种非线性函数，神经网络仍然是神经网络。

逻辑回归可以被看作一种简单的神经网络模型，由一个输入层和一个输出层组成，其中输出层只有一个结点，并且使用 Sigmoid 函数来将输出值映射到 0～1。逻辑回归可以通过反向传播算法进行训练，以更新模型中的权重和偏置值。在实践中，逻辑回归可以帮助了解不同特征对于分类任务的相对重要性，从而可以选择最相关的特征来提高分类的准确性。此外，逻辑回归也是理解深度学习和神经网络的重要基础，因为深度学习和神经网络的许多概念和方法都可以追溯到逻辑回归的基本原理。虽然逻辑回归相对简单，但在某些情况下仍然可以在分类问题中表现出色，并且作为一种基本的机器学习算法，它为学习更复杂的模

型打下了坚实的基础。

1.5.4　评估分类结果

在上一节中,已经探索了分类的基础知识,基本上没有触及机器学习算法是怎样产生超平面,在这一节中解决这个问题。在本节中,将假设有一个使用的分类器,看一看它的表现如何。

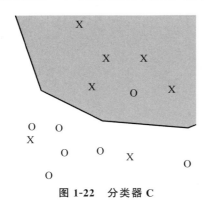

图 1-22　分类器 C

图 1-22 展示了一个名为 C 的分类器,用于对"X"进行分类。黑线是超平面,灰色区域是分类器 C 认为属于"X"的区域,从 C 的角度来看灰色区域内的一切都是"X",而外面的一切都不是"X"。而图中已经标记了各个数据点("X"或"O"),这取决于它们实际上是"X"还是"O",可以立即看到现实与分类器 C 的想法不同,这是经历分类任务时的常见情况。

直观地看到超平面是有意义的,但是我们想要定义客观的分类指标,可以定量地分析一个分类器有多好,如果有两个或更多比较哪个分类器是最好的。现在可以定义真阳性(true positive,TP)、假阳性(false positive,FP)、真阴性(true negative,TN)和假阴性(false negative,FN)的概念。真阳性是分类器认为它是"X"并且确实是"X"的数据点;假阳性是分类器认为它是"X"但它是"O"的数据点;真阴性是分类器认为它不是"X"而实际上它也不是;假阴性是分类器认为它不是"X",但实际上它是。在图 1-22 中,有 5 个真阳性:灰色的"X";1 个假阳性:灰色的"O";6 个真阴性:白色的"O";2 个假阴性:白色的"X"。请记住,灰色区域是分类器 C 认为所有都是"X"的区域,白色区域是分类器认为所有都是"O"的区域。

第一个也是最基本的分类指标是准确率(accuracy)。准确率只是告诉分类器在对 X 和 O 区分时有多好,是真阳性的数量加上真阴性的数量并除以数据点的总数。在上面的例子中,这将是 $\frac{5+6}{14}=0.7857$(四舍五入到小数点后四位)。如果对分类器在避免误报方面有多好感兴趣,用于计算这一点的度量称为精确率(precision)。分类器在数据集上的精确度由 $\frac{TP}{TP+FP}=\frac{5}{5+1}=0.8333$ 计算得出。如果精确率较高,表示分类器能够准确地识别出正例,但同时可能会将一些真实负例错误地分类为正例。如果担心错过并且想要尽可能多地找到真正的 X,我们需要一个称为召回率(recall)的不同指标来衡量,召回率计算为 $\frac{TP}{TP+FN}=\frac{5}{5+2}=0.7142$。如果召回率较高,表示分类器能够正确地识别出更多的真实正例,但同时可能会将一些负例错误地分类为正例。灵敏度(sensitivity)是指在所有真实正例中,模型正确识别出的正例的比例,也就是召回率。召回率和灵敏度是同一个概念,通常在医学领域中更常用。特异度(specificity)是指在所有真实负例中,模型正确识别出的负例的比例。它衡量了分类器在预测负例时的准确性,表示为 $\frac{TP}{TN+FP}$。特异度与灵敏度(召回率)相对应,一起被用来衡量一个分类器的整体性能。如果特异度较高,表示分类器能够准确地识别出负例,但同时也可能会将一些真实正例错误地分类为负例。因此,在不同的场景下,需要综合考虑精度、召回率和特异度来选择最优模型。在医学领域,特异度通常用于评估某种疾病排除测试的性能。例如,排除测试是否能够正确排除非患病个体。在实际应用中,特异度也可以用于评估安全系统、网络攻击检测等场景下的准确性。

有一种标准更直观的方式来显示真阳性、假阳性、真阴性和假阴性,这方法称为混淆矩阵。对于二元分类器,混淆矩阵是一个 2×2 的表格形式,形式如图 1-23 所示。

一旦有了混淆矩阵、精确率、召回率、准确率和任何其他评估,就可以直接从中计算度量。所有分类器评估指标的值范围为 0～1,可以解释为概率。在评价的时候,当然是希望检索结果精确率越高越好,同时召回率也越高越好,但事实上这两者在某些情况下是矛盾的。请注意,稍微修改就可以使精确率或召回率达到 100%(但两者不能同时达到)。精确率是针对预测结果而言

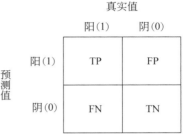

图 1-23　二元分类器混淆矩阵

的,它表示的是预测为正的样本中有多少是真正的正样本。如果对于"X"来说,要尽量提高其精确率,可以简单地创建一个"不愿意出错的"的分类器,如果只是找到一个真阳性,则精确率为 $\frac{1}{1+0}=100\%$,而召回率为 $\frac{1}{1+6}=0.1428$。召回率是针对原来的样本而言的,它表示的是样本中的正例有多少被预测正确了,如果分类器选择了所有数据点作为"X",则召回率为 $\frac{7}{7+0}=100\%$,而精确率为 $\frac{7}{14}=0.5$。因此精确率和召回率指标有时候会出现矛盾的情况,这就是为什么需要所有三个指标来获得关于分类器好坏的评价。

精确度和召回率互相影响,理想状态下肯定追求两个都高,但是实际情况是两者相互"制约":追求精确率高,则召回率就低;追求召回率高,则通常会影响精确率。我们当然希望预测的结果精确率越高越好,召回率越高越好,但事实上这两者在某些情况下是矛盾的。这样就需要综合考虑它们,最常见的方法就是 F-score。F-score 是用于衡量分类模型性能的一种指标,其一般形式如下:

$$\text{F-score}=\frac{(1+\beta^2)\times(\text{precision}\times\text{recall})}{(\beta^2\times\text{precision})+\text{recall}}$$

其中,precision 表示精确率;recall 表示召回率;β 是一个用于调整精确率和召回率相对重要性的参数。当 $\beta=1$ 时,F-score 被称为 F1-score,此时精确率和召回率被视为同等重要。当 $\beta>1$ 时,F-score 更加关注召回率;当 $\beta<1$ 时,F-score 更加关注精确率。F-score 越高,分类模型的性能越好。F-score 权衡精确率和召回率,一般来说准确率和召回率呈负相关,一个高而另一个就低,如果两个都低一定是有问题的。一般来说,精确度和召回率之间是矛盾的,这里引入 F1-score 作为综合指标,就是为了平衡准确率和召回率的影响,较为全面地评价一个分类器。F1-score 是精确率和召回率的调和平均。

除了 F-score,P-R 曲线也是一种常用的分类模型性能评估方法。P-R 曲线是以精确率为横轴,以召回率为纵轴的二维坐标图,绘制出不同分类阈值下的精确率和召回率。通过观察 P-R 曲线,可以了解模型在不同精确率和召回率之间的平衡点,帮助我们在不同的应用

场景中选择适当的分类阈值。在实际应用中,通常需要结合多个指标来综合评估模型性能。除了 F-score 和 P-R 曲线,还有其他的评估指标,如 ROC 曲线、准确率、错误率等,需要根据实际情况选择适当的指标,进行综合评估和优化。

现在了解了评估指标,转向从程序的角度评估分类器性能的问题。当面对一个分类任务时,如前所述有一个分类算法和一个训练集。通常的策略是不使用整个训练集用于训练分类算法,保留 10% 用于评估分类器称为测试集,但它可以多或少。在测试集中,将标签与其他特征分开,这样就有了与预测时相同形式的行向量。当在 90% 的训练集上有一个训练好的模型后,用训练模型对测试集进行分类,将预测的分类结果与原来的标签进行比较,计算精确率、召回率和准确率的必要信息。

交叉验证(cross-validation)是在机器学习中常用的一种模型验证方法,用于评估模型的性能和选择最优的模型参数。交叉验证的基本思想是将数据集分成若干份,其中一份作为测试集,其余部分作为训练集,然后使用训练集训练模型,在测试集上评估模型的性能。在此基础上可以得到多组不同的训练集和测试集,某次训练集中的某样本在下次可能成为测试集中的样本,即所谓"交叉"。交叉验证会重复多次这个过程,每次使用不同的测试集,最终将所有验证结果进行平均,得到最终的模型性能评估结果。根据切分的方法不同交叉验证分为下面三种。

◇ 简单交叉验证(holdout cross validation)是一种最基本的交叉验证方法,也是其他交叉验证方法的基础。它的思路是将数据集随机划分成训练集和测试集两部分,如常用的 70% 训练集和 30% 测试集。然后使用训练集进行模型训练,利用测试集进行模型性能评估,重复多次后选择损失函数评估最优的模型和参数。相对于其他交叉验证方法,简单交叉验证的实现比较简单,计算成本也比较低。但是它也存在一些缺点。比如,对数据的随机划分比较敏感,可能导致评估结果不稳定。为了减小随机划分的影响,可以重复多次随机划分并计算不同划分下模型的平均性能指标,来得到更加可靠的评估结果。

◇ K 折交叉验证(K-fold cross validation)是一种机器学习中常用的模型评估技术。该技术将数据集分成 K 个子集,每个子集被轮流用作测试集,其余 $K-1$ 个子集用作训练集。这个过程重复 K 次,每次选择一个不同的子集作为测试集。最后,K 次训练和测试得到的结果被平均以获得最终的性能评估。K 折交叉验证的优点是,可以更准确地评估模型的性能,尤其是在数据集较小的情况下。它还可以帮助避免过拟合问题,因为模型被训练在多个不同的子集上。K 折交叉验证有不同的变体,如分层 K 折交叉验证、重复 K 折交叉验证等,可以根据实际需要进行选择。

◇ 留一交叉验证(leave-one-out cross validation)是一种特殊的 K 折交叉验证技术。它的特点是将每个样本都作为一个测试集,而剩余的样本作为训练集,这样就可以得到 N 个模型,其中 N 是数据集的样本数量。与 K 折交叉验证相比,留一交叉验证的优点是,可以利用全部的数据来进行模型训练和测试,从而获得更准确的模型性能评估。但是,由于需要进行 N 次模型训练和测试,计算成本较高,尤其是在样本数量较大时。留一交叉验证主要适用于数据集较小的情况,或者在进行超参数调整等模型优化时,需要更准确的性能评估。

那么什么时候才需要交叉验证呢? 交叉验证是用于评估机器学习模型性能和泛化能力

的一种技术,在训练模型时通常会使用它。它的优点是可以更准确地评估模型性能,避免过拟合,以及帮助选择最佳的超参数和模型。一般来说,当数据集较小,或者有限的数据需要用于训练和测试模型时,交叉验证是非常有用的。在这些情况下,训练和测试数据的数量较少,可能会导致评估模型的不准确性和偏差,而交叉验证可以通过多次训练和测试来减少这些影响,从而提高模型的性能和泛化能力。在数据集较大的情况下,可以采用随机划分数据集的方式,将数据划分成训练集、验证集和测试集。训练集用于训练模型,验证集用于评估模型并选择最佳的超参数和模型,测试集用于最终的模型性能评估。这种划分方式可以更快速地训练和测试模型,并且计算成本较低,适用于较大的数据集。

1.6　表 征 学 习

在机器学习领域,表征学习(或特征学习)是一种将原始数据转换成为能够被机器学习有效开发的一种技术的集合。在特征学习算法出现之前,机器学习研究人员需要利用手动特征工程等技术从原始数据的领域知识建立特征,然后再部署相关的机器学习算法。虽然手动特征工程对于应用机器学习很有效,但它同时也是很困难、很昂贵、很耗时、并依赖于强大专业知识。表征学习弥补了这一点,它使得机器不仅能学习到数据的特征,并能利用这些特征来完成一个具体的任务。

和预测性学习不同,表征学习的目标不是通过学习原始数据预测某个观察结果,而是学习数据的底层结构,从而可以分析出原始数据的其他特性。表征学习允许计算机学习使用特征的同时,也学习如何提取特征:学习如何学习。在机器学习任务中,输入数据,如图片、视频、语言文字、声音等都是高维且冗余复杂,传统的手动提取特征已变得不切合实际,所以需要借助于优秀的特征学习技术。

局部表征和分布式表征是认知科学、人工智能和机器学习中表示信息的两种方法。局部表征是指将一个对象的各个属性或特征分别表示出来,并在某种程度上独立地处理它们。例如,在图像识别中,一个物体的颜色、形状、纹理等特征可以被单独表示和处理。局部表征的好处是可以更容易地处理和理解对象的不同属性,但缺点是需要处理大量的局部特征,并且需要考虑如何将这些特征整合在一起来表示整个对象。局部表征通常使用基于逻辑的操作和规则进行处理。而分布式表征则是将一个对象的不同属性或特征编码为向量或矩阵中的不同维度,并且在这个编码中保持一定的联系和关联。这样做的好处是可以更容易地表示和处理整个对象,而不需要考虑如何将各个局部特征整合起来。分布式表征的缺点是需要在处理过程中考虑多个特征之间的关联性和交互,这可能会导致一些复杂性和计算成本的增加。

每种方法都有优点和缺点:局部表征在处理简单、规则明确的问题时非常有效,因为它们可以更容易地解释和操作,然而在处理复杂和模糊的数据时,局部表征的局限性就会变得更加明显,因为它们可能无法处理数据中的不确定性和歧义;相比之下,分布式表征在处理复杂和模糊的数据时非常有效,因为它们能够更好地处理数据中的不确定性和歧义,然而由于分布式表征涉及大量互相关联的单元,因此解释和操作它们可能会更加困难。在实践中,选择哪种表征方法取决于具体的问题和可用的资源。对于一些简单的问题,局部表征可能是更好的选择,而对于更复杂和模糊的问题,分布式表征可能更加适合。此外,新的工具和技术正在不断涌现,这些工具和技术可以帮助我们更有效地解释和操作分布式表征。

表征学习(representation learning)也可以被分为监督式和无监督式两类。监督式特征学习是在有标注数据的情况下进行的特征学习。在这种情况下,学习算法可以使用已知的输入和输出之间的关系来学习特征表示,这些输入和输出是由人类专家或标注者提供的。例如,在图像分类任务中,可以使用带有标签的图像数据来学习特征表示。监督式特征学习通常需要更多的数据和更高的计算成本,但由于有标注数据的帮助,可以获得更准确和更有效的特征表示。无监督式特征学习是在没有标注数据的情况下进行的特征学习。在这种情况下,学习算法需要自己找到数据中的结构和模式,并学习有用的特征表示。例如,在聚类任务中,可以使用无标签的数据来学习特征表示,将相似的数据点聚在一起。无监督式特征学习通常需要更少的数据和计算成本,但由于没有标注数据的帮助,学习到的特征表示可能不够准确或有效。除了监督式和无监督式特征学习,还有一种半监督式特征学习方法,它在有限的标注数据和大量无标注数据的情况下学习特征表示。在这种情况下,学习算法可以使用标注数据来指导无监督式特征学习,以获得更准确和有效的特征表示。

主成分分析和词袋都是常用的表征学习方法,但它们属于不同类型的表征学习方法。主成分分析属于无监督式特征学习方法,而词袋则是一种特定领域(如文本处理)的无监督式特征学习方法。下面介绍这两种表征方法。

1.6.1　主成分分析

到目前为止,人们使用的数据具有局部表征。例如,实体名为"Height(高度)"的特征值为180,那么该值只是表征了实体高度属性本身;而另一列"Weight(重量)"也不包含有关身高的信息。这种实体属性的表征方法称为局部的。实际上,物体具有一定高度这一事实确实对重量施加了限制,这不是一个硬约束而是一个生活经验:如果已知这个人身高180cm,那么他的体重可能在80kg左右。每个人可能会有所不同,但总的来说可以通过知道人的身高来对这个人的体重做出相对合理的猜测。这种现象称为相关性,如果两个特征相关度比较高则很难区分它们。理想情况下,我们希望通过可观测变量的转换捕获到潜在变量。在统计学中,潜在变量(latent variable)指的是在统计模型中存在但不能被直接观测或测量的变量。这些变量只能通过模型推断或估计出来,并且它们对于模型的预测和解释具有重要的作用。分布式表征是一种用于表示信息的方式,其中每个特征被编码为跨多个互联单元的激活模式。这种表征方式与传统的符号表征方式不同,符号表征方式通常将每个特征表示为离散符号或单个单元的状态。潜在变量可以使用分布式表征来表示。在这种情况下,潜在变量被编码为神经网络中的一组单元的激活模式,这些单元通常称为潜在层或隐含层。通过训练神经网络,这些潜在层的权重可以自动学习,从而能够从其他可观测的变量中推断出潜在变量的值。这种方法已被广泛用于深度学习和自动编码器等领域。

手动构建分布式表征对于复杂的数据是非常困难的,因为它们可能涉及大量特征和复杂的相互作用。这正是深度学习的优势所在:通过多层神经网络学习数据的分布式表征。在深度学习中,每一层神经网络都可以看作对输入数据的一种转换或映射。每个神经元都对输入数据进行加权和,并通过逻辑函数输出结果。每一层的输出被用作下一层的输入,因此可以通过堆叠多个层来构建复杂的非线性映射。通过训练神经网络,权重和偏置可以自动调整以最小化损失函数,并且在这个过程中,网络可以学习到数据的分布式表征。

本节首先展示最简单的分布式表征方法,这种方法称为主成分分析(principal

component analysis，PCA）。主成分分析是一种无监督学习技术，可用于降维和数据压缩，同时保留数据中最重要的变化。主成分分析的目标是找到一组正交基，使得将原始数据投影到这组基上可以最大化投影方差。这些基被称为主成分，每个主成分都是原始数据中所有特征的线性组合。通过计算主成分，可以将原始数据投影到更低维度的空间中，从而实现数据的降维和压缩。投影后的数据的每个维度都包含原始数据的不同方面，这些方面由主成分表示。具体地，主成分可以看作一个线性方程，其包含一系列线性系数来指示投影方向。主成分分析作为一种分布式学习表征的形式，并将问题表述为找到

$$Z = XQ$$

其中，X 是输入矩阵；Z 是转换后的矩阵；Q 是用来进行转换的工具矩阵。如果 X 是 $n \times d$ 矩阵，则 Z 也应该是 $n \times d$。这给了我们关于 Q 的第一个信息：它必须是一个 $d \times d$ 矩阵才能进行乘法运算。

一般而言，主成分分析用于预处理数据，这意味着它必须在将数据输入分类器之前转换数据。具体来说，主成分分析将数据投影到一组新的坐标轴上，使得每个坐标轴上的数据方差最大化。这些新的坐标轴称为主成分，它们按方差的大小排序。因此，主成分分析可以通过消除数据之间的相关性来降低数据的维度，并帮助识别重要的特征。在预处理数据时，使用主成分分析可以带来多个好处。首先，主成分分析可以消除数据中的相关性，使得输入分类器中的数据更加独立，从而提高分类器的性能。其次，主成分分析可以减少数据的维度，从而降低模型的复杂度和计算成本。最后，主成分分析可以帮助发现数据中的模式和结构，从而更好地理解和分析数据。需要注意的是，主成分分析适用于所有类型的数据。例如，当存在非线性相关性时，主成分分析可能会失效。此外，在某些情况下，主成分分析可能会产生不可解释的主成分，这可能会导致对数据的错误理解。因此，在使用主成分分析时需要谨慎，并根据具体情况选择合适的方法来预处理数据。

既然已经看到如何通过 one-hot 编码和手动特征工程来扩展维度，那么当制作分布式表征时希望能够根据信息量[1]对它们进行排序，以便可以丢弃无信息的特征。信息量就是方差，一个特征变化越大则其携带的信息量就越多。这是期望中 Z 的样子：方差最大的特征应该在第一列，方差第二大的特征应该在第二列，等等，如图 1-24 所示。

注意： 在某些情况下，可以将方差解释为信息量的一种度量方式。方差是衡量数据分散程度的一种统计量，它表示数据点在平均值周围的离散程度。方差越大，数据点越分散，这可能意味着该特征携带的信息量更大。需要注意的是，方差并不总是与信息量完全对应。有时候一个特征的方差很大，但是并不一定携带着更多的信息量。例如，如果特征值的变化是随机的，那么即使方差很大，它也可能并不提供任何有用的信息。此外还有其他的度量方式可以用来衡量特征的信息量。例如，互信息（mutual information）可以用来衡量两个随机变量之间的相关性和信息量。对于一个给定的特征，互信息可以表示它对于分类任务的贡献大小，而不仅仅是它的方差大小。因此，在选择特征时，需要综合考虑多种因素，而不仅仅是方差。需要考虑特征之间的相关性、特征的非线性关系、特征对分类任务的贡献及特征的可解释性等因素。

为了说明方差如何通过简单的变换而改变，如图 1-24 所示，其中包含有一个包含 6 个

---

[1]　信息量是指信息多少的量度。

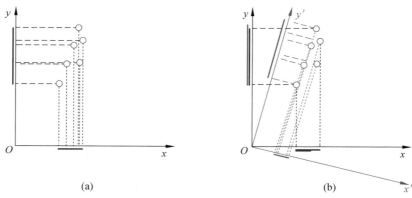

图 1-24   坐标系旋转下的方差

二维数据点的简单案例。图 1-24(a)说明了坐标系起始位置。请注意,沿 x 轴的方差相对较小,表现为数据点在 x 轴上的投影紧密地堆积在一起;沿 y 轴的方差较大,数据点在 y 轴上的投影相距较远。如果旋转坐标系可以是这个现象,通过稍微旋转坐标系获得图 1-24(b)。请注意,所有数据都保持不变,我们只是正在更改数据的表示形式,即旋转坐标轴系(对应于特征)。从数学上讲,新的坐标系实际上只是此二维向量空间中点的不同基,实际上甚至没有改变坐标系,而只是改变向量空间的基。沿着轴绘制了第一个和最后一个数据点坐标之间的距离,这可以看作方差的图形表示。在图 1-24(b)中,并排比较了黑色(原始坐标系)和灰色(变换后的)方差(在黑色坐标系旁边)。请注意,沿 y 轴(原始系统中方差较大的轴)的方差增加了,而 x 轴(原始系统中方差较小的轴)上的方差实际上减少了。

在继续之前,对主成分分析和预处理做最后的评论。任何类型的数据最根本的问题之一是噪声,噪声可以定义为除相关信息外的所有内容。如果数据集有足够的训练样本,那么其中应该有非随机信息和随机噪声,它们通常与数据特征混在一起。但是,如果可以构建分布式表征,这意味着可以将方差较大的部分和方差较小的部分提取为单独的特征,可以假设噪声(随机的)具有低方差(它在任何地方都"同样随机"),而信息具有高方差。假设在 20 维输入矩阵上使用了主成分分析,然后保留前 10 个具有高方差的新特征,因为消除的后 10 个特征具有低方差特征,这样做通过仅消除一点点信息来消除大量噪声(低方差特征)。但是,主成分分析对于原始数据的正则化和预处理非常敏感,尤其是在数据存在不同数量级和方差的情况下。相对缩放可能会导致主成分受到更高方差的特征的影响,因此需要对数据进行标准化或归一化处理,以使所有特征具有相同的权重和尺度。常见的方法是使用 z-score 标准化[①]或将数据缩放到[0,1]的范围内。另外,当数据集中存在离群值或异常值时,它们可能会对主成分分析的结果产生较大的影响。这时,可以使用截断奇异值分解(truncated singular value decomposition,TSVD)来减小离群值的影响,或者使用基于鲁棒性的主成分分析(robust PCA)等方法来处理离群值的影响。总之,对于主成分分析的应用,对数据进行正则化和预处理非常重要,以确保得到准确和稳健的结果。

---

① z-score 标准化是一种数据预处理方法,用于将不同数据集的值转换为具有相同的尺度。在 z-score 标准化中,每个数据点被转换为其与该数据集的平均值的差异度量,然后除以数据集的标准差。这样处理后,数据的平均值为 0,标准差为 1。

如何在数学上做到这一点的问题,这实际上与如何找到一个矩阵 Q 是一样的。现在,给出主成分分析的数学定义:假设有 m 个观测值和 n 个变量,可以将数据表示为一个 $m \times n$ 的矩阵 X,其中每一行代表一个观测值,每一列代表一个变量。主成分分析的目标是找到一个新的变量集合,称为主成分,使得它们可以解释原始数据中的大部分变异性。成分是原始变量的线性组合。第一主成分是数据中方差最大的线性组合,第二主成分是与第一主成分不相关且具有次大方差的线性组合,以此类推。设 Y 是一个 $m \times p$ 的矩阵,表示主成分分析的结果,其中 p 是主成分的数量。则第 i 个主成分可以表示为 $y_i = a_{1i}x_1 + a_{2i}x_2 + \cdots + a_{ni}x_n$,其中 $a_{1i}, a_{2i}, \cdots, a_{ni}$ 是主成分的权重。

主成分分析是一种常用的数据分析技术,可以通过线性变换将高维数据转换为低维数据,并在此过程中保留原始数据的主要信息,下面是主成分分析的基本步骤和数学公式表示。

(1) 主成分分析的第一步是对原始数据进行标准化处理,使每个特征的均值为 0,方差为 1。标准化的数学公式为

$$z_{ij} = \frac{x_{ij} - \bar{x}_j}{s_j}$$

其中,x_{ij} 表示第 i 个数据点中第 j 个变量的原始值;$\bar{x}_j$ 表示第 j 个变量的均值;s_j 表示第 j 个变量的标准差。

(2) 主成分分析的第二步是计算标准化后的数据的协方差矩阵。协方差矩阵的数学公式为

$$\mathrm{Cov}(X) = \frac{1}{n-1} \sum_{i=1}^{n} (x_i - \bar{x})(x_i - \bar{x})^{\mathrm{T}}$$

其中,X 表示标准化后的数据矩阵;n 表示数据点的数量;$\bar{x}$ 表示数据的均值。

(3) 对协方差矩阵进行特征值分解,得到特征值和特征向量。

$$\mathrm{Cov}(X)v = \lambda v$$

其中,v 是协方差矩阵的特征向量;λ 是对应的特征值。

(4) 将原始数据 X 乘以变换矩阵 A_k,得到降维后的数据 Z。主成分分析的最后一步是选择保留的主成分,可以根据特征值的大小排序,选择前 k 个特征值对应的特征向量,构建变换矩阵 A_k。将原始数据 X 投影到新的低维空间 Z,主成分的数学公式为

$$Z = XA_k \qquad z_{ik} = \sum_{j=1}^{p} a_{jk}z_{ij}$$

其中,A_k 表示前 k 个特征向量组成的矩阵;z_{ik} 表示第 i 个数据点在第 k 个主成分上的得分;a_{jk} 表示第 j 个变量在第 k 个主成分上的载荷;z_{ij} 表示第 i 个数据点在第 j 个变量上的标准化值。

主成分分析可以通过线性变换来实现数据降维,并且它最大化了数据在新空间上的方差,从而保持了数据的最大信息量。但是,主成分分析确实需要较高的计算成本,特别是在处理大规模数据时。而且,主成分分析仅限于线性数据,不适用于非线性数据的降维。相比之下,离散余弦变换(discrete cosine transform,DCT)可以通过正弦和余弦函数的线性组合来实现数据的降维,因此它也是一种线性变换方法。离散余弦变换也可以用于图像和音频信号处理中的数据压缩和编码。但是,离散余弦变换并不像主成分分析那样可以保持数据的最大信息量,它仅仅是一种有效的编码方法,可以在保留足够信息的前提下实现数据压缩。非线性降维技术通常需要更高的计算成本,因为它们需要通过非线性映射来实现数据

降维。这些技术包括多维缩放（multidimensional scaling，MDS）、等距映射（isomap）和局部线性嵌入（locally linear embedding，LLE）等。它们可以处理非线性数据，但在计算成本和计算复杂度方面要比主成分分析更高，因此在选择数据降维方法时，需要根据数据的特征和要求综合考虑不同方法的优缺点，以达到最优的降维效果。

接下来，将讨论执行主成分分析的步骤，使用 Python 在数据集上演示主成分分析[①]。为了使用示例演示主成分分析，必须首先选择一个数据集。选择的数据集是鸢尾花数据集[②]，该数据集包含 150 个样本，每个样本包含 4 个特征，分别是萼片长度（sepal length）、萼片宽度（sepal width）、花瓣长度（petal length）和花瓣宽度（petal width）。这 4 个特征都是以"cm"为单位测量的，属于连续变量。同时，每个样本都标记有一个类别，分别是"Iris Setosa""Iris Versicolour"和"Iris Virginica"三种鸢尾花之一。鸢尾花数据集可以从 UCI 机器学习库中获取，也可以使用 Python 的 scikit-learn 库中的 load_iris() 函数进行加载。为了访问这个数据集，我们将从 sklearn 库中导入它。

```
from sklearn.datasets import load_iris
```

现在数据集已经导入，可以通过执行以下操作将其加载到数据框中。

```
iris=load_iris()
colors=["blue", "red", "green"]
df=DataFrame(
    data=np.c_[iris["data"], iris["target"]], columns=iris["feature_names"] +
    ["target"]
)
```

现在已经加载了数据集，可以显示一些数据样本。

```
df.sample(n=5)
```

输出：

	sepal length（cm）	sepal width（cm）	petal length（cm）	petal width（cm）	target
85	6.0	3.4	4.5	1.6	1.0
31	5.4	3.4	1.5	0.4	0.0
66	5.6	3.0	4.5	1.5	1.0
63	6.1	2.9	4.7	1.4	1.0
27	5.2	3.5	1.5	0.2	0.0

箱线图是可视化数据分布方式的好方法，可以使用以下方法创建一组箱线图。

---

① A Step-By-Step Introduction to PCA，Conor O'Sullivan.
② Iris 数据集是一组经典的多变量数据集，由英国统计学家 Ronald Fisher 于 1936 年首次介绍。Iris 数据集是一个经典的数据集，广泛用于模式识别、机器学习、数据挖掘等领域的算法研究和实验。它被广泛应用于分类、聚类、降维、特征选择等方面的研究和实验。Iris 数据集在机器学习领域中被称为一个经典的数据集，其重要性在于它提供了一个用于模式识别算法比较和评估的标准数据集。由于它是一个相对简单的数据集，因此非常适合用于入门级别的算法教学和学习。

```
df.boxplot(by="target", layout=(2, 2), figsize=(10, 10))
```

输出：

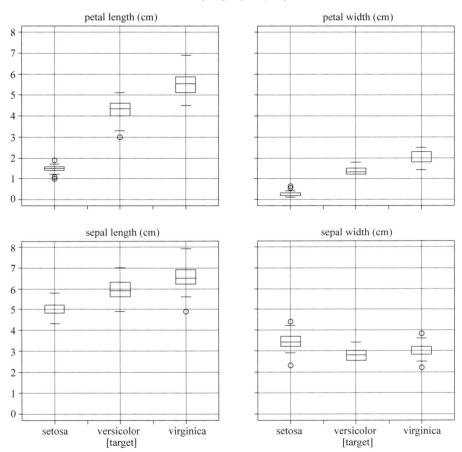

箱线图向我们展示了一些细节。例如，"virginica"具有最大的中值花瓣长度。

现在已经加载了数据集，必须为降维做好准备。当所有特征都在同一尺度时，大多数机器学习和优化算法的性能会更好，为此可以实施标准化方法。就数据集而言，鸢尾花特征的标准化可以使用 sklearn 来实现，如下所示。

```
X=StandardScaler().fit_transform(X)
```

协方差衡量两个特征如何相互变化。正协方差表示特征一起增加和减少，然而负协方差表示两个特征的变化方向相反。在 Python 中的实现为

```
cov=(XT @X) / (X.shape[0] -1)
```

特征向量表示协方差矩阵的主成分（最大方差的方向）。特征值是它们对应的大小。具有最大对应特征值的特征向量代表最大方差的方向。本书将使用 Python 中的特征分解函数。

```
eig_values, eig_vectors=np.linalg.eig(cov)
```

这给出了协方差矩阵的特征向量(主成分)和特征值。现在已经计算出特征对,现在需要根据特征值的大小对它们进行排序。这可以通过执行以下操作在 Python 中完成。

```
idx=np.argsort(eig_values, axis=0)[::-1]

sorted_eig_vectors=eig_vectors[:, idx]
```

现在主成分已经根据其对应的特征值的大小进行了排序,现在是时候确定要选择多少个主成分进行降维了。这可以通过绘制特征值的累积和来完成,累积和计算如下。

```
cumsum=np.cumsum(eig_values[idx]) / np.sum(eig_values[idx])
xint = range(1, len(cumsum) +1)
plt.plot(xint, cumsum)

plt.xlabel("Number of components")
plt.ylabel("Cumulative explained variance")
plt.xticks(xint)
plt.xlim(1, 4, 1)
```

上面的计算和绘制如图 1-25 所示。

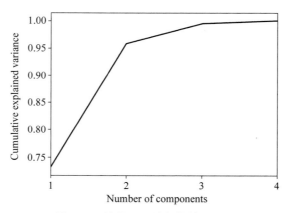

图 1-25 绘图显示特征值的累积和

如图 1-25 所示,可以看到两个最大的主成分累积了超过 95% 的方差,因此选择前两个最大的主成分组成变换矩阵 A 是可以接受的。既然已经决定了有多少个主成分组成变换矩阵 A,那么低维空间 Y 可以通过执行以下操作在 Python 中计算。

```
eig_scores=np.dot(X, sorted_eig_vectors[:, :2])
```

现在数据集已经投影到一个新的低维空间 Y,绘制结果如图 1-26 所示。

从图 1-26 中可以看出,"versicolor"和"viriginica"样本距离较近,而"setosa"距离两者较远。如果还记得上面的箱线图,"virginica"的平均萼片长度、花瓣长度和花瓣宽度最大;然而"setosa"的平均萼片宽度最大,另外三项平均萼片长度、花瓣长度和花瓣宽度则最小;"versicolor"与"virginica"四项都接近,可以看出主成分变换后依然遵循原始数据的特征。

特征分解的一些缺点是计算量大,并且需要方阵作为输入。奇异值分解是一种常用于计算主成分分析的方法,因为它可以解决一些特征分解的缺点。奇异值分解可以在非方阵矩阵上操作,并且计算量较小。具体来说,给定一个矩阵 X,奇异值分解将其分解为三个矩

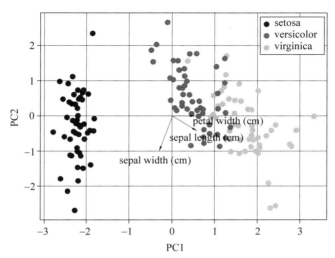

图 1-26　新的低维空间 Y 绘制鸢尾花样本数据

阵的乘积：$X = U\Sigma V^{\mathrm{T}}$。其中，$U$ 矩阵为原始矩阵 X 的左奇异向量；Σ 矩阵包含奇异值，这些奇异值按照递减的顺序排列，并且已经被放入一个对角矩阵中；V^{T} 矩阵为原始矩阵 X 的右奇异向量。这个分解可以看作将原始数据矩阵 X 转换为一个新的矩阵 $Y = U_k X$，其中 Y 的协方差矩阵可以直接计算出来。可以通过对 Σ 中的奇异值进行排序来选择最重要的主成分，然后使用 V 的前几列来构建一个新的矩阵，该矩阵包含了原始数据的主成分。相比之下，特征分解需要将原始数据的协方差矩阵作为输入，这需要计算一个 $n \times n$ 的方阵，其中 n 是原始数据的特征数。如果 n 非常大，计算量将非常大，这可能会成为一个问题。因此，奇异值分解是一种更适合处理高维数据的方法，特别是在计算资源受限的情况下。

　　实际上，对于主成分分析使用奇异值分解的方法，$Y = U_k X$ 和 $Y = X V^{\mathrm{T}}$ 都是可以使用的，它们的结果是等价的。这是因为在奇异值分解中，U 和 V 都是正交矩阵，它们的转置矩阵和逆矩阵都相等，即 $U^{\mathrm{T}} = U^{-1}$ 和 $V^{\mathrm{T}} = V^{-1}$。如果使用 $Y = U_k X$ 的方法，首先提取出 U 的前 k 列构成 U_k，然后用 U_k 乘以 X 得到降维后的矩阵 Y。如果使用 $Y = X V^{\mathrm{T}}$ 的方法，首先对 X 进行中心化处理，然后对其进行奇异值分解 $X = U\Sigma V^{\mathrm{T}}$，然后取出 V^{T} 的前 k 行构成 V_k^{T}，用 V_k^{T} 乘以中心化后的 X 得到降维后的矩阵 Y。两种方法的结果是等价的，因为 U_k 和 V_k^{T} 都代表了原始数据在 k 个主成分方向上的投影。具体使用哪种方法取决于具体实现和个人偏好。但需要注意的是，在使用 $Y = X \cdot V^{\mathrm{T}}$ 的方法时，需要对原始数据进行中心化处理，否则得到的结果可能会有误。使用 Python，可以像这样计算矩阵的奇异值。

```
u, s, vh=np.linalg.svd(X)
print("U:\n", u)
print("S:\n", np.diag(s))
print("V^T:\n", vh)
```

输出：

```
U:
 [[-1.08239531e-01  -4.09957970e-02    2.72186462e-02  ...    5.43380310e-02
    1.96438400e-03    2.46978090e-03]
```

```
  [-9.94577561e-02    5.75731483e-02    5.00034005e-02  ...   5.12936114e-03
    8.48544595e-02    5.83496936e-03]]
  [-1.12996303e-01    2.92000319e-02  -9.42089147e-03  ...   2.75184277e-02
    1.78604309e-01    1.49419118e-01]]
  ...
  [ 7.27030413e-02  -2.29793601e-02  -3.84023516e-02  ...   9.89532683e-01
   -1.25488246e-02  -7.17729676e-04]]
  [ 6.56112167e-02  -8.63643414e-02  -1.98939364e-01  ...  -1.41206665e-02
    9.52049996e-01  -2.32048811e-02]]
  [ 4.59137323e-02    2.07800179e-03  -1.12588405e-01  ...  -8.30595907e-04
   -2.19201906e-02    9.77300244e-01]]
S:
  [[20.92306556    0.            0.            0.          ]
   [ 0.           11.7091661     0.            0.          ]
   [ 0.            0.            4.69185798    0.          ]
   [ 0.            0.            0.            1.76273239]]
V^T:
  [[ 0.52106591  -0.26934744    0.5804131     0.56485654]
   [-0.37741762  -0.92329566  -0.02449161  -0.06694199]
   [ 0.71956635  -0.24438178  -0.14212637  -0.63427274]
   [ 0.26128628  -0.12350962  -0.80144925   0.52359713]]
```

这里，np.linalg.svd(X)函数返回三个值：u 包含原始矩阵 X 的左奇异向量；s 包含奇异值，这些奇异值按照递减的顺序排列，并且已经被放入一个对角矩阵中；V^T 矩阵包含原始矩阵 X 的右奇异向量。在上面的代码中，使用 np.diag 函数将奇异值转换为对角矩阵，这样就可以像特征值分解一样方便地对它们进行排序和筛选。接着，可以使用右奇异向量的前 k 个列来表示主成分，其中 k 是期望保留的主成分数量，然后可以使用这些主成分来计算新的矩阵。

```
svd_scores=np.dot(X, vh.T[:, :2])
```

在这个例子中，选择前两个主成分，并使用 np.dot 函数计算。svd_scores 矩阵的每行对应于输入数据的一行，每列对应于一个主成分的分数。从这些分数可以绘制双标图，当使用特征分解时它将返回与上述相同的结果。查看代码以获取完整详细信息。

1.6.2　词袋的表征

到目前为止，已经讨论了数值特征、序数特征和分类特征，已经看到了如何对分类特征进行 one-hot 编码，在本节中将看到如何使用最简单词袋模型来处理语言。

在自然语言处理中，通常使用语料库来训练和评估文本分析模型，如文本分类、情感分析、机器翻译等任务。语料库可以包含不同类型的文本片段，如单个句子、段落、文章或整个文档。对于不同的任务和模型，可能需要选择不同的文本片段作为训练样本。例如，在情感分析任务中，每个用户评论可能是一个片段，而在机器翻译任务中，每个句子可能是一个片段。对于特定领域的应用，可以使用特定领域的语料库来训练模型。例如，在临床医学领域，可以使用医学文献、病例报告等语料库来训练模型，以提高模型在医学文本分析方面的准确性和可靠性。词袋模型虽然简单，但仍然是一种非常有效的自然语言处理模型，特别是在浅层机器学习模型中，如朴素贝叶斯分类器、支持向量机等。

深度学习方法的发展使得人们可以使用更为复杂和准确的模型来处理自然语言,这些模型可以直接从原始文本中学习,有时使用词袋模型作为特征提取器仍然是可行的,但通常不是最优的选择。相反,更倾向于使用神经网络模型来直接从原始文本中提取特征,并使用这些特征来训练模型。例如,在自然语言处理任务中,可以使用诸如 Word2Vec、GloVe 和 BERT 等预训练的深度学习模型来学习单词的分布式表征,然后将这些表示用作输入神经网络模型的特征。这种方法能够更好地捕捉单词之间的语义和上下文关系,从而实现更高的性能。总之,尽管词袋模型仍然可以在某些情况下用于深度学习,但使用深度学习方法直接从原始文本中提取特征并训练模型已经成为一种更加有效和普遍的方法。现在看看词袋在一个简单的社交媒体数据集中是如何工作的,如表 1-5 所示,这是一个社交媒体数据集的例子。

表 1-5　社交媒体数据集

User	Comment	Likes
S. A	you don't know	22
F. F	as if you know	13
S. A	i know what i know	9
P. H	i know	43

需要将"Comment"列转换成一个词袋,"User"和"Likes"列现在保持不变。要从评论中创建一个词袋,需要经过两个过程。第一个只是收集所有出现的单词并将它们转换为特征,即收集唯一的单词并从中创建列;第二个写入实际值,如表 1-6 所示。

表 1-6　将"Comment"列转换成一个词袋

User	you	dont	know	as	if	i	what	Likes
S. A	1	1	1	0	0	0	0	22
F. F	1	0	1	1	1	0	0	13
S. A	0	0	2	0	0	2	1	9
P. H	0	0	1	0	0	1	0	43

现在有了"Comment"列的词袋,需要对"User"列进行 one-hot 编码,然后才能将数据集输入机器学习算法。按照之前解释的那样操作并获得最终结果输入矩阵,如表 1-7 所示。

表 1-7　对"User"列进行 one-hot 编码

S. A	F. F	P. H	you	dont	know	as	if	i	what	Likes
1	0	0	1	1	1	0	0	0	0	22
0	1	0	1	0	1	1	1	0	0	13
1	0	0	0	0	2	0	0	2	1	9
0	0	1	0	0	1	0	0	1	0	43

这个例子的目的是说明 one-hot 编码和词袋模型之间的区别。在 one-hot 编码中,每个单词都被表示为一个只包含一个 1 和其他都是 0 的向量,这个向量的长度等于词汇表中单词的数量。每个单词都被映射到一个唯一的向量,这个向量中只有一个元素是 1,其余都是 0,这个 1 的位置表示该单词在词汇表中的位置。在这个例子中,one-hot 编码后的向量只包含一个 1 和许多 0,因此可以通过观察 1 的位置来确定词汇表中的单词。这种编码方法有一个明显的缺点,即它不能很好地处理词汇表中的大量单词。当词汇表很大时,one-hot 编码的向量也很大,这会导致维度灾难。相比之下,词袋模型允许一个单词出现多次,每个单词都被表示为一个向量,向量的长度等于词汇表中单词的数量。每个单词都被映射到一个唯一的向量,这个向量中包含单词在文本中出现的次数,而不是只包含一个 1。这种编码方法可以很好地处理大量的词汇表,但是它会丢失单词的顺序信息。因此,one-hot 编码和词袋模型之间的主要区别在于每个单词在向量中出现的次数。在 one-hot 编码中,每个单词只出现一次,向量中只有一个 1。在词袋模型中,每个单词可以出现多次,向量中包含单词在文本中出现的次数。请注意,在自然语言处理中有一个重要问题,即"未知词"问题。在训练模型时,模型只能学习训练集中出现的词汇,如果在测试集或实际应用中出现了新词,模型将无法处理这些新词。为了解决这个问题,通常需要采取一些处理方法。其中一种常见的方法是使用一个特殊的符号来表示未知词,如"＜UNK＞",将所有未知词都映射到这个符号。这种方法被称为"未知词处理",可以避免在测试集或实际应用中出现未知词的情况。

one-hot 编码和词袋模型的共同点是它们都是将文本转换为向量表示,从而扩展了数据的表示尺寸。在这些向量表示中,大部分元素都是零,因此它们都被称为稀疏表示。由于稀疏向量中大部分元素都是零,因此对于机器学习算法来说,许多特征维度都是无意义的,因为它们没有提供有用的信息。因此,通常需要对稀疏向量进行特征选择或特征提取,以便仅选择最相关的特征,并且在训练过程中忽略不相关的特征。在实践中,有许多方法可以进行特征选择和特征提取。例如,使用信息增益、卡方检验、互信息等统计方法,或使用 PCA、LDA 等线性降维方法。同时,一些深度学习方法如卷积神经网络和循环神经网络也可以自动地进行特征提取,并且在处理稀疏数据时具有优异的表现。

第 2 章

前馈神经网络

本章介绍一种经典的深度学习网络——前馈神经网络（feedforward neural network，FNN），简称前馈网络，或多层感知机（multilayer perceptron，MLP）。前馈神经网络采用一种单向多层结构（图 2-1），其中每一层包含若干神经元。在此种神经网络中，各神经元可以接收前一层神经元的信号，并产生输出到下一层。这种模型由输入层、若干隐含层和输出层组成，其中每个神经元只与前一层的神经元相连，整个网络中没有反馈连接，信号在网络中沿着有向边从输入层传递到输出层，因此可以视为有向无环图。

感知器是一种简单的神经元模型，它接收输入并产生输出。感知器有一个或多个输入，每个输入都有一个权重。输入和权重的加权和被传递到激活函数，该函数产生输出。神经网络是由多个神经元组成的结构，可以实现更复杂的计算。它们由多个层组成，每一层都包含多个神经元。每个神经元将输入加权并将其传

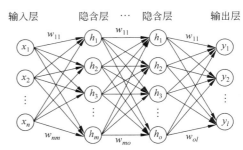

图 2-1　一个典型的多层前馈神经网络

递到激活函数，以产生输出。神经网络的每一层都可以学习表示输入数据的不同特征，从而实现更高级别的模式识别和预测。感知器是神经网络的基本构建块之一，但是它只能实现线性分类，不能处理非线性问题。神经网络通过使用非线性激活函数和多层结构来解决这个问题，能够处理更复杂的数据结构。总体来说，感知器是神经网络的基础组件之一，而神经网络是一个更复杂、更灵活的模型，可以应用于各种问题。另外，还将浅层神经网络称为简单的前馈神经网络，浅层神经网络是指包含少量隐含层的神经网络，通常只有一到两层；相比之下，深度神经网络包含较多的隐含层，通常有三层或更多。先理解一下感知器的作用。

2.1　单层感知器

感知器是生物神经细胞的简单抽象，神经细胞的状态取决于从其他的神经细胞收到的输入信号量，及突触的强度（抑制或加强），当信号量总和超过了某个阈值时细胞体就会激动并产生电脉冲。感知器（perceptron）[①]可以被视为一种最简单形式的前馈神经网络，是一种二元线性分类器。它由一个单层神经元组成，接收一组输入，对它们进行加权处理，然后生

[①]　该感知器是罗森勃拉特（Frank Rosenblatt）在 1957 年就职于康奈尔航空实验室时所发明的一种人工神经网络。

成一个输出。感知器的输入可以是二进制值或连续值,每个输入都与一个权重相关联。感知器将输入与相应的权重相乘,并将所有乘积相加,得到一个加权和。这个加权和经过一个阈值函数(通常是阶跃函数)处理,产生一个二元输出(通常是 0 或 1)。感知器的学习算法可以用于自动调整它的权重和阈值,以使其能够正确地对输入进行分类。感知器学习算法的核心思想是根据预测结果和真实结果之间的误差来更新权重和阈值。感知器学习算法可以应用于许多问题,如分类和模式识别等。在人工神经网络领域中,感知器也被指为单层的人工神经网络,以区别于较复杂的多层感知器(multilayer perceptron)。作为一种线性分类器,单层感知器可以说是最简单的前馈人工神经网络形式。尽管结构简单,感知器能够学习并解决相当复杂的问题。感知器主要的本质缺陷是不能处理线性不可分的问题,即只能处理线性可分的数据。

感知器规则是一种简单的算法,用于分类和决策。它通常用于二元分类问题,即将输入数据分成两类(如真或假、垃圾邮件或非垃圾邮件)。感知器规则使用规则感知器实现,并使用权重和阈值来决策输出。规则感知器是一种简单的神经网络,其中包含一个输入层和一个输出层,但没有隐含层。规则感知器通过计算输入数据的加权和来产生输出,如果加权和超过一个阈值,则输出为 1;否则,输出为 0。这种规则感知器使用的激活函数就是阶跃函数,阶跃函数是一种常见的离散函数,其输出变量与输入变量之间存在离散的阶跃关系,阶跃函数通常用于构建分类器、决策树和其他机器学习模型。

感知器是一种基本的人工神经元,现在看一看感知器的数学表示。假设有 n 个输入 $x_1, x_2, \cdots, x_n$,每个输入都有对应的权重 $w_1, w_2, \cdots, w_n$,以及一个阈值 b,则感知器的输出 y 可以表示为

$$y = \begin{cases} 1, & \sum_{i=1}^{n} w_i x_i + b > 0 \\ 0, & \text{其他} \end{cases}$$

其中,$\sum_{i=1}^{n} w_i x_i$ 表示输入和权重的加权和,当其大于阈值 b 时,感知器的输出为 1,否则输出为 0。上述数学表示可以用向量和矩阵的形式来表示,将输入向量 $\boldsymbol{x} = [x_1, x_2, \cdots, x_n]$ 和权重向量 $\boldsymbol{w} = [w_1, w_2, \cdots, w_n]$ 视为列向量,可以将感知器的输出表示为

$$y = \begin{cases} 1, & \boldsymbol{w}^{\mathrm{T}} \boldsymbol{x} + b > 0 \\ 0, & \text{其他} \end{cases}$$

其中,$\boldsymbol{w}^{\mathrm{T}}$ 表示 $\boldsymbol{w}$ 的转置,即行向量。这种表示方式可以简化计算,并便于推广到更一般的神经网络模型。在感知器模型中,b 是偏差(bias)参数,它表示神经元在没有输入信号的情况下产生的输出值。在感知器模型中,b 可以被视为一个额外的输入 x_0,并且它的权重 w_0 可以被设置为偏差 b 的值,即 $w_0 = b$。因此,可以将感知器模型的输入扩展为 $\boldsymbol{x} = [x_0, x_1, \cdots, x_n]$,其中 $x_0 = 1$,并且相应地设置权重 $\boldsymbol{w} = [w_0, w_1, \cdots, w_n]$,其中 $w_0 = b$。当训练感知器模型时,通过更新权重 $\boldsymbol{w}$ 和偏差 b 来改变模型的行为。然而,由于偏差是独立于输入的常量,因此无法像权重一样直接通过反向传播算法来更新。相反,可以将偏差 b 视为一个特殊的权重,这个权重只连接到神经元的偏置单元上。通过将偏差吸收进权重,可以将偏差视为权重的一部分,并使用相同的更新算法来更新它们。因此,偏差吸收是将偏差视为权重的一部分,并将其与输入向量一起处理的过程。这样可以简化感知器模型的实现,并使其能够

使用相同的权重更新算法来更新所有参数,如图 2-2 所示。

　　逻辑回归和感知器算法在某些方面是相似的,它们都是二分类模型,可以用于分类任务。感知器算法是一种最简单的神经网络模型,它使用阈值函数(如符号函数)将输入变量映射为二元输出,即是或否。而逻辑回归模型则是通过将线性回归模型的输出值输入到 Sigmoid 函数,将其映射到[0,1]的范围内,从而得到一个概率值。这个概率值可以被解释为该输出变量为正例的概率。因此,逻辑回归模型可以预测概率值,而感知器算法只能输出二元输出。对于二分

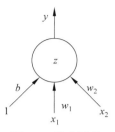

图 2-2　偏差吸收

类问题,当逻辑回归模型的概率值大于等于 0.5 时,可以将其预测为正例,小于 0.5 时则预测为负例。这与感知器算法非常相似,因为感知器算法可以看作将输入值乘以权重后进行符号函数处理,得到的结果大于等于 0 时预测为正例,小于 0 时则预测为负例。所以说,在一定程度上,将逻辑回归模型的输出结果设定一个阈值可以得到类似于感知器算法的结果,但是逻辑回归模型本身具有更强的灵活性和预测能力,因为它可以输出概率值,更好地适应复杂的分类任务。

　　线性不可分问题是指,在一个二元分类问题中,无法用一个超平面(一条直线、一个平面或者一个超平面)将两个类别的数据分开。如果一个数据集是线性可分的,那么存在一个超平面能够将两个类别的数据完全分开,使得超平面的两侧分别都只包含一个类别的数据。然而,在现实生活中,很多数据集并不是线性可分的,在这种情况下,使用一个超平面将两个类别的数据分开就变得很难。例如,如图 2-3(b)所示的数据集就是一个线性不可分的二元分类问题。

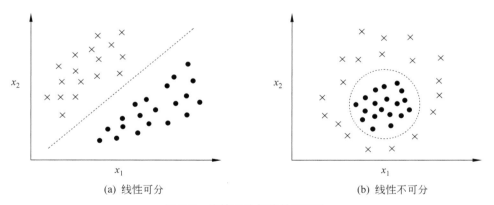

(a) 线性可分　　　　　　　　　　　　(b) 线性不可分

图 2-3　线性可分与线性不可分

　　下面讲一讲单个感知器线性不可分的问题,需要使用多个感知器实现非线性。研究过神经网络的人需要了解单个感知器无法表示 XOR 布尔函数,只能学习线性可分模式。人工智能的主要教科书《人工智能:一种现代方法》说:“XOR 不是线性可分的,因此感知器无法学习它”。自创建以来,感知器模型经历了重大修改,不同的激活函数、学习规则甚至权重初始化方法被发现。由于计算能力的发展,开发出了能够学习比 XOR 函数复杂得多的非线性问题的深度神经网络。这些网络唯一需要注意的是,它们的基本单元仍然是线性分类器,而它们的非线性表现力来自于它们的多层结构、架构和大小。正如所看到的,感知器计算其输入的加权和,并使用阶跃函数对其进行阈值处理。从几何上讲,这意味着感知器可以

用超平面将其输入空间分开,这就是感知器只能分离线性可分问题的概念的来源。由于 XOR 函数不是线性可分的,因此单个超平面确实不可能将其分开。

现在,思考一下布尔函数①,看看如何使用感知器来学习这样的函数。布尔函数,至少主要的可以总结,如图 2-4 所示。

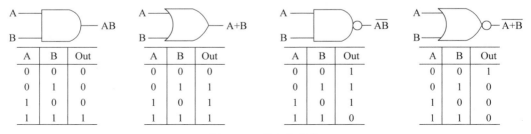

A	B	Out
0	0	0
0	1	0
1	0	0
1	1	1

A	B	Out
0	0	0
0	1	1
1	0	1
1	1	1

A	B	Out
0	0	1
0	1	1
1	0	1
1	1	0

A	B	Out
0	0	1
0	1	0
1	0	0
1	1	0

图 2-4　4 种布尔函数

机器并不能直接理解布尔函数的逻辑门,它只能通过人工编程的方式来实现这些操作。但是,在神经网络中,我们可以使用激活函数来模拟布尔函数的逻辑门,现在看看是否可以训练一个机器学习算法,即一个简单的感知器来学习这样的逻辑门。如果将布尔函数的输入放到二维空间,并用实心点代表输出 0,用空心点代表输出 1,那么可以像下面这样可视化训练数据。需要注意,斜线是一个决策边界,可以很好地区分两个类,希望神经网络能够找到这样的边界。

这里首先以逻辑电路为案例来思考一下与门(AND)。与门是有两个输入和一个输出的门电路,如图 2-5 所示,这种输入信号(x_1、x_2)和输出信号(y)的对应表称为真值表②,与门仅在两个输入均为 1 时输出 1,其他时候则输出 0,其输入与权重的线性组合方程为

$$z = w_1x_1 + w_2x_2 + b$$

需要做的就是确定能满足图 2-5 中真值表的 w_1、w_2、b 的值,那么设定什么样的值才能制作出满足图 2-5 中条件的感知器呢? 实际上,满足图 2-5 中条件参数的选择方法有无数多个。比如,当 $(w_1, w_2, b) = (0.5, 0.5, 0.7)$ 时;此外当 (w_1, w_2, b) 为 $(0.5, 0.5, 0.8)$ 或者 $(1.0, 1.0, 1.0)$ 时,同样也满足与门的条件。设定这样的参数后,当且仅当 x_1 和 x_2 同时为 1 时,信号的加权总和才会超过给定的阈值 b。接着,再来考虑一下与非门(NAND)。与非门就是颠倒了与门的输出。如果用真值表表示的话,仅当 x_1 和 x_2 同时为 1 时输出 0,其他时候则输出 1。那么与非门的参数又可以是什么样的组合呢? 要表示与非门,可以用 $(w_1, w_2, b) = (-0.5, -0.5, -0.7)$ 这样的组合,同时也存在其他无限组合。实际上,只要把实现与门的参数值的符号取反,就可以实现与非门。接下来看一下如图 2-6 所示的或门。或门的逻辑电路是只要有一个输入信号是 1,输出就为 1。那么思考一下,应该为这个或门设定

---

①　布尔函数是一种输入和输出都为布尔值的函数。也就是说,它接收一组布尔值作为输入,并产生一个布尔值作为输出。布尔函数通常用于逻辑运算、电路设计和计算机科学等领域。布尔函数有多种不同的表示方式,其中最常见的是真值表、逻辑表达式和逻辑电路。真值表列出了所有可能的输入组合及其相应的输出值,而逻辑表达式则描述了布尔函数的逻辑结构。逻辑电路则将逻辑表达式转换为电路图,以实现对布尔函数的计算。

②　使用于逻辑中(特别是在联结逻辑代数、布林函数和命题逻辑上)的一类数学用表,用来计算逻辑表示式在每种论证(即每种逻辑变量取值的组合)上的值。

什么样的参数呢？这里依靠人为猜测和尝试决定感知机参数的过程：真值表作为训练数据，人工考虑参数的值。而机器学习的课题是将这个决定参数值的工作交由计算机自动进行，而人要做的是思考感知机的构造，并把训练数据交给计算机。

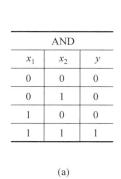
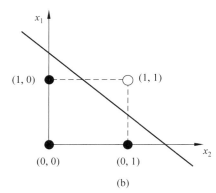

图 2-5　与门问题

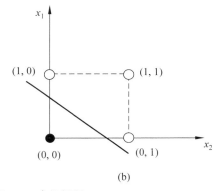

图 2-6　或门问题

　　如上所述，已经知道使用感知机可以表示与门、与非门、或门的布尔函数。这里重要的一点是：与门、与非门、或门的感知机构造是一样的，实际上三个布尔函数只有参数（权重和阈值）的不同。也就是说，相同构造的感知机只需通过适当地调整参数的值，就可以变身为与门、与非门、或门。上面的例子说明了一个感知器是如何衡量不同种类的约束条件以做出决定，通过调整权重和偏差来学习输入数据和输出之间的关系，并使用这些学习的参数来决定输入数据属于哪一类。但是，简单的感知器不能模拟人类完整的决策模型，人类的神经网络要复杂得多。当遇到异或（XOR）问题时，感知器无法学习对输入进行分类以便获得正确的标签。这意味着，具有两个输入的神经元感知器无法调整其两个权重，在 XOR 中问题中将 1 和 0 分开。如图 2-7 所示，无法用一条直线分开 1 和 0，但是如果使用曲线就可以实现了，如图 2-8 所示那样作出分开 1 和 0 空间的曲线。感知器的局限性就在于它只能表示由一条直线分割的空间，如图 2-8 这样弯曲的线无法用简单的感知器表示。由图 2-8 这样的曲线分割而成的空间称为非线性空间，而由图 2-7 中直线分割而成的空间称为线性空间。

　　实际上，感知器的绝妙之处在于可以叠加多层，先从其他视角来思考一下异或门的问

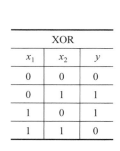

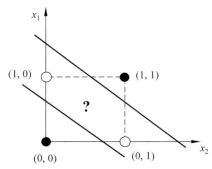

图 2-7　异或问题

XOR		
x_1	x_2	y
0	0	0
0	1	1
1	0	1
1	1	0

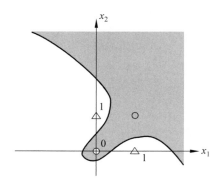

图 2-8　使用曲线解决异或问题

题,异或门的表示方法有很多,其中之一就是组合前面提到的与门、与非门、或门进行配置,与门、与非门、或门用图 2-9 中的符号表示,另外图 2-9 中与非门前端的"○"表示反转输出的意思。

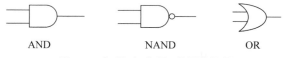

图 2-9　与门、与非门、或门的符号

异或门可以通过图 2-10 所示的配置来实现。这里,x_1 和 x_2 表示输入信号,y 表示输出信号。x_1 和 x_2 是与非门和或门的输入,而与非门和或门的输出则是与门的输入。

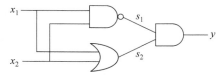

图 2-10　通过组合与门、与非门、或门实现异或门

现在,来确认一下图 2-10 的配置是否真正实现了异或门。这里把 s_1 作为与非门的输出,把 s_2 作为或门的输出,填入真值表中,结果如图 2-11 所示。观察 x_1、x_2 和 y 可以发现确实符合异或门的输出,这样异或门的实现就完成了。下面试着用神经网络的表示方法(明确地显示神经元)来表示这个异或门,结果如图 2-12 所示。

x_1	x_2	s_1	s_2	y
0	0	1	0	0
1	0	1	1	1
0	1	1	1	1
1	1	0	1	0

图 2-11 异或门的真值表

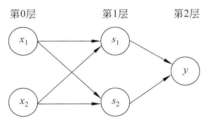

图 2-12 用感知器表示异或门

如图 2-12 所示,异或门是一种多层结构的神经网络。这里,将最左边的一列称为第 0 层,中间的一列称为第 1 层,最右边的一列称为第 2 层。图 2-12 中的多次神经网络总共由三层构成,但是因为拥有权重的层实质上只有 2 层(第 0 层和第 1 层之间,第 1 层和第 2 层之间),所以称为二层神经网络或二层感知器。在图 2-12 所示的二层神经网络中,先在第 0 层和第 1 层的神经元之间进行信号的传送和接收,然后在第 1 层和第 2 层之间进行信号的传送和接收,具体如下所示。

⋄ 第 0 层的两个神经元接收输入信号,并将信号发送至第 1 层的神经元。

⋄ 第 1 层的神经元将信号发送至第 2 层的神经元,第 2 层的神经元输出 y。

感知器是一种最简单的神经网络模型,其基本原理是将输入值与权重进行线性组合,然后通过激活函数(通常为阶跃函数)进行分类。通过不断迭代更新权重,感知器可以学习并逐步改进其分类准确性。然而,由于阶跃函数在原点处不可导,感知器存在一些局限性,并且只能解决线性可分的问题。为了克服感知器的局限性,逻辑回归模型被提出来替代阶跃函数,因为它具有连续可导的 Sigmoid 函数作为激活函数。逻辑回归使用概率分布来描述数据,并使用最大似然估计来拟合模型。与感知器不同,逻辑回归可以处理非线性问题,并且能够生成实值输出,而不仅仅是二元输出。

总而言之,单层感知器是一种线性分类器,它只能解决线性可分问题。对于异或门这样的非线性问题,单层感知器无法进行正确分类。这是因为异或门的输入空间不能用一个超平面进行划分。但是,如果将多个单层感知器叠加起来形成多层感知器,就可以实现非线性分类。具体来说,通过添加一层或多层非线性隐含层,多层感知器可以实现复杂的非线性映射。在多层感知器中,每个神经元都可以看作一个非线性函数,它将输入映射到输出空间中。这些函数可以组合形成更复杂的函数,使得多层感知器可以处理非线性问题。在多层感知器中,每层都可以通过反向传播算法进行训练,这样可以有效地优化网络参数并最小化损失函数。多层感知器已经被证明可以解决各种复杂的问题,包括图像分类、自然语言处理等。因此,通过增加神经网络层数(加深网络),可以增加神经网络的灵活性和表达能力,使其能够处理更加复杂的任务。

2.2 三层神经网络

任何神经网络都是由简单的基本元素组成的。两个简单的神经网络:逻辑回归和单层感知器。逻辑回归和单层感知器模型是一种广泛应用的分类模型,可以处理二元分类和多类分类问题,并且可以被视为单层神经网络。在神经网络中,每个神经元可以看作一个逻辑回归单元或感知器,通过对输入进行一系列线性和非线性变换,将输入映射到输出。在多层神经网络中,隐含层可以被视为一种特征提取器,它们能够将原始输入数据转换为更高层次、更抽象的特征表示。这些特征可以帮助网络更好地区分不同的类别,从而提高分类性能。与逻辑回归模型不同的是,隐含层在神经网络中可以包含多个神经元,从而提高了网络的非线性能力和表达能力。总体来说,将神经网络视为一种多层的逻辑回归模型确实有其合理性,可以帮助我们更好地理解神经网络的基本原理和工作方式。但需要注意的是,神经网络不仅仅是一种逻辑回归模型,还包括其他类型的网络,如卷积神经网络、循环神经网络等。因此,在具体应用中需要根据任务和数据的特点选择合适的网络结构。

一个简单的三层神经网络结构如图 2-13 所示。上一层的每个神经元都连接到下一层的所有神经元,但它会乘以一个所谓的权重,该权重决定了前一层的数量有多少要传输到下一层的给定神经元。当然,权重并不取决于初始神经元,而是取决于初始神经元和目标神经元对,这些权重可能偶然具有相同的值,但在大多数情况下它们将具有不同的值。

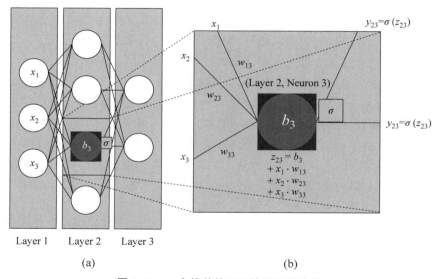

Layer 1   Layer 2   Layer 3
(a)   (b)

图 2-13   一个简单的三层神经网络结构

这个三层神经网络结构采用的是全连接层(fully connected layer),也称为密集连接层,是指所有结点与前一层的所有结点均有连接的神经网络层,是一种常见的神经网络层。全连接层用于从输入数据中提取特征,并将它们映射到输出空间。在数学上,全连接层的输出可以表示为输入向量与权重矩阵的点积,再加上偏置向量。训练过程中,权重矩阵和偏置向量的值通过反向传播算法进行学习和调整。全连接层的数学公式表示为

$$y = Wx + b$$

其中,x 是输入向量;W 是权重矩阵;b 是偏置向量;y 是输出向量。全连接层将输入向量乘以权重矩阵,再加上偏置向量,得到输出向量。

通过神经网络的信息流从第一层神经元(输入层)经过第二层神经元(隐含层)到达第三层神经元(输出神经元)。现在回到图 2-13,输入层由三个神经元组成,每个神经元可以接受一个输入值,它们由变量 x_1、x_2、x_3 表示(实际输入值将是这些变量的值)。输入层中的神经元数量通常等于输入数据的特征数量,可以使用零填充来处理未使用的神经元。如果

输入数据的特征数量多于输入层中的神经元数量,则需要进行特征提取或降维处理。输入层不能接收比其神经元数量更多的输入值。输入可以表示为序列 $x_1, x_2, \cdots, x_n$(实际上与行向量相同)或列向量 $\boldsymbol{x} = (x_1, x_2, \cdots, x_n)^{\mathrm{T}}$,这两种表示方式实际上是等效的,因为它们都包含相同的输入数据。在某些情况下,行向量的表示更为方便。例如,当需要将向量乘以矩阵时,因为行向量与矩阵相乘可以方便地执行矩阵乘法运算。在某些机器学习和数据处理框架中,如 NumPy、PyTorch 和 TensorFlow,矩阵乘法的实现通常比其他形式的向量运算更为高效。另外,当需要逐元素运算或者需要沿着输入序列的维度进行操作时,列向量的表示更为方便。例如,在深度学习中,神经网络通常处理一批数据,其中每个样本都可以表示为列向量。在这种情况下,对于批处理的运算,列向量的表示更为方便。行向量和列向量在不同的场景中具有不同的优势,选择哪种向量表示方式应根据具体情况进行考虑。

正如已经注意到的,来自输入层的每个神经元都连接到来自隐含层的每个神经元,但同一层的神经元并不相互连接。k 层中的神经元 j 和 n 层中的神经元 m 之间的每个连接都有一个权重,用 w_{jm}^{kn} 表示,由于通常从上下文中可以清楚地了解所涉及的层,可以省略上标并简单地写为 w_{jm}。权重在神经网络中扮演着非常重要的角色,它们决定了神经元接收到的输入值的贡献大小。在神经网络中,每个神经元都有一组与之相关的权重,这些权重是在网络训练过程中根据误差反向传播算法调整的。对于给定的输入值和目标神经元的权重,目标神经元收到的值可以计算为输入值与权重的乘积。例如,如果输入为 12,目标神经元的权重为 0.25,则目标神经元收到的值为 3,因为 $12 \times 0.25 = 3$。权重可以减小或增加该值,这取决于权重的值大小。权重可以小于 0,但通常在神经网络中,权重的值通常限制在 0~1。在训练神经网络时,目标是通过调整权重来最小化网络的误差。因此,权重的值会根据训练数据进行调整。在训练期间,如果一个神经元的权重值过大或过小,那么可以调整它们的值,以便更好地拟合训练数据,并提高网络的泛化能力。

再次回到图 2-13 来解释右侧的缩放神经元。缩放后的神经元(第 2 层的第 3 神经元)获取输入,该输入是前一层输入的乘积与相应权重的乘积之和。在这种情况下,输入是 x_1、x_2 和 x_3,权重是 w_{13}、w_{23} 和 w_{33}。每个神经元里面都有一个可修改的值,称为偏差,这里用 b_3 表示,这个偏差加到之前的总和上,其结果用 z_{23} 表示。

一些更简单的模型只是简单地将 z 作为输出,但大多数模型将非线性函数(也称为激活函数,在图 2-13 中用"σ"表示)应用于 z 以产生输出,输出传统上用 y 表示,在上面的例子中神经元的输出是 y_{23}。非线性函数通常可以称为 $\sigma(z)$ 或给定函数的名称,最常用的是 Sigmoid 函数。Sigmoid 函数是一种逻辑函数。之前遇到过这个函数,当时它是逻辑回归中的主要函数。Sigmoid 函数输入 z,其输出返回 $\sigma(z) = \dfrac{1}{1 + \mathrm{e}^{-z}}$,将它接收到的所有内容压缩为 0~1 的值,对其含义的直观解释是它计算给定输入的输出概率。

在后面的章节中将看到不同的层可能有不同的非线性,但是同一层的所有神经元都将相同的非线性函数应用于 z。一个神经元的输出在其所有的输出连接上具有相同的数值,这也是传统神经网络的全连接层的基本组成部分。回到图 2-13(b)放大后的神经元,神经元将 y_{23} 发送到各个方向,它们都是相同的值。最后一点,再次遵循图 2-13,请注意下一层的 z 将以相同的方式计算。如果以 z_{31} 为例(第三层第一个),它将计算为 $z_{31} = b_{31} + w_{11}^{23} y_{21} + w_{21}^{23} y_{22} + w_{31}^{23} y_{23} + w_{41}^{23} y_{24}$。对 z_{32} 也是如此,然后通过将所选非线性函数应用于 z_{31} 和

z_{32},获得最终输出值。

回忆一下 $m \times n$ 矩阵的一般形状(m 是行数,n 是列数)。

$$\begin{bmatrix} a_{11} & a_{12} & a_{13} & \cdots & a_{1n} \\ a_{21} & a_{22} & a_{23} & \cdots & a_{2n} \\ \vdots & \vdots & \vdots & \ddots & \vdots \\ a_{m1} & a_{m2} & a_{m3} & \cdots & a_{mn} \end{bmatrix}$$

假设需要用矩阵运算来定义如图 2-14 所示的过程。在第 1 章已经看到如何用矩阵运算符表示逻辑回归的计算,在这里遵循相同的想法表示简单的前馈神经网络。如果希望按照图中的垂直排列输入数据,可以将其表示为列向量,即 $\boldsymbol{x} = (x_1, x_2)^{\mathrm{T}}$。图 2-14 还为我们提供了网络中的中间值,因此可以验证每一步的计算。

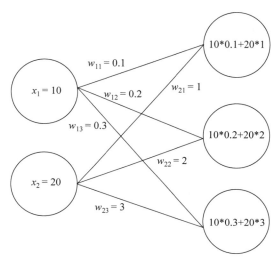

图 2-14　网络中的权重

在神经网络中将操作表示为向量和矩阵可以帮助减少转置的使用。这是因为通常在向量和矩阵之间进行的操作是线性的,并且可以通过矩阵乘法来实现,因此在表示操作的数学式中可以直接对向量和矩阵进行乘法运算。实际上,在神经网络的实现中,通常使用矩阵乘法来计算 $\boldsymbol{y} = \boldsymbol{Wx}$,而不需要对矩阵 $\boldsymbol{W}$ 进行转置。在矩阵乘法中,对于矩阵 $\boldsymbol{W}$ 的每一行,它们分别对应着一个神经元的权重向量,而对于输入向量 $\boldsymbol{x}$ 的每一个元素,它们分别对应着输入向量的一个分量。因此,通过将矩阵 $\boldsymbol{W}$ 的每一行视为一个神经元的权重向量,可以直接对整个输入向量 $\boldsymbol{x}$ 进行计算,而无须进行转置操作。具体而言,假设矩阵 $\boldsymbol{W}$ 的大小为(n, m),其中 n 表示神经元的数量,m 表示输入向量的维数,则输入向量 $\boldsymbol{x}$ 的大小为(m, 1),而输出向量 $\boldsymbol{y}$ 的大小为(n, 1)。此时,可以直接使用矩阵乘法来计算 $\boldsymbol{y} = \boldsymbol{Wx}$,而无须对矩阵 $\boldsymbol{W}$ 进行转置操作。

在某些情况下,使用矩阵转置不会消耗太多计算资源,而保持直观可见性更加重要。矩阵转置的计算量与矩阵的大小成正比,因此对于较小的矩阵,矩阵转置的计算量可能很小,而对于较大的矩阵,矩阵转置的计算量可能会很大。但是,在某些情况下,为了保持代码的可读性和易于理解性,使用矩阵转置可能更加重要。例如,在深度学习中,经常使用矩阵转置来调整张量的形状,以便适应特定的操作。虽然这样做可能会增加计算量,但是通过使用矩阵转置,可以使代码更加清晰易懂,从而使算法的实现更加容易理解和调试。另一个例子是线性代数中的一些定理和公式,它们通常使用矩阵转置来描述,这是因为矩阵转置是一个非常自然的运算符号,能够很好地表达各种定理和公式。在这种情况下,即使矩阵转置的计算量相对较大,也应该使用矩阵转置来保持代码的清晰易懂性。因此,选择是否使用矩阵转置应该考虑多个因素,包括矩阵的大小、计算资源、代码的可读性和易于理解性等。在某些情况下,即使矩阵转置可能会增加计算量,仍然应该使用矩阵转置来保持代码的可读性和易于理解性。

在例子中,想要表示一个权重连接第 1 层中的第二个神经元和第 2 层中的第三个神经元,我们使用一个名为 w_{23} 的变量表示。看到权重的索引保留了有关层中神经元连接的信息,但有人可能会问在哪里存储层的信息。答案很简单,即信息最好存储在程序代码的矩阵中,因此将连接两层的权重矩阵写为

$$\begin{bmatrix} w_{11}(=0.1) & w_{12}(=0.2) & w_{13}(=0.3) \\ w_{21}(=1) & w_{22}(=2) & w_{23}(=3) \end{bmatrix}$$

将此矩阵称为 W(可以在其名称中添加下标或上标)。使用矩阵乘法 $W^{\mathrm{T}}x$ 得到一个(3×1)的矩阵,即列向量 $z=(21,42,63)^{\mathrm{T}}$。有了这个,已经描述了除了神经元和连接的结构之外,通过网络转发数据的过程称为前向传播。前向传播只是输入通过神经网络时发生的计算总和。可以将每一层视为计算一个函数。那么,如果 x 是输入向量,y 是输出向量,f_i、f_h 和 f_o 分别是在每一层计算的整体函数(包括乘积、求和、非线性函数),可以说 $y=f_o(f_h(f_i(x)))$,当通过反向传播解决权重校正时,这种看待神经网络的方式将非常重要。对于完整规范的神经网络,需要指定参数包括以下几点。

◇ 网络中的层数。
◇ 输入的大小,这与输入层中的神经元数量相同。
◇ 隐含层中的神经元数量。
◇ 输出层中的神经元数量。
◇ 权重的初始值。
◇ 偏差的初始值。

上面介绍的从输入层经过神经网络到输出层的过程称为前向传播(forward propagation)。前向传播是神经网络计算的过程,它是从神经网络的输入层开始,逐层向前传递数据,直至输出层。在前向传播过程中,每个神经元都将它的输入进行线性组合,然后应用一个非线性函数(也称为激活函数)来产生输出。这个输出会被传递到下一层的神经元中,直到最终输出层产生预测结果。前向传播是神经网络的前向计算过程,其中每层的输入是上一层的输出。每个神经元的输出都是根据它们的权重和输入值计算得出的。前向传播算法的目的是计算神经网络的输出,从而实现对输入数据的预测。在前向传播过程中,神经网络会使用已知的权重和偏置值来计算输出。这些权重和偏置值在训练神经网络时会被不断优化,以使神经网络能够更准确地预测输出值。

神经元在神经网络中是一种数学模型,它们被组织成一个或多个层,并且每个神经元都有一个输入和一个输出。在神经网络中,神经元的输入是由上一层的所有神经元输出的加权和,通过应用激活函数获得输出。这些神经元和它们之间的连接可以表示为矩阵和向量的乘积。另一方面,权重和偏差确实在神经网络中起着至关重要的作用。权重是用于计算

神经元输入的系数,它们被训练以优化神经网络的预测准确性。偏差是神经元的常数项,它们可以让神经元更好地拟合数据。在训练神经网络时,通过反向传播算法调整权重和偏差,以最小化神经网络的损失函数。反向传播的思路是测量神经网络在分类时产生的误差,然后修正权重使这个误差变得非常小。反向传播是深度学习中最重要的主题,本章将有专门的部分详细讨论,在开始之前还需要补充一些基本概念。

2.3　激　活　函　数

神经网络的运作过程可以用动力学规则来描述。每个神经元都可以看作一个动力学系统,它的输出信号取决于输入信号和权值。根据这些规则,神经网络能够根据输入信号自动调整输出信号,并在训练过程中不断地根据训练数据调整模型参数,从而达到学习的目的。具体来说,神经网络的运作过程可以用动力学方程组来描述。每个神经元的输出信号可以用一个函数来表示,这个函数取决于输入信号和权值。根据这些函数和输入信号之间的依赖关系,可以得到一组动力学方程,用于描述神经网络的运作过程。此外,神经网络的训练过程也可以用动力学规则来描述。例如,可以使用梯度下降算法来调整模型参数,这个算法也可以看作一种动力学规则。通过不断地调整模型参数,神经网络能够学习输入数据的特征,并自动调整输出信号以满足预期的结果。

激活函数定义如何根据其他神经元的活动来改变神经元的激励值,一般依赖于网络中的权重,具有短时间尺度的动力学规则,能够在短时间内根据输入信号快速调整神经元的激励值。神经元的激励值也称为神经元的输入值或神经元的输入流,是神经元接收信息的数字表示。它通常是由前一层神经元传递来的输入信号乘以一个权值(或称为连接权)加权求和得到的。激活函数就是在人工神经网络的神经元上运行的函数,负责将神经元的输入映射到输出端。激活函数对于人工神经网络模型去学习、理解非常复杂和非线性的函数来说具有十分重要的作用,将非线性特性引入网络。在神经元中,输入的 $x_1, x_2, \cdots, x_n$ 通过加权求和后被作用了一个函数,这个函数就是激活函数。如果引入逻辑函数可以增加神经网络模型的非线性,没有逻辑函数的每层都相当于矩阵相乘,就算叠加了若干层之后还是个矩阵相乘。

另外,激活函数是一种常用的神经网络层之间的处理方法,用于将输入数据映射到输出数据。激活函数的作用是引入非线性关系,使得神经网络能够处理更复杂的数据。激活函数的参数包括偏差和权重,偏差表示输入变量与输出变量之间的阈值,权重表示输入变量对输出变量的影响程度。在训练过程中,需要不断调整这些参数以提高模型的准确性,通常使用权重更新规则来更新激活函数的参数,常见的权重更新规则包括感知器规则、增量规则和反向传播算法。

现在,已经介绍了激活函数的基本概念,回顾一下常用的神经网络激活函数。

2.3.1　线性函数

线性函数也称为"无激活"或"恒等函数",是输出值与输入成正比,该函数对输入的加权总和没有任何作用,如图 2-15 所示。

然而,线性函数有两个主要问题:不可能使用反向传播,因为函数的导数是常数并且与

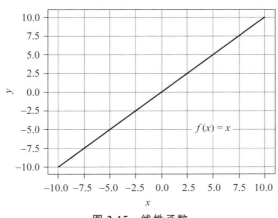

图 2-15 线性函数

输入无关;如果使用线性激活函数,神经网络的所有层都将合并为一个。无论神经网络有多少层,最后一层仍然是第一层的线性函数,因此本质上线性激活函数将神经网络变成了一层。

2.3.2 逻辑函数

线性激活函数意味着输入和输出之间的关系是一次函数的形式。如果使用线性激活函数构建一个神经网络,那么整个网络也是线性的。这意味着,如果使用线性激活函数训练一个线性回归模型效果会很好,但是如果使用线性激活函数解决一个非线性问题,可能会得到不理想的结果,因为线性激活函数无法捕获非线性关系。

深度学习中的激活函数大部分都使用逻辑函数来实现非线性。逻辑函数是指将输入值映射到输出值的函数,其输出通常为一个概率值或离散的输出值,用于处理分类问题。逻辑函数的输入可以是一个或多个变量,输出通常在某个范围内变化。例如,在 [0,1] 区间或 [-1,1] 区间。在机器学习中,常用的逻辑函数有 Sigmoid 函数、Softmax 函数、ReLU 函数、Tanh 函数、Leaky ReLU 函数、ELU 函数等。

由于线性激活函数功能有限,不允许模型在网络的输入和输出之间创建复杂的映射,而逻辑函数解决了线性激活函数的以下两点限制。

(1) 线性激活函数允许反向传播,因为逻辑函数的导函数与输入相关,这意味着在反向传播中每个权重的更新量取决于它对应的输入,以及损失函数的偏导数。这就允许神经网络了解哪些权重对预测贡献更大,并且可以更有效地调整这些权重,以使模型的预测更准确。需要注意的是,逻辑函数的导函数可能会在某些输入范围内取到 0,这可能会导致梯度消失的问题,使得反向传播变得困难,因此在选择激活函数时需要考虑这些因素。

(2) 在神经网络中,使用逻辑函数允许我们堆叠多层神经元。这是因为逻辑函数的输出是输入的非线性组合,这意味着在多层神经元之间传递信息时,信息的组合方式也是非线性的。堆叠多层神经元的优点在于,它可以捕捉到复杂的非线性关系。这使得神经网络可以用于解决许多复杂的机器学习任务,如图像分类、自然语言处理等。需要注意的是,堆叠多层神经元也会带来计算复杂度的增加,并且如果模型的参数过多,它也很容易过拟合。因此,在设计神经网络时,要合理地调整层数和参数的数量,以使模型既能解决复杂的问题,又能较好地泛化到新数据。

现在,看看几种不同的逻辑函数及其特性。

2.3.2.1 二元阶跃函数

二元阶跃函数不是一个典型的逻辑函数,但可以被视为一种特殊的逻辑函数,因为它可以将输入值映射为两个离散的输出值(0 和 1),并且通常用于二元分类问题。二元阶跃函数取决于是否应该激活神经元的阈值。将输入到激活函数的输入与某个阈值进行比较,如果输入大于它,那么神经元被激活;否则它被停用,这意味着输出不会传递到下一个隐含层,如图 2-16 所示。

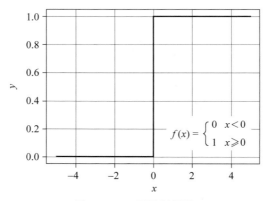

图 2-16   二元阶跃函数

以下是二元阶跃函数的一些限制:不能提供多值输出,不能用于多类分类问题;阶跃函数的梯度为 0,这对反向传播过程造成了阻碍。

2.3.2.2 Sigmoid 函数

Sigmoid 函数是逻辑激活函数的一种,常被用作神经网络的阈值函数,将变量映射到 0～1。输入值越大(越正),输出值越接近 1;而输入值越小(越负),输出越接近 0,如图 2-17 所示。

Sigmoid 函数通常用于必须预测概率作为输出的模型。由于任何事物的概率只存在于 0～1 的范围内,因此 Sigmoid 输出值的范围作为被选择的条件之一。Sigmoid 函数的图像具有"S"形,该函数是可微分的并且提供平滑梯度,即防止输出值的跳跃,这就是为什么逻辑激活函数是广泛使用的函数之一。

下面讨论 Sigmoid 函数的局限性:从图 2-17(b)中可以看出,梯度值仅在 -5～5 的范围内明显,而在其他区域,图形变得更加平坦。这意味着对于大于 5 或小于 -5 的值,该函数将具有非常小的梯度。随着梯度值接近 0,神经网络停止学习并产生梯度消失的问题。而且 Sigmoid 函数的输出值不是围绕 0 对称的,所以所有神经元的输出值将具有相同的符号,这使得神经网络的训练更加困难和不稳定。

2.3.2.3 Tanh 函数

Tanh 函数称为双曲正切函数,与逻辑激活函数非常相似,甚至具有相同的"S"形,输出范围为 -1～1。在双曲正切函数中,输入值越大(越正),输出值越接近将接近 1,而输入值越小(越负),输出值越接近 -1,如图 2-18 所示。

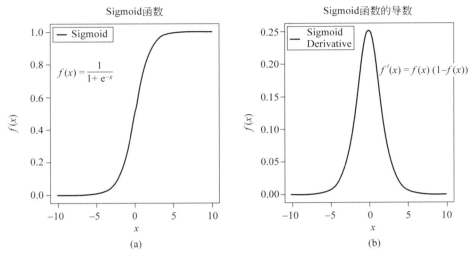

图 2-17　Sigmoid 函数和导函数

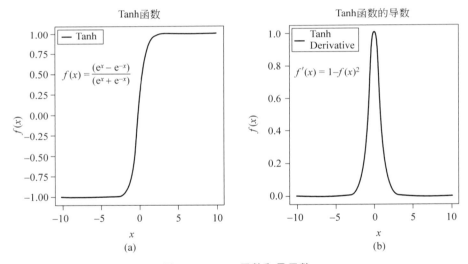

图 2-18　Tanh 函数和导函数

Tanh 函数具有以下优点。

◇ 输出值以 0 为中心：Tanh 函数的输出范围介于 −1～1,而输出值以 0 为中心。这使得它更容易将输出值映射为强负、中性或强正,从而提高了神经网络的灵活性和表现力。

◇ 集中数据：由于 Tanh 函数的平均值接近于 0,因此它有助于集中数据并使下一层的学习变得更加容易。这是因为当输入数据分布较集中时,神经网络更容易学习到输入之间的相关性,从而提高了模型的准确性。

◇ 防止权值爆炸和梯度消失：Tanh 函数的输入和输出的平均值都接近于 0,这有助于防止权值爆炸和梯度消失问题。当神经网络的权重过大或太小时,这些问题通常会发生。Tanh 函数的范围有助于保持权重的适度大小,并且有助于减少梯度消失问题。

现在,看一看双曲正切激活函数的梯度以了解其局限性。正如所看到的,双曲正切函数也面临着类似于 Sigmoid 函数的梯度消失问题,虽然与 Sigmoid 函数相比双曲正切函数的梯度要陡峭得多,如图 2-18(b)所示,但在深层神经网络中 Tanh 函数和 Sigmoid 函数都可能面临梯度消失问题。与一些其他激活函数相比,Tanh 函数的计算量较大,这意味着它可能会减慢神经网络的训练速度。

2.3.2.4　ReLU 函数

ReLU(rectified linear unit)函数代表整流线性单元。尽管它给人一种线性函数的印象,但 ReLU 具有导数函数并允许反向传播,同时使其计算效率更高。ReLU 函数在 $x \leqslant 0$ 时输出固定的 0 值,这意味着在这种情况下神经元不会被激活,ReLU 函数只对输入 $x > 0$ 有效。这里的主要问题是 ReLU 函数不会同时激活所有神经元,只有当线性变换的输出大于 0 时神经元才会被激活,这种输出的特点就像整流电路一样,将输入的波形变为平滑的直流电,因此 ReLU 函数被称为整流线性单元,如图 2-19 所示。

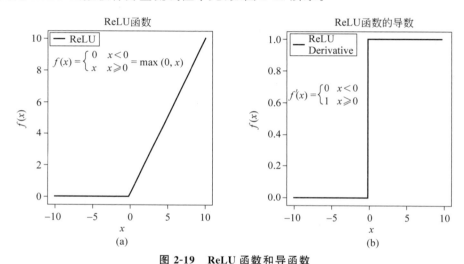

图 2-19　ReLU 函数和导函数

在实践中 ReLU 具有以下优点。

◇ 计算效率高:由于 ReLU 函数在大多数情况下的输出都是 0,因此只有一定数量的神经元被激活。与 Tanh 函数和 Sigmoid 函数相比,ReLU 函数的计算效率要高得多。

◇ 线性、非饱和特性:ReLU 函数是一个线性、非饱和函数,这意味着它可以加速梯度下降向损失函数的全局最小值的收敛。与 Sigmoid 和 Tanh 函数不同,ReLU 函数的导数始终为 1 或 0,这消除了梯度消失问题,并促进了模型的学习。

◇ 可解释性强:ReLU 函数的输出很容易解释,如果输出为正,则神经元被激活,否则未激活。这使得 ReLU 函数对于理解神经网络的行为和调试模型非常有用。

◇ 防止梯度消失:由于 ReLU 函数的导数始终为 1 或 0,它不会面临像 Tanh 函数和 Sigmoid 函数那样的梯度消失问题。这使得 ReLU 函数在深层神经网络中的表现更好。

总体来说,ReLU 函数在深度学习中是一种常用的激活函数,由于其高效、线性和非饱和特性,可以加速模型的训练并提高模型的性能。但是,ReLU 函数也有一些缺点。例如,它不是以 0 为中心的,并且可能会导致神经元死亡问题。这个问题是指当输入处于负值范围内时会发生这种情况,许多神经元仅输出 0 值的场景。当梯度值过大时权重更新后为负数,经 ReLU 函数后输出变为 0,导致后面也不再更新。在反向传播过程中所有负输入值立即变为 0,一些神经元的权重和偏差没有更新,如果网络的某些神经元的输入一直为负,那么这些神经元就不会再被激活,这降低了模型正确拟合或训练数据的能力。为了避免这种情况,人们可能会使用其他激活函数,如 Leaky ReLU 或 PReLU,这些函数在 $x \leqslant 0$ 时仍然会输出一个非零值,因此可以避免梯度消失的问题。Leaky ReLU 是一种类似于 ReLU 的激活函数,但在 x≤0 时它的输出是一个非零的小值而不是 0。具体来说,Leaky ReLU 的公式为:$f(x) = \max(ax, x)$,其中 a 是一个小的常数,通常取 0.01。Leaky ReLU 可以一定程度上解决 ReLU 函数在负区域出现的神经元死亡问题,同时仍然保留了 ReLU 函数的优点。PReLU 是一种自适应参数修正线性单元(parametric rectified linear unit)的激活函数。与 Leaky ReLU 不同,PReLU 将负区域的输出值乘以一个可学习的参数 a。具体来说,PReLU 的公式为:$f(x) = \max(ax, x)$,其中 a 是一个可学习的参数。PReLU 可以通过学习参数 a 来适应数据,同时也可以避免 ReLU 函数在负区域出现的神经元死亡问题。

2.3.2.5　Softmax 函数

Softmax 函数是一种常用的激活函数,它通常用于多分类问题中。Softmax 函数将一个向量映射到一个新的向量,其中每个元素的值介于 0～1,并且所有元素的总和等于 1。具体来说,对于给定的向量 $z = (z_1, z_2, \cdots, z_k)$,Softmax 函数定义如下:

$$\sigma(z)_j = \frac{\mathrm{e}^{z_j}}{\sum\limits_{i=1}^{k} \mathrm{e}^{z_i}}, \quad j = 1, 2, \cdots, k$$

其中,$\sigma(z)_j$ 表示 Softmax 函数输出向量的第 j 个元素。在 Softmax 函数中,k 通常表示向量 z 中的元素数量,也就是待分类的类别数量。因此,如果有 k 个类别需要分类,那么 Softmax 函数的输入向量 z 就应该是一个 k 维向量,Softmax 函数的输出也将是一个 k 维向量,其中每个元素表示输入向量属于对应类别的概率。因此,k 在 Softmax 函数中通常表示分类问题中的类别数量。Softmax 函数的主要优点是它可以将输入向量转换成一个概率分布,因此可以方便地应用于分类问题。例如,在图像分类任务中,Softmax 函数可以将卷积神经网络的输出向量(每个元素表示图像属于某个类别的概率)转换为一个概率分布,以确定最可能的类别。需要注意的是,当 $k=2$ 时,Softmax 函数退化为 Sigmoid 函数,即

$$\sigma(z_1, z_2) = \left(\frac{1}{1 + \mathrm{e}^{-z_1 - z_2}}, \frac{1}{1 + \mathrm{e}^{-z_1 - z_2}} \right)$$

此时,Softmax 函数可用于二分类问题。在深度学习网络中,Softmax 函数通常用于多分类问题中。在神经网络的最后一层使用 Softmax 函数,可以将网络的输出映射到一个概率分布上,从而方便进行多分类问题的预测和评估。具体来说,Softmax 函数可以将神经网络输出的实数向量转换为概率分布向量,其中每个元素表示输入样本属于对应类别的概率。因此,使用 Softmax 函数可以方便地计算分类任务的交叉熵损失,从而进行网络的训练和优化。另外,在深度学习中,由于 Softmax 函数的输出值总是介于 0～1,并且所有元素之和等于 1,因此 Softmax 函数还可以用于生成序列模型中的概率分布。例如,在自然语言处理中,可以将神经网络的输出向量经过 Softmax 函数转换为概率分布,从而对给定的序列进

行预测和生成。总体来说,Softmax 函数在深度学习中是一个非常常用的激活函数,它可以将神经网络的输出转换为概率分布,从而方便进行多分类和序列预测任务的处理。

在实现 Softmax 函数时,指数的基数可以是任何正数 b,通常是自然常数 e。Softmax 函数的指数基数 b 可以是任何正数,包括小于 1 的小数和大于 1 的整数。不同的 b 值可以影响概率分布的形状,从而影响分类问题的解决方案。当 $b < 1$ 时,较小的输入值将获得更大的指数,因此输出概率将更加倾向于较小的输入值。这意味着 Softmax 函数将更集中在输入向量的最小值周围创建概率分布。在这种情况下,Softmax 函数通常被称为"Softmin"函数,因为它类似于对输入向量应用负的指数函数,然后归一化结果。相反,当 $b > 1$ 时,较大的输入值将获得更大的指数,因此输出概率将更加倾向于较大的输入值。这意味着 Softmax 函数将更集中在输入向量的最大值周围创建概率分布。在这种情况下,Softmax 函数通常被称为"Softmax"函数,因为它与标准的 Softmax 函数相似。总之,Softmax 函数的指数基数 b 可以影响分类问题的解决方案,因此选择正确的基数对于某些特定的任务可能非常重要。这里可以解释一下 Softmax 函数名字的含义。Softmax 这个名字是由两个单词组成的,即"soft"和"max"。"Soft"一词表示 Softmax 函数输出的值是概率分布,即所有输出值的和为 1,每个输出值都代表输入向量属于相应类别的概率。这与最大值函数(max)不同,最大值函数输出的是输入向量中具有最大值的元素本身,而不是将它们转换为概率分布。"max"表示 Softmax 函数的输出是输入向量中最大的元素对应的概率。Softmax 函数的输出是通过对输入向量进行归一化处理而得到的,因此它可以看作一个"软化"的最大值函数。Softmax 函数的输出值越大,表示输入向量属于该类别的可能性越大。Softmax 函数的名字源自于其将输入向量转换为概率分布,同时保留了最大值函数的概念。

这是一个如何计算 Softmax 函数的示例,假设有一个尺寸为 3×4 的权重矩阵 $\boldsymbol{W}$ 和 4×1 的输入矩阵 $\boldsymbol{X}$。

$$z^{\mathrm{T}} = \boldsymbol{W} \cdot \boldsymbol{X} = \begin{bmatrix} 0.1 & 0.2 & 0.3 & 0.4 \\ 0.2 & 0.3 & 0.4 & 0.5 \\ 0.3 & 0.4 & 0.5 & 0.6 \end{bmatrix} \cdot \begin{bmatrix} 1.0 & 2.0 & 3.0 & 4.0 \end{bmatrix}$$

$$= \begin{bmatrix} 0.1 \cdot 1.0 + 0.2 \cdot 2.0 + 0.3 \cdot 3.0 + 0.4 \cdot 4.0 \\ 0.2 \cdot 1.0 + 0.3 \cdot 2.0 + 0.4 \cdot 3.0 + 0.5 \cdot 4.0 \\ 0.3 \cdot 1.0 + 0.4 \cdot 2.0 + 0.5 \cdot 3.0 + 0.6 \cdot 4.0 \end{bmatrix} = \begin{bmatrix} 3.0 \\ 4.4 \\ 5.8 \end{bmatrix}$$

现在,将矩阵 $\boldsymbol{X}$ 变换成向量 z,然后传递给 Softmax 函数,以获得可能结果的概率分布。

$$\sigma(z)_1 = \frac{e^{3.0}}{e^{3.0} + e^{4.4} + e^{5.8}} \approx 0.09 \quad \sigma(z)_2 = \frac{e^{4.4}}{e^{3.0} + e^{4.4} + e^{5.8}} \approx 0.24$$

$$\sigma(z)_3 = \frac{e^{5.8}}{e^{3.0} + e^{4.4} + e^{5.8}} \approx 0.67$$

因此输入向量 $z = (3.0, 4.4, 5.8)$ 的 Softmax 输出向量大约为 $(0.09, 0.24, 0.67)$,该输出向量可以解释为三种可能结果的概率分布。在这种情况下,$\sigma(z)_i$ 输出向量中的第三个元素($\sigma(z)_3 = 0.67$)具有最高概率,因此可以说模型的预测最有可能的结果是第三个。

对于梯度下降算法来说,Softmax 函数通常不是作为激活函数使用,而是作为一个输出层的函数来计算多类别分类问题的概率分布。在梯度下降算法中,通常使用其他激活函数(如 ReLU、Sigmoid 等)来引入非线性性质,帮助神经网络模型学习非线性函数关系。激活函数在神经网络的每个神经元中应用,以便在每一层中引入非线性变换。然而,当涉及多类别分类问题时,Softmax 函数通常被用作输出层的激活函数。这是因为 Softmax 函数能够将神经网络的输出转换为表示概率分布的向量,适用于多分类问题的概率预测。在梯度下降算法中,通过定义损失函数(如交叉熵损失函数)来度量模型的预测与真实标签之间的差距,并使用反向传播算法计算梯度,然后根据梯度更新神经网络的参数。Softmax 函数常用于输出层,用于将神经网络的输出转换为概率分布,并计算损失函数。总结起来,Softmax 函数通常在神经网络的输出层中用作多类别分类问题的激活函数,而不是在梯度下降算法的每一层中使用。其他激活函数(如 ReLU、Sigmoid 等)则常用于隐含层,以引入非线性性质并帮助模型学习复杂的函数关系。

2.4　更　新　权　重

神经网络的目标是通过训练找到一组最优的权重和偏置值,以最小化分类误差或损失函数。这个过程是通过指定的学习规则和优化算法来完成的,如梯度下降或其变种。在训练期间,神经网络将根据输入数据和标签计算出预测输出和真实输出之间的误差,然后根据误差来调整权重和偏置值,以逐渐减小误差并提高预测准确性。权重和偏置值的数量取决于神经网络的结构和规模,以及任务的要求。更大的网络通常需要更多的权重和偏置来捕获更复杂的模式和关系,但也会导致更多的计算和内存开销。因此,权重和偏置的数量通常是在设计网络时根据实际需要进行权衡的重要因素之一。

2.4.1　学习规则

“学习规则”这个术语通常是指在神经网络中更新权重的方法,是神经网络根据其预测输出与实际输出之间的差异调整其权重的机制。在监督学习中,本书提供了带有标签的数据集,其中每个样本都有一个输入和一个预期输出,学习规则是监督学习的关键组成部分之一,用于更新神经网络中的权重和偏置,以最小化预测输出与真实输出之间的误差。需要注意的是,非监督学习的学习规则通常是相对于数据本身的结构和模式来定义的,而不是相对于预定义的标签或目标,因此非监督学习的性质和效果可能比监督学习更加难以量化和评估。

不同类型的神经网络可能使用不同的学习规则,这取决于它们试图解决的具体问题和网络的结构。例如,感知器学习规则(perceptron rule)用于单层感知机的权重更新,采用阈值函数作为激活函数,只适用于线性可分的问题;增量学习规则(delta rule)通过连续可微的激活函数和误差反向传播算法(backpropagation),以链式法则计算误差信号并更新权重;自适应学习率算法(adaptive learning rate)根据梯度的大小自动调整学习率,避免梯度下降过程中出现震荡或收敛速度过慢等问题,常用的自适应学习率算法包括 AdaGrad、RMSProp 和 Adam 等;动量优化法(momentum optimization)通过引入动量项,使得权重更新的方向不仅取决于当前的梯度,还取决于历史的梯度方向,从而加速收敛和减少震荡,常用的动量法包括标准动量法和 Nesterov 动量法等;强化学习规则是一种非监督学习方法,其学习规则是基于智能体与环境交互的奖励机制,通过最大化累积奖励来学习合适的行为策略。需要注意的是,不同类型的神经网络和不同的任务可能需要不同的学习规则和超参数设置,因此选择合适的学习规则和优化算法是神经网络训练中的一个重要问题。

2.4.1.1　Perceptron Rule

感知器规则(perceptron rule)是一种简单的算法,用于分类和决策。它通常用于二元分类问题,即将输入数据分成两类(如真或假、垃圾邮件或非垃圾邮件)。感知器规则使用规则感知器实现,并使用权重和阈值来决策输出。规则感知器是一种简单的神经网络,其中包含一个输入层和一个输出层,但没有隐含层。规则感知器通过计算输入数据的加权和来产生输出,如果加权和超过一个阈值,则输出为1;否则,输出为0。这种规则感知器使用的激活函数就是阶跃函数,阶跃函数是一种常见的离散函数,其输出变量与输入变量之间存在离散的阶跃关系,阶跃函数通常用于构建分类器、决策树和其他机器学习模型。在训练过程中,需要不断调整这些参数以提高模型的准确性。

正如之前所提到的,神经元中的学习过程仅仅是在反向传播训练中通过修改或更新权重和偏置。下面将简要解释反向传播算法。在分类过程中,只进行前向传递。早期人工神经元的一种学习过程被称为感知器学习。感知器由二元阶跃神经元(也称为二进阶跃值单元)和感知器学习规则组成,整体看起来像是修改后的逻辑回归。

想象一下有一个二元分类问题(阳性和阴性代表两个分类),使用感知器来学习这个任务。感知器可以产生两个值:1和0,其中1表示输入示例属于阳性,0表示输入示例属于阴性。以一种方式学习感知器的权重向量:依据每个训练样本,感知器规则自动学习并产生正确的分类,因为这是监督学习,已知训练集中每个训练示例的真实类别标签。感知器的训练如下所述(这是感知器学习规则)。

(1) 选择一个训练样本。

(2) 如果预测输出与输出标签相匹配,则不做任何操作。

(3) 如果感知器预测为0,而实际上应该预测为1,则将输入向量添加到权重向量。

(4) 如果感知器预测为1,而实际上应该预测为0,则从权重向量中减去输入向量。

以一个例子来说明,假设输入向量为 $x=(0.3,0.4)^{\mathrm{T}}$,偏置为 $b=0.5$,权重向量为 $w=(2,-3)^{\mathrm{T}}$,目标输出为 $t=1$,从计算当前分类结果开始。

$$z=b+\sum_i w_i x_i =0.5+2 \cdot 0.3+(-3) \cdot 0.4=-0.1$$

由于 $z<0$,感知器的输出为0,而实际上应该是1。这意味着需要使用感知器规则中的第3条,并将输入向量添加到权重向量。

$$(w,b) \leftarrow (w,b)+(x,1)=(2,-3,0.5)+(0.3,0.4,1)=(2.3,-2.6,1.5)$$

可以使用更一般的数据公式表示感知器学习规则更新权重的过程。在训练感知器中,将随机初始化权重,然后将训练样本输入感知器并查看生成的输出,如果生成的输出错误则修改权重,否则不需要。我们会连续迭代这个更新参数的过程,这个过程称为感知器学习规则。输出值是之前定义的二元阶跃函数预测的类标签(1或0),并且权重更新可以更正式地写为

$$w_j = w_j + \Delta w_j$$

在输入训练样本的每一步中,当感知器无法产生正确的分类时,其根据以下规则修改与每个输入 x_j 相关的每个权重 w_j。

$$\Delta w_j = \eta(t^{(i)}-o^{(i)})x_j^{(i)}$$

这里的变量描述如下。

◇ Δw_j 表示改变多少权重 w_j 的值,将其添加到 w_j 以更新 w_j,可以是正或负意味着可能会增加或减少 w_j。

◇ η 表示学习率,或步长。倾向于为此选择一个较小的值,好像它太大永远不会收敛,如果它太小,将永远收敛到正确的权重向量并拥有一个不错的分类器。这个步长只是缓和了权重更新,这样更新就不会对权重的旧值做出积极的改变。

◇ $t^{(i)}$ 表示第 i 个训练示例的真实标签。对于分类任务,感知器可以产生 1 或 0,那么用 $+1$ 表示阳性,用 0 表示阴性。

◇ $o^{(i)}$ 表示第 i 个训练示例的感知器输出,在这种情况下可以是 1 或 0。

◇ $x_j^{(i)}$ 表示第 i 个训练示例的第 j 个输入维度,x_j 与权重 w_j 有关。

现在假设正确的分类为 $t^{(i)}=1$ 的阳性,但感知器预测的输出为 $o^{(i)}=0$,因此意识到需要更新权重,以使输出 $o^{(i)}$ 更接近 $t^{(i)}$。这意味着需要增加输出值 $o^{(i)}$。如果输入数据都是正数 $x_j>0$,那么肯定增加 w_j 将使感知器更接近于正确分类,依据这个假设:$(t^{(i)}-o^{(i)})=1-(0)=1$ 为正,η 和 x_j 都是正的,所以 Δw_j 也是正的,意味着将增加 w_j 的值。

需要注意的是,权重向量中的所有权重都是同时更新的。具体来说,对于二维数据集所有权重更新为,包括 w_1、w_2 和偏置 w_0。

$$w_0 = w_0 + \Delta w_0 = w_0 + \eta(t^{(i)} - o^{(i)})$$
$$w_1 = w_1 + \Delta w_1 = w_1 + \eta(t^{(i)} - o^{(i)})x_1^{(i)}$$
$$w_2 = w_2 + \Delta w_2 = w_2 + \eta(t^{(i)} - o^{(i)})x_2^{(i)}$$

在感知器正确预测类标签的两种情况下,权重保持不变。

$$\Delta w_j = \eta(0^{(i)} - 0^{(i)})x_j^{(i)} = 0$$
$$\Delta w_j = \eta(1^{(i)} - 1^{(i)})x_j^{(i)} = 0$$

然而,在错误预测的情况下,权重分别被调整朝向阳性或阴性目标类的方向。

$$\Delta w_j = \eta(1^{(i)} - 0^{(i)})x_j^{(i)} = \eta(1)x_j^{(i)}$$
$$\Delta w_j = \eta(0^{(i)} - 1^{(i)})x_j^{(i)} = \eta(-1)x_j^{(i)}$$

需要注意的是,只有当两个类是线性可分的时才能保证感知器的收敛,如果两个类不能被线性决策边界分开,可以设置训练数据集的最大传递次数和允许错误分类数量的阈值,如图 2-20 所示。

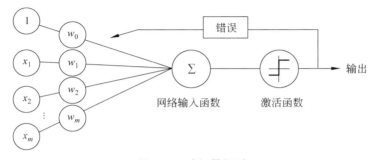

图 2-20 感知器规则

感知器学习规则是一种简单的线性分类器,它基于阈值函数作为激活函数,通过比较感知机的输出和阈值的大小来进行二分类。在训练过程中,感知机学习算法根据训练数据调整权重,以使得感知机在训练数据上的分类误差最小。感知器学习规则只适用于线性可分的问题,并且在样本线性不可分时可能会发生不收敛的情况。感知器被认为是通用人工智能的一种候选算法,但它无法解决非线性分类的问题,为了解决这个问题,提出了一种多层感知器的解决方案。制作多层感知器的主要问题是无法扩展感知器学习规则以处理多个层。由于需要多个层,唯一的选择似乎是放弃感知器规则,并使用更健壮的、能够学习跨层权重的不同规则。

2.4.1.2   Delta Rule

Delta Rule 是一种常用的神经网络学习算法,也被称为 Widrow-Hoff 规则或增量反向传播算法。它是一种监督式学习算法,通过不断地调整网络的权重和偏差,使得网络的输出尽可能接近真实输出。正如之前所讨论的,感知器规则适用于线性可分数据的训练样本,但如果数据不是线性可分的,或者存在多个局部最小值,那么感知器规则可能会收敛到局部最小值而不是全局最小值。为了克服这些限制,可以使用 Delta Rule 来训练感知器。Delta Rule 使用梯度下降的想法来搜索所有可能权重向量的假设空间,以找到最适合训练样本的方法。具体来说,Delta Rule 会计算每个权重向量对误差的贡献,并通过调整权重向量来最小化误差。与感知器规则不同,Delta Rule 不仅可以处理线性可分数据,还可以处理非线性可分数据。此外,Delta Rule 的搜索过程可以避免陷入局部最小值,并最终收敛到全局最小值。

为了了解想要实现什么,考虑一个例子。假设每天在附近的餐厅购买午餐。每天的餐点包括一块鸡肉、两份青菜和一勺米饭。收银员只会给总金额,每天的金额不同。假设食材的价格不随时间变化,并且可以称量食物来确定购买了多少,但是一顿饭并不足以推断出价格,因为有三种食物,并且不知道每种食物对总价格增加一元的影响比例是多少。每种食物的单价(元/kg)实际上类似于神经网络的权重。为了理解这一点,考虑如何找出每种食物的单价:先猜测每种食物的单价乘以今天购买的数量,然后将它们的总和与实际支付的价格进行比较,如果估计与实际价格相差大约 6 元(误差值),必须找出哪部分的单价不对。可以假设每个食物多出 2 元,然后将规定的单价调整 2 元,等待下一顿饭看看是否会更好;当然,也可以规定每个食物分别多出 3、2 和 1 元,无论哪种方式都必须等待下一顿饭,使用新的单价再次尝试,看看是否偏差更小或更大。通过逐渐减少误差来纠正估计,希望得到一个好的近似值。

请注意,真正的单价确实存在,但不知道它是多少,方法是仅通过测量总价格的误差来发现它。这种过程有一定的“间接性”,这是非常有用的,也是神经网络的本质。一旦找到了好的近似值,将能够以适当的精度计算出所有未来餐点的总价格,而无须找出实际价格。再深入探讨一下这个例子,每餐的一般形式如下:$T = ppk_c \cdot q_c + ppk_v \cdot q_v + ppk_r \cdot q_r$。每餐的总价格为 T,数量为 q,每种食物的单价为 ppk。每餐的总价格已知,而且数量也已知,因此每餐都会对 ppk 施加一个线性约束,但仅凭这个无法解决问题。如果将初始(或随后校正的)猜测代入此公式,会得到预测值,通过将其与真实的(目标)总值进行比较,还将获得一个误差值,该误差值表示错过了多少。如果每餐后误差越来越小,那么说明做得很好。假设真实的价格是 $q_c = 10, q_v = 3, q_r = 5$。我们从 $q_c = 6, q_v = 3, q_r = 3$ 的猜测开始。我们知道购买了 0.23kg 的鸡肉,0.15kg 的青菜和 0.27kg 的米饭,支付了 3 元的总价。通过将猜测价格与数量相乘,得到 1.38、0.45 和 0.81,总计为 2.64,比真实价格少 0.35,这个值被称为残差误差(residual error)[①],希望在未来的迭代中尽可能减小它,因此需要将残差误差分配给每个单价,通过简单地改变单价可以来实现这一点。

$$\Delta \mathrm{ppk}_i = \frac{1}{n} \cdot q_i(t - y)$$

其中,$i \in \{c, v, r\}$;n 是这个集合的元素数(即 3);q_i 是 i 的数量;t 是总价;y 是预测总价。这被称为 Delta Rule,用标准神经网络符号重写为

$$\Delta w_i = \eta x_i(t - y)$$

在这个公式中,w_i 是权重;x_i 是输入;$t - y$ 是残差误差;η 被称为学习率,它的默认值应为 $1/n$,但没有对其施加任何约束,因此使用 10 之类的值是完全可以的。然而,在实践中,希望 η 的值很小,通常是 10 的负 n 次幂的形式,表示 0.1、0.01 等,但也可以使用 0.03 或 0.0006 等值。学习率是超参数的一个例子,超参数是神经网络中的参数,不能像常规参数(如权重和偏置)那样被学习,但必须手动调整,隐含层大小是超参数的另一个例子。

Delta Rule 的中文翻译翻译成“增量学习规则”或“增量学习算法”,主要是因为 Delta Rule 通常用于增量学习任务。增量学习是指通过不断地引入新的数据样本来更新和优化模型,从而实现动态学习的过程。增量学习与批量学习不同,批量学习需要将所有的训练数据加载到内存中,然后对整个数据集进行训练,而增量学习可以逐步地学习新的数据,避免了一次性处理大量数据所带来的困难。Delta Rule 的更新公式中,Δw_i 表示权重 w_i 的更新量,它是一个增量值,表示当前权重需要增加或减少的大小。同时,Delta Rule 可以通过多次迭代来不断地更新权重,每次迭代只学习一个样本,也可以看作一个增量的过程。总之,翻译成“增量学习规则”或“增量学习算法”可以更准确地描述 Delta Rule 的特点和应用场景,在后面的章节中将 Delta Rule 简化称为“增量规则”。

看到上面的公式,是不是感觉感知器规则与增量规则很相似。实际上,增量规则应用在单层神经网络,采用线性激活函数,误差函数就是简单的目标值减输出值。感知器规则是只有一个输出神经元且激活函数为阶跃函数,将误差定义为目标值与实际输出值之间的差,可以将其看作增量规则的一种特殊或简化的形式。实际上,增量规则是一种更通用的神经网络学习算法,可以用于训练单层和多层神经网络等更为复杂的模型,能够处理线性可分和非线性可分数据。增量规则主要思想是在训练过程中逐步调整网络的权重和偏差,以逼近目标函数。增量规则基于连续可微的激活函数,通过误差反向传播算法来进行权重更新。在训练过程中,增量学习规则计算输出误差并通过链式法则反向传播误差信号,以更新模型参数。增量学习规则是一种神经网络学习算法,增量规则可以使用不同的激活函数和误差函数,具体使用哪种函数取决于具体的问题和任务。常用的激活函数包括 Sigmoid 函数、ReLU 函数、Tanh 函数等。这些激活函数的特点不同,适用于不同类型的问题。例如,Sigmoid 函数可以将任意实数映射到 0~1 范围内,适用于二元分类问题;而 ReLU 函数可以提高神经网络的稀疏性和非线性性,适用于图像分类和物体识别等问题。常用的误差函数包括均方误差(mean squared error,MSE)、交叉熵误差(cross-entropy error,CEE)、对数

---

① 残差误差(residual error)是统计学中用来表示实际观测值与预测值之间差异的量。在回归分析中,残差误差指每个实际观测值与该观测值对应的回归模型预测值之间的差异。

似然误差(log-likelihood error,LLE)等。例如,均方误差通常用于回归问题;交叉熵误差可以更好地处理分类问题,因为它可以将误差映射到分类概率上,同时也可以更好地处理类别不平衡的问题。需要注意的是,选择合适的激活函数和误差函数是神经网络模型设计中的重要环节,不同的函数会影响到模型的性能和效果。在选择函数时,需要结合具体的问题和数据来进行综合考虑和评估。为了进一步理解增量规则,我们选择其他形式的神经网络研究权重的更新过程。

自适应线性神经元(adaptive linear neurons,Adaline)[①]是一种使用线性激活函数的神经网络模型,但是在学习过程中使用了梯度下降算法来优化权值,如图 2-21 所示。自适应线性神经元可以根据输入数据进行自适应学习和调整其权重。与传统的线性神经元不同,自适应线性神经元可以根据输入数据调整它的权重,这使得它可以更好地适应不同的数据集。这种自适应性是通过使用反向传播算法来实现的,该算法可以根据输出误差来调整神经元的权重。自适应线性神经元使用增量规则来更新权重,可以理解为通过一个使用梯度下降训练的无阈值感知器[②],权重和与其相关输入的线性组合作为激活函数的输入。与感知器规则相比,自适应线性神经元的增量规则基于线性激活函数而不是单位阶跃函数更新权重。与单位阶跃函数不同,线性激活函数是连续的、可微的,因此可以使用梯度下降等优化算法来更新权重。自适应线性神经元使用线性激活函数(也称为恒等函数),它的输出是输入特征向量与权重向量的乘积的总和 $y(\boldsymbol{w}^{\mathrm{T}}\boldsymbol{x})=\boldsymbol{w}^{\mathrm{T}}\boldsymbol{x}$。

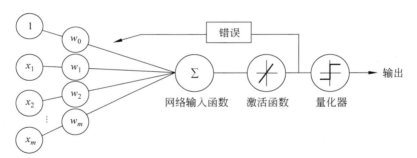

图 2-21　自适应线性神经元(Adaline)

如果训练样本不是线性可分的,那么增量规则会收敛到目标的最佳近似。它的关键思想是使用梯度下降来进行搜索,自适应线性神经元输出可以表示为

$$y=\boldsymbol{w}\cdot\boldsymbol{x}=w_0+w_1x_1+\cdots+w_nx_n=w_0+\sum_{i=1}^{n}w_ix_i=\boldsymbol{w}^{\mathrm{T}}\boldsymbol{x}$$

梯度下降是一种算法,用于找到整体网络中的最小化预测误差的权重。为了实现这一点,我们定义了所谓的误差函数 $E(w)$,也称为损失函数或成本函数。误差函数 $E(w)$ 衡量了模型在给定权重值 w 下的预测误差。我们反复尝试找到该函数的全局最小值。假设有

---

　　① 　B. Widrow et al. Adaptive 'Adaline' neuron using chemical 'memistors'. Number Technical Report 1553-2. Stanford Electron. Labs., Stanford, CA, October 1960.
　　② 　无阈值感知器是对原始感知器模型的改进,它去掉了激活函数中的阈值函数,使得输出与输入的线性组合成正比例关系,而不是离散的输出。这样,无阈值感知器可以产生任意实数输出,而不仅仅是正或负。无阈值感知器通常用于回归问题,而原始感知器则用于分类问题。在回归问题中,输出是一个实数,表示对目标变量的估计值;在分类问题中,输出是一个二元值,表示类别的预测结果。

一个图,我们可以描述误差函数 $E(w)$ 如何根据权重值变化,如图 2-22 和图 2-23 所示。

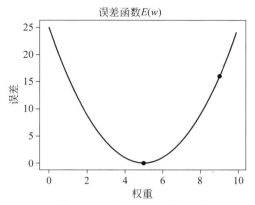

图 2-22　根据权重值 w 绘制成本函数 $E(w)$

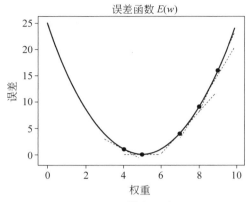

图 2-23　梯度下降

如图 2-22 所示,当 w 为 9 时,目前的误差大约为 20;当 w 为 5 时,网络的误差达到了最小。梯度下降要解决的挑战是如何从当前点到产生最低误差的权重值。梯度下降找到其最小值的方式是通过计算相对于权重的偏导数。通俗地说,梯度下降背后的直觉如图 2-23 所示,在每次迭代中计算偏导数以便知道应该朝哪个方向走,该方向由图 2-23 中虚线给出,即所在的 w 值处函数的切线。该线的斜率是 w 处的导数。如图 2-23 所示,如果斜率为正,w 将在下一次迭代中减小;而如果斜率为负 w 将增加。线性激活函数作为一个连续函数,相对于单位阶跃函数的最大优势之一是可微的,这个属性允许定义一个误差函数 $E(w)$,可以最小化以更新权重。

为了使增量规则起作用,需要一个函数来衡量得到的结果与目标差别,这通常称为误差函数或成本函数,传统上用 $E(w)$ 或 $J(w)$ 表示。如果选择使用线性激活函数,可以定义误差函数 $E(x)$ 为误差平方和(sum of the squared errors,SSE),类似于普通最小二乘(ordinary least squares,OLS)线性回归中最小化的误差函数。

$$E(w) = \frac{1}{2} \sum_{d \in D} (t^{(d)} - y^{(d)})^2, \quad y^{(d)} \in \mathbb{R}$$

其中,D 代表训练实例的集合;d 只是单个训练示例(如单个图像或一行数据);$t^{(d)}$ 代表训练实例 d 的目标值;$y^{(d)}$ 代表线性单元对训练实例 d 的输出值。公式中的 $\frac{1}{2}$ 只是为了方便梯度的推导,将在接下来的段落中看到。也可以使用均方误差(mean squared error,MSE)对这个函数归一化,其公式如下:

$$E(w) = \frac{1}{n} \sum_{d \in D} (t^{(d)} - y^{(d)})^2, \quad y^{(d)} \in \mathbb{R}$$

其中,n 为样本数量。在机器学习和统计学中,归一化通常是将变量按照一定的比例缩放,以便在不同尺度的变量之间进行比较。

根据这个定义,$E(w)$ 是在所有训练样本 D 中求误差平方和,对于每个训练实例 d 的误差是目标值 $t^{(d)}$ 和线性输出 $y^{(d)}$ 之间差值。如何计算沿误差曲面的最陡下降方向,求误差函数的最小值?计算 $E[w]$ 相对于向量 w 的每个分量的偏导数产生最陡的方向,$E(w)$ 相对于 w 的梯度表示为

$$\nabla E(w) \equiv \left[\frac{\partial E}{\partial w_0}, \frac{\partial E}{\partial w_1}, \cdots, \frac{\partial E}{\partial w_n} \right]$$

梯度决定了 $E(w)$ 函数曲线最陡的方向,因此梯度下降训练规则为

$$w \leftarrow w + \Delta w$$

$$\Delta w = -\eta \nabla E(w)$$

学习率 η 是一个正常数,控制梯度下降搜索中的步长,因为要通过改变权重向量使 $E(w)$ 逐渐减小,所以出现了负号。这个训练规则也可以表示为 w 分量的集合。

$$w_i \leftarrow w_i + \Delta w_i$$

$$\Delta w_i = -\eta \frac{\partial E}{\partial w_i}$$

需要一种有效的技术来计算每一步的梯度,根据上面的等式以构建一个可实现的算法迭代更新权重。为了最小化成本函数,将使用梯度下降,这是一种简单而有用的优化算法,通常在机器学习中用于寻找线性系统的局部最小值。在进入有趣的部分之前,考虑一个单一权重的凸成本函数。可以将梯度下降背后的原理描述为"找到最陡的路径下山",直到达到局部或全局最小值。在每一步中,向梯度的相反方向迈出一步,步长由学习率的值及梯度的斜率决定。现在,推导出增量学习规则。如图 2-23 所示,每次都是通过向梯度的相反方向迈出一步来更新,因此必须计算权重向量中每个权重的成本函数的偏导数。

$$\frac{\partial E}{\partial w_i} = \frac{\partial}{\partial w_i} \frac{1}{2} \sum_{d \in D} (t^{(d)} - y^{(d)})^2 = \frac{1}{2} \sum_{d \in D} \frac{\partial}{\partial w_i} (t^{(d)} - y^{(d)})^2$$

$$= \frac{1}{2} \sum_{d \in D} 2(t^{(d)} - y^{(d)}) \frac{\partial}{\partial w_i} (t^{(d)} - y^{(d)})$$

$$= \sum_{d \in D} (t^{(d)} - y^{(d)}) \frac{\partial}{\partial w_i} (t^{(d)} - w \cdot x^{(d)})$$

$$\frac{\partial E}{\partial w_i} = \sum_{d \in D} (t^{(d)} - y^{(d)}) (-x_i^{(d)})$$

最后会得到

$$\Delta w_i = -\eta \frac{\partial E}{\partial w_i} = -\eta \sum_{d \in D} (t^{(d)} - y^{(d)}) (-x_i^{(d)}) = \eta \sum_{d \in D} (t^{(d)} - y^{(d)}) (x_i^{(d)})$$

最终,可以应用类似于感知器规则的权重更新 $w = w + \Delta w$。尽管上面的学习规则看起来与感知器规则相同,但要注意以下两个主要区别。

◇ 输出 $o^{(d)}$ 是一个实数,而不是感知器学习规则中的类标签。

◇ 权重更新是根据训练集中的所有样本计算的,而不是在每个样本之后增量更新权重,这就是为什么这种方法也称为批量梯度下降的原因。

使用非线性激活函数来提高神经网络的非线性能力,这样能使神经网络更加强大,接下来进行非线性逻辑神经元实际的推导,之前已经介绍过

$$z = b + \sum_i w_i x_i \quad y = \frac{1}{1 + e^{-z}}$$

下面将计算逻辑神经元相对于权重的导数。正如之前提到的,链式法则是获得导数的最佳方法,而链式法则的中间变量将是 z。首先 $\frac{\partial z}{\partial w_i} = x_i$,同理 $\frac{\partial z}{\partial x_i} = w_i$,输出 y 相对于 z 的

导数是一个简单的表达式 $\dfrac{\mathrm{d}y}{\mathrm{d}z} = y(1-y)$，推导过程有些复杂从略。由于有 $\dfrac{\partial z}{\partial w_i}$ 和 $\dfrac{\mathrm{d}y}{\mathrm{d}z}$，依据链式法则得到

$$\frac{\partial y}{\partial w_i} = x_i y(1-y)$$

接下来需要推导 $\dfrac{\mathrm{d}E}{\mathrm{d}y}$，与推导 $\dfrac{\mathrm{d}y}{\mathrm{d}z}$ 使用相同的规则，使用 $E = \dfrac{1}{2}(t-y)^2$ 这种形式，集中在单一目标值 t 和预测值 y，因此得到

$$\frac{\mathrm{d}E}{\mathrm{d}y}\left[\frac{1}{2}(t-y)^2\right] = \frac{1}{2}\frac{\mathrm{d}E}{\mathrm{d}y}(t-y)^2 = \frac{1}{2}\cdot 2\cdot(t-y)\cdot\frac{\mathrm{d}E}{\mathrm{d}y}(t-y) = (t-y)\cdot\frac{\mathrm{d}E}{\mathrm{d}y}(t-y)$$

$$= (t-y)\cdot\frac{\mathrm{d}E}{\mathrm{d}y}t\cdot\frac{\mathrm{d}E}{\mathrm{d}y}y$$

由于 t 是一个常数，它的导数是 0；并且由于 y 是微分变量，它的导数是 1。通过整理表达式，得到 $(t-y)(0-1)$，最后得到 $-1\cdot(t-y)$。现在，拥有公式化逻辑神经元通过学习规则的所有要素，即

$$\frac{\partial E}{\partial w_i} = \sum_{d\in D}\frac{\partial y^{(d)}}{\partial w_i}\frac{\partial E}{\partial y^{(n)}} = -\sum_{d\in D}x_i^{(d)}y^{(d)}(1-y^{(d)})(t^{(d)}-y^{(d)})$$

请注意，这与线性神经元的增量规则非常相似，但是额外有 $y^{(d)}(1-y^{(d)})$ 部分，这部分是逻辑函数的斜率。

增量规则的优势在于，它可以在每次迭代中调整参数的增量，从而使模型的训练收敛更快。由于增量规则通过计算损失函数的梯度并调整参数的增量来最小化损失函数，因此它的收敛速度很快。此外，增量规则还可以更精确地拟合数据，因为它使用线性激活函数可以很好地拟合连续的数据。增量规则需要较多计算，因为必须计算损失函数的梯度并调整参数的增量。因此，它通常比感知器规则要慢一些。此外，增量规则通常需要较高的学习率才能有效地训练模型。如果学习率过低，模型的训练可能会变得非常慢，而如果学习率过高，模型可能无法正确地拟合数据。而感知器规则通常需要较小的学习率才能有效地训练模型。但是，感知器规则通常比增量规则要快一些，因为它不需要计算损失函数的梯度。总体来说，增量规则和感知器规则各有优劣，在选择权重更新规则时应该根据具体的情况来考虑。

2.4.2　反向传播

到目前为止，已经学习了如何使用增量规则来学习线性神经元和逻辑神经元的权重。事实上，已经在不知不觉中理解了反向传播算法，因为反向传播算法实际上是对这种方法的多次应用，以便通过网络层级"反向传播"误差。严格来说，逻辑回归（由输入层和一个逻辑神经元组成）不需要使用反向传播，但在上一节中描述的权重学习过程实际上是一个简单的反向传播。随着添加更多的层，以后不需要进行更复杂的计算，只需要进行大量的这些计算。

现在，解释两个训练神经网络的基本概念：前向传播（forward propagation，FP）和反向传播（backpropagation，BP）。前向传播（也称为前馈传播）是输入数据通过神经网络产生输出的过程。换句话说，它涉及从神经网络的输入层移动到输出层，一次一层使用权重和偏差

计算每一层的输出。将神经网络在前向传播过程中产生的输出与实际输出进行比较,并计算出误差用于在反向传播过程中调整网络的权重和偏差。反向传播是一种用于训练神经网络的算法,其目的是使神经网络预测输出与实际输出之间的误差最小化。该算法通过计算损失函数相对于神经网络的权重和偏差的梯度,沿着网络向后传播误差,并使用梯度下降法来更新权重和偏差,以减少损失函数。具体来说,反向传播分为两个主要步骤。首先,通过前向传播计算网络的输出。其次,通过计算预测输出与实际输出之间的误差,得出损失函数。再次,通过反向传播计算每一层的误差,将误差沿着网络向后传播,直到计算出相对于每个权重和偏差的梯度。最后,使用梯度下降法更新权重和偏差,以使损失函数最小化。反向传播算法是深度学习中非常重要的一部分,它使得神经网络可以自适应地学习数据中的模式和规律,从而提高预测的准确性和性能。

以下将展示前馈神经网络的反向传播所有必要的细节,但首先要了解其背后的一些知识。虽然已经解释了梯度下降,但是在这里需要重新审视一些概念。误差的反向传播基本上只是梯度下降,从数学上讲反向传播是:$w_{new} = w_{old} - \eta \nabla E$。其中,$w$ 是权重;η 是学习率(为简单起见,现在可以认为它只是1);E 是衡量整体性能的误差函数。

是否可以在不使用导数和梯度下降的情况下以更简单的方式进行权重学习?可以尝试以下方法:选择权重 w_1 并稍微修改一下,看看是否有帮助。如果是,则这样保留更改;如果使事情变得更糟,则将其更改为相反的方向;如果两个变化都没有改善最终结果,可以得出结论 w_1 是完美的,并调整下一个权重 w_2。这是一种基础的优化算法:爬山算法。该算法尝试通过微小的修改来提高权重,并检查是否改进了结果。如果是采用这种方式更新权重,会立刻发现三个问题。这个过程首先需要很长时间,在权重变化之后需要为每个权重处理至少几个训练样本,看看比以前更好还是更差,这使得它在具有大量权重或复杂模型的大型数据集上不实用,简单地说就是在计算上的花费比较昂贵。其次,单独改变权重永远不会发现它们的组合是否会更好,如果我们单独改变 w_1 或 w_2,可能会使分类误差更糟,但是如果同时少量更改 w_1 和 w_2,那会使结果变得更好。这意味着算法可能会陷入局部最优解中,其中对权重的微小修改可能会立即改进结果,但在长期内它可能不是最优解。第一个问题将通过使用梯度下降来克服,而第二个问题局部最优解将只能部分解决。

第三个问题是在学习过程接近尾声时权重变化必须很小,而算法测试的"小改变"可能过大,无法成功学习。反向传播算法也存在这个问题,通常通过使用动态学习率来解决。动态学习率是一种用于解决学习过程中权重变化问题的技术。当模型接近收敛时,权重的变化会变得越来越小,这可能会导致模型无法学习到更好的表示。为了解决这个问题,可以使用动态学习率来降低学习率,使模型能够在接近收敛时仍然进行一些有意义的权重更新。通常,学习率会随着训练的进行而逐渐降低,以确保模型在接近收敛时仍然能够进行有意义的学习。如果将这种方法形式化,就会得到一种称为有限差分逼近的方法。

(1)每个权重 w_i,$1 \leq i \leq k$ 通过向其添加一个小常数 ε(例如,其值为 10^{-6})进行调整,并评估总体误差(仅改变 w_i),将其表示为 E_i^+。

(2)将权重改回其初始值 w_i,从中减去 ε 并重新评估误差,将其表示为 E_i^-。

(3)对所有权重 w_i 执行此操作,$1 \leq i \leq k$。

(4)一旦完成,新的权重将设置为 $w_i \leftarrow w_i - \dfrac{E_i^+ - E_i^-}{2\varepsilon}$。

有限差分逼近方法是一种数值计算技术,通常用于求解微分方程或优化问题。在机器学习中,有限差分逼近方法可用于估计函数的梯度。具体而言,它通过计算函数在两个非常接近的点之间的差异来估计函数的梯度。在深度学习中,有限差分逼近方法可用于计算反向传播算法中的梯度。有限差分逼近方法和动态学习率是两种不同的技术,但它们可以一起使用来解决学习过程中的权重变化问题。在训练神经网络时,可以使用有限差分逼近方法来计算梯度,并根据动态学习率调整权重更新的大小。有限差分逼近方法是一种简单且直观的方法,用于逼近函数的梯度。它可以用于建立对反向传播中权重学习如何进行的直觉。

然而,在实践中,有限差分逼近不是在深度神经网络中计算梯度的有效方法,尤其是当参数数量很大时。这是因为计算有限差分逼近需要多次评估函数,每个权重的每个小扰动计算一次。这可能计算成本很高,当模型有大量参数时计算有限差分逼近方法需要的次数将呈指数级增长。另一方面,自动微分是当前大多数深度学习库中使用的方法,可以更有效地计算梯度。自动微分使用链式法则计算输出相对于每个参数的梯度,而无须多次评估函数。这使它比有限差分逼近快得多。

自动微分是计算导数的一种技术,它是深度学习中计算梯度的主流方法之一,也被称为"反向传播"或"链式求导"。在深度学习中,通常需要计算目标函数相对于模型参数的导数,以便使用梯度下降等优化算法来更新模型参数。自动微分通过将目标函数表示为一系列基本数学运算的组合,然后使用链式法则对每个操作的导数进行计算来计算这些导数。由于目标函数通常是复杂的,因此自动微分非常有用,因为它可以准确且高效地计算这些导数,无论函数有多少个参数。在实践中,自动微分通常通过构建计算图来实现。计算图是一个有向无环图,它将计算分解为一系列操作,其中每个操作是计算的基本单元。当计算目标函数的导数时,首先按照计算图的顺序前向计算出目标函数的值,其次使用链式法则反向传播梯度,从输出端逐步向输入端传播梯度,最后计算出每个操作的梯度和参数的梯度。在深度学习中,自动微分是一个非常重要的工具,它可以高效地计算复杂模型的梯度,以便进行优化和训练。大多数现代深度学习框架,如 TensorFlow 和 PyTorch,都使用自动微分作为计算梯度的基础。

现在,转向反向传播看看前馈神经网络的隐含层发生了什么。从随机初始化的权重和偏差开始,将它们与输入相乘并相加,然后通过逻辑回归将它们压平到 0~1 的值,然后下一层再做一次,最后从输出层的逻辑神经元中得到一个介于 0~1 的值,可以说 0.5 以上的都是 1,以下都是 0。但问题是,如果网络输出 0.67 并且目标值应该是 0,只知道网络产生的错误(损失函数 E)。更准确地说,想要测量当 w_i 变化时 E 如何变化,这意味着需要找到 E 关于隐含层活动的导数。要同时找到所有导数,为此使用向量和矩阵表示法的梯度下降规则。一旦得到 E 关于隐含层活动的导数,将很容易计算权重本身的变化。

为了使说明尽可能清晰,将只使用两个索引表示网络,就好像每一层只有一个神经元一样。在下一节中,将把它扩展到一个功能齐全的前馈神经网络。如图 2-24

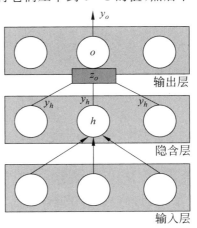

图 2-24　反向传播

所示，o 表示输出层，h 表示隐含层，现在得到

$$E = \frac{1}{2} \sum_{o \in \text{Output}} (t_o - y_o)^2$$

需要做的第一件事是将输出和目标之间的差异值转化为误差推导，已经在本章的前面几节中做到了这一点。

$$\frac{\partial E}{\partial y_o} = -(t_o - y_o)$$

现在，需要将关于 y_o 的误差导数重新表述为误差关于 z_o 的导数，为此使用链式法则，即

$$\frac{\partial E}{\partial z_o} = \frac{\partial y_o}{\partial z_o} \frac{\partial E}{\partial y_o} = y_o (1 - y_o) \frac{\partial E}{\partial y_o}$$

现在可以计算关于 y_h 的误差导数，即

$$\frac{\partial E}{\partial y_h} = \sum_o \frac{\mathrm{d} z_o}{\mathrm{d} y_h} \frac{\partial E}{\partial z_o} = \sum_o w_{ho} \frac{\partial E}{\partial z_o}$$

从 $\dfrac{\partial E}{\partial y_o}$ 至 $\dfrac{\partial E}{\partial y_h}$ 做的这些步骤是反向传播的核心。注意现在可以重复此操作以通过想要的任意多个层。关于上述等式的几点说明：在 2.3 节中，当处理逻辑神经元时，已知 $\dfrac{\mathrm{d} z_o}{\mathrm{d} y_h} = w_{ho}$。一旦得到 $\dfrac{\partial E}{\partial z_o}$，很容易得到关于权重的误差导数，即

$$\frac{\partial E}{\partial w_{ho}} = \frac{\partial z_o}{\partial w_{ho}} \frac{\partial E}{\partial z_o} = y_i \frac{\partial E}{\partial z_j}$$

更新权重的规则非常简单，称之为通用权重更新规则，即

$$w_i^{\text{new}} = w_i^{\text{old}} + (-1) \eta \frac{\partial E}{\partial w_i^{\text{old}}}$$

η 是学习率，这里的因子 -1 是为了确保朝着 E 最小化方向前进，否则将最大化。也可以用向量表示法来表示它以摆脱下标索引，即

$$w^{\text{new}} = w^{\text{old}} - \eta \nabla E$$

通俗地说，学习率控制着应该更新多少，有以下几种可能性。

◇ 固定学习率。

◇ 自适应全局学习率。

◇ 每个连接的自适应学习率。

稍后将更详细地解决这些问题，但在此之前将展示一个简单神经网络中误差反向传播的详细计算，并且在下一节中将对此网络进行编码。本章的其余部分可能是整本书中最重要的部分之一，所以一定要仔细阅读所有细节。

看一个简单的浅层前馈神经网络的工作示例，该网络如图 2-25 所示使用指定的符号、起始权重和输入，将计算该网络的前向传播和反向传播的所有过程。注意放大的神经元 D，用它来说明 z_D 所在的位置，以及如何通过对它应用逻辑函数 σ 成为 $D(y_D)$ 的输出。

现在将假设所有的神经元都有一个逻辑激活函数，所以需要进行一次前向传播、一次反向传播和第二次前向传播，以查看误差的减少情况。简要评论一下网络本身，此网络有三

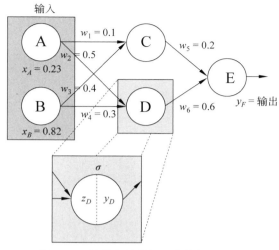

图 2-25 简单前馈神经网络的权重更新

层：输入层和隐含层由两个神经元组成；输出误差 E 由一个神经元组成。用大写字母表示层，但跳过了字母 E 以避免将其与误差函数混淆，因此有名为 A、B、C、D 和 F 的神经元。通常的程序是通过引用层和层中的神经元来命名它们。例如，"第一层中的第三个神经元"或"1，3"。输入层接收两个输入，神经元 A 接收 $x_A = 0.23$，神经元 B 接收 $x_B = 0.82$。这个训练案例（由 x_A 和 x_B 组成）的目标值是 1。正如前面提到的，隐含层和输出层具有逻辑激活函数，定义为 $\sigma(z) = \dfrac{1}{1+e^{-z}}$。从计算前向传播开始，第一步是计算 C 和 D 的输出，分别称为 y_C 和 y_D。

$$y_C = \sigma(0.23 \cdot 0.1 + 0.82 \cdot 0.4) = \sigma(0.351) = 0.5868$$
$$y_D = \sigma(0.23 \cdot 0.5 + 0.82 \cdot 0.3) = \sigma(0.361) = 0.5892$$

现在使用 y_C 和 y_D 作为神经元 F 的输入，这将提供最终结果。

$$y_F = \sigma(0.5868 \cdot 0.2 + 0.5892 \cdot 0.6) = \sigma(0.4708) = 0.6155$$

现在，需要计算输出误差。回想一下，使用的是平方误差函数 $E = \dfrac{1}{2}(t-y)^2$，于是代入目标"1"和输出"0.6155"，得到

$$E = \frac{1}{2}(t-y)^2 = \frac{1}{2}(1-0.6155)^2 = 0.0739$$

现在都准备好计算导数了，将解释如何计算 w_5 和 w_3，但所有其他权重都使用相同的程序计算。由于反向传播与前向传播的方向相反，首先计算 w_5 更容易。需要知道 w_5 的变化如何影响 E，并且希望采用那些最小化 E 的变化。如前所述，导数的链式规则将完成大部分工作，下面重写需要计算的内容。

$$\frac{\partial E}{\partial w_5} = \frac{\partial E}{\partial y_F} \cdot \frac{\partial y_F}{\partial z_F} \cdot \frac{\partial z_F}{\partial w_5}$$

可以在前面的部分中找到了所有这些的导数，因此不会重复它们的推导过程。请注意，需要使用偏导数，因为每个推导都是针对索引项进行的。另外，请注意包含所有偏导数（对

于所有索引 i)的向量是梯度。现在解决 $\frac{\partial E}{\partial y_F}$，正如之前看到的

$$\frac{\partial E}{\partial y_F} = -(t - y_F)$$

在例子中，这意味着

$$\frac{\partial E}{\partial y_F} = -(1 - 0.6155) = -0.3844$$

现在解决 $\frac{\partial z_F}{\partial w_5}$，知道这等于 $y_F(1 - y_F)$，在例子中

$$\frac{\partial y_F}{\partial z_F} = y_F(1 - y_F) = 0.6155(1 - 0.6155) = 0.2365$$

唯一需要计算的是 $\frac{\partial z_F}{\partial w_5}$，请记住

$$z_F = y_C \cdot w_5 + y_D \cdot w_6$$

通过使用微分规则，常数的导数（w_6 被视为常数）和对微分变量进行微分，得到

$$\frac{\partial z_F}{\partial w_5} = y_C \cdot 1 + y_D \cdot 0 = y_C = 0.5868$$

将这些值带回链式规则并得到

$$\frac{\partial E}{\partial w_5} = \frac{\partial E}{\partial y_F} \cdot \frac{\partial y_F}{\partial z_F} \cdot \frac{\partial z_F}{\partial w_5} = -0.3844 \cdot 0.2365 \cdot 0.5868 = -0.0533$$

重复相同的过程，得到 $\frac{\partial E}{\partial w_6} = -0.0535$。现在，需要在一般权重更新规则 $w_k^{new} = w_k^{old} - \eta$ $\frac{\partial E}{\partial w_k}$ 中使用这些值，学习率 $\eta = 0.7$

$$w_5^{new} = w_5^{old} - \eta \frac{\partial E}{\partial w_5} = 0.2 - (0.7 \cdot 0.0533) = 0.2373$$

$$w_6^{new} = 0.6374$$

现在可以继续下一层。但首先要注意一个重要事项，将需要通过 w_5 和 w_6 的值来找到 w_1、w_2、w_3 和 w_4 的导数，使用旧值而不是新值。当拥有所有更新的权重时，将更新整个网络。当处理隐含层时，需要做的是找到 w_3 的更新。请注意，要从输出神经元 F 到 w_3，需要通过神经元 C，所以将使用

$$\frac{\partial E}{\partial w_3} = \frac{\partial E}{\partial y_C} \cdot \frac{\partial y_C}{\partial z_C} \cdot \frac{\partial z_C}{\partial w_3}$$

该过程将类似于 $\frac{\partial E}{\partial w_5}$，但有一些修改。开始

$$\frac{\partial E}{\partial y_C} = \frac{\partial z_F}{\partial y_C} \frac{\partial E}{\partial z_F} = w_5 \frac{\partial E}{\partial z_F} = w_5 \frac{\partial y_F}{\partial z_F} \cdot \frac{\partial E}{\partial y_F} = 0.2 \cdot 0.2365 \cdot (-0.3844)$$

$$= 0.2 \cdot (-0.0909) = -0.0181$$

现在需要计算 $\frac{\partial y_C}{\partial z_C}$，即

$$\frac{\partial y_C}{\partial z_C} = y_C(1 - y_C) = 0.5868 \cdot (1 - 0.5868) = 0.2424$$

还需要计算 $\frac{\partial z_C}{\partial w_3}$。回想一下 $z_C = x_1 \cdot w_1 + x_2 \cdot w_2$,因此

$$\frac{\partial z_C}{\partial w_3} = x_1 \cdot 0 + x_2 \cdot 1 = x_2 = 0.82$$

现在有

$$\frac{\partial E}{\partial w_3} = \frac{\partial E}{\partial y_C} \cdot \frac{\partial y_C}{\partial z_C} \cdot \frac{\partial z_C}{\partial w_3} = -0.0181 \cdot 0.2424 \cdot 0.82 = -0.0035$$

使用一般权重更新规则,即

$$w_3^{new} = 0.4 - (0.7 \cdot (-0.0035)) = 0.4024$$

使用相同的步骤找到 $w_1^{new} = 0.1007$,需要穿过神经元 C;获得 w_2^{new} 和 w_4^{new} 需要穿过神经元 D,因此需要计算

$$\frac{\partial E}{\partial w_2} = \frac{\partial E}{\partial y_D} \cdot \frac{\partial y_D}{\partial z_D} \cdot \frac{\partial z_D}{\partial w_2}$$

根据上面的推导程序,所以

$$\frac{\partial E}{\partial y_D} = w_6 \cdot \frac{\partial E}{\partial z_F} = 0.6 \cdot (-0.0909) = -0.0545$$

$$\frac{\partial y_D}{\partial z_D} = y_D(1 - y_D) = 0.5892(1 - 0.5892) = 0.2420$$

和

$$\frac{\partial z_D}{\partial w_2} = 0.23 \quad \frac{\partial z_D}{\partial w_4} = 0.82$$

最后,有(记住有 0.7 的学习率)

$$w_2^{new} = 0.5 - 0.7 \cdot (-0.0545 \cdot 0.2420 \cdot 0.23) = 0.502$$

$$w_4^{new} = 0.3 - 0.7 \cdot (-0.0545 \cdot 0.2420 \cdot 0.82) = 0.307$$

完成了。回顾一下,有

$$w_1^{new} = 0.1007, \quad w_2^{new} = 0.502, \quad w_3^{new} = 0.4024, \quad w_4^{new} = 0.307,$$

$$w_5^{new} = 0.2373, \quad w_6^{new} = 0.6374,$$

$$E^{old} = 0.0739$$

现在可以使用新的权重进行另一个前向传播,以确保误差减少了,即

$$y_C^{new} = \sigma(0.23 \cdot 0.1007 + 0.82 \cdot 0.4024) = \sigma(0.3531) = 0.5873$$

$$y_D^{new} = 0.5907$$

$$y_F^{new} = \sigma(0.5873 \cdot 0.2373 + 0.5907 \cdot 0.6374) = \sigma(0.5158) = 0.6261$$

$$E^{new} = \frac{1}{2}(1 - 0.6261)^2 = 0.0699$$

这表明误差已减少。请注意,我们只处理了一个训练样本,即输入向量 $(0.23, 0.82)$。可以使用多个训练样本以生成误差并找到梯度,可以多次这样做,每次重复称为一次迭代。从技术上讲,除了最基本的设置,没有使用误差平方和而是它的变体均方误差,这是因为对于单个训练样本 x,需要能够将成本函数重写为成本函数 SSE_x 的平均值,因此定义 $MSE := \frac{1}{n} \sum_x SSE_x$。

2.4.3　梯度下降

梯度下降和反向传播是深度学习中两个关键的优化算法。梯度下降是一种迭代优化算法,用于更新神经网络中的参数以最小化损失函数。其基本思想是通过计算损失函数关于参数的梯度,确定参数更新的方向,然后按照梯度的反方向进行参数更新。通过不断迭代,梯度下降算法可以逐步优化模型参数,使其能够更好地拟合训练数据。反向传播是一种计算梯度的方法,用于高效地计算神经网络中各个参数对于损失函数的梯度。它利用链式法则将梯度从输出层向输入层传递,计算每个参数的梯度。反向传播分为两个主要步骤:前向传播和反向传播。前向传播是指将输入数据通过神经网络,在每一层中计算出激活值,并将激活值传递到下一层。在前向传播过程中,可以计算出模型的预测值。反向传播是指从输出层开始,通过链式法则计算每个参数对于损失函数的梯度。首先,根据损失函数和模型的预测值计算输出层的梯度。然后,将输出层的梯度传递回前一层,并计算该层的梯度。这个过程一直持续到达到输入层,从而计算出所有参数的梯度。一旦计算出参数的梯度,梯度下降算法就可以使用这些梯度来更新参数,以逐步改善模型的性能。通常,可以使用不同的变体,如批量梯度下降(batch gradient descent,BGD)、随机梯度下降(stochastic gradient descent,SGD)和小批量梯度下降(mini-batch gradient descent,MBGD)等来更新参数。梯度下降和反向传播是深度学习中非常重要的优化算法,它们共同推动了神经网络的训练和参数优化。它们的结合使得神经网络能够通过迭代优化参数,从而得到更好的模型性能。

下面将简述并总结一些常见的梯度下降算法的变体。

1. 随机梯度下降算法

随机梯度下降算法是一种梯度下降算法的变体,它在每次迭代中只使用单个样本来计算梯度并更新参数。

SGD 算法的核心思想是在每次迭代中随机选择一个训练样本,使用该样本计算梯度并更新参数。这种方式可以减少计算成本,并且通常会在较少的迭代次数下收敛到最优解。此外,SGD 算法可以帮助避免 BGD 算法的缓慢性和过拟合问题。SGD 算法的优点是计算成本低,可以更快地收敛,并且对于大型数据集非常有效。此外,由于 SGD 在每次迭代中只使用一个样本来计算梯度,因此对于噪声和异常值更具有鲁棒性,可以帮助避免过拟合的问题。

需要注意的是,由于 SGD 算法在每次迭代中只使用一个样本来计算梯度,因此更新的方向可能会不稳定,导致参数在局部最小值附近振荡。为了解决这个问题,可以使用学习率衰减策略来逐渐减小学习率,并逐渐使 SGD 算法趋于收敛。此外,SGD 算法可能会在一定程度上受到样本选择的影响,因此需要进行样本随机化和打乱操作以保证算法的稳定性。

2. 批量梯度下降算法

批量梯度下降算法是一种最基本的梯度下降算法,它使用整个训练集的所有数据来计算梯度并更新参数。

BGD 算法的核心思想是在每次迭代中使用所有训练样本来计算梯度,然后使用梯度更新参数。这种方式可以确保算法朝着全局最优解方向更新参数,并且通常会在几十次迭代后收敛到最优解。BGD 算法的优点是可以保证收敛到全局最优解,因为在每次迭代中使用了整个训练集,同时还可以保证梯度方向的正确性和收敛速度的稳定性。然而,由于计算梯度需要遍历整个训练集,因此 BGD 算法的计算成本很高,并且需要较长的训练时间。

需要注意的是,BGD 算法的计算成本随着训练集大小的增加而增加。当训练集非常大时,BGD 算法可能会变得非常慢,甚至无法处理。此外,BGD 算法对训练集中的噪声和异常值非常敏感,因为它使用所有训练样本来计算梯度,这可能会导致过拟合或欠拟合的问题。

3. 小批量梯度下降算法

小批量梯度下降算法是一种梯度下降算法的变体,它将训练数据集分成多个小批量,每次迭代时,只使用一个小批量的数据来计算梯度和更新参数。

MBGD 算法的核心思想是通过减少每次迭代中使用的训练样本数量,以降低计算成本并提高收敛速度。与 BGD 和 SGD 不同,MBGD 同时具有批量和随机梯度下降的优点:它比 BGD 更快,而且比 SGD 更稳定。MBGD 算法的优点是可以更快地收敛,减少计算成本并节省内存空间。此外,它还可以帮助避免 SGD 算法的不稳定性和 BGD 算法的缓慢性。但是,MBGD 算法需要进行一些超参数的调整,如批量大小、学习率等,以便获得最佳的性能。

需要注意的是,批量大小的选择可能会影响算法的收敛速度和稳定性。通常,较小的批量大小可以提高算法的收敛速度和稳定性,但可能会导致算法陷入局部最小值。较大的批量大小可以减少算法陷入局部最小值的可能性,但可能会导致算法收敛缓慢或不收敛。因此,需要进行实验来确定最佳的批量大小。

4. 带动量的梯度下降算法

带动量的梯度下降(momentum gradient descent,MGD)算法是一种梯度下降算法的变体,其主要特点是在标准梯度下降算法的基础上增加了一个动量项,以便更有效地更新参数。

带动量的梯度下降算法的核心思想是使用动量来加速梯度下降的过程,具体来说,它引入了一个动量项,表示前一次参数更新的动量,用于调整当前梯度的更新方向和幅度。在每一次迭代中,该算法将当前梯度的加权平均值添加到动量项上,并使用动量项来更新参数。这种方式使得算法可以快速地逃离局部极小值,并在全局最优值附近更快地收敛。带动量的梯度下降算法的优点是可以加速算法的收敛速度,避免了标准梯度下降算法的振荡问题,并且可以更好地处理参数空间中的局部极小值问题。此外,它可以与任何基于梯度下降的算法结合使用,如 AdaGrad、Adam、RMSprop 等。

需要注意的是,动量参数需要进行调整,以便获得最佳的性能。如果动量参数设置得过高,可能会导致算法无法收敛。如果动量参数设置得过低,可能会导致算法在参数空间中振荡。

5. Nesterov 加速梯度下降算法

Nesterov 加速梯度下降(nesterov accelerated gradient,NAG)算法是一种梯度下降算法的变体,其主要特点是在标准梯度下降算法的基础上增加了一个动量项,以便更有效地更新参数。

Nesterov 加速梯度下降算法的核心思想是在标准梯度下降算法的基础上增加了一个动量项,使得参数更新的方向不仅仅依赖于当前的梯度,还考虑了前一次迭代的动量信息。具体来说,NAG 算法先根据上一次的动量更新参数的位置,然后计算出新的梯度,并使用动量项来更新参数。这种方式使得算法在参数更新的过程中可以更加灵活地利用动量信息，使得算法更加稳定，收敛速度更快。Nesterov 加速梯度下降算法的优点是可以加速算法的收敛速度，避免了标准梯度下降算法的振荡问题。此外，它可以与任何基于梯度下降的算法结合使用，如 AdaGrad、Adam、RMSprop 等。

需要注意的是，Nesterov 加速梯度下降算法需要对参数进行初始化，并且参数的学习率需要进行调整，以便获得最佳的性能。

6. 自适应梯度下降算法

自适应梯度下降（adaptive gradient descent，AdaGrad）算法是一种梯度下降算法的变体，其主要特点是自适应地调整每个参数的学习率，以便更有效地更新参数。

AdaGrad 算法的核心思想是对每个参数的学习率进行自适应调整，将学习率按照参数梯度的历史信息进行缩放，具体来说，AdaGrad 算法维护了每个参数梯度平方的指数加权平均数，并将其用作学习率的分母，这样，较小的梯度将获得较大的学习率，而较大的梯度将获得较小的学习率。这种方式可以使得参数的更新在较大的梯度方向上移动更小的步长，在较小的梯度方向上移动更大的步长，更加适合训练非平稳或非凸函数的模型。另一个重要的特点是，AdaGrad 算法对于稀疏数据可以有很好的效果，因为对于很少出现的特征，它们的梯度相对于其他特征来说非常小，AdaGrad 算法可以让这些特征获得更大的学习率，加快其学习速度。

然而，AdaGrad 算法也存在一些缺点，随着训练的进行，学习率会逐渐变小，导致更新过程过于缓慢，甚至停止更新。为了解决这个问题，后续出现了更加先进的算法，如 Adam 算法和 RMSprop 算法。

7. 均方根传播算法

均方根传播（root mean square propagation，RMSprop）算法是一种自适应梯度下降算法的变体，旨在解决 AdaGrad 算法的学习率过快降低的问题。

RMSprop 算法的核心思想是使用指数加权移动平均（exponentially weighted moving average，EWMA）来计算梯度平方的均值，并根据该均值来自适应地调整学习率。具体来说，RMSprop 算法使用一个变量 s 来记录梯度平方的指数加权平均值，然后将学习率除以 s 的平方根。RMSprop 算法可以减少 AdaGrad 算法的学习率快速降低的问题，并且对于具有稀疏梯度的问题非常有效。此外，RMSprop 算法对于不同的学习率和不同的参数具有更好的适应性，因此在训练神经网络等深度学习模型时非常受欢迎。

需要注意的是，RMSprop 算法需要调整的超参数较少，因此可以更轻松地调整模型的超参数，但是在一些情况下可能会导致算法陷入局部最小值。为了解决这个问题，可以使用 Nesterov 加速梯度下降（NAG）等其他自适应梯度下降算法的变体。

8. 自适应矩估计算法

自适应矩估计（adaptive moment estimation，Adam）算法是一种常用的梯度下降算法的变体，它结合了带动量的梯度下降算法和自适应学习率的特点，能够在训练深度神经网络时取得很好的效果。Adam 算法主要有以下两个特点。

（1）自适应学习率。Adam 算法使用自适应学习率的方法，使得不同的参数可以具有不同的学习率，而不是使用固定的全局学习率。具体来说，Adam 算法维护了每个参数的自适应学习率，这个学习率是根据该参数的历史梯度平方的指数加权平均计算得到的。这样可以使得参数更新更加稳定，同时避免学习率过大或过小的问题。

（2）带动量的梯度下降算法。Adam 算法在梯度下降的基础上增加了动量的概念，使得更新方向不仅依赖于当前的梯度，还考虑了历史上的梯度信息。具体来说，Adam 算法维护了每个参数的历史梯度的指数加权平均，这个历史梯度对当前的梯度进行加权平均得到动量项，同时也维护了历史梯度平方的指数加权平均，这个平方梯度对学习率进行自适应调整。

Adam 算法的优点是可以自适应地调整学习率，同时考虑历史梯度的信息，具有较快的收敛速度，适用于训练深度神经网络等大规模的模型。

在 Keras 中，可以通过将其名称作为字符串传递给模型的编译方法来指定要使用的优化器。例如，在之前提供的代码示例中，通过指定 optimizer＝'adam'来使用 Adam 优化器。

在下面的代码示例中，将整合目前为止提出的所有想法到一个用 Python 代码编写的前馈神经网络中。这个示例给出了功能齐全的 Python3.x 代码，可以作为学习的模板。

2.5　代 码 示 例

看一个完整的前馈神经网络，并进行简单的分类。场景是有一个卖书和其他东西的网店，想要了解客户是否会在结账时放弃购物篮，要建立一个神经网络来预测它。为简单起见，所有数据都只是数字。打开一个新的文本文件，将其重命名为 data.csv 并写入以下内容：

```
includes_a_book,purchase_after_21,total,user_action
1,1,13.43,1
1,0,23.45,1
0,0,45.56,0
1,1,56.43,0
1,0,44.44,0
1,1,667.65,1
1,0,56.66,0
0,1,43.44,1
0,0,4.98,1
1,0,43.33,0
```

这将是数据集。实际上可以用它代替任何东西，只要值是数字，它仍然可以工作。目标是 user_action 列，取 1 表示购买成功，取 0 表示用户放弃购物篮。请注意，正在谈论放弃购物篮，但可以放入任何东西，从狗的图像到成袋的文字。还应该创建另一个名为 new_data.csv 的 CSV 文件，该文件与 data.csv 具有相同的结构，但没有最后一列（user_action）。例如：

```
includes_a_book,purchase_after_21,total
1,0,73.75
0,0,64.97
1,0,3.78
```

现在继续运行 Python 代码文件。本节其余部分的所有代码都应放在一个文件中，可以将其命名为 ffnn.py，并与 data.csv 和 new_data.csv 放在同一文件夹中。代码的第一部分包含导入语句。

```
import pandas as pd
import numpy as np
from keras.models import Sequential
from keras.layers.core import Dense
TARGET_VARIABLE="user_action"
TRAIN_TEST_SPLIT=0.5
HIDDEN_LAYER_SIZE=30
raw_data=pd.read_csv("data.csv")
```

前四行只是导入，接下来的三行是超参数。TARGET_VARIABLE 告诉 Python 希望预测的目标变量是什么。

最后一行打开文件 data.csv。现在必须进行训练和测试数据拆分。有一个超参数，目前在训练集中留下 0.5 个数据点，但是可以将此超参数更改为其他值。请注意，因为有一个很小的数据集，如果拆分为 0.95 左右，可能会导致一些问题。训练和测试分割的代码是：

```
mask=np.random.rand(len(raw_data))<TRAIN_TEST_SPLIT
tr_dataset=raw_data[mask]
te_dataset=raw_data[~mask]
```

这里的第一行定义了用于获得训练-测试拆分的数据的随机抽样，接下来的两行从原始 Pandas 数据帧中选择适当的子数据帧（数据帧是一个类似表格的对象，非常类似于一个 Numpy 数组，但 Pandas 专注于简单整形和拆分，而 Numpy 专注于快速计算）。接下来的几行将训练和测试数据帧拆分为标签和数据，然后将它们转换为 Numpy 数组，因为 Keras 需要 Numpy 数组才能工作。

```
tr_data=np.array(raw_data.drop(TARGET_VARIABLE,axis=1))
tr_labels=np.array(raw_data[[TARGET_VARIABLE]])
te_data=np.array(te_dataset.drop(TARGET_VARIABLE,axis=1))
te_labels=np.array(te_dataset[[TARGET_VARIABLE]])
```

现在，转向神经网络模型的 Keras 规范，以及它的编译和训练。Keras 是一个开源的深度学习库，用于构建、训练和部署神经网络。Keras 规范提供了一个简单、高效的 API，使得构建神经网络模型变得非常容易。在 Keras 中，需要定义神经网络模型。这可以通过定义一个序列模型来完成。序列模型由一系列网络层按顺序连接而成，以下是一个简单的例子。

```
ffnn=Sequential()
ffnn.add(Dense(HIDDEN_LAYER_SIZE, input_shape=(3,),activation="Sigmoid"))
ffnn.add(Dense(1, activation="Sigmoid"))
ffnn.compile(loss="mean_squared_error", optimizer="sgd", metrics=
['accuracy'])
ffnn.fit(tr_data, tr_labels, epochs=150, batch_size=2,verbose=1)
```

第一行在一个名为 ffnn 的变量中初始化一个新的序列模型。第二行指定输入层（接收 3 维向量作为单个数据输入）和隐含层大小，隐含层大小在文件开头的变量 HIDDEN_LAYER_SIZE 中指定。第三行将采用前一层的隐含层大小（Keras 自动执行此操作），并创建一个带有一个神经元的输出层。所有神经元都将具有 Sigmoid 或逻辑激活函数。第四行指定了误差函数（MSE）、优化器（随机梯度下降）及要计算的指标。它还编译模型，这意味着它将根据指定的内容组装 Python 需要的所有其他内容。最后一行使用 tr_labels 在 tr_data 上训练神经网络 150 个周期（epochs＝150），在一个 mini-batch 中抽取两个样本。verbose＝1 表示它会在每个周期训练后打印准确率和损失。现在可以继续分析测试集上的结果。

```
metrics=ffnn.evaluate(te_data, te_labels, verbose=1)
print("%s: %.2f%%" %(ffnn.metrics_names[1], metrics[1] * 100))
```

第一行使用 te_labels 在 te_data 上评估模型，第二行将准确率打印为格式化字符串。接下来，接收 new_data.csv 文件，该文件在的网站上模拟新数据，并尝试使用 ffnn 训练模型预测会发生什么。

```
new_data=np.array(pd.read_csv("new_data.csv"))
results=ffnn.predict(new_data)
print(results)
```

2.6　修改和扩展

前馈神经网络可以通过多种方式进行修改和扩展，包括增加神经网络的层数可以提高其捕捉数据中复杂模式和关系的能力，但是过多的层可能会导致过拟合和在新数据上的性能降低；改变神经网络中使用的激活函数也会影响其性能。例如，修正线性单元（ReLU）激活函数常用于深度学习模型，因为它可以帮助避免梯度消失问题；正则化技术，如 L^1 和 L^2 正则化，可以通过向损失函数添加惩罚项来防止过拟合；随机失活（dropout）是一种技术，在训练期间随机丢弃网络中的一定百分比的神经元，可以帮助防止过拟合并提高泛化性能；批量归一化是一种技术，在将激活传递到下一层之前，将前一层的激活归一化，可以帮助提高网络的稳定性和性能；可以使用不同的优化算法，如随机梯度下降（SGD）、Adam 和 AdaGrad 来优化网络的权重和偏差；跳跃连接，也称为残差连接，可以通过允许信息在网络中更轻松地流动来提高深度神经网络的性能；可以使用许多不同的神经网络架构，例如，卷积神经网络用于图像数据或循环神经网络用于序列数据；集成方法将多个神经网络的预测组合起来，以提高整体性能并减少过拟合；这些修改和扩展可以提高神经网络的性能和功能，并且可以根据具体问题和数据，以及可用的计算资源进行选择。

解决前馈神经网络中的方差和偏差问题的常用方法包括以下几点。

◇ 增加数据量：增加训练数据的数量可以帮助减小方差，提高模型的泛化能力。

◇ 减少特征数量：减少输入数据的特征数量可以帮助减小方差，同时也可以帮助减小偏差。

◇ 正则化：使用正则化技术，如 L^1 正则化或 L^2 正则化，可以帮助减小模型的复杂度，从而减小方差。

◇ 降低模型复杂度：使用更简单的模型，如线性模型或单层感知器，可以帮助减小方差和偏差。

◇ 模型集成：使用模型集成技术，如随机森林或梯度提升树，可以帮助减小方差和偏差。

2.6.1　预期泛化误差

在机器学习中,用训练数据集去训练一个模型,通常的做法是定义一个误差函数,通过将这个误差的最小化过程来提高模型的性能。然而学习一个模型的目的是解决训练数据集这个领域中的一般化问题,单纯地将训练数据集的损失最小化,并不能保证在解决更一般的问题时模型仍然是最优,甚至不能保证模型是可用的。这个训练数据集的损失与一般化的数据集的损失之间的差异就称为泛化误差(generalization error)。预期泛化误差是指模型在面对未见过的新数据时产生误差的期望值。这是衡量一个学习算法性能的重要指标,因为通常的目标是能够从训练数据中学习到一般的规律和模式,而不是只是在训练数据上表现良好。在机器学习中,通常将可用的数据集划分为训练集和测试集。训练集用于训练模型,而测试集则用于评估模型的性能,计算其预期泛化误差。通过测试集的表现,可以推断模型的性能如何泛化到新数据。为了减少预期泛化误差,通常需要选择适当的模型、选择适当的特征、避免过拟合或欠拟合,并进行交叉验证等技术来评估模型的性能。

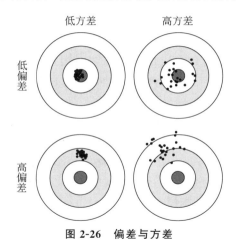

图 2-26　偏差与方差

在评估模型性能时,方差(variance)和偏差(bias)是两个常见的概念。偏差是指模型在训练过程中对训练数据的偏差,即模型的期望预测值与真实值之间的差异。方差是指模型在不同的训练数据集上得到的预测结果的差异程度。如图 2-26 所示,假设中间的靶心区域代表预测模型的目标值 $t^{(n)}$,散状分布点为训练数据集所训练出的模型对样本的预测值 $y^{(n)}$,当从靶心逐渐往外移动时,预测效果逐渐变差。从上面的图片中很容易可以看到,左边一列的散状分布点比较集中,右边一列的散状分布点比较分散,它们描述的是方差的两种情况。比较集中的属于方差比较小,比较分散的属于方差比较大的情况。再从散状分布点与靶心区域的位置关系来看,靠近靶心的属于偏差较小的情况,远离靶心的属于偏差较大的情况。从图中可以看出,模型不稳定时会出现偏差小、方差大的情况,那么偏差和方差作为两种度量方式有什么区别呢?

请注意,在统计学和机器学习中,偏差有两种不同的含义。一种是指线性回归模型中的偏差,也称为截距(intercept),它是线性回归模型的一个参数,表示当自变量为 0 时,因变量的预测值。在线性回归中,模型的预测值是自变量的线性组合,截距则是拟合直线与 y 轴的交点。另一种是指模型的偏差,它是指模型对于训练数据的拟合程度。在机器学习中,模型的偏差通常是指模型的期望预测值与真实值之间的差异,也就是模型的预测值与真实值的平均误差。模型偏差大通常意味着模型过于简单或欠拟合,无法很好地捕捉数据中的模式。虽然这两种偏差都涉及模型的预测能力,但它们的意义和应用场景是不同的。线性回归模型的偏差(截距)通常被认为是模型的一部分,用于描述自变量为 0 时的因变量预测值。而模型的偏差则是用来评估模型整体的预测能力,它可以用于判断模型是否过于简单或复杂,并且是方差和偏差折中的重要指标之一。

　　偏差和方差是统计学中常用的两种度量方式,用于评估预测模型的性能,它们的区别在于所考虑的对象和度量方式不同。具体来说,偏差描述了模型的平均预测值与真实值之间的偏离程度,是模型拟合能力的一种度量,也称为模型的"系统误差"。当偏差越小时,模型在训练数据上的表现越好,能够更准确地预测真实结果。低偏差的模型通常更复杂,但通常能够更好地捕捉数据中的规律。当偏差越大时,通常意味着模型无法很好地拟合训练数据的真实模式,模型的平均预测值与真实标记之间的偏离程度较大,模型的训练误差和测试误差都可能较大。这种情况下,通常称模型为欠拟合模型,因为它无法很好地拟合数据,无法很好地捕捉数据中的规律。与此同时,方差是另一种用于评估模型性能的指标,描述了模型在不同训练集上的波动程度。方差是指模型在不同训练集上的预测值之间的差异,刻画的是数据本身的噪声对模型的影响。当方差越小,通常意味着模型对于未见过的数据的预测效果更好,因为它没有过多地拟合训练数据的噪声和变化,因此通常低方差的模型更可靠,不容易出现过拟合的问题。当方差越大,模型更容易出现过拟合的问题,因为它对训练数据过于敏感,忽略了真实模式中的噪声和变化。综上所述,偏差和方差都是评估模型性能的重要指标。一个好的模型应该同时具有较小的偏差和方差,既能准确地预测真实结果,又能适应新的数据。

　　一般来说,偏差与方差是有冲突的,称为"偏差与方差窘境"(bias-variance dilemma)。在评估学习模型中,通常会努力在降低偏差和降低方差之间权衡,以实现模型更好的泛化性能,这通常被称为"偏差与方差权衡"(bias-variance tradeoff)。而复杂度太低的模型又不能很好地拟合训练数据,更不能很好地拟合测试数据,因此模型复杂度、模型偏差和方差具有如图 2-27 所示的关系。

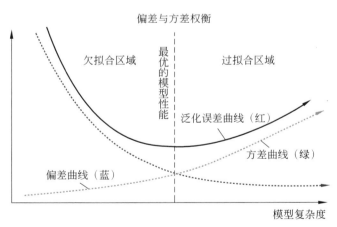

图 2-27　模型复杂度

　　偏差与方差权衡是监督学习中的核心问题。在理想情况下,人们希望选择一种既能准确捕捉其训练数据中的规律,又能很好地泛化到看不见的数据模型。不幸的是,通常不可能同时做到这两点。高方差学习方法可能能够很好地表示它们的训练集,但存在过度拟合嘈杂(不具代表性的训练数据)的风险。一个高方差的模型,在不同的训练数据集上可能会得到非常不同的预测结果,因为它会过度拟合训练数据中的噪声或随机性,导致模型在新数据上的泛化能力较差。具体来说,高方差的模型通常是那些对训练数据过度敏感的模型,这些模型可以很好地拟合训练数据中的复杂关系,但在新数据上的泛化能力却很差。这些措施可以降低模型的方差,提高模型的泛化能力,从而使模型更加适用于实际应用。高方差学习方法通常包括决策树、神经网络、支持向量机等模型。这些模型可以学习到非常复杂的非线性关系,并且在训练数据中可以取得很好的表现,但是由于过度拟合的风险,它们可能不适合处理嘈杂的、有噪声的数据,或者在数据集比较小的情况下处理的数据。因此,为了提高模型的泛化能力并减少过度拟合的风险,需要在模型设计、数据预处理和训练过程中采取一系列措施,如正则化、降低模型复杂度、数据增强和交叉验证等。这些方法可以控制模型的复杂度,提高模型的泛化性能,从而使模型更加适用于实际应用。相比之下,高偏差通常指训练模型的偏差较大,即模型对数据中的重要规律进行了错误的假设,无法捕捉数据中的真实规律,导致模型在训练数据上表现不佳(即欠拟合),在新数据上的泛化能力也很差。具体来说,高偏差的模型通常是那些过于简单的模型,它们无法学习到数据中的复杂关系,从而导致在训练数据中无法得到很好的表现。高偏差的模型通常是那些线性模型或具有固定结构的模型,如线性回归、朴素贝叶斯、k-近邻等。为了降低模型的偏差,需要增加模型的复杂度或引入更多的特征,以更好地捕捉数据中的复杂关系。同时,还需要使用更多的数据来训练模型,以减少因数据量不足而导致的偏差。但是,增加模型的复杂度也可能会增加模型的方差,因此在模型设计和训练过程中需要权衡偏差和方差,以获得最优的模型性能。

但是,高方差模型在某些情况下可以被视为复杂的,但并非总是如此。实际上,复杂性和方差之间的关系并不是绝对的,而是取决于模型的特定设置和训练数据的性质。例如,在某些情况下,一个简单的线性模型可能具有高方差;而在其他情况下,一个复杂的深度神经网络可能具有低方差。因此,不能简单地根据模型的方差来确定它的复杂性。相反,应该将模型的复杂性视为模型在拟合数据时所需要的最小描述长度(minimum description length,MDL)的度量。这意味着,应该考虑模型的结构,参数数量和正则化等因素,以便更全面地评估其复杂性。最小描述长度是一种用于衡量模型复杂性的概念。最小描述长度理论认为,最简单的模型就是最好的模型,因为它们需要最少的信息来描述数据。在最小描述长度中,模型的复杂性是通过模型的描述长度来衡量的,这个描述长度是模型本身的描述长度和模型在数据集上的误差描述长度的和。模型的描述长度是指用来表示模型的代码或者表达式的长度。误差描述长度则是指用来表示模型和数据之间差异的代码或者表达式的长度。因此,最小描述长度的目标是找到一个简单的模型,它可以通过尽可能少的信息来描述数据。使用最小描述长度的一个重要好处是,它可以在统计学习理论中提供一种框架,以衡量不同模型之间的复杂性。这可以帮助我们选择最适合的数据模型,而不会过度拟合数据。因此,应该避免简单地将复杂性与方差等价,而是考虑更广泛的因素来评估模型的复杂性。此外,必须小心如何定义复杂度,仅用模型的参数数量作为衡量复杂度的指标是不恰当的。

偏差与方差分解是一种用于分析学习算法预期泛化误差的方法,该误差是指算法在处理未在训练集中出现的新数据时的误差。预期泛化误差可以分解为偏差、方差和不可约误差[①](噪声)。偏差是指学习算法的预测值与真实值之间的差异,即模型本身的拟合能力。如果模型具有高偏差,则它很可能会忽略数据的一些特征,导致欠拟合,从而无法正确地学习训练数据的模式。方差是指模型在不同训练数据集上产生的预测结果之间的变化程度。

---

① 不可约误差是模型无法消除的,是由我们无法控制的因素引起的,如观察中的统计噪声。

如果模型具有高方差,则它对训练数据过度敏感,从而导致过拟合,模型过于复杂,对噪声数据过度拟合,而无法泛化到新数据。不可约误差是由于问题本身的噪声或随机性引起的,即无法通过调整模型参数或选择不同的算法来减少的误差。不可约误差的存在是学习算法所无法解决的问题,数据的质量决定了学习的上限。假设在数据已经给定的情况下,此时上限已定,要做的就是尽可能地接近这个上限。因此,通过偏差和方差分解,可以更好地理解学习算法的性能,并在选择算法、调整参数和训练模型时做出更明智的决策。

对于测试样本 x,y 代表真实值,其中 y_i 与每个点 x_i 相关联;y_d 是在训练数据集 D 中的标记,模型通过一些基于训练数据集 D 的学习找到一个函数 $f(x;D)$ 尽可能地近似于真实函数 $f(x)$。以回归任务为例,模型的期望预测为

$$\bar{f}(x) = \mathbb{E}_D[f(x;D)] = \mathbb{E}_D[y_d \mid x;D]$$

由于现实中只有有限的数据集 D,不能达到任意的精确性,所以目标是寻找一个最好的 $f(x;D)$。这里的期望预测是针对不同数据集 D,模型 $f(x;D)$ 对样本 x 的预测值取其期望,期望预测也称为平均预测。

y_d 和 y 都表示样本的标记,但它们之间的含义和作用略有不同。y_d 表示样本在训练集 D 中的标记,是用于训练模型的样本标记。在训练过程中,模型通过学习输入和 y_d 之间的关系来训练出一个预测模型,使得对于输入样本,模型能够输出相应的标记。因此,y_d 是已知的、用于训练模型的标记。y 是测试集中对应样本的真实标记,是已知的、用于评估模型性能的标记。在通常情况下,会将测试集分成输入和标记两部分,其中输入部分包含了所有的测试样本,标记部分包含了所有测试样本对应的真实标记。因此,y_d 是用于训练模型的标记,而 y 是用于评估模型性能的标记。在训练过程中,模型通过学习 y_d 和输入之间的关系来建立预测模型;在测试过程中,模型通过输入样本来预测 y,并将预测结果与 y 进行比较,从而评估模型的性能。

使用样本数相同的不同训练集产生的方差为

$$\text{var}(x) = \mathbb{E}_D[(f(x;D) - \bar{f}(x))^2]$$

这个公式可以理解为训练集预测结果 $f(x;D)$ 与训练集输出期望 $\bar{f}(x)$ 之间的方差,也可以直接理解为一个模型中所有的预测与预测期望之间的平方差。方差是评估模型的泛化能力的一种度量方式。具体而言,方差是指同一个模型在不同的训练集上训练得到的多组预测结果之间的差异大小,即模型的输出在训练集上的波动程度。如果使用样本数相同的不同训练集训练模型,产生的方差可以理解为训练集预测结果与训练集输出期望之间的方差。这是因为:训练集输出期望是在同一数据分布下计算得到的,因此训练集预测结果与训练集输出期望之间的差异主要来自于不同的训练集中数据的不同,即数据扰动所造成的影响。另外,方差也可以直接理解为一个模型中所有的预测结果与预测期望之间的平方差的平均值,即刻画了同样大小的训练集的变动所导致学习性能的变化。方差越大,说明模型对训练集的过度拟合程度越高,泛化能力越差,可能会导致在测试集上表现不佳。

期望输出与真实标记的差别称为偏差,即

$$\text{bias}^2(x) = (\bar{f}(x) - y)^2$$

关于偏差的定义,偏差通常是用来描述学习算法的拟合能力的。偏差度量了模型预测结果的期望值与真实结果的差异,即模型本身的拟合能力。偏差越小,说明模型越能够准确

地拟合训练数据,但也可能导致过拟合的问题。偏差度量了模型的期望预测与真实结果的偏离程度,即刻画了学习算法本身的拟合能力。偏差通常是指单个模型的预测输出与真实值之间的差别,而不是多模型的预测期望与真实值之间的偏差。多模型的预测期望[①]与真实值之间的差别可以理解为模型整体的偏差,但这与单个模型的偏差不同。偏差较大的模型通常意味着模型对数据中的一些特征或模式建模不足,导致其预测结果与真实值之间存在较大的差异。这种情况被称为欠拟合,即模型无法很好地拟合训练数据中的规律和特征。欠拟合的模型可能过于简单,或者特征选择不当,也可能是模型复杂度不够,导致其无法充分捕获数据的规律。

噪声定义为

$$\varepsilon^2 = \mathbb{E}_D[(y_d - y)^2]$$

噪声则表达了在当前任务上任何学习算法所能达到的期望泛化误差的下界,即刻画了学习问题本身的难度,y_d 代表了 x 在数据集 D 中的输出标记,y 代表了 x 对应的真实标记,这两个值由于数据本身的问题可能不一致。

通过简单的多项式展开与合并,模型期望泛化误差分解如下:

$$
\begin{aligned}
\mathbb{E}(f;D) &= \mathbb{E}_D[\{f(x;D) - y_d\}^2] \\
&= \mathbb{E}_D[\{f(x;D) - \bar{f}(x) + \bar{f}(x) - y_d\}^2] \\
&= \mathbb{E}_D[\{f(x;D) - \bar{f}(x)\}^2] + \mathbb{E}_D[\{\bar{f}(x) - y_d\}^2] + \\
&\quad 2\mathbb{E}_D[\{(f(x;D) - \bar{f}(x)) \cdot (\bar{f}(x) - y_d)\}] \\
&= \mathbb{E}_D[\{f(x;D) - \bar{f}(x)\}^2] + \mathbb{E}_D[\{\bar{f}(x) - y_d\}^2] \\
&= \mathbb{E}_D[\{f(x;D) - \bar{f}(x)\}^2] + \mathbb{E}_D[\{\bar{f}(x) - y + y - y_d\}^2] \\
&= \mathbb{E}_D[\{f(x;D) - \bar{f}(x)\}^2] + \mathbb{E}_D[\{\bar{f}(x) - y\}^2] + \mathbb{E}_D[\{y - y_d\}^2] + \\
&\quad 2\mathbb{E}_D[\{\bar{f}(x) - y\}\{y - y_d\}] \\
&= \mathbb{E}_D[\{f(x;D) - \bar{f}(x)\}^2] + \{\bar{f}(x) - y\}^2 + \mathbb{E}_D[\{y - y_d\}^2] \\
&= \mathrm{var}(x) + \mathrm{bias}^2(x) + \varepsilon^2
\end{aligned}
$$

偏差度量了学习算法期望预测与真实结果的偏离程度,即刻画了学习算法本身的拟合能力;方差度量了同样大小的训练集的变动所导致的学习性能的变化,即刻画了数据扰动所造成的影响;噪声表达了在当前任务上任何学习算法所能达到的期望泛化误差的下界,即刻画了学习问题本身的难度。泛化性能是由学习算法的能力、数据的充分性及学习任务本身的难度所共同决定的。给定学习任务,为了取得好的泛化性能,需要使偏差较小,即能够充分拟合数据,并且使方差较小,即使得数据扰动产生的影响小。

每当讨论模型预测时,了解预测误差很重要。模型在最小化偏差和最小化方差的能力之间存在权衡,正确理解这些不仅可以帮助我们建立准确的模型,还可以避免过度拟合和欠拟合。因此,从基础开始,看看它们对机器学习模型有何影响。在统计和机器学习中,偏差与方差权衡是训练模型需要考虑的重要方面。例如,通过增加模型的复杂度,可以减小模型

---

① 在机器学习中,通常使用集成学习方法来得到多个模型的预测期望。集成学习是一种将多个学习器组合起来,形成一个更强大的学习器的方法。

的偏差,并提高模型在训练数据上的表现,但是这可能会增加模型的方差,并导致模型在测试数据上表现不佳;相反,通过减小模型的复杂度,可以减小模型的方差,并提高模型在测试数据上的表现,但是这可能会增加模型的偏差,并导致模型在训练数据上表现不佳。

解决方差和偏差问题是训练前馈神经网络的重要目标之一。解决方差问题的方法通常包括增加训练数据量、使用正则化方法、减少模型复杂度等。增加训练数据量可以减少模型对训练数据的过拟合程度,正则化方法(如 L^1、L^2 正则化)可以惩罚模型的复杂度,从而减少方差,而减少模型复杂度可以使模型更加简单,更加容易泛化到新数据上。解决偏差问题的方法通常包括增加模型复杂度、使用更好的特征表示、调整模型超参数等。增加模型复杂度可以使模型更容易学习训练数据中的细节信息,使用更好的特征表示可以提高模型对数据的表达能力,调整模型超参数可以让模型更好地适应数据集。在实践中,解决方差和偏差问题通常需要综合考虑,需要在增加模型复杂度和减少模型复杂度之间做出权衡,以得到更好的模型性能。

2.6.2 正则化的思想

在数学与计算机科学中,正则化(regularization)是一个将结果答案更改为"更简单"的过程,以避免过拟合或提高泛化性能。例如,假设任务是从其他动物中找出所有猫科动物,然后需要一个分类器来识别猫科动物。希望分类器使用猫科动物共有的特征来进行分类,而不是使用某些猫科动物可能有但其他动物没有的特征,如尾巴上的特殊标记。需要找到一个必要的属性来定义分类的类型。为了实现这个目标,可以使用正则化技术来约束模型,以使其更加简单并减少过度拟合的风险。在机器学习中,通常会使用监督学习算法来学习如何分类数据。监督学习算法的目标是找到一个可以将输入数据映射到正确输出标签的函数。当找到这个函数时,算法会尝试从输入数据中提取特征,这些特征应该是能够准确区分不同类别的必要属性。然而,有时候算法可能会过度拟合训练数据,也就是说,它在训练数据上表现得很好,但在未见过的数据上表现不佳。这通常是因为算法捕捉了训练数据中的噪声或偶然性质,而这些特征并不是必要属性。在这种情况下,可以使用正则化来限制模型的复杂性,以防止模型过度拟合训练数据,并提高模型在新数据上的泛化能力。

欠拟合和过拟合是机器学习中需要平衡的两个重要问题。当训练模型时,希望找到一个能够在训练数据和未见过的数据上都表现良好的模型,这需要在欠拟合和过拟合之间找到一个平衡点。欠拟合指模型无法捕获数据中的真实模式,通常是因为模型过于简单或数据中的噪声太大。这会导致模型的预测能力非常有限,无论是在训练数据上还是在新数据上都表现不佳。过拟合则是指模型在训练数据上表现得非常好,但在新数据上表现不佳,通常是因为模型过于复杂或数据量太少。这会导致模型在新数据上出现泛化性能不佳的问题。找到欠拟合和过拟合之间的平衡点,需要在训练过程中进行模型选择和调整,以提高模型的泛化能力。一般来说,可以通过增加或减少模型的复杂度来调整模型。例如,增加模型的层数或增加特征的数量可以增加模型的复杂度,从而提高模型的拟合能力。但如果过度增加模型的复杂度,会导致过拟合的问题。机器学习界已经尝试了许多自动化寻找平衡点的方法,如交叉验证、正则化、集成学习等。随着深度学习的发展,人们也在尝试使用自适应学习率、批量归一化等技术来自动化地找到平衡点。不过,寻找平衡点仍然是机器学习的艺术,需要经验和技巧来调整模型以达到最佳性能。

在机器学习中,正则化是一种用于防止过拟合的技术。正则化通过在损失函数中添加正则化项来惩罚复杂模型。这个正则化项通常会惩罚模型的权重,使得模型更倾向于选择较小的权重。这可以有效地防止模型过度拟合训练数据,同时在测试数据上表现良好。通常,正则化的损失函数的形式为

$$E(w) = L(y, f(x;w)) + \lambda R(w)$$

其中,$E(w)$ 是损失函数;y 是训练集的标签;$f(x;w)$ 是参数为 w 的模型的预测值;$L(y, f(x;w))$ 是预测误差;$R(w)$ 是正则化项;λ 是正则化参数。正则化项可以采用不同的形式,如 L^1 正则化和 L^2 正则化。L^1 正则化惩罚模型中较大的权重,使得它们趋于 0,从而产生稀疏模型;而 L^2 正则化惩罚模型中较大的权重,但不会将它们完全降为 0,从而产生一些平滑的权重。通过调整正则化参数 λ 的值,可以控制正则化的强度。较大的 λ 值会导致更强的正则化,从而降低模型的复杂度;较小的 λ 值会导致较弱的正则化,从而允许模型更多地拟合数据。因此,选择合适的 λ 值是防止过拟合的重要一环。通常,可以通过交叉验证来选择合适的正则化参数 λ 的值。

添加正则化项会使误差函数的形状发生变化,导致数据点在误差函数中的位置变得不确定,并且在"X"和"O"之间产生一个"中性区域",如图 2-28 所示。这个中性区域是由于某些超平面的选择变得不可能,因为它们的误差函数在这个区域内不能准确地定位数据点。因此,添加正则化项可以限制模型的复杂度,使得模型在训练数据和测试数据之间取得更好的平衡。这个解释是一种非正式的直觉,可以帮助我们理解正则化的作用和方式。

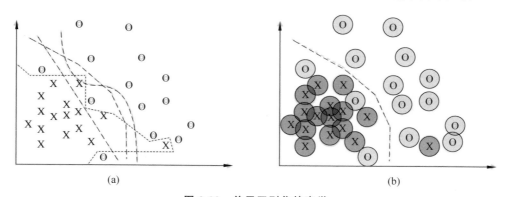

图 2-28　关于正则化的直觉

在本章中,将介绍两种最常见的正则化类型:L^1 和 L^2。L^2 正则化的方法也与向量空间的概念有关。在机器学习中,通常将模型的权重表示为一个向量,其中每个元素对应于模型的一个参数。通过使用 L^2 范数,可以衡量这个向量的大小,即权重的总体强度。在使用 L^2 正则化时,旨在限制这个向量的大小,以避免过度拟合,而平滑化权重是一种实现这个目标的方法。L^1 正则化也是一种常用的正则化方法,与 L^2 正则化不同,它使用的是 L^1 范数作为正则化项。它也可以帮助控制模型的复杂度,并减轻过拟合问题,但通常会产生更稀疏的权重向量,这在一些任务中可能更有用。先从 L^2 正则化详细地探索一下,因为它在实践中更有用,也更容易掌握与向量空间的联系。

L^2 正则化在机器学习和统计学中常常被称为不同的名称,包括权重衰减、岭回归、L^2 范数正则化等。这种正则化方法通过向模型的损失函数中添加 L^2 范数惩罚项来约束模型

的复杂度,以防止过度拟合。这个惩罚项可以被看作对模型权重进行正则化的一种方式,它使得较大的权重值受到更强的惩罚,从而促使模型更倾向于选择较小的权重值。Andrey Tikhonov 是 L^2 正则化的早期提出者之一。他在 1943 年的一篇论文中,提出了使用正则化方法来解决反问题(inverse problems)的思路,其中就包括 L^2 正则化。这种方法在反问题领域得到了广泛的应用,后来也被引入机器学习和统计学中。

L^2 正则化的思想是使用欧几里得范数(L^2 范数)进行正则化。向量 $w = (w_1, w_2, \cdots, w_n)$ 的 L^2 范数就是 $\sqrt{w_1^2 + w_2^2 + \cdots + w_n^2}$,向量 w 的 L^2 范数可以表示为 $L^2(w)$,或者更常见的是 $\|w\|_2$。在通常情况下,在使用 L^2 正则化时,会将惩罚项添加到模型的最后一层权重上。这是因为最后一层权重通常是模型中具有最多参数的一层,同时也是最能影响模型输出的一层。因此,通过对最后一层权重进行正则化,可以有效地控制模型的复杂度,从而避免过度拟合。不过,在某些情况下,也可以使用所有权重的版本进行 L^2 正则化。例如,在卷积神经网络中,卷积层和全连接层的权重都可以进行正则化,这样可以进一步控制模型的复杂度。此外,在一些特殊的神经网络结构中,如循环神经网络和转换器(transformer)网络中,也可以使用所有权重的版本进行正则化。需要注意的是,使用所有权重进行 L^2 正则化会增加模型的计算复杂度,因为它需要对更多的权重进行惩罚。因此,在选择正则化方法时,需要考虑计算效率和正则化效果之间的平衡。所以现在可以将初步的 L^2 正则化误差函数重写为 $E^{\text{new}} := E^{\text{old}} + \|w\|_2$。但是,在机器学习社区通常不使用平方根,所以将使用 L^2 范数的平方,即 $(\|w\|_2)^2 = \|w\|_2^2 = \sum_{i=1}^{n} w_i^2$。与 L^2 范数相比,使用权重平方和的形式有一些优点。首先,使用平方可以将负权重与正权重视为等价,从而简化计算。其次,使用平方可以避免 L^2 范数在权重较小时导致惩罚项过小的问题。此外,使用平方可以避免求平方根带来的计算量和计算复杂度,这也是在机器学习社区中普遍采用这种形式的原因之一。除此之外,希望添加一个超参数,以便能够调整想要使用多少正则化,称为正则化参数或正则化率,用 λ 表示,考虑到希望它成比例,然后除以使用的批次 n,所以最终 L^2 正则化误差函数为

$$E(w) = \frac{1}{n} \sum_{i=1}^{n} L(f(x_i; w), y_i) + \frac{\lambda}{2n} \sum_{j=1}^{m} w_j^2$$

其中,$E(w)$ 表示损失函数;w 表示模型的权重;n 表示使用的批次;L 表示损失函数;$f(x_i; w)$ 表示模型对输入 x_i 的输出;y_i 表示对应的标签;λ 表示正则化超参数(也称为正则化率);m 表示权重向量的长度;w_j^2 表示权重向量 w 中第 j 个元素的平方。需要注意的是,上述式子中的 $\frac{1}{n}$ 用于将误差函数转换为平均误差函数,而 $\frac{1}{2n}$ 用于将正则化项中的系数与平均误差项的系数相匹配,以使得正则化项的重要性与平均误差项的重要性相当。这些系数的选择通常是为了方便计算和比较,而不是为了严格的数学原因。

对于回归问题,目标是找到一个能够最好地拟合训练数据的模型,而 L^2 正则化可以通过惩罚较大的权重来防止过拟合。直观上,可以将 L^2 正则化看作一个额外的惩罚项或者约束,如图 2-29 所示。L^2 正则化的函数图形是一个圆(相对于 L^1 正则化的方形而言),圆的形状更加圆润,没有棱角。因此,当原始误差函数 E^{old} 的等值线(即图中环形曲线)与 L^2 正则化项的图形相交时,权重向量可能会取到比较小的值,但不太可能取到 0,因为圆的形

状不会导致某个方向上的系数特别大,另一些方向上特别小。因此,L^2 正则化的解不具有稀疏性,而是会让参数向量的各个分量都变得比较小。这也解释了为什么 L^2 正则化不太适合用于特征选择,因为它不会将某些特征的系数置为 0,而是会让所有特征的系数都变小。在没有正则化的情况下,目标是找到全局成本最小值。通过添加 L^2 正则化惩罚,目标变成了必须保持在灰色阴影球的约束下最小化成本函数。这样就可以避免权重过大,从而导致过拟合。同时,也可以控制 L^2 正则化的强度,通过调整正则化参数 λ 来控制灰色阴影球的大小。

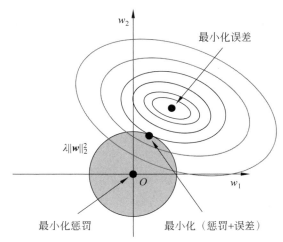

图 2-29 L^2 正则化

稀微解释一下 L^2 正则化的作用。当使用 L^2 正则化时,会倾向于选择较小的权重,但是如果增加权重可以显著地减小总体误差,则会考虑使用较大的权重。这就是为什么 L^2 正则化被称为"权重衰减"的原因,因为它会使得较大的权重在学习过程中变得更小。正则化参数 λ 的选择会影响到对小权重的偏好程度。当 λ 很大时,更倾向于选择较小的权重,从而避免过拟合。而当 λ 较小时,更倾向于选择较大的权重,以尽可能地减小总体误差。因此,在使用 L^2 正则化时,需要仔细调整 λ 的取值,以获得最佳的模型性能。进行一个简单的推导,从 L^2 正则化误差函数开始,使用其简化形式,即

$$E^{\text{new}} = E^{\text{old}} + \frac{\lambda}{2n} \sum_w w^2$$

通过对这个方程进行偏导,得到

$$\frac{\partial E^{\text{new}}}{\partial w} = \frac{\partial E^{\text{old}}}{\partial w} + \frac{\lambda}{n} w$$

这个公式看起来是一个关于权重 w 的误差函数 E 的偏导数。根据链式法则,这个偏导数可以被分解为两部分,即正则化误差 $\left(\dfrac{\lambda}{n} w \right)$ 和非正则化误差 $\left(\dfrac{\partial E^{\text{old}}}{\partial w} \right)$。正则化误差通常用来惩罚模型的复杂度,以防止过拟合,而非正则化误差则是指模型预测与实际值之间的差异。回到一般的权重更新规则,得到

$$w^{\text{new}} = w^{\text{old}} - \eta \cdot \left(\frac{\partial E^{\text{old}}}{\partial w} + \frac{\lambda}{n} w \right)$$

　　有人可能想知道这是否真的会使权重收敛到 0,但事实并非如此。尽管在正则化时倾向于将权重降低到较小的值,但如果模型在非正则化误差方面表现良好,即误差减少得很多,那么权重仍然会增加。这使得模型可以更好地适应训练数据并更好地预测新的数据。L^2 正则化会惩罚模型中较大的权重,但不会将它们完全降为 0,从而产生一些平滑的权重。这种平滑的效果是因为 L^2 正则化惩罚项中包含了权重的平方和,这个平方项在惩罚较大的权重时起到了缓解的作用,使得这些权重的值得到了一定的保留。这种平滑的效果在一些情况下是非常有用的。例如,在图像处理中,L^2 正则化可以使得相邻像素的权重值比较接近,从而产生平滑的效果,使得图像更加自然。在自然语言处理中,L^2 正则化可以使得词向量的权重值比较平滑,从而可以提高模型的泛化能力。需要注意的是,L^2 正则化并不总是产生平滑的权重。在一些情况下,L^2 正则化也可能会导致权重值的差异较大。例如,当正则化系数较小或数据特征具有较强的相关性时。因此,当选择正则化方法时,需要根据具体的数据和模型来决定使用何种正则化方法以及正则化系数的大小。

　　L^1 正则化是一种常用于线性回归和分类等机器学习任务的正则化方法,它在模型损失函数中加入 L^1 范数的惩罚项,以使得模型的参数更加稀疏。在线性回归任务中,L^1 正则化可以被视为一种约束条件,强制许多参数的值为 0,从而降低了模型的复杂度,避免过拟合。L^1 正则化的损失函数如下所示。

$$E(w) = \frac{1}{n} \sum_{i=1}^{n} L(f(x_i; w), y_i) + \frac{\lambda}{n} \sum_{j=1}^{m} |w_j|$$

其中,$E(w)$ 表示损失函数(误差函数);w 表示模型的参数;n 表示使用的批次;L 表示损失函数;$f(x_i; w_i)$ 表示模型对输入 x_i 的输出;y_i 表示对应的标签;λ 表示正则化超参数(也称为正则化率);m 表示权重向量的长度;$|w_j|$ 表示权重向量 w 中第 j 个元素的绝对值。需要注意的是,和 L^2 正则化一样,上述式子中的 $\frac{1}{n}$ 用于将误差函数转换为平均误差函数,而 $\frac{1}{n}$ 用于将正则化项中的系数与平均误差项的系数相匹配,以使得正则化项的重要性与平均误差项的重要性相当。

　　L^1 正则化的一个重要特点是,它能够产生稀疏的解,即将某些参数设置为 0,从而实现特征选择和降维的目的。这个特性对于高维数据的分析和建模非常有用,因为它可以有效地减少模型复杂度和过拟合的风险,同时保留关键特征。L^1 正则化与 L^2 正则化的核心思想非常相似,都是通过在模型的损失函数中加入正则化项来控制模型的复杂度,避免过拟合。不同之处在于,L^1 正则化使用的是 L^1 范数作为正则化项,对参数的惩罚是线性的,而 L^2 正则化使用的 L^2 范数作为正则化项,对参数的惩罚是二次的。因此,在一定程度上,L^1 正则化更加倾向于产生稀疏解,并且具有特征选择的效果。如图 2-30 所示,这是 L^1 模型为什么会导致稀疏性的几何解释。当原始误差函数 E^{old} 的等值线(即图中环形曲线)与 L^1 正则化项的图形(图中方形阴影范围)相交时,这个交点就是最优解。E^{old} 的等值线在 L^1 正则化项的图形的一个顶点处与其相交,这个顶点的坐标是 $(w_1, w_2) = (0, w)$,也就是说,最优解是权重向量的某些分量为 0。这个结果与 L^1 正则化的稀疏性质是一致的。同时,这个结果也说明了 L^1 正则化可以用于特征选择,通过将某些特征的系数置为 0 来实现对特征的筛选和压缩。

　　比较这两种正则化以揭示它们的特性。L^2 对于大多数分类和预测问题更好,然而有些

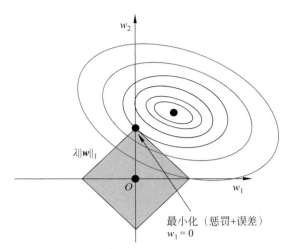

图 2-30 L^1 正则化

任务是 L^1 擅长的。L^1 更胜一筹的问题是那些包含大量不相关数据的问题,数据中包括大量的噪声或者是没有信息的特征,但它也可能是稀疏数据(因为数据丢失,其中大多数特征是不相关的)。这意味着 L^1 正则化在信号处理和机器人技术中有许多有用的应用。

如果一个模型的泛化曲线(图 2-31)显示训练数据误差在逐渐减少,但是验证数据误差在某一点开始上升,这通常表明该模型已经开始在训练数据上过拟合,导致它不能够很好地泛化到新数据上。这意味着该模型在训练数据上表现得非常好,但是在未见过的数据上的表现会变得很差。这通常是由于模型过于复杂或者数据量不足等问题导致的。为了避免过拟合,可以采取一些方法。例如,增加训练数据、添加正则化项或者减小模型复杂度等。根据奥卡姆剃刀定律,如果有多种解释可以解释同样的现象,那么应该选择最简单的解释。在机器学习中,这意味着应该尽量选择简单的模型而非过于复杂的模型,以避免过拟合和提高泛化能力。正则化是一种结构风险最小化的方法,它在经验风险最小化的基础上加入了一个正则化项,以惩罚复杂模型的参数。正则化的目标是在最小化训练误差的同时,尽量减少模型复杂度,以避免过拟合。

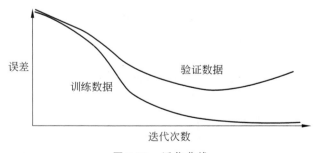

图 2-31   泛化曲线

本章稍后还将讨论随机失活的概念,这是神经网络独有的一种非常有用的技术,并且具有的效果类似于正则化。

2.6.3　调整超参数

在本节中,将重新审视学习率的概念,学习率是一个超参数。为什么称为超参数？这个名字很不寻常,但背后其实有一个简单的原因。每个神经网络实际上都是一个函数,它为给定的输入向量(输入)分配一个类标签(输出),神经网络通过执行操作和给定参数完成这个过程。运算包括逻辑函数、矩阵乘法等,而参数都是非输入的数字,即权重和偏差。已知偏差可以简化为权重,神经网络通过反向传播其发现错误来找到一组好的权重。由于操作总是相同的重复,这意味着神经网络所做的所有学习实际上都是在寻找一组好的权重,或者换句话说只是调整参数。既然这一点很清楚,那么很容易说什么是超参数。超参数是指不能由模型本身学习到的参数,需要手动设置的参数。这些参数会直接影响到神经网络的性能和训练过程,如学习率、迭代次数、批量大小、网络层数、每层神经元数量、正则化参数等。

这意味着学习的过程无法调整超参数,必须手动调整。尽管调整超参数需要一定的直觉和经验,但是也有一些科学的方法可以用来优化超参数的选择。例如,网格搜索和随机搜索等方法可以在超参数空间中进行搜索,并尝试找到最佳超参数组合。此外,贝叶斯优化和进化算法等方法也可以用来优化超参数选择。尽管找到一组好的超参数并不容易,但有一个怎么做的标准程序。在机器学习中,将数据集划分为训练集、验证集和测试集是非常重要的步骤。训练集是用来训练模型的,验证集用来评估模型的性能和调整超参数,而测试集则用来最终评估模型的泛化性能。通常,将数据集按照一定比例划分为训练集、验证集和测试集。例如,将数据集划分为 80% 的训练集、10% 的验证集和 10% 的测试集。在训练集上训练模型后,可以使用验证集来评估模型的性能并调整超参数,如学习率等。具体来说,通常会尝试不同的超参数组合,并在验证集上进行评估,选择最佳超参数组合作为最终模型的超参数。需要注意的是,在使用验证集进行超参数调整时,要避免使用验证集来进行模型选择或对模型进行调整,因为这样会导致模型在测试集上的性能得到过于乐观的估计结果。因此,一般建议使用交叉验证或基于验证集的早期停止等技术来避免过度拟合验证集。最终,在使用测试集进行模型评估时,要注意不要使用测试集来进行模型选择或对模型进行调整,因为这样会导致模型在新数据上的性能得到过于乐观的估计结果。因此,测试集应该仅仅用来最终评估模型的泛化性能。

在进行超参数调整时,确实有可能会过度拟合训练集和验证集,导致测试误差过高。这是因为超参数调整的过程本质上是在使用验证集对模型进行选择,如果在这个过程中使用了太多的验证集信息,那么模型就可能会过度拟合这些信息,从而导致测试误差增加。因此,为了防止过度拟合,应该在进行超参数调整时采取一些措施。例如,使用交叉验证来减少对验证集的依赖,或使用正则化等技术来限制模型的复杂度。此外,确保训练集、验证集和测试集的大小合理也是非常重要的,但是标准的起始值分别为 80%、10% 和 10%。

正如在第 1 章中看到的,学习率控制着想要更新多少权重,是权重更新规则的一部分,即它在反向传播的最后发挥作用。为了更好地理解学习率的重要性,可以通过抛物线模型来说明。假设有一个抛物线函数,其中的最低点表示希望模型达到的最优解。当抛物线模型从二维扩展到三维时,可以使用一个 3D 表面来表示模型的损失函数,整体形状类似于一个碗,如图 2-32 所示。这个碗的侧视图(图 2-32(a))由 X 轴和 Y 轴给出,顶视图(图 2-32(b))由 X 轴和 Z 轴给出,可见它看起来像一个圆形或椭圆形。当在碗的顶部视图上放置一

个点 $A(x_k,z_k)$ 时,假设它会沿着曲面朝向碗底部落下。将从侧视图(图 2-32(a))中获取点
A 的 y_k 值,梯度就像重力一样试图最小化 y_k。点 A 的最终"高度"表示该点处损失函数的
值。换句话说,点距离碗底部越近,损失函数的值就越低。现在有了一个虚拟的环境来解释
抽象意义上的学习过程(与物理重力的特性有差别)。每个学习周期都是点 A 在碗曲率的
大致方向上的定量移动,完成后点 A 会停在新的位置上;第二个周期从这个位置开始,点 A
再次遵循曲率的总体方向移动。这第二个动作可能是第一个动作的延续,或者如果超过最
小值(底部)则点 A 朝着相反的方向移动。这个过程可以无限期地继续下去,但是在经过多
个周期之后,点 A 移动将非常小且微不足道,因此可以在预定数量的周期之后停止,或者在
改进不显著时停止。

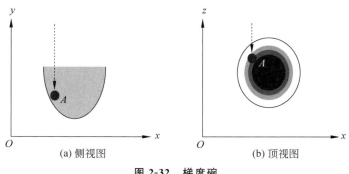

图 2-32　梯度碗

现在回到学习率。学习率控制着要采取的运动量,学习率为 1 意味着完成整个动作;而
学习率为 0.1 意味着只完成 10% 的动作。如前所述,可以有一个全局学习率或参数化学习
率,以便学习率根据指定的某些条件(如到目前为止的周期数或其他一些参数)而变化。

在这个模型中,仍然要找到最小点,这个最小点的位置表示希望模型达到的最优解。与
抛物线模型不同的是,现在有了多个方向可以移动,原因是当下处于三维空间中。到目前为
止有一个圆形碗,如图 2-33(a)所示,但想象一下有一个细长椭圆形的浅碗。如果在狭窄的
中间附近丢下点 A,将遇到与以前几乎相同的情况。但是如果把点 A 放在左上角,它会沿
着非常浅的曲率移动,如图 2-33(b)所示,并且需要大量的时间才能找到朝向碗底部的路
径。学习率在这里可以提供帮助,如果只采取一小部分的移动,如图 2-33(c)所示,学习率为
0.2,那么下一步移动的曲率方向将比从一个边移动到另一边来回摆动的情况要好得多。另
外,如果使用一个过小的学习率,那么需要花费更长的时间才能到达最优点,原因是每次迭
代的移动量太小了;而如果使用一个过大的学习率,则可能会出现在最小点周围来回振荡的
情况,从而错过最优点。还需要注意梯度消失和梯度爆炸的问题。在深度学习中,如果使用
一个太小的学习率,则可能会导致梯度消失的问题,即梯度变得非常小,无法使模型产生任
何实质性的改变。相反,如果使用一个太大的学习率,则可能会导致梯度爆炸的问题,即梯
度变得非常大,从而导致模型的参数值出现非常大的变化,甚至出现 NaN 值。

学习率 η 最常用的值是 0.1、0.01、0.001 等,像 0.03 这样的值可以不用考虑,因为其效
果与最接近的 0.01 非常相似。学习率是一个超参数,并且像所有超参数一样必须在验证集
上进行调整。因此,建议尝试使用给定超参数的一些标准值,然后查看其行为并相应地修
改。然而,对于一些具体的问题或模型,标准的学习率值可能不是最优的选择,而调整超参

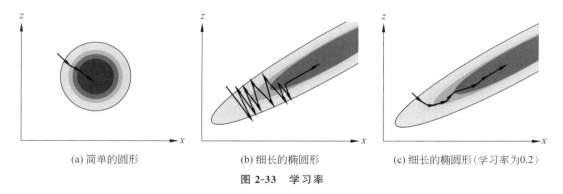

(a) 简单的圆形　　　　　　　(b) 细长的椭圆形　　　　　(c) 细长的椭圆形(学习率为0.2)

图 2-33　学习率

数的过程也需要更加细致地考虑。例如,在使用大型神经网络进行图像分类时,通常需要使用较小的学习率,并且需要逐渐降低学习率,以便模型能够更好地收敛。在其他情况下,例如,使用较小的数据集或更简单的模型,使用较大的学习率可能会更有效。

　　现在把注意力转向一个类似于学习率但不同的概念,称为动量或惯性。回到虚拟碗的环境,我们现在修改碗的形状使其具有局部最小值,如图 2-34(a)所示的侧视图。请注意,学习率与顶视图的关系,而动量解决了侧视图的问题。点 A 像往常一样落下(在图像中描绘为灰色)并沿着曲率继续,并在曲率为 0 时停止(图中用黑色表示)。但问题是曲率 0 不一定是全局最小值,可能只是局部的。如果点 A 按照惯性定律会有动量,会从局部最小值下降到全局最小值,它会来回摆动然后静止。神经网络中的动量只是形式化这个想法,动量就像学习率被添加到一般的权重更新规则。

$$w_i^{\text{new}} = w_i^{\text{old}} - \eta \frac{\partial E}{\partial w_i^{\text{old}}} + \mu (\mid w_i^{\text{old}} - w_i^{\text{older}} \mid)$$

其中,w_i^{new} 是要计算的当前权重;w_i^{old} 是之前的权重值;μ 是动量,范围从 0～1,直接控制之前变化的多少权重将在此迭代中保留;μ 的典型值为 0.9,应通常调整为 0.10～0.99 的值。

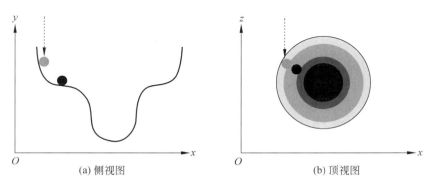

(a) 侧视图　　　　　　　　　　　　(b) 顶视图

图 2-34　局部最小值

　　动量是用于优化算法中的一种技术,其作用是在梯度下降时加速收敛并减少波动。在梯度下降中,每次更新权重时都会考虑当前的梯度,然后根据学习率调整权重。但这种方法容易陷入局部最小值,尤其是在梯度变化很缓慢的地方。动量的作用是通过考虑过去的梯度来增加更新权重的力度,以避免陷入局部最小值。动量算法基于以下原则:更新权重的方向不仅应该受到当前梯度的影响,还应该受到过去梯度的影响。具体来说,动量算法在每次更新权重时,会计算一个动量变量,用于记录过去的梯度信息,然后将当前梯度加上一定比例的动量变量,得到一个加权平均梯度,最后根据这个加权平均梯度更新权重。动量的值通常设置在$0\sim1$。如果设置为1,表示完全保留过去的梯度信息,而当前梯度不起作用。如果设置为0,表示完全依赖当前梯度信息。在实践中,通常设置为0.9左右的值。使用动量算法可以加快模型的收敛速度,并且减少波动。这种算法通常用于深度神经网络中,因为这种模型通常具有非常深的层次结构,梯度下降会受到许多局部最小值的影响。

在机器学习中,Dropout 指的是一种正则化技术,用于减少神经网络模型的过拟合。中文可以将其翻译为"随机失活"或"随机丢弃"。具体来说,Dropout 会随机地将一定比例的神经元输出设置为0,这样可以迫使网络学习到更加鲁棒和泛化能力更强的特征,从而减少对某些特定神经元的过度依赖,进而避免过拟合。因此,"Dropout"这个术语也常常被直接沿用,用来指代这种具体的正则化方法。Dropout 是一种非常简单的技术,添加了一个从$0\sim1$的退学率参数π(可以被解释为概率),并且在每个周期中依据概率π将部分权重设置为0。依据一般的权重更新规则(需要一个w_k^{old}来计算权重更新),如果在周期n中权重w_k设置为0,则周期$n+1$的w_k^{old}将来自周期$n-1$的w_k。Dropout 迫使网络属学习冗余,可以更好隔离数据的必要属性。π的典型值为0.2,但与所有其他超参数一样必须在验证集上进行调整。伯努利随机变量[①]通常用于在神经网络的前向传播过程中生成 Dropout 掩码。掩码是通过以指定概率π从伯努利分布中采样生成的,它表示保持每个神经元活跃的概率。伯努利分布是一种二项分布,因此它是一种自然的选择来随机生成 Dropout 掩码。在每个前向传播期间,通过从伯努利分布中采样生成掩码,可以实现不同的神经元被丢弃的概率。例如,如果$\pi=0.5$,这意味着在每次前向传播期间,50%的神经元将保持活跃,50%的神经元将被丢弃,如图 2-35 所示。

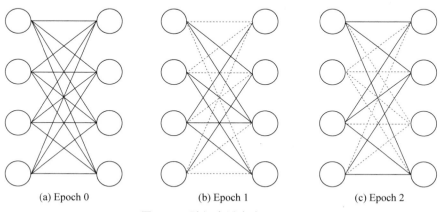

(a) Epoch 0　　　　(b) Epoch 1　　　　(c) Epoch 2

图 2-35　随机失活率为$\pi=0.5$

如果按照正则化的定义随机失活不是正则化,但它确实降低了训练误差与测试误差之间的差距,因此它减少了过度拟合。也可以将正则化定义为减少过拟合的任何技术,然后

---

① 伯努利随机变量是二进制随机变量,可以取值 0 或 1。伯努利随机变量等于 1 的概率由参数p表示。例如,如果$p=0.8$,这意味着伯努利随机变量有 80% 的机会等于 1,有 20% 的机会等于 0。

Dropout 也可以作为一种正则化技术。可以将 Dropout 称为"结构正则化",并 L_1 和 L_2 正则化为"数值正则化",但这不是标准术语。具体来讲,Dropout 的实现方式是在网络训练时,以一定的概率随机选择网络中的某些结点并将其权值设置为 0,这样就相当于在训练过程中将这些结点删去,不再参与更新。这样的方法能够使得网络更加稳健,并且能够有效减少过拟合问题。

2.6.4 其他的问题

从总体的视角来看,反向传播是如何工作的? 之前一直在回避这个问题以避免混淆,直到有足够的基础概念理解来解决它,现在应该足够清楚地说明它了。反向传播是一种用于训练神经网络的算法。在每个训练周期中,使用一个训练样本作为输入,并通过网络进行前向传递,以计算网络的输出值。然后,使用这个输出值和训练样本的真实值之间的误差来计算平方误差,并使用所有训练样本的平均误差来评估整个网络的性能。接下来,使用梯度下降算法对网络的权重进行更新,以最小化平均误差。这里的关键是计算每个权重对平均误差的贡献,这就是反向传播算法的主要作用。在反向传播过程中,使用链式法则来计算每个神经元的误差,并将这些误差向后传播到输入层,以计算每个权重对误差的贡献。具体地说,可以将反向传播过程分为两个阶段:误差反向传播和权重更新。在误差反向传播阶段,计算每个神经元的误差,并将这些误差向后传递到输入层,以计算每个权重对误差的贡献。在权重更新阶段,使用梯度下降算法来更新每个权重,以最小化平均误差。通过反复执行这个过程,可以不断地改进网络的性能,并使其能够更好地进行预测。在实际应用中,通常需要进行多个训练周期,并使用验证数据集来评估网络的泛化性能,以避免过拟合。

在解释反向传播时使用的是大小为 1 的训练集(单个示例),如果这是整个训练集,将是完整梯度下降的示例,也称为全批学习,然而可以将其视为训练集的一个子集,这是为了简化问题并更容易理解反向传播的概念。实际上,在神经网络中,通常使用训练集的子集来进行训练,这也称为小批量随机梯度下降。使用小批量随机梯度下降的主要原因是可以更快地训练网络,因为每次计算梯度时,只需要对一小部分训练集进行计算,而不是整个训练集。这使得梯度计算更快,并且可以更频繁地更新权重。此外,使用小批量训练还可以帮助网络避免过拟合,因为它可以让网络在不同的样本上进行训练,并使其更泛化。因此,在实际应用中,通常会将训练集分成大小相等的小批量,并对每个小批量进行一次反向传播和权重更新。这个过程会在多个训练周期中重复进行,直到网络收敛或达到预定的停止条件。

在深度学习中,通常使用梯度下降算法来优化神经网络的权重。如果使用整个训练集进行梯度计算并更新权重,那么就是批量梯度下降。然而,批量梯度下降的计算成本很高,并且在大型数据集上进行训练时可能会遇到内存限制的问题。因此,通常使用小批量梯度下降,其中我们从训练集中随机选择一些样本来计算梯度并更新权重。批量大小通常是一个超参数,可以根据实际情况进行调整。当批量大小为 1 时,我们称为随机梯度下降或在线学习(online learning),因为我们在训练期间逐个样本地更新权重。这种方法具有一些优点,比如可以适应非平稳分布的数据和处理实时数据流等。总之,深度学习中的梯度下降算法有三种类型:批量梯度下降、随机梯度下降和小批量梯度下降。其中,小批量梯度下降是最常用的一种。

在深度学习中,周期(epoch)是指将整个训练集通过神经网络一次完整的前向传播和反向传播的过程。在每个周期中,可以将训练集分成小批量(batch),然后对每个小批量进行一次前向传播和反向传播。一个小批量的大小通常是一个超参数,可以根据实际情况进行调整。例如,如果将大小为 10 000 的训练集分成 10 个小批量,每个小批量的大小为 1000,那么对于每个小批量,可以进行一次前向传播和反向传播,这称为一次迭代(iteration)。10次迭代完成后,就完成了一个周期。如果使用随机选择的训练样本来处理每个小批量,那么10 次迭代不会完整地处理整个训练集,但仍然可以看作一个周期的训练。通过使用周期,可以更好地控制训练过程,并且可以在每个周期结束时进行一些操作,如记录训练误差、保存模型等。周期的数量是一个超参数,可以根据实际情况进行调整。在通常情况下,会持续训练若干周期,直到训练误差不再降低或者验证误差开始增加为止。

随机梯度下降通常比全批量梯度下降更快,因为它更频繁地更新参数,从而更快地找到最小值。但是,如果最小值比较平坦(碗太浅),随机梯度下降往往会加剧之前的问题(图 2-33(b)),导致收敛速度变慢。这是因为随机采样容易丢失有关曲率的少量信息。在这种情况下,使用带有动量的梯度下降算法可能是一个不错的选择。动量允许算法在参数空间中保持一定的"惯性",以克服局部最小值并加速收敛。通过使用动量,算法在当前梯度方向的基础上添加了先前梯度方向的一部分,从而避免了随机梯度下降在平坦区域中跳跃的问题。因此,在实际应用中,需要根据特定的问题和数据集的特性,选择适当的梯度下降算法和超参数来实现更快收敛。

在深层神经网络中,存在一些问题会使反向传播的梯度消失或者爆炸,从而导致训练变得困难或不可能。这些问题称为梯度消失(vanishing gradients)和梯度爆炸(exploding gradients)。梯度消失通常出现在使用 Sigmoid 或 Tanh 等激活函数且网络非常深的情况下。由于这些激活函数在输入接近正或负无穷时饱和,梯度的值变得非常小。当这些小梯度通过多个层传递时,它们会变得更小,最终接近 0。这使得深层网络中较早的层几乎不受到梯度的影响,因此无法进行有效的训练。一种解决方案是使用其他激活函数,如 ReLU,它在输入大于 0 时不饱和。梯度爆炸通常出现在使用逆变换激活函数(如 Sigmoid 的逆变换,即 Logistic 函数)且网络非常深的情况。这些激活函数在输入远离 0 时具有非常大的梯度,当这些大梯度通过多个层传递时,它们会变得越来越大,最终导致梯度爆炸。梯度爆炸可以通过梯度剪裁技术来解决,该技术会缩放整个梯度向量以确保其范数不超过某个阈值。

为了避免这些问题,可以使用一些技术。例如,使用激活函数 ReLU 或其变体,因为它们在输入为正时具有非零梯度,并且可以缓解梯度消失的问题;使用批量标准化(batch normalization),可以将每一层的输入标准化,有助于解决梯度爆炸和梯度消失的问题,同时也可以加速训练和提高模型的泛化能力;使用权重初始化策略,如 He 或 Xavier 初始化,可以确保权重在训练期间不会太大或太小;使用梯度裁剪(gradient clipping)可以防止梯度爆炸问题;减少神经网络的深度,或者使用残差连接(residual connection)或注意力机制(attention mechanism)等技术,以促进信息的流动和梯度的传递。

对于具有多个隐含层的深度神经网络,权重初始化是一个非常重要的问题,因为权重初始化过大或过小都可能导致梯度消失或梯度爆炸问题。如果权重初始化过小,则梯度消失的风险较大,因为反向传播中的梯度将逐渐减小并最终消失。相反,如果权重初始化过大,则梯度爆炸的风险较大,因为反向传播中的梯度将会越来越大,导致不稳定的训练过程。为了解决这些问题,一些常见的权重初始化策略已经被开发出来,如 Xavier 初始化和 He 初始化。Xavier 初始化和 He 初始化是为了解决权重初始化的问题而提出的两种常见的初始化方法。Xavier 初始化是一种权重初始化方法,旨在保持信号在前向传播过程中的方差不变。它是根据每层的输入和输出数量计算的,因此对于每一层,它的权重会根据前一层输入数量的平方根和后一层输出数量的平方根进行缩放。这种方法通常适用于具有 Tanh 激活函数的神经网络。He 初始化是针对具有 ReLU 激活函数的神经网络而提出的一种权重初始化方法。与 Xavier 初始化不同,He 初始化根据前一层输入数量的平方根进行缩放,而不是根据前一层和后一层的数量之和。这是因为 ReLU 激活函数在输入大于 0 时具有线性输出,因此需要更多的权重变化,以便更好地传递梯度。总体来说,Xavier 初始化和 He 初始化都是常见的权重初始化方法,可以帮助解决在神经网络训练中的梯度消失和爆炸问题。选择哪种方法取决于激活函数的类型。这些初始化策略可以根据不同的激活函数和网络结构进行调整,以确保梯度可以在整个网络中稳定传播。此外,还可以使用正则化方法来控制权重的大小,以避免梯度爆炸或消失的问题。总体来说,权重初始化对于深度神经网络的训练非常重要,并且需要仔细地考虑不同初始化策略和正则化方法的影响。

深度学习的主要挑战之一是如何解决梯度消失问题,以便训练更深的神经网络。长短期记忆网络是一种针对此问题的特殊神经网络架构,其设计目的是通过添加一个称为"遗忘门"的机制来克服梯度消失问题。卷积神经网络是另一种在处理图像和视觉数据时广泛使用的神经网络,其采用共享权重和局部连接的方法,使其在训练深度网络时更加稳定。残差网络(resNet)是另一种在解决梯度消失问题上取得了重大进展的神经网络架构。它采用残差连接来绕过一些层的数据,从而减轻了梯度消失的影响,使得训练更深的神经网络成为可能。自动编码器(autoencoder)是一种广泛使用的无监督学习技术,它使用神经网络来学习数据的压缩表示,并且可以通过调整网络结构来提高其鲁棒性和稳定性,使其在处理具有噪声和缺失数据的情况下仍然有效。下一章将专门介绍这些技术和架构。

第3章

深度学习网络

深度学习网络是一种基于人工神经网络的机器学习方法家族,其核心思想是通过多层次的表征学习来实现数据的抽象和复杂模式的发现。深度学习包括监督学习、半监督学习和无监督学习等多种方法,其中监督学习是较常用的方法之一。在监督学习中,模型从已标记的数据中学习,通过优化模型参数以最小化预测误差来进行训练。深度学习架构包括深度神经网络、深度信念网络、深度强化学习、递归神经网络、卷积神经网络和转换器等。这些架构已广泛应用于计算机视觉、语音识别、自然语言处理、机器翻译、生物信息学、药物设计、医学图像分析、气候科学、材料检验和棋盘游戏程序等领域。在这些应用程序中,深度学习模型已经表现出与人类专家相当甚至超过人类专家的表现。与传统的线性感知器相比,深度学习模型具有更强的表达能力,能够学习非线性决策边界。深度神经网络特别是多层感知器通过在不同层之间使用逻辑函数来实现非线性性质,从而能够学习更复杂的模式。使用无限宽度隐含层的深度置信网络也能提高模型的表达能力,并且理论结果表明,深度置信网络可以任意精确地逼近任意连续函数。因此,深度学习模型具有极强的表达能力,可以应用于各种任务。

深度学习算法的一个重要特点就是它可以通过学习输入数据中的未知结构来提供更好的表示。这种表示通常是通过多层神经网络来实现的,其中每个层次都使用较低层次的特征来表示更高层次的抽象特征。这种层次结构可以帮助深度学习模型对数据进行更深入的理解和建模,从而提高模型的准确性和泛化能力。深度学习策略旨在学习特征层次结构,其中较高层次结构的特征是由较低层次特征的组合创建的。深度学习是一种现代的机器学习方法,它通过使用大量的层来学习数据的复杂表达。这种方法允许网络学习到数据的深层特征,这些特征可能在其他方法中难以捕捉。在深度学习中,网络结构可以是异构的,即允许使用不同类型的层。例如,深度学习网络可以包括全连接层、卷积层、循环层、局部响应归一化层等。这样做能够提高网络的效率和可训练性。其中,卷积层在图像识别中很常用,它利用图像局部空间结构特性进行特征提取。循环层在序列问题上常用,如自然语言处理,能够更好捕获序列数据的长期相关性。在可理解性方面,深度学习网络结构有时与生物学知识相关,但经常是基于统计学习理论和数据驱动的方法来设计和优化网络结构,而不是依赖于生物学知识。因此可以说,在深度学习中,网络结构设计是一个结构化的部分,需要考虑模型的效率、可训练性和可理解性,根据具体任务进行调整。

深度学习架构和算法已经在计算机视觉和模式识别等领域取得了惊人的进步。顺着这个趋势,最近的自然语言处理目前越来越专注于最近的深度学习策略领域。自然语言处理受益于最近深度学习架构的复兴,因为它们有可能在不需要工程特征的情况下达到高精度。一方面,深度学习算法需要比传统机器学习算法更多的训练数据,即至少数百万个标记示例；另一方面，支持向量机(support vector machines，SVM)、朴素贝叶斯(naive bayes，NB)、决策树(decision tree)，逻辑回归(logistic regression)等传统机器学习算法已经在许多应用领域中取得了非常好的结果，但是它们也存在着一些瓶颈。其中一个重要的瓶颈就是在处理高维稀疏数据时，这些算法的性能会受到严重的影响，特别是当数据维度过高时传统机器学习算法的效率和准确性会明显降低。另外，这些传统算法也有很大的局限性只能应用于特定类型的问题，如支持向量机、贝叶斯、决策树主要应用于分类问题。这些算法在解决大数据问题上可能会有一定局限性，即添加更多训练数据并不能提高其准确性，相比之下深度学习分类器会随着人们提供的数据越多而变得更好。目前，深度学习架构包括许多种不同类型的网络结构，如图 3-1 所示。深度学习架构分为有监督和无监督学习，包括卷积神经网络、循环神经网络(recurrent neural network，RNN)、长短期记忆/门控循环单元(gated recurrent unit/long short-term memory，GRU/LSTM)、自组织映射(self-organizing map，SOM)、自动编码器(autoencoder，AE)和受限玻尔兹曼机(restricted boltzmann machine，RBM)，还包括深度信念网络和深度堆叠网络(deep stacked network，DSN)等[1]。这些架构可以单独使用或结合使用以解决各种不同类型的问题。

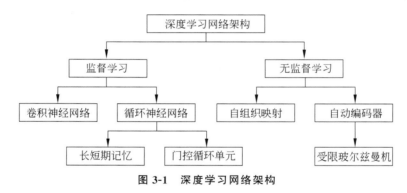

图 3-1　深度学习网络架构

3.1　深度的定义

大多数现代深度学习模型都基于人工神经网络，特别是卷积神经网络，尽管它们也可以包括命题公式[2]或在深度生成模型中按层组织的潜在变量，如深度信念网络和深度玻尔兹曼中的结点机器[3]。在深度学习中，每个级别都学习将其输入数据转换为稍微更抽象和复合的表示形式。在图像识别应用程序中，原始输入可能是像素矩阵；第一表示层可以抽象像

---

[1]　Deep learning architectures，By Samaya Madhavan，M. Tim Jones，Updated January 24，2021 | Published September 7，2017.

[2]　命题公式是数理逻辑中的基本概念之一，用于描述命题之间的关系和逻辑结构。在深度学习中，命题公式可以用来表示复杂的逻辑规则或约束条件，从而帮助模型更好地处理输入数据。例如，命题公式可以用来表示某个输入数据是否属于某个类别，或者表示某些特征之间的约束关系等。

[3]　结点机器是另一种常见的组件，它在深度学习中用于表示和学习数据的潜在结构或特征。结点机器通常由许多结点或神经元组成，每个结点或神经元都有一些权重或参数，用于计算结点或神经元的输出。不同类型的结点机器有不同的结构和学习算法。例如，深度信念网络和深度玻尔兹曼机就是两种常见的结点机器。这些结点机器通常用于无监督学习或半监督学习，用于学习数据中的特征和结构，从而提高模型的性能。

素和编码边缘;第二层可以组合和编码边的排列;第三层可以编码鼻子和眼睛;第四层可以识别图像中包含人脸。重要的是深度学习过程可以自己学习将哪些特征最佳地放置在哪个级别。这并不能消除手动调整的需要。例如,不同数量的层和层大小可以提供不同程度的抽象。

深度学习中的"深度"一词指的是数据经过多少层变换,更准确地说,是指深度学习系统具有相当大的置信分配路径(credit assignment path,CAP)。置信分配路径指的是对于一个错误的输出训练网络所需更新的权重和偏差参数所需遍历的层数。置信分配路径是从输入到输出的转换链,描述了输入和输出之间潜在的因果关系。对于非循环的前馈神经网络,置信分配路径的深度是网络的深度,是隐含层的数量加1(因为输出层也被参数化);对于循环的循环神经网络,其中一个信号可能多次通过一个层传播,置信分配路径深度可能是无限的。没有普遍认可的深度阈值来区分浅层学习和深度学习,但大多数研究人员认为深度学习涉及高于2的置信分配路径[①]。深度为2的置信分配路径已被证明是一种通用逼近器,因为它可以模拟任何函数,除此之外更多的层不会增加网络的函数逼近能力。深度模型(CAP>2)能够提取比浅层模型更好的特征,因此额外的层有助于有效地学习特征。在实际应用中,深度学习网络的层数可能在几十层甚至更多,然而确切的层数并不重要,重要的是网络是否有能力学习和表示足够复杂的特征。

基于卷积神经网络的深度学习架构可以用贪心逐层训练的方法来构建,而在这个过程中逐层训练可以帮助我们理清不同层的抽象,并选择出哪些特征可以提高网络的性能。对于监督学习任务深度学习方法消除了特征工程,将数据转换为类似于主成分的紧凑中间表示,并推导出去除表示冗余的分层结构。深度学习算法可以应用于无监督学习任务。这是一个重要的好处,因为未标记的数据比标记的数据更丰富。以无监督方式训练的深层结构的例子是深度信念网络。

3.2　卷积神经网络

卷积神经网络是一种深度学习模型,主要应用于图像识别、目标检测等视觉任务。卷积神经网络通过多个卷积层和池化层对输入的二维结构进行特征提取和降维,然后将特征输入全连接层进行分类或回归。卷积层是卷积神经网络中重要的组成部分之一,它通过一系列的卷积操作对输入数据进行特征提取。卷积操作可以理解为将一个滤波器(也称为卷积核)应用于输入数据的过程,滤波器通过滑动窗口的方式对输入数据进行卷积操作,从而得到特征图(feature map)。每个卷积层包含多个滤波器,每个滤波器可以提取出不同的特征,这些特征在不同位置可能存在,通过卷积操作可以提取出来。池化层是卷积神经网络中用于降低特征图尺寸的操作,它通过对特征图进行降采样,可以减少计算量和参数数量,并增强特征的鲁棒性。全连接层是卷积神经网络中的一种传统神经网络层,用于将特征图转换为分类或回归结果。在卷积层中,每个滤波器都是一组权重,通过卷积操作应用于整个输入数据的不同位置,因此滤波器中的权重是共享的。这种共享权重的方式可以大大减少参

---

　　① Shigeki,Sugiyama (12 April 2019). Human Behavior and Another Kind in Consciousness:Emerging Research and Opportunities:Emerging Research and Opportunities. IGI Global. ISBN 978-1-5225-8218-2.

数数量，并且可以保证卷积层具有平移不变性，即输入数据在平移时，卷积层的输出不变。

3.2.1 什么是卷积计算

在卷积神经网络中，卷积核是一个矩阵用来执行卷积运算。卷积运算是卷积神经网络中的基本运算，主要用于提取图像中的特征。卷积运算的基本流程是将卷积核与输入图像进行卷积，即将卷积核在输入图像上滑动，并在每一个位置上进行卷积运算。卷积运算的具体过程是将卷积核与图像的对应部分进行乘法运算，再将所有乘积求和得到一个新的值。卷积计算是一种数学运算，它可以在图像处理、信号处理、自然语言处理等领域中广泛应用。卷积计算通过将一个小矩阵(称为卷积核或滤波器)在输入数据(如图像)上滑动，并与输入数据在每个位置上的值进行乘法和加和运算，来得到输出数据。这种运算能够提取出图像中的特征，并且在深度学习中广泛使用。例如，给定一个 5×5 的图像和一个 3×3 的卷积核，如果要在图像上计算卷积，那么可以这样做。

(1) 将卷积核放在图像的左上角，并将核中的每个元素与图像中对应位置的元素相乘。

(2) 将这些乘积求和得到一个新的像素值，记为卷积结果。

(3) 将卷积核右移一个像素，重复上述过程，直到卷积核移动到图像的右下角。

(4) 每次移动卷积核都会得到一个新的卷积结果，这些结果组成了一个新的图像。

可以用粗体显示输入图像的哪些像素用于卷积的每个步骤，在每个步骤中将所选像素的值(粗体)与卷积核的对应值相乘，并将结果求和为单个输出，如图 3-2 所示。在下面的示例中，计算中心像素的卷积，卷积核移动到第 5 步，如图 3-3 所示。首先计算卷积核的每个像素与图像相应像素的乘积，然后求和得

$$2\times1+4\times3+6\times2+24\times2+5\times9+13\times3+1\times7+6\times1+8\times6=219$$

3	**5**	**9**	1	10
13	**2**	**4**	6	11
16	**24**	**9**	13	1
7	1	6	8	3
8	4	9	1	9

3	**5**	**9**	**1**	10
13	**2**	**4**	**6**	11
16	**24**	**9**	**13**	1
7	1	6	8	3
8	4	9	1	9

3	5	**9**	**1**	**10**
13	2	**4**	**6**	**11**
16	24	**9**	**13**	**1**
7	1	6	8	3
8	4	9	1	9

3	5	9	1	10
13	**2**	**4**	6	11
16	**24**	**9**	13	1
7	**1**	**6**	8	3
8	4	9	1	9

3	5	9	1	10
13	**2**	**4**	**6**	11
16	**24**	**9**	**13**	1
7	**1**	**6**	**8**	3
8	4	9	1	9

3	5	9	1	10
13	2	**4**	**6**	**11**
16	24	**9**	**13**	**1**
7	1	**6**	**8**	**3**
8	4	9	1	9

3	5	9	1	10
13	2	4	6	11
16	**24**	**9**	13	1
7	**1**	**6**	8	3
8	**4**	**9**	1	9

3	5	9	1	10
13	2	4	6	11
16	**24**	**9**	**13**	1
7	**1**	**6**	**8**	3
8	**4**	**9**	**1**	9

3	5	9	1	10
13	2	4	6	11
16	24	**9**	**13**	**1**
7	1	**6**	**8**	**3**
8	4	**9**	**1**	**9**

图 3-2 与卷积核的对应值相乘

因此，输出激活图的中心像素等于 219。将卷积核移动到图像的其他位置并进行同样的计算，最终得到输出图像。这只是一个简单的例子。在实际应用中，卷积核的大小和权重值通常是可以调整的，并且会有多层卷积层叠加在一起来获取更复杂的特征。在卷积过程

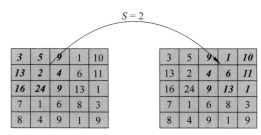

图 3-3　卷积核移动到第 5 步

中,卷积核从左到右、从上到下滑动,直到它穿过整个输入图像。步长(stride)是卷积操作中每次移动的距离,决定了输出特征图中相邻特征的距离,因此也影响了空间信息的丢失程度。例如,如果步长为 1,则相邻的特征将具有最大的重叠,从而最大程度地保留空间信息;如果步长为 2,则相邻特征的重叠将减少,并且输出特征图的大小将减半。将 S 定义为卷积核的步长,当 $S=2$ 时可以看到如图 3-4 所示。

$$S=2$$

图 3-4　当 $S=2$ 时

　　在卷积层中,观察到位于角落和边缘的像素比中间的像素使用得少得多。可以看到像素 $(0,0)$ 只使用了一次,而中心像素 $(3,3)$ 使用了 9 次,通常位于中间的像素比位于边缘和角落的像素使用得更多。图像的边缘信息往往不能被充分利用,因为卷积核的尺寸比图像的尺寸小,导致图像边缘的信息在卷积过程中丢失。同样,因为图像的中间部分的信息会得到更多的关注,所以图像的中心信息也不能被充分利用。这个问题的一个简单而强大的解决方案是填充(padding)。填充是在进行卷积运算前在输入数据的边界处添加特定数量的补充数据的技术,可以使边缘和中心数据提取得更平滑,因为填充可以保留图像的边缘信息,并且避免了在卷积运算中破坏边缘数据的情况。填充还可以控制卷积运算的输出大小,因此可以在一定程度上控制特征提取的效果。一般来说,填充的数量为 0 或 1,但也可以选择更大的数量以调整卷积层的输出。如果在大小为 $W \times H$ 的输入图像中应用填充 P,则输出图像的尺寸为 $(W+2P) \times (H+2P)$。下面可以看到使用填充 $P=2$ 前后的示例图像,维度从 5×5 增加到 9×9,如图 3-5 所示。

　　通过在卷积层中使用填充,增加了角落和边缘像素对学习过程的贡献。现在继续本教程的主要目标,即介绍计算卷积层输出大小的公式。有以下输入。

　　◇ 图像尺寸 $W_{in} \times H_{in}$。

　　◇ 卷积核尺寸 $K \times K$。

　　◇ 步长 S 和填充 P。

　　输出激活图将具有以下维度。

$$W_{out} = \frac{W_{in} - K + 2P}{S} + 1, \quad H_{out} = \frac{H_{in} - K + 2P}{S} + 1$$

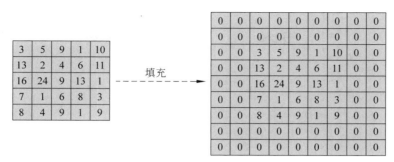

图 3-5　填充 $P=2$

如果输出维度不是整数,则意味着没有正确设置步长,有两个特殊情况。

❖ 当没有填充时,输出尺寸为 $\left(\dfrac{W_{\mathrm{in}}-K}{S}+1,\dfrac{H_{\mathrm{in}}-K}{S}+1\right)$。

❖ 如果想在卷积层之后保持输入的大小不变,在 $W_{\mathrm{out}}=W_{\mathrm{in}}$ 和 $H_{\mathrm{out}}=H_{\mathrm{in}}$ 处应用相同的填充。如果 $S=1$,设置 $P=\dfrac{K-1}{2}$。

最后,将展示一个计算卷积层输出大小的示例。假设有一个 125×49 的输入图像和一个 5×5 的卷积核,$P=2$ 和 $S=2$。那么输出维度如下:

$$W_{\mathrm{out}}=\frac{125-5+2\times2}{2}=\frac{124}{2}=62,\quad H_{\mathrm{out}}=\frac{49-5+2\times2}{2}=\frac{48}{2}=24$$

因此,输出激活图的维度为(62,24)。

卷积计算和逻辑回归是不同的概念,但它们可以结合在一起使用。实际上,卷积计算和线性方程有着密切的联系,卷积核对应线性方程中的系数矩阵,卷积核与图像的卷积操作等价于矩阵乘法。卷积计算的每个步骤都可以看作线性方程的矩阵乘法,因此卷积计算可以看作一种在图像处理中应用线性代数的方法。逻辑回归是一种分类算法,它将输入特征映射到类别标签。在卷积神经网络中,逻辑回归常常用作最终的分类层,通过处理从卷积层提取的特征来预测图像的类别,因此卷积计算和逻辑回归可以协同工作,将从图像中提取的特征与分类任务相结合,以实现高效的图像分类。

3.2.2　感受野与卷积层

在本章节中,将探索的卷积神经网络是由 Yann LeCun 等于 1998 年首次发明的。LeCun 和他的团队实施的想法较早,并且建立在 David H.Hubel 和 Torsten Weisel 开创性论文中提出的想法之上,该论文为他们赢得了 1981 年的诺贝尔生理学和医学奖。他们探索了动物的视觉皮层,发现了大脑一小块但定义明确的区域活动与视野小区域活动之间的联系。在某些情况下,甚至可以精确定位负责部分视野的确切神经元。这导致他们发现了**感受野**(receptive field),它表示了神经网络中一个神经元或特征图上的输出受到输入数据中多大区域的影响。在卷积神经网络中,每个卷积层的输出都由一组卷积核和输入数据中特定区域的像素共同决定。这些卷积核在输入数据上滑动并执行卷积操作,以生成输出特征图。在这个过程中,每个神经元或特征图上的像素都具有一个感受野,它指的是输入数据中对应的区域,能够影响该像素的输出值。在卷积层中,神经元的感受野大小由卷积核的大小和卷积层的深度共同决定,如图 3-6 所示。卷积层的深度增加会导致更大的感受野,因为每个神经元接受输入的区域将包括前一层中更多的神经元。这种增加的感受野大小有助于网络更好地理解输入数据的全局特征。在图像处理中,增加卷积核的大小和层数可以扩大神经元的感受野,使其能够接收更广阔的视觉信息,并提高网络的感知能力。特别是在处理高分辨率图像时,较大的卷积核和更深的网络可以帮助捕捉更丰富和复杂的特征。但需要注意的是,增加卷积核的大小和层数可能会增加计算负担和内存需求,因此需要在设计网络时进行平衡。此外,对于某些任务和数据集,较小的感受野可能更为适合,因此需要根据具体情况进行选择。

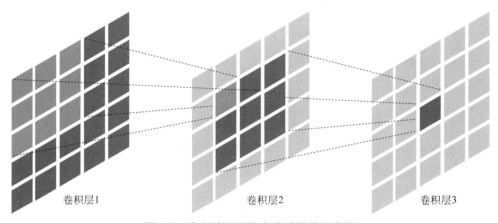

图 3-6   卷积神经网络中感受野的示意图

在卷积神经网络中,每个卷积核(或称卷积滤波器)都有自己的感受野,这些感受野可以用来捕捉图像中不同尺度的特征。在多层卷积网络中,每一层的感受野都不同,前面层的感受野较小,后面层的感受野较大。这样可以捕捉图像中不同级别的特征。卷积核和感受野之间存在一个直接关系,卷积核的大小就是感受野的大小,当卷积核的大小变大时感受野也会变大;反之,当卷积核的大小变小时感受野也会变小。感受野决定了卷积核能够感知到的图像区域的大小,因此影响了卷积核能够提取的特征的范围。例如,如果卷积核的感受野很小,它只能捕捉到图像的局部特征,如边缘和纹理;而如果卷积核的感受野很大,它能够捕捉到图像的全局特征,如整体形状和颜色。卷积核的感受野大小可以通过调整卷积核的大小来调节,通过使用不同感受野大小的卷积核可以捕捉不同级别的特征,进而提升网络的性能。另外,每个卷积核的感受野大小由卷积核的大小和卷积核在输入上移动的范围共同决定。卷积核的大小决定了卷积核能够感知到的图像区域的大小,较大的卷积核能够感知到更大的图像区域,因此感受野也会变大。卷积核在输入上移动的范围也是影响感受野大小的重要因素。如果卷积核在输入上移动的范围较大,那么卷积核能够滑动到图像的更多区域,感受野也会变大;而如果卷积核在输入上移动的范围较小,那么卷积核能够滑动到图像的区域就会变小,感受野也会变小。通过调整卷积核的大小和在输入上移动的范围,可以调整每个卷积核的感受野大小,使得网络能够捕捉到不同级别的特征。在图像处理中,感受野越大,表示该单元或层能够"看到"的输入信息就越多,因此感受野的大小对于网络的性能有很大影响。感受野大小是卷积神经网络中非常重要的概念。以下是影响感受野大小的因素。

◇ 卷积核大小:每个卷积核的大小决定了它可以感受到输入张量的区域大小。较大的卷积核可以捕捉更大范围的特征,因此会导致更大的感受野大小。

　◇ 卷积层数:卷积神经网络中的每一层都会扩大上一层的感受野。因此,较深的网络结构可以捕捉到更全局的信息,因此会导致更大的感受野大小。

　◇ 步幅和填充:卷积神经网络中的步幅和填充参数会影响每一层的输出张量大小,进而影响下一层的感受野。较大的步幅和填充会缩小输出张量的大小,因此会导致较小的感受野大小。

　　总之,感受野大小是由多种因素共同决定的,这些因素包括卷积核大小、卷积层数、步幅和填充等。理解这些因素对于设计和优化卷积神经网络结构非常重要。

　　卷积运算的结果是一个新的图像,这个图像称为卷积后的图像(或称特征图)。卷积后的图像中的每一个像素点都是卷积核与输入图像对应位置上的值的结果。卷积后的图像能够捕捉到输入图像中的特征,这些特征可以用来识别图像中的对象。在卷积神经网络中,卷积运算可以用来提取图像中的特征,这些特征可以用来识别图像中的对象。通过使用不同的卷积核和不同的卷积运算,可以捕捉到不同级别的特征,进而提升网络的性能。卷积核在图像上滑动,与图像的每一部分相乘并相加得到新的图像。卷积核的大小一般是奇数,如 3×3、5×5、7×7 等。卷积核的权重和偏置决定了它对图像的提取特征的能力。在卷积神经网络中,一般会有多个卷积核,每个卷积核会提取不同的特征。

　　可以将卷积神经网络定义为具有一个或多个卷积层的神经网络,这是一个快速而简单的定义。有些架构虽然使用卷积层但不会被称为卷积神经网络,因为卷积神经网络可能会包含其他类型的层,如池化层、全连接层等。但是,卷积层是卷积神经网络的核心部分,使用卷积核来提取图像中的特征,所以现在必须具体描述什么是卷积层。卷积层接收图像和小型逻辑回归。例如,输入大小为 4(通常输入大小为 4 或 9 是常见的大小,有时也可能是 16)并将逻辑回归应用于整个图像。在这种情况下,卷积核会在图像上滑动,并对图像的每个区域应用逻辑回归。这种方法可以提取图像中的特征,并将其用于分类或其他目的。这些大小决定了卷积核能够滑动到图像上的区域大小,较小的输入可以提取更细粒度的特征,而较大的输入可以提取更粗粒度的特征。这意味着第一个输入由扁平向量的分量 1～4 组成,第二个输入是分量 2～5,第三个是分量 3～6,以此类推,可以在如图 3-7 所示的底部看到该过程的概述。这个过程创建了一个小于整体输入向量的输出向量,因为从分量 1 开始并取 4 个分量并产生一个输出,最终结果是:如果使用逻辑回归沿着展平的输入向量移动,当移动到第 10 维输入变量时将产生一个 7 维输出向量。在卷积神经网络中,如果卷积层应用于一维数据,如时间序列或声音信号,则称为一维卷积层或时间卷积层。这种类型的卷积层主要用于语音识别、音频处理和时间序列预测等任务中。一维卷积层的工作方式与二维卷积层相似,但在这种情况下卷积核将沿着一维数据滑动并与其进行卷积运算。实际上,一维卷积层不一定只用于时间序列数据,可用于任何一维数据,如文本序列或数字序列,这是因为:对于任何二维或多维数据都可以将其展平为一维数据,并使用一维卷积层处理。在这种情况下,卷积核会沿着展平后的一维数据滑动,并与其进行卷积运算。术语"时间"强调这种类型的卷积层是专门设计用于处理时间相关的数据。这与常用于图像处理应用的经典二维卷积层形成对比。

　　在卷积神经网络的概念中,感受野是一个重要的方面,但并不是构建卷积神经网络所需的组成部分。根据上面的例子,构建功能性卷积神经网络需要三个关键组件。第一个就是

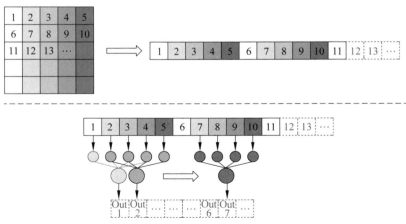

图 3-7　使用逻辑回归构建一维卷积层

卷积层,即通过使用卷积核和感受野的概念来提取图像的特征,这些特征可以用来识别图像中的对象。已经了解了卷积层,那么另外两个层次是什么呢?其中之一是展平层,将图像(二维数组)展平为向量。在传统的神经网络中,输入数据通常是一个向量,但是在卷积神经网络中输入数据是一个图像,也是一个二维数组,因此需要将图像展平为向量才能将它作为输入数据输入到网络中。尽管现代的计算机能够很容易地处理多维数组,但在底层它们通常会被扁平化为一个一维向量。这样做的原因是:计算机中的内存和处理器都是一维的,所以将多维数组扁平化为一维向量后,能够更容易地访问和处理数据;另外,扁平化数组还可以使得计算机更容易地利用现有的硬件资源,提高计算效率。在处理多维数组时,扁平化操作可以自动完成,避免了人工编写复杂的索引计算代码,同时读者能够更好地理解某些技术细节。可以在图 3-7 的顶部看到使用 3×3 的卷积核扁平化图像。我们已经介绍了卷积层和展平层,卷积神经网络的第三个主要层次称为主力层,是获取图像矢量并将其提供给一个负责处理的主力神经元。主力层在卷积神经网络中通常被称为全连接层或密集层,其作用是将卷积层和展平层的输出向量连接在一起,并将其输入到一个多层感知机中进行分类或回归任务。主力层中的每个神经元都与前一层中的每个神经元相连接,从而将所有的输入特征结合起来,并计算输出的预测结果。在主力层中,可以使用各种激活函数,如 Sigmoid、ReLU 和 Tanh 等,来增加网络的非线性能力,并更好地捕捉输入数据中的非线性特征。使用逻辑回归作为主力层是一种常见的方法,其中 Sigmoid 函数被用作激活函数。但是,卷积神经网络中的主力层通常包含多个全连接层,并使用更复杂的激活函数和正则化技术,如 Dropout 和批量归一化等。总体来说,卷积神经网络中的主力层是一个关键组件,它可以提取输入图像中的高级特征,并将其转换为可用于分类或回归的输出结果。总之,在卷积神经网络中,这三个主要层次分别负责特征提取、特征转换和分类等任务。具体来说,卷积层是负责特征提取的层,其输入是图像或者其他类型的数据,输出是图像中不同位置、不同尺度、不同方向的特征图。卷积层通过卷积操作将输入数据与一组卷积核进行卷积计算,提取出图像中的局部特征。展平层是将卷积层输出的特征图转换为一维向量的层,其目的是将特征图中的二维空间信息转换为一维向量,以便输入到全连接层中进行分类或回归等任务。全连接层是负责分类、回归等任务的层,其输入是展平层输出的一维向量,输出是具体的分类或回归结果。全连接层通过一组权重矩阵和偏置向量对展平层的输出进行线性组合,并通过激活函数进行非线性变换,最终输出分类或回归结果。

在卷积神经网络中,每个卷积层的每个神经元都对应于输入图像的一个局部感受野,它能够看到输入图像中的一部分区域,并从中提取特征。局部感受野的大小通常由卷积核的大小和步长决定。卷积核的大小决定了每个神经元能够看到的局部区域的大小,而步长决定了卷积核在输入图像上滑动的步幅。通过调整卷积核的大小和步长,可以控制每个神经元的感受野大小,从而提取不同尺度和粒度的特征。局部感受野可以捕捉图像的局部特征,如边缘、纹理、角点等。通过多个卷积层的堆叠,可以逐渐扩大神经元的感受野,提取更高层次、更抽象的特征,如物体的形状、轮廓、纹理、颜色等。这些特征可以用于识别图像中的对象、区分不同类别的图像等任务。因此,在卷积神经网络中,局部感受野是通过卷积操作在图像上使用小型卷积核的过程来实现的。这些卷积核对输入图像的每个小块进行卷积计算,从而捕捉局部特征,逐渐提取出更高层次、更抽象的特征,实现对图像的有效分析和处理。局部感受野定义了卷积神经网络中每个神经元所连接的输入图像中的区域。在卷积神经网络中,卷积层中的每个神经元都使用局部感受野与输入图像中的一部分进行卷积操作,以捕捉图像中的空间特征。而逻辑回归是一种线性分类器,它不会直接应用于局部感受野的输出。在卷积神经网络中,卷积层通常会紧接着池化层,然后才是全连接层和最终的逻辑回归分类器。局部感受野和逻辑回归在卷积神经网络中都是用于实现图像分类和对象识别的重要组件。

如果步长为 1,卷积核从左边开始向右走,完成后向下一排,可以在图 3-8 的顶部看到此过程的步骤。如果使用 3×3 局部感受野扫描 17×8 的图像,作为本地感受野的输出将得到一个 15×6 的数组(如图 3-8 所示的底部),这样就完成了一个二维卷积层来说,很明显将获得更少的输出。在卷积神经网络中,二维卷积层通常用于处理二维图像数据,如灰度图像或彩色图像。每个像素都可以被视为二维坐标系中的一个点,其值表示该点的亮度或颜色信息。这些图像可以被视为二维矩阵,其中每个元素表示一个像素的值,而每个通道则对应于一个颜色通道或特定类型的信息通道。对于二维卷积层来说,卷积核的形状也是二维的,它在图像上滑动以提取特征。与一维卷积层不同,二维卷积层需要考虑图像数据的空间结构,因此需要卷积核的二维形状和滑动窗口的二维移动。这些层通常称为二维卷积层或平面卷积层。如果需要处理三维数据,如视频数据,那么卷积核的形状将变为三维。类似地,如果要处理四维或更高维度的数据,则需要使用超空间卷积层。最后,逻辑回归模型的输入可以是任何维度的数据,而选择使用 4、9 或 16 这些数字的滤波器大小只是因为它们方便构建一个平方形的滤波器,并且可以覆盖多个像素。卷积神经网络具有多个层。想象一个由三个卷积层和一个全连接层组成的卷积神经网络,假设它将处理大小为 10×10 的图像,并且所有三层都有一个 3×3 的局部感受野,它的任务是确定一张图片中是否有汽车。看看网络是如何工作的:第一层采用 10×10 的图像,产生大小为 8×8 的输出(它具有随机初始化的权重和偏差);然后将其提供给第二个卷积层,有自己的局部感受野和随机初始化的权重和偏差,决定将它也设为 3×3,这会产生大小为 6×6 的输出,并将其提供给第三层;第三个卷积层产生一个 4×4 的图像;然后将其展平为 16 维向量,并将其发送到一个全连接层,该层具有一个输出神经元并使用逻辑函数作为其非线性。

训练卷积层涉及训练局部感受野,也就是全连接层中的权重和偏置,其具有单一偏置和

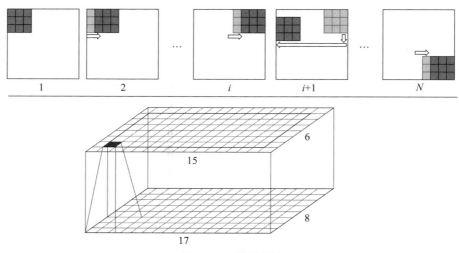

图 3-8   二维卷积层

少量权重(等于局部感受野中的单元数)。这使其类似于一个小型的逻辑回归模型,这也是卷积神经网络可以快速训练的原因之一,因为它们只需要学习少量的参数。主要区别在于,局部感受野中可以使用任何激活函数,而逻辑回归中应该使用逻辑函数。最常用的激活函数是整流线性单元或 ReLU,它的作用是将负输入设置为 0,而将正输入保持不变。

3.2.3   特征图和池化层

在处理具有多个通道的图像时,可以在每个通道上使用相同大小但不同权重和偏差初始化的多个局部感受野。这种方法称为多通道卷积或深度卷积。例如,如果想要在每个通道上使用 5 个局部感受野,可以创建 5 个大小相同但不同权重和偏差初始化的卷积核,每个卷积核在每个通道上都有一个副本。对于具有 3 个颜色通道的图像,一种常见的处理方法是将每个通道的图像分开处理,然后将结果合并。当输入图像通过这些卷积核时,每个通道会产生 5 个特征图。回想一下,卷积层使用如 3×3 的局部感受野(9 个权重,1 个偏差)扫描 10×10 的图像,并构建一个新的 8×8 图像作为输出。这意味着当卷积核扫描 10×10 三通道图像时,它们将构建 15 个 8×8 输出图像。这些图像称为特征图。然后,可以将这些特征图合并为一个输出张量。多通道卷积可以增加模型的表示能力,使其能够更好地捕捉图像中的结构和模式。然而,使用更多的卷积核会增加模型的参数数量和计算成本,因此需要在模型的性能和计算效率之间进行权衡。需要注意的是,在使用多通道卷积时,每个通道上的权重和偏差初始化应该是不同的,以允许模型学习不同通道之间的不同特征。

特征图是卷积神经网络中非常重要的概念,是卷积层的输出结果。在每个卷积层中,卷积核在输入图像上滑动并计算每个位置上的卷积结果,这些结果被组织成一个特征图。每个特征图都可以看作一个高维数组,其中每个元素代表了卷积核在输入图像的一个位置上计算得到的结果。通过在特征图上执行池化操作,可以减少特征图的维度,有助于简化问题和减少计算负担。在深度卷积神经网络中,特征图是学习到的关键特征之一,这些特征对于分类和识别任务非常重要。在训练过程中,卷积层的权重和偏差会随着数据的输入而不断地更新,以优化模型的准确性和泛化性能。通过多个卷积层的叠加,网络可以学习到越来越抽象和高级的特征,从而实现更加准确的图像分类和识别。对于狗的图像分类任务,可以通过将网络的最后一个或多个卷积层的特征图输入到全连接层,以生成最终的分类结果。在这个过程中,可以选择仅使用具有最高准确性的特征图。例如那些能够识别狗图片上的眼睛和鼻子的特征图。这样可以提高网络的准确性并加速训练过程。

这里的主要思想之一是将 10×10 的 3 通道图像变成 8×8 的 15 通道图像,输入图像被转换为更小但更深的对象,使图像更小意味着将信息包装在更紧凑(但更深)的表示中,这将发生在每个卷积层中。在追求紧凑性的过程中,可能会在卷积层之后或之前添加一个新层,这个新层称为最大池化层。最大池化层将池大小作为超参数,通常为 2×2,然后按以下方式处理其输入图像:将图像划分为 2×2 区域(如网格),并从每 4 个像素中取池化具有最大值的像素。因此,输出图像的大小为输入图像的宽度和高度都除以 2。将这些像素组合成一个新图像,其顺序与原始图像相同。例如,如果输入图像的大小为 10×10,则经过 2×2 的最大池化层处理后,输出图像的大小将变为 5×5。原始图像中的每个 2×2 区域被映射到输出图像中的一个像素。此外,最大池化层不会增加通道数,因此可以在不增加计算量的情况下缩小图像。

最大池化背后的想法是:图片中的重要信息很少包含在相邻像素中,所以这里采用了"四选一"将 4 个像素缩减为一个;另外,重要信息通常包含在较暗的像素中,所以使用最大值选择最暗的一个像素代表整个区域。在卷积神经网络中,最大池化层通常应用于卷积层的输出特征图上,而不是原始输入图像。因为在卷积层中,特征图已经被卷积核处理过,从而提取了更抽象的特征,而最大池化层可以帮助减少特征图的大小和参数数量,提高计算效率,并且有时还能够提高模型的泛化能力。可以尝试修改示例中的代码(下一节),然后打印出来自卷积层的特征图,可以将最大池化视为降低屏幕分辨率的过程。一般来说,如果在 1200×1600 的图像上认出一只狗,可能也会在 600×800 的颗粒感图像上认出它。可能会注意到,假设图像中重要信息通常包含在较暗的像素中并不总是适用于所有图像。这是一个非常强的预设条件假设,仅在某些特定情况下有效,因此在使用该算法时应根据实际情况进行评估和调整。除了最大池化,平均池化和 L^2 范数池化等不同的池化方法也可以应用于卷积神经网络。平均池化采用每个 2×2 图像块的平均值,而 L^2 范数池化则采用每个 2×2 图像块像素的 L^2 范数的平均值。这些池化方法也可以实现类似于最大池化的降维效果,但可能对图像的细节信息保留更多或更少,具体取决于不同的应用场景和任务。

当图像通过网络时,经过若干层后得到带有很多通道的小图像,然后可以将其展平为一个向量,并在最后使用一个简单的逻辑回归来提取与分类问题相关的部分。逻辑回归(这次使用逻辑函数)将挑选出用于分类的部分并预测一个结果,该结果将与目标进行比较,然后误差将被反向传播,形成了一个完整的卷积神经网络。一个简单但功能齐全的四层卷积神经网络如图 3-9 所示。

在卷积神经网络中,下采样是一种常用的技术,它可以通过减少特征图的空间分辨率来降低特征图的维度,同时保持关键信息的相对位置和关系不变。下采样通常使用池化层或跨步卷积来实现。在池化层中,最常用的下采样技术是最大池化和平均池化。这些操作将输入特征图划分为不重叠的区域,然后在每个区域上应用池化操作。例如,在最大池化中,取每个区域内的最大值作为输出,而在平均池化中,取每个区域内的平均值作为输出。这样,输出特征图的空间分辨率会缩小,但特征图的通道数不变。另一种常用的下采样技术是

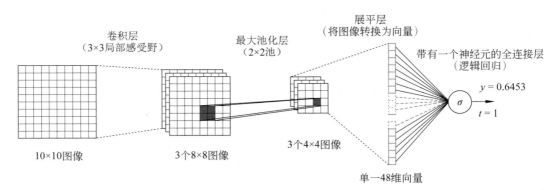

图 3-9   具有一个神经元全连接层的四层卷积神经网络

跨步卷积,它通过使用大于 1 的步幅来移动卷积核,从而减小输出特征图的空间分辨率。跨步卷积与池化的不同之处在于,它可以通过训练来学习卷积核中的参数,以从输入特征图中提取有用的特征,并且可以在网络中的任何地方使用。总之,下采样是一种常用的技术,用于减小特征图的维度和大小,同时保持关键信息的相对位置和关系不变。在卷积神经网络中,下采样通常使用池化层或跨步卷积来实现。

卷积神经网络相对于全连接神经网络在训练过程中更容易的原因主要有以下几点。

◇ 参数共享:在卷积层中,通过使用卷积核对输入进行卷积操作,参数权重被共享,即同一个卷积核在图像的不同位置使用相同的权重。这导致了卷积神经网络中的参数数量较少,从而减少了训练过程中需要优化的参数数量,降低了训练复杂度。

◇ 局部感知机制:卷积层通过局部感知机制,只关注输入图像的局部区域,而不是整个图像。这使得 CNN 能够更好地捕捉图像中的局部特征,如边缘、纹理等,从而提高了模型对图像特征的表示能力。

◇ 并行计算:在卷积神经网络中,每个卷积核都可以独立地进行卷积操作,因此特征图之间的计算是并行的。这可以有效地利用并行计算的优势,加速了网络的训练过程,尤其在处理大规模图像数据时更加显著。

◇ 减少过拟合:由于卷积层和池化层的存在,卷积神经网络可以减少模型的参数量,从而减少了过拟合的风险。池化层可以降低特征图的尺寸,减少模型对输入数据的过度拟合。此外,通过使用 Dropout 等正则化技术,可以进一步减少过拟合的风险。

◇ 梯度传播效果更好:在全连接神经网络中,误差的反向传播是顺序的,每层的误差都依赖于前一层的误差,导致梯度可能在传播过程中逐渐减小或消失,从而影响训练效果。而在卷积神经网络中,卷积层和池化层的存在可以减小特征图的尺寸,降低了梯度的传播路径,使得梯度能够更好地传播,从而加速了训练过程。

综上所述,卷积神经网络由于其参数共享、局部感知机制、并行计算、减少过拟合,以及梯度传播效果更好等特点,使得其在图像处理任务中相对容易训练,并且在许多计算机视觉领域中取得了显著的成功。

3.2.4   一个卷积网络

现在用 Python 展示一个完整的卷积神经网络。使用 Keras 库能够从组件构建神经网络,而不必过多担心数据的复杂度。这里的所有代码都应该放在一个 Python 文件中,然后在终端或命令提示符下执行。文件中代码的第一部分实现 Keras 和 Numpy 库的导入。

```
import numpy as np
from keras.models import Sequential
from keras.layers import Dense, Dropout, Activation, Flatten
from keras.layers import Convolution2D, MaxPooling2D
from keras.utils import np_utils
from keras.datasets import mnist
(train_samples, train_labels), (test_samples, test_labels)=mnist.load_data()
```

可能会注意到正在从 Keras 存储库中导入 MNIST。这段代码的最后一行在 4 个不同的变量中加载了训练样本(train_samples)、训练标签(train_labels)、测试样本(test_samples)和测试标签(test_labels)。这个 Python 文件中的大部分代码实际上将用于格式化(或预处理)MNIST 数据,以满足将其输入卷积神经网络所必须满足的要求,代码的下一部分处理 MNIST 图像。

```
train_samples=train_samples.reshape(train_samples.shape[0], 28, 28, 1)
test_samples=test_samples.reshape(test_samples.shape[0], 28, 28, 1)
train_samples=train_samples.astype('float32')
test_samples=test_samples.astype('float32')
train_samples=train_samples/255
test_samples=test_samples/255
```

首先注意到代码实际上是重复的,所有操作都是在训练集和测试集上执行的,将只是讨论训练集,测试集以相同的方式运行。此代码块的第一行重塑了包含 MNIST 的数组,这个重塑的结果是一个(60000,28,28,1)维数组。第一个维度简单来说就是样本的个数;第二个和第三个代表[28×28]维的图像;最后一个维度是通道,图像可能是 RGB,但 MNIST 是灰度的,所以这似乎是多余的,但这包括了重塑数组的全部意义。这背后的原因是:随着通过卷积层进行处理,在这个处理方向特征图将被提取,因此需要准备张量以能够接收它。第三行将数组中的条目声明为 float32 类型,这仅仅意味着它们将被视为十进制数。Python 会自动执行,但是 Numpy 需要类型声明会大大加快计算速度,所以必须放入这一行。第五行将数组条目从 0～255 的范围标准化为 0～1 的范围(被解释为像素中灰度的百分比)。我们现在处理样本,必须使用 one-hot 预处理标签(0～9 的数字),使用以下代码执行此操作。

```
c_train_labels=np_utils.to_categorical(train_labels, 10)
c_test_labels=np_utils.to_categorical(test_labels, 10)
```

这样就完成了数据的预处理,可以继续构建实际的卷积神经网络,以下代码指定层。

```
convnet = Sequential()
convnet.add(Convolution2D(32, 4, 4, activation='relu', input_shape=(28,28,1)))
convnet.add(MaxPooling2D(pool_size=(2,2)))
convnet.add(Convolution2D(32, 3, 3, activation='relu'))
convnet.add(MaxPooling2D(pool_size=(2,2)))
convnet.add(Dropout(0.3))
convnet.add(Flatten())
convnet.add(Dense(10, activation='Softmax'))
```

该代码块的第一行创建了一个新的空白模型,此处其余行按照卷积神经网络的规范填充了。第二行添加了第一层,在这种情况下它是一个卷积层,产生 32 个特征图,以 ReLU 作为激活函数,并具有[4×4]的局部感受野。input_shape 是 Keras 中模型层中常用的参数,表示模型期望接收的输入数据的形状。在使用 Keras 构建神经网络时,每一层都需要指定输入数据的形状,以便 Keras 能够自动计算权重矩阵的形状,对于第一层,input_shape 参数必须指定,因为这是模型的输入层;对于其他层,input_shape 参数通常是隐含的,因为 Keras 可以从前一层自动推导出它的输入形状。"input_shape"参数的形式是一个元组,其中包含输入数据的样本数(通常是 None)和每个样本的形状。例如,在图像分类任务中,一个常见的 input_shape 参数可以是(None,28,28,1),表示输入图像是[28×28]像素的灰度图像。如果传递给 Keras 的张量具有不同的形状,可能会导致代码崩溃,因此在指定 input_shape=(28,28,1)之后,不必担心输入的张量为(65600,28,28,1)而不是(60000,28,28,1),但是如果给它一个(60000,29,29,1)甚至(60000,28,28)的数据集,代码就会崩溃。

第三行定义了一个最大池化层,池的大小为[2×2],定义了第二层;下一行定义了第三层,这是一个局部感受野为[3×3]的卷积层,这里不必指定输入尺寸,Keras 会从上一层隐含推出。之后,定义另一个最大池化层,池大小也是[2×2],定义了第四层;在此之后有一个退学层,这不是一个真正的层,而只是对前一层和下一层之间全连接数目的修改,0.3 的退学率表示只包括所有连接的 3%;下一行将张量展平,这里描述的是将固定大小的矩阵转换为向量的过程。张量可以通过将它们重塑为一维数组来展平,此过程涉及通过沿单个维度连接张量的所有元素,将多维张量转换为一维向量,展平张量的过程通常在最后的池化层之后执行,然后再将数据传递到全连接层。

然后,将扁平向量输入到最后一层(此块中的最后一行代码),这是一个标准的全连接前馈层(在 Keras 中称为 Dense),接收与扁平向量中的分量一样多的输入,并输出 10 个值(10 个输出神经元),每个神经元代表一个数字,并输出相应的概率,具体表示哪个数字实际上仅由对标签进行 one-hot 编码时的顺序定义。最后一层使用 Softmax 激活函数用于多于两个以上分类的情况。Softmax 激活函数和逻辑激活函数(Sigmoid)都属于概率分布的函数,但它们有很大的不同。逻辑函数只能用于二分类问题,它的输出范围在(0,1),表示每一类的概率;而 Softmax 函数则可以用于多分类问题,它的输出是一个概率向量,每个元素的总和为 1。后面的章节中将继续描述它,现在只须将其视为用于多分类的逻辑函数,每个分类对应每个 0~9 的标签。

到现在为止,已经指定了一个模型,必须编译它。编译模型意味着 Keras 现在可以推断和填充未指定的所有必要细节,例如第二个卷积层的输入大小或扁平化向量的维度。下一行代码的作用是编译模型。

```
convnet.compile (loss='mean_squared_error', optimizer='sgd', metrics=
        ['accuracy'])
```

在这里可以看到已经将训练方法指定为 sgd,是指随机梯度下降,以均方误差 MSE 作为误差函数,还要求 Keras 在训练时计算准确度。下一行代码训练编译后的模型。

```
convnet.fit (train_samples, c_train_labels, batch_size=32, nb_epoch=20,
        verbose=1)
```

这行代码使用 train_samples 作为训练样本,使用 c_train_labels 作为训练标签来训练模型,还使用 32 的批量大小并训练 20 个 epoch。verbose 标志设置为 1,这意味着它将打印出训练的详细信息。现在继续代码的最后一部分,打印出训练模型的准确度,并根据学习到的模型对一组新数据进行预测。

```
metrics=convnet.evaluate(test_samples, c_test_labels, verbose=1)
print()
print("%s: %.2f%%" %(convnet.metrics_names[1], metrics[1] * 100))
predictions =convnet.predict(test_samples)
```

最后一行很重要,这里放了测试数据集 test_samples,要使用该模型进行预测,应使用与 test_samples 具有相同维度的新样本,但第一个维度除外(该维度包含单独的训练样本)。这是为了确保新样本具有与 test_samples 相同的结构,并且可以由模型处理。predictions 和 c_test_labels 数组的第一维应该相同,表示测试集中的样本数,它们的剩余维度应该匹配,代表每个样本的预测标签的形状。可以在末尾添加一行 print(predictions)以查看实际预测,或者 print(predictions.shape)查看存储在预测中的数组的维数。这 29 行代码形成了一个功能齐全的卷积神经网络。

3.2.5　用于文本分类

卷积神经网络是一种用于图像分类和识别的深度学习技术。它利用卷积层来提取图像的特征,再通过多层神经网络来分类。在自然语言处理中,卷积神经网络也可以用于文本分类和语义分析等任务。在自然语言处理中,卷积操作通常是在词向量空间上进行的,而不是在图像空间上。例如,一个卷积核可以用于检测一个特定的词汇或语法结构,通常使用词嵌入来将文本数据转换为数值矩阵,然后再使用卷积神经网络进行分类。这种方法能够有效地处理变长的文本序列,并且具有很好的分类性能。总之,卷积神经网络在自然语言处理中也是一种有效的技术,可以通过卷积操作来提取文本的特征,从而进行文本分类和语义分析等任务。下面介绍三个卷积神经网络用于文本处理的模型。

Kim 于 2014 年发布了一篇名为 Convolutional Neural Networks for Sentence Classification 的论文,该论文介绍了一种基于卷积神经网络的文本分类模型。这篇论文对自然语言处理领域的发展产生了重大影响,并启发了许多后续研究的方向。在这篇论文中,Kim 提出了一种基于卷积神经网络的模型,可以对给定的文本进行分类。例如,将文本分类为正面或负面情感。这种模型在处理自然语言处理任务时表现出色,并且与传统的基于词袋模型和 n-gram 特征的方法相比,具有更好的性能。Kim 使用了 Collobert 等在 2011 年发表的论文中提出的具有单个卷积层的简单卷积神经网络架构作为模型的基础架构,如图 3-10 所示。这个模型被称为 CNN-rand,它的输入是单词的随机初始化向量。在 CNN-rand 模型中,模型首先使用一个固定大小的卷积核来提取 n-gram 特征,其次对提取的特征进行池化操作,最后通过一个全连接层进行分类。具体而言,模型首先将输入的单词转换为随机初始化的向量表示,然后将这些向量堆叠成矩阵的形式作为卷积层的输入。卷积层使用一个固定大小的卷积核来提取特征,然后通过一个池化操作来减少特征的数量。最后,通过一个全连接层来将提取的特征映射到具体的分类结果。尽管 CNN-rand 模型比传统的基于 n-gram 特征的文本分类方法有一定的性能提升,但它的随机初始化向量表示并没有考虑单词的语义信息,这在一定程度上限制了模型的性能。因此,后续的研究提出了许多使用预训练的词向量来替代随机初始化向量的方法,如使用 Word2Vec、GloVe 等预训练的词向量。

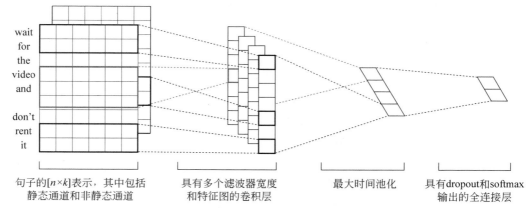

图 3-10   用于文本分类的卷积神经网络模型架构

第二个模型是由 Zhang、Zhao 和 LeCun 在 2015 年发表的、名为《字符级卷积神经网络用于文本分类》(*Character-level Convolutional Networks for Text Classification*)的论文,如图 3-11 所示。相较于之前的模型有两个主要的区别。

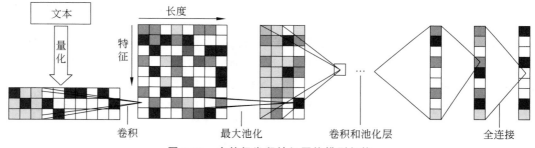

图 3-11   字符级卷积神经网络模型架构

◇ 输入的方式:Kim 使用了固定长度的词向量作为输入,而该模型使用字符级别的卷积操作。它把每个单词都看成是由字符组成的,因此将每个单词切分为字符序列,将字符转换成向量,并将字符序列作为输入。

◇ 模型结构:该模型使用了多个不同大小的卷积核,以提取不同大小的 n-gram 特征,并将特征通过池化层进行压缩。此外,该模型还使用了多个卷积池化层的组合,以增强模型的表征能力。

第三个模型 VDCNN(very deep convolutional networks for text classification)是一种用于文本分类任务的卷积神经网络模型,由 Conneau 等于 2016 年提出。相较于传统的卷积神经网络模型,VDCNN 主要有以下特点。

◇ 深度:VDCNN 非常深,它的深度可以根据任务自行设置。深度网络能够学习更加高层次的抽象特征,从而提高模型的分类性能。

◇ 残差连接:VDCNN 引入了深度残差连接结构,使得网络能够更好地学习到输入数据中的重要特征。

◇ 多种卷积核：VDCNN 使用了多种不同大小的卷积核,以提取不同长度的 n-gram 特征,从而能够更好地处理长文本。

◇ 金字塔池化：VDCNN 还使用了金字塔池化结构,通过分层的方式将输入数据进行压缩,从而提取出更加具有区分性的特征。

VDCNN 在多个文本分类任务上取得了很好的性能,特别是在长文本分类任务中表现优异。

3.3　循环神经网络

循环神经网络是一种递归神经网络,被广泛用于处理序列数据,如文本、语音和时间序列数据。与前馈神经网络不同,循环神经网络具有自循环的特性,使其能够捕获先前时刻的信息并将其传递到当前时刻,从而对序列进行建模。循环神经网络的结点通常称为循环单元,每个单元都包含一个内部状态(也称为记忆单元),用于存储与序列相关的信息。每个时刻的输入和前一时刻的状态被输入到循环单元中,生成当前时刻的输出和更新后的状态。通过链式连接,序列中所有时刻的循环单元构成了一个递归结构,从而实现了序列的建模。

对循环神经网络的研究始于 20 世纪 80—90 年代,早期的循环神经网络模型主要用于语音识别、手写字符识别等任务。但由于梯度消失和梯度爆炸问题的存在,传统的循环神经网络在处理长序列时往往无法捕捉到序列中的长期依赖关系,限制了其应用范围。到了 21 世纪初期,随着深度学习的兴起,研究者们开始探索如何改进循环神经网络,使其能够更好地处理长序列。2003 年,Bengio 等提出了基于时间反向传播的训练算法,可以有效缓解梯度消失问题。之后,一些改进的循环神经网络模型也相继出现,如长短期记忆网络、门控循环单元等,这些模型都通过引入门控机制解决了梯度消失问题,使得循环神经网络成为深度学习算法中的重要组成部分。

3.3.1　不等长序列

前馈神经网络可以处理向量,卷积神经网络可以处理矩阵(它们被转换为向量),那么如何处理长度不同的序列呢？ 如果讨论的是大小不同的图像,那么可以简单地重新缩放它们以匹配。例如,如果有一个[800×600]的图像和一个[1600×1200]的图像,很明显可以简单地调整其中一张图像的大小,有两个选择。第一种选择是使更大的画面变小,可以通过两种方式做到这一点：要么取 4 个像素的平均值,要么将它们最大池化;第二种选择,可以类似地通过插值①像素使图像更大。如果图像不能很好地缩放。例如,一个是[800×600],另一个是[800×555],可以简单地将图像向一个方向扩展。所做的变形不会影响图像处理,因为图像将保留大部分形状。但是,如果构建一个分类器来区分椭圆和圆形,然后调整图像大小,这会使圆形看起来像椭圆。请注意,当处理固定大小的矩阵时,可以将它们编码为具有固定长度的向量,每个向量元素对应于矩阵中的一个像素值。然而,当矩阵的大小不同时,

---

① 插值是一种计算机图形学和数字图像处理中广泛使用的技术,它涉及从已知像素值来估计新像素值的过程。当要将图像放大时,插值技术将使用已有像素之间的关系来估算新像素。常用的插值算法有双线性插值、双三次插值和 Lanczos 插值等。

无法直接将它们编码为固定长度的向量,并保持其矩阵属性。这是因为每个矩阵的行和列的长度可能不同,导致向量长度不同,难以进行有效的比较和分析。例如,如果所有图像都是[20×20],那么可以将它们转换为大小为 400 的向量。这意味着图像第三行中的第 2 个像素是 400 维向量的 43 分量;如果有两个图像,一个[20×20]和一个[30×30],那么维向量的第43 个分量(假设可以在这里以某种方式拟合一个维度)将是第 1 张图像第 3 行第 2 个像素和第 2 张图像第 2 行第 13 个像素的组合。但是,真正的问题是如何在神经网络中适应不同维度(400 和 900)的向量。到目前为止,我们所看到的一切都需要固定维度的向量。

在学习长度不等序列的问题中,音频处理是一个很好的例子。由于音频片段的长度不同,因此需要一种方法来处理不同长度的音频剪辑。当处理音频时,一种常见的方法是将音频片段划分为固定大小的时间段,然后将这些时间段编码为固定长度的特征向量。这种方法可以有效地处理不同长度的音频,但可能会损失一些信息。理论上,可以只取最长的,然后让所有其他的长度与那个长度相同,但就所需空间而言这是一种浪费。此外,在处理音频时,静音是一个很重要的问题。静音确实是语言的一部分,并且可以用于传达意义。例如,在演讲或音乐中,静默可能被用来传达情感或强调。因此,在训练集中,包含一些静默的内容标记为 1 的声音片段是完全合理的。然而,如果在音频片段的开头或结尾添加了长时间的静音剪辑,这可能会改变音频的含义,因此在这种情况下标签 1 可能不再适用。

所以问题是我们能做什么?答案是需要一种不同于之前所见的神经网络架构。目前为止,看到的每个神经网络都具有推动信息向前的连接,这就是为什么称它们为前馈神经网络的原因。事实证明,通过将输出作为输入反馈到层的连接来处理长度不等的序列,具有这种反馈回路的网络称为循环神经网络。在传统的神经网络中,每个输入和输出之间都是独立的,没有联系。但是,在处理序列数据(如语音、文本)时,输入和输出之间的联系是非常重要的。循环神经网络通过反馈机制来实现这种联系,即将当前时间步的输出作为下一个时间步的输入。然而,这种反馈机制也带来了梯度消失的问题。梯度消失是指在反向传播时,梯度(误差信号)随着时间步的增加而逐渐减小,最终消失。这是因为反向传播涉及多次乘法操作,如果乘数小于 1,则会导致梯度逐渐减小,甚至消失。使用共享权重的循环神经网络结构可以部分避免梯度消失的问题。因为在这种结构中,相同的权重被用于每个时间步的计算,这意味着梯度可以沿着同样的路径反向传播,从而更容易传递到较早的时间步骤。因此,这种结构可以处理更长的序列数据。

在循环神经网络出现之前,人们尝试使用感知器来处理序列数据。感知器是一种最简单的神经网络模型,它只有一层神经元,并且每个神经元只接收来自输入的信号,没有反馈连接。然而,感知器的局限性很快就被发现了。它只能处理线性可分的问题,对于非线性问题无法处理。因此,人们开始尝试制作多层感知器来解决这个问题。多层感知器可以通过增加神经元的数量和层数来学习更复杂的特征和模式。然而,当时人们并不知道如何训练多层感知器,因为反向传播算法还没有被广泛接受。在这个时期,人们开始探索一些理论上看起来比较自然的想法。例如,添加单层、添加多层和添加反馈循环,来尝试解决多层感知器的训练问题。其中,添加反馈循环的想法最终演化成了循环神经网络。但是,在反向传播算法被广泛接受之前,这些想法都没有被成功地应用到实际问题。直到 1986 年,反向传播算法被重新发现并广泛应用于神经网络的训练,这使得多层感知器的训练问题得到了有效解决。从此,神经网络开始在各领域得到广泛应用,包括自然语言处理、语音识别、图像识别等。循环神经网络也得到了更广泛的应用,并成为处理序列数据的重要工具。

Hopfield 网络是由物理学家 John Hopfield 于 1982 年提出的一种递归神经网络模型。它最初被设计用于模拟神经元之间的相互作用,以及用于解决优化问题。Hopfield 网络采用一种称为"能量函数"的形式来表示神经元之间的相互作用,该能量函数与所要求解的优化问题的目标函数是等价的。Hopfield 网络与今天认为的循环神经网络有所不同。Hopfield 网络是一种无向图模型,神经元之间的连接权重是对称的,且不存在时间序列上的先后关系。在 Hopfield 网络中,神经元的状态是通过同步更新的方式进行的,而不是递归更新。此外,Hopfield 网络也没有梯度下降的训练算法,它的权重是通过计算能量函数的梯度来得到的。尽管 Hopfield 网络不是一个循环神经网络,但它的思想对于后来的神经网络发展有着重要的启示作用。Hopfield 网络表明,神经元之间的相互作用可以通过能量函数的形式来描述,并且可以通过优化能量函数来解决问题。此外,Hopfield 网络的概念也促进了神经网络领域对于递归和循环神经网络的研究。1997 年,Hochreiter 和 Schmidhuber 发明的长短期记忆网络在递归神经网络发展历程中的重要性和广泛应用。长短期记忆网络是一种特殊的递归神经网络,它能够解决传统循环神经网络中存在的梯度消失和梯度爆炸等问题,从而更好地处理长序列数据。长短期记忆网络中的关键组成部分是"门控单元",它能够控制信息的流动和保留,使得长短期记忆网络能够记住需要的信息,并遗忘不需要的信息。LSTM 的发明标志着递归神经网络领域的一个重要里程碑,它在自然语言处理、语音识别、图像处理等多个领域都取得了重要的进展和应用。例如,在机器翻译领域,长短期记忆网络已经成为先进的机器翻译模型之一,其表现优于传统的 n-gram 模型和基于规则的机器翻译模型。在语音识别领域,长短期记忆网络也被广泛应用于声学建模和语音合成等任务,取得了显著的性能提升。除此之外,长短期记忆网络还被用于视频分析、图像标注、自然语言推理等多个领域。本节将引入必要的概念来详细解释长短期记忆网络。

3.3.2   循环连接的构成

现在看看循环神经网络是如何工作的。还记得梯度消失的问题吗?梯度消失问题指的是在神经网络中,当反向传播算法计算梯度时,由于梯度的连乘效应,导致梯度在网络较深的层中逐渐减小,并在最终层中变得非常小或者趋于 0,这使得该层的权重几乎不会被更新。这会导致该层无法学习到有用的特征,从而影响整个网络的性能。卷积神经网络通过使用共享权重的卷积层和池化层,减少了神经网络中的参数数量,从而在处理图像等空间结构数据时表现出色。卷积神经网络的卷积层使用一个固定大小的卷积核对输入数据进行卷积运算,从而提取出输入数据中的特征。卷积核的权重被共享,这意味着它们在整个图像上进行相同的卷积运算,从而减少了网络中的参数数量。此外,卷积神经网络还使用池化层来减少数据的空间大小,进一步降低了参数数量。然而,卷积神经网络确实具有特定的架构,更适合于处理具有空间结构的数据,如图像、音频和视频等。对于一些其他类型的数据,如自然语言等序列数据,卷积神经网络可能不太适用。在这些情况下,循环神经网络和其改进模型可能更适合处理序列数据。

循环神经网络的工作原理不是向简单的前馈神经网络添加新层,而是通过在隐含层上添加循环连接。如图 3-12(a)所示,这里显示了一个简单前馈神经网络;如图 3-12(b)所示,这里显示了如何将循环连接添加到图 3-12(a)中的简单前馈神经网络。在一个简单的前馈神经网络中,输入被表示为 I,输出被表示为 O,隐含层被表示为 H。隐含层通常由多个结点组成,每个结点将输入的加权和与非线性激活函数应用于产生其输出。在添加了循环连接后,隐含层的每个结点都接收输入 I 以及前一个时间步骤的输出 H,并计算当前时间步骤的输出和状态,隐含层的每次输出表示为 $H_1, H_2, \cdots, H_n$ 等。这些结点之间的连接形成了一个循环,使得网络可以对先前的输入进行记忆和学习序列数据中的长期依赖关系。第一个隐含层的输入被表示为 I,最终隐含层的输出被用于计算最终的输出值,表示为 O。简单前馈网络中的权重由 W_x(输入到隐藏)和 W_o(隐藏到输出)表示。不要将隐含层的多个输出与多个隐含层混淆,这一点非常重要。实际上,一个隐含层是由许多结点组成的,每个结点具有自己的一组权重,并且这些结点使用相同的激活函数进行计算。因此,这些结点的输出被视为隐含层的输出,但它们是基于相同的一组权重计算得出的,这里所有的 H_n 共享相同的一组权重 W_x 和 W_o,而不是像多个隐含层那样使用不同的一组权重。图 3-12(c)与图 3-12(b)完全相同,唯一的区别是将单个神经元(圆圈)压缩成向量(矩形)。请注意,要添加循环连接,必须在计算中添加一组权重 W_h,这就是向网络添加循环所需的全部内容。

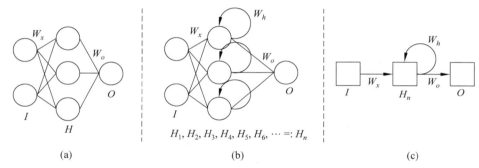

图 3-12　添加循环连接到一个简单的前馈神经网络

如图 3-13 所示,这里显示了如何展开循环连接。图 3-13(a)显示了之前的网络,图 3-13(c)与图 3-13(b)相同,但图 3-13(c)具有循环神经网络文献中更详细的符号,将专注于这种表示以便随时讨论循环神经网络的工作原理。展开循环神经网络有助于可视化并更好地理解网络的隐藏状态如何随时间演变。在展开视图中,循环神经网络表示为深度前馈神经网络,每一层代表特定时间步长的隐藏状态。这使大家能够看到隐藏状态是如何根据输入和之前的隐藏状态在每个时间步长更新的,从而更容易分析和优化网络。此外,展开循环神经网络还可以更轻松地使用反向传播来训练网络,因为它将循环连接缩减为一组简单的前馈连接。

在循环神经网络的展开表示中,每个时间步长的隐藏状态表示为网络中的一个结点。每个时间步的输入连接到对应的隐藏状态结点,当前时间步长的隐藏状态连接到下一个时间步的隐藏状态,形成一个链状结构。网络中连接的权重表示循环神经网络的参数。当网络处理一系列输入时,输入逐层通过网络,在每个时间步长更新隐藏状态。在每个时间步长,隐藏状态都会根据当前输入和先前的隐藏状态进行更新。每个时间步长的输出都是通过将隐藏状态传递到最终输出层来产生的。通过这种方式,循环神经网络能够处理输入序列,从过去捕获信息并使用它来通知当前输出。再评论一下图 3-13(c)。W_x 表示输入权

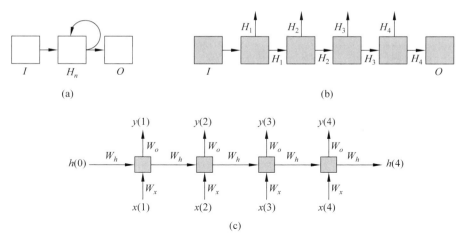

图 3-13 展开循环神经网络

重，W_h 表示循环连接权重，W_o 表示隐藏到输出的权重。x 是输入，y 是输出，就像以前一样。但是，这里有一个额外的顺序性质试图捕捉先后时间，所以 $x(1)$ 是第一个输入，然后它得到 $x(2)$ 等，输出也一样存在顺序性质。

在循环神经网络的展开表示中，隐藏状态同时用作循环连接的输入和输出。换句话说，每个时间步的隐藏状态都受到该时间步的输入和前一个时间步的隐藏状态的影响。为了开始处理输入序列，需要指定初始隐藏状态 $h(0)$。一种常见的方法是将 $h(0)$ 的所有条目设置为 0，这为网络提供了一个起点，但它可能不是所有任务的最佳选择。在某些情况下，将 $h(0)$ 设置为更有意义的初始状态可能是有益的。例如，表示任务先验知识的向量或序列开头的表示。总体而言，初始隐藏状态的选择可以对循环神经网络的性能产生重大影响，是当训练网络时需要仔细考虑的重要超参数。通过激活函数 f 将表示非线性，可以将其视为逻辑函数，稍后将看到一种称为 Softmax 的新非线性函数，可以在这里使用并且与循环神经网络具有天然的拟合度，所以循环神经网络计算最后时刻 t 的输出 y，计算可以展开为遵循递归结构。

$$
\begin{aligned}
y(t) &= f(w_o^{\mathrm{T}} h(t)) \\
&= f(w_o^{\mathrm{T}} f(w_h^{\mathrm{T}} h(t-1) + w_x^{\mathrm{T}} x(t))) \\
&= f(w_o^{\mathrm{T}} f(w_h^{\mathrm{T}} f(w_h^{\mathrm{T}} h(t-2) + w_x^{\mathrm{T}} x(t-1)) + w_x^{\mathrm{T}} x(t))) \\
&= f(w_o^{\mathrm{T}} f(w_h^{\mathrm{T}} f(w_h^{\mathrm{T}} f(w_h^{\mathrm{T}} h(t-3) + w_x^{\mathrm{T}} x(t-2)) + w_x^{\mathrm{T}} x(t-1)) + w_x^{\mathrm{T}} x(t)))
\end{aligned}
$$

可以通过将其压缩为两个等式来使其更具可读性。

$$
h(t) = f_h(w_h^{\mathrm{T}} h(t-1) + w_x^{\mathrm{T}} x(t))
$$

$$
y(t) = f_o(w_o^{\mathrm{T}} h(t))
$$

这里清楚地说明了为什么需要 $h(0)$，循环神经网络的隐藏状态会随着时间的推移从输入中积累信息，因此为这个积累过程提供一个起点很重要。初始隐藏状态 $h(0)$ 作为起点，如果没有初始隐藏状态，循环神经网络将没有可用于处理输入的信息，这将导致性能不佳。通过初始化隐藏状态，循环神经网络可以开始从输入中积累信息，使其能够有效地处理顺序数据并根据过去的信息进行预测。初始化方法的选择会对循环神经网络的性能产生重大影响,因此是网络设计和训练中的重要考虑因素。

其中,f_h 是隐含层的非线性函数;f_o 是输出层的非线性函数。不一定相同但如果我们愿意可以相同。这种类型的循环神经网络被称为 Elman 网络,由语言学家和认知科学家 Autobotsffrey L.Elman 命名。

如果在方程式中将 $h(t-1)$ 更改为 $y(t-1)$,这样就变成了

$$h(t) = f_h(w_h^T y(t-1) + w_x^T x(t))$$

如今得到了一种 Jordan 网络,它们是以心理学家、数学家和认知科学家 Michael Autobots. Jordan 的名字命名的。Elman 网络是一种基本的循环神经模型,其结构包括输入层、隐含层和输出层。隐含层的输出通过一个反馈回路返回到下一个时间步长的隐含层。这种反馈回路允许 Elman 网络对序列数据中的上下文进行建模,从而使其在处理自然语言处理等任务时表现出色。相比之下,Jordan 网络的反馈回路不是从隐含层到自身,而是从输出层到隐含层。这使得 Jordan 网络更加适用于预测下一个时间步的输出,因为其输出层的信息能够直接反馈到隐含层中。Elman 网络和 Jordan 网络都被称为简单循环网络(simple recurrent networks,SRN)。简单循环网络在当今的应用程序中很少使用,但是它们是主要的教学方法用于解释复杂的循环网络。简单循环网络在首次推出时是一项重大突破,因为它成为第一个能够在文本单词上操作,而不必依赖于像词袋或 n-grams 这样的“外部”表征模型。在简单循环网络开发之前,语言处理通常被视为计算机的一项艰巨任务。从某种意义上说,这些外部表征似乎表明语言处理对于计算机来说是非常陌生的,所使用的语言模型依赖于这些与人类处理语言的方式非常不同的外部表征,因为人们不使用任何像词袋这样的东西来理解语言。简单循环网络的发展标志着语言处理方式的转变,并为长短期记忆等更高级的模型奠定基础。通过允许模型直接对单词序列进行操作,简单循环网络使得捕获单词之间的上下文和依赖关系成为可能,这是语言处理的一个重要进展。这种捕获上下文和依赖关系的能力使循环神经网络成为许多自然语言处理任务的流行选择,如语言翻译、情感分析和文本分类等。虽然简单循环网络可能看起来很简单,但重要的是要认识到简单循环网络向今天所拥有的将语言处理视为单词序列处理的范式迈出了决定性的一步,使整个过程更接近人类智能。因此,简单循环网络应该被视为人工智能的一个里程碑,因为它们迈出了那个关键的步骤:以前似乎不可能的事情现在成为可想象的。但是几年后,一个更强大的架构将出现并取代所有实际应用,但这种强大是有代价的:长短期记忆网络的训练速度比简单循环网络慢得多。

3.3.3　长短期记忆网络

在本节中,将通过图形说明长短期记忆网络的工作原理。本节关于长短期记忆网络中的所有标识均来自 Christopher Ola 的博客[①],遵循与博客使用相同的符号(除了几个小细节),在图 3-14 中省略了权重以进行简单说明,但将在后面处理长短期记忆网络的各个组件时添加它们。从 3.3.2 节的方程式知道:$y(t) = f_o(w_o \cdot h(t))$($f_o$ 是输出层选择的非线性函数)。在循环神经网络中,每个时间步长都有一个输入 $x(t)$ 和一个隐藏状态 $h(t)$。隐藏

---

① 　http://colah.github.io/posts/2015-08-Understanding-LSTMs/。

状态 $h(t)$ 在每个时间步长都会被更新,这种更新是基于前一个时间步长的隐藏状态 $h(t-1)$ 和当前时间步长的输入 $x(t)$。在每个时间步长,循环神经网络都会生成一个输出 $y(t)$。在图 3-14 中,将输出 $y(t)$ 与隐藏状态 $h(t)$ 视为相同的,这是因为输出 $y(t)$ 是通过对隐藏状态 $h(t)$ 进行一些非线性变换得到的,这种变换通常是由一个输出层完成的。例如,使用一个具有非线性激活函数的全连接层。因此,在这种情况下,可以认为隐藏状态 $h(t)$ 就是输出 $y(t)$。然而,在某些情况下,仍然需要区分它们,特别是当需要明确表示输出 $y(t)$ 是如何通过权重矩阵 w_o 与隐藏状态 $h(t)$ 进行乘法运算得到的。

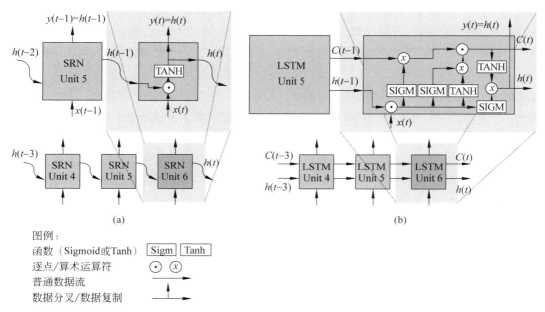

图例:

函数（Sigmoid或Tanh）	Sigm | Tanh
逐点/算术运算符	⊙　x
普通数据流	→
数据分叉/数据复制	┬

图 3-14　简单循环网络和长短期记忆网络单元放大

如图 3-14 所示,展示了简单循环网络与长短期记忆网络的对比示意图。可以立即看到的是:简单循环网络从一个单元[1](unit)到下一个单元有一个链接,表示为 $h(t-2)$、$h(t-1)$、$h(t)$ 等,统一简化为 $h(t)$;而长短期记忆网络单元也具有相同的 $h(t)$,但同时有 $C(t)$。这个 $C(t)$ 称为细胞状态[2](cell state),这是通过长短期记忆网络的主要信息流。形象地说,细胞状态是 LSTM 中的 L、T 和 M,即模型的长期记忆。细胞状态可以被认为是模型的长期记忆,它是通过遗忘门(forget gate)、输入门(input gate)和输出门(output gate)等不同的过滤器来控制信息流进或流出。遗忘门用于删除不需要的信息,输入门用于添加新的信息,而输出门用于决定将哪些信息发送到下一个时间步长。因此,长短期记忆网络可以通过控制细胞状态的更新和保留,从而捕捉到更长期的依赖关系,具有较强的记忆能力。

长短期记忆网络使用所谓的门从细胞状态中添加或删除信息,这些构成了长短期记忆

---

① 术语单元(unit)是指处理单个时间步长的长短期记忆网络的单个实例。单个长短期记忆单元将输入和隐藏状态作为输入,并生成输出和更新的隐藏状态。在处理一系列输入时,多个长短期记忆单元可以相互堆叠,形成更深的网络。在这种情况下,每个单元处理序列的单个时间步长,并且来自一个单元的隐藏状态用作下一个单元的输入。

② 术语元件(cell)指的是长短期记忆单元的内部记忆状态,它可以长时间存储信息。细胞状态在每个时间步由输入门、遗忘门和输出门更新,从而允许长短期记忆保留长输入序列中的信息。

网络中单元的其余部分。门其实很简单，是加法、乘法和非线性的组合。长短期记忆网络单元包含三种类型的门：输入门、遗忘门和输出门。每个门都有自己的权重矩阵和偏差项，这些都是在训练过程中学习的。输入门决定有多少新信息被添加到细胞状态中，遗忘门决定有多少来自先前细胞状态的信息被丢弃，输出门决定有多少来自细胞状态的信息被用来计算输出。在长短期记忆网络中，门控机制是通过加权输入、先前隐藏状态和细胞状态的组合来计算的。这些组合输入通过 Sigmoid 激活函数，将输出映射到介于 0～1 的范围内。这些值充当门的角色，决定了信息是否应该流入或流出细胞状态。具体而言，遗忘门控制删除哪些信息，输入门控制添加哪些信息，输出门控制输出哪些信息。这种门控机制可以帮助长短期记忆网络灵活地控制信息的流动，并适应不同的输入和任务。非线性函数被用来"压缩"信息。在长短期记忆网络中，常用的非线性函数是 Sigmoid 函数（在图中表示为 SIGM）和双曲正切函数（在图中表示为 TANH）。Sigmoid 函数通常用来将信息"压缩"到 0～1 的值，而双曲正切函数则将信息"压缩"到 −1～1 的值。在长短期记忆网络的门控机制中，Sigmoid 函数被用来计算遗忘门和输入门，以控制信息的流入和流出；而双曲正切函数被用来计算候选细胞状态和输出门，以控制细胞状态和输出值的范围。这些非线性函数的使用可以使长短期记忆网络更加灵活地处理输入数据，并捕捉到非线性关系。我们可以这样想：SIGM 做出模糊的"是"或"否"的决策，而 TANH 做出模糊的"否定""中立"或"肯定"的决策，除了这个什么都不做。

如图 3-15(a)所示，这里强调了细胞状态，忽略图像上的 $f(t)$ 和 $i(t)$，稍后看它们是如何计算的。第一个门是遗忘门，如图 3-15(b)所示。"门"这个名字来自与逻辑门的类比。单元 t 处的遗忘门由 $f(t)$ 表示，并且简单地表示为

$$f(t) := \sigma(w_f(x(t) + h(t-1)))$$

直观地说，它控制要记住多少加权的原始输入和加权的先前隐藏状态。请注意，σ 是 Sigmoid 函数的符号，在图中表示为 SIGM。

不同的模型可能对其权重使用不同的名称或分组，但关键思想是将它们视为模块化构建块，可以以不同方式组合以形成更大的模型。大家认为最直观的方法是将 w_h 分解为几个不同的权重，w_f、w_{ff}、w_c 和 w_{fff}，对应于遗忘门、输入门、细胞状态和输出门的权重，这种分解方式有助于更好地理解长短期记忆网络的工作原理和每个门控制的信息流。然而，这些权重组件仍然对模型的整体行为有贡献，并且它们以复杂的方式相互影响。通过将权重组织成单独的组件，可以更轻松地分析和调试模型，但重要的是要记住模型中权重之间的整体相互作用。要记住的一点是可以有不同的方法查看权重，它们中的一些试图保持与更简单模型相同的名称，但深度学习最自然的方法是将架构视为组合，由基本的积木组装在一起，然后每个积木都应该有自己的一组权重。权重组件的组合确实对长短期记忆网络的整体行为产生影响，并且它们之间存在着复杂的相互作用。将权重组织成单独的组件可以更容易地分析和调试模型，但是我们必须注意到这些组件之间的整体相互作用。所有的权重都是通过反向传播算法一起训练的，这种联合训练使得神经网络成为一个整体，就像每个积木都有自己的螺柱连接到其他积木以构成一个结构一样。这种联合训练使得整个神经网络可以同时考虑输入和输出之间的关系，从而产生更加准确和稳健的预测结果。权重是通过

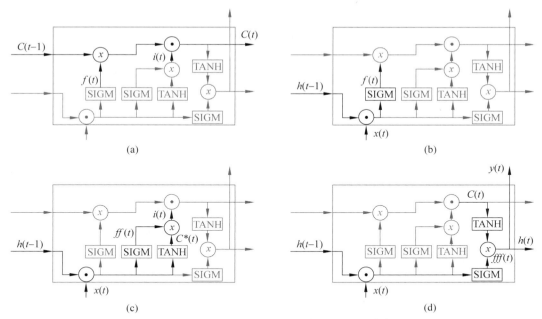

图 3-15　细胞状态（a）、遗忘门（b）、输入门（c）和输出门（d）

在数据集上训练模型的过程自动学习的，无须任何人工干预。训练的目标是找到使预测输出与实际目标输出之间的误差最小的权重的最优值。

下一个门有点复杂，称为输入门，如图 3-15（c）所示。输入门实际上是决定什么信息会被添加到细胞状态中的门。输入门由两部分组成，一部分是 Sigmoid 函数对应的权重矩阵，是一个以不同的权重 w_{ff} 组成的遗忘门，用 $ff(t)$ 表示。这部分接收当前的输入和前一时刻的记忆状态，通过一个 Sigmoid 函数将它们的加权和映射到一个 $0\sim1$ 的值域范围内，表示每个输入的重要性。公式表示为

$$ff(t) := \sigma(w_{ff}(x(t) + h(t-1)))$$

另一部分是 Tanh 函数对应的权重矩阵，表示当前时刻的输入对记忆状态的贡献。这部分接收当前的输入和前一时刻的记忆状态，通过一个 Tanh 函数将它们的加权和映射到一个 $-1\sim1$ 的值域范围内。这部分的输出被称为候选项（记为 $C^*(t)$），由一个被称为候选项权重（记为 w_C）的向量加权组成。公式表示为

$$C^*(t) := \tau(w_C \cdot (x(t) + h(t-1)))$$

其中 τ 是双曲正切，图中表示为"TANH"，在这里使用双曲正切将结果压缩为介于 $-1\sim1$ 的值。在处理语言信息的上下文中，将层的输出映射到 $-1\sim1$ 的范围可以让模型同时表示正面和负面的关联或含义。例如，该模型可以学习表示与一个词的正相关和与其反义词的负相关，从而使其能够快速区分两者。直观地说，值范围的负数部分（$-1\sim0$）可以看作一种快速"否定"的方法，因此甚至可以考虑得到相反的东西，例如快速处理语言反义词。

将这两部分权重组合在一起，通过按位相乘的方式，得到最终的输入门。公式表示为

$$i(t) := ff(t) \cdot C^*(t)$$

如图 3-15（d）所示，一个长短期记忆网络单元具有 3 个输出：$C(t)$、$y(t)$ 和 $h(t)$。现在拥有计算当前细胞状态 $C(t)$ 所需的一切，此计算如图 3-15（a）所示。

$$C(t) := f(t) \cdot C(t-1) + i(t)$$

由于 $y(t) = g_o(w_o \cdot h(t))$（其中 g_o 是选择的非线性函数），剩下的就是计算 $h(t)$。为了计算 $h(t)$，需要第三个遗忘门的副本 $fff(t)$，它的任务是决定输入的哪些部分以及多少包含在 $h(t)$ 中。

$$fff(t) := \sigma(w_{fff}(x(t) + h(t-1)))$$

现在，剩下的唯一一事情就是一个完整的输出门，如图 3-15(d) 所示。其结果实际上不是 $C(t)$ 而是 $h(t)$，需要将 $fff(t)$ 乘以 τ 被压缩在 $-1\sim1$ 的当前细胞状态 $C(t)$。

$$h(t) := fff(t) \cdot \tau(C(t))$$

请务必记住，包括长短期记忆网络在内的深度学习模型是经过训练以根据输入数据进行预测的数学模型。选择模型的特定架构和计算是为了优化特定任务的性能，但它们不一定与人脑中的潜在机制相关，然而长短期记忆网络单元中的门机制确实提供了一种方法来控制信息流，并决定从前一个时间步记住什么和忘记什么。这种有选择地存储和检索信息的能力使长短期记忆特别适合涉及序列数据的任务，如自然语言处理。

3.3.4　三种训练方法

循环神经网络是一种适用于处理时间序列数据的神经网络模型。在时间序列数据中，每个数据点的值取决于前面的数据点，因此循环神经网络可以利用前面的信息来预测未来的值。在循环神经网络的训练过程中，有三种常见的方法。

⋄ 经典方法：循环神经网络将整个时间序列一次性输入，并且学习从序列开始到结束的所有时间步。这种设置对于所有的时间步长都有相同的权重和偏置值，并且可以使用标准的反向传播算法进行训练。

⋄ 顺序方法：循环神经网络将时间序列按顺序一个时间步长接着一个时间步长地输入，并且学习从序列开始到当前时间步的所有时间步。这种设置可以更好地处理长时间序列，并且可以使用"反向传播通过时间"算法进行训练。

⋄ 预测下一个：循环神经网络将前面的一部分时间序列作为输入，并且学习预测下一个时间步的值。这种设置可以在训练过程中通过滚动窗口来更新输入序列，以便预测后续时间步的值。

选择哪种设置取决于具体的问题和数据，以及所需的预测精度和模型复杂度。

先回顾一下朴素贝叶斯分类器。朴素贝叶斯分类器在从数据集中计算 $\mathbb{P}(\text{feature 1} \mid \text{target})$ 和 $\mathbb{P}(\text{feature 2} \mid \text{target})$ 等之后计算 $\mathbb{P}(\text{target} \mid \text{features})$，这就是朴素贝叶斯分类器的工作原理，但所有分类器（监督学习算法）都试图以某种方式计算 $\mathbb{P}(\text{target} \mid \text{features})$ 或 $\mathbb{P}(t \mid x)$。回想一下任何谓词 $\mathbb{P}$ 使得：①$\mathbb{P}(A) \geqslant 0$；②$\mathbb{P}(\Omega) = 1$，其中 Ω 是可能性空间；③并且对于所有不相交的 $A_n(n \in \mathbb{N})$，$\mathbb{P}\left(\bigcup_{n=1}^{\infty} A_n\right) = \sum_{n=1}^{\infty} \mathbb{P}(A_n)$ 是一个概率谓词[①]（probability predicate）。从总揽的角度用概率解释分析机器学习算法，可以说有监督机器学习算法所做的是计算 $\mathbb{P}(t \mid x)$，其中 x 表示输入向量，t 表示目标向量，这就是经典训练方法，表示带有

---

① 概率预测也是一种合理的名称，但概率谓词更精确地描述了该概念的意义。在数学上，概率谓词是用于说明随机事件的真假性的语句，而概率预测可能会被误解为对未来事件的预测，这不是概率谓词的正确含义。

标签的简单监督学习。循环神经网络的经典训练方法在某些方面可能与朴素贝叶斯分类器相关。朴素贝叶斯分类器是一种使用贝叶斯定理进行预测的概率算法,其假设特征之间是独立的,这可以简化计算并使算法的计算效率更高。例如,在文本分类的上下文中,文档中的每个词都可以被视为一个特征,朴素贝叶斯分类器根据这些特征的存在与否来预测文档的类别标签。另一方面,循环神经网络可用于相同的任务,但它们不是假设特征之间的独立性,而是通过使用隐藏状态来捕获序列中特征之间的依赖关系。这些隐藏状态在每个时间步长更新,最终的隐藏状态用于进行预测。这样,与朴素贝叶斯分类器相比,循环神经网络可以捕获特征之间更复杂的关系并提供更准确的预测,因此虽然朴素贝叶斯分类器和循环神经网络都可以用于文本分类,但循环神经网络提供了一种更复杂的方法来处理序列和捕获序列中特征之间的依赖关系。

在循环神经网络的经典训练方法中,目标是学习将输入序列映射到输出序列的函数。循环神经网络在大量带标签的输入输出序列上进行训练,其中每个序列都有一个对应的标签。循环神经网络接收一个输入序列,并根据当前输入和隐藏状态生成一个输出序列。循环神经网络经过训练以最小化损失函数,损失函数衡量预测输出与真实输出之间的差异。在训练过程中,调整循环神经网络的参数以最小化损失函数。训练后,循环神经网络可用于预测新的、未见过的序列的标签,方法是按照与训练期间相同的方式解析到模型中。这种方法广泛用于各种应用,如文本分类、情感分析和时间序列预测等,其目标是在给定输入序列的情况下预测输出序列。

循环神经网络的能力远不止于此,也可以从具有多个标签的序列中学习,其中序列中的每个元素都可以有多个与之关联的标签,这称为多标签分类。想象一下希望训练一个工业机械臂来执行一项任务,它有许多传感器 x_i,其中每个 x_i 可以具有与其关联的多个标签,代表运动的方向(为简单起见,假设只有 4 个方向:北 N、南 S、东 E 和西 W)。然后使用运动序列数据生成训练集,每个序列由一系列方向组成,例如 $x_1 N x_2 N x_3 W x_4 E x_5 W x_6 W$ 或只是 $x_1 N x_2 W$。请注意这与之前看到的训练数据的不同,在这里有一系列传感器数据 x_i 和运动方向标签(N、E、S 或 W,将用 D 来表示它们)。

在训练过程中,循环神经网络一次处理每个序列,在每一步训练更新其隐藏状态,并使用最终的隐藏状态进行预测。在这种情况下,预测将是与每个 x_i 关联的运动(N、E、S 或 W)。要注意的是,如果将序列分解为 $x_i D$ 形式的片段可能会失去序列特有的意义,会忽略传感器数据与序列内运动之间的依赖关系,从而导致不正确的预测。例如,$x_i N$ 的运动可能在分解后经常发生,而连续的 $x_i N x_i N$ 在序列的开头可能表示启动机械臂,而单独 $x_i N$ 的一个片段就不可能确定后续的动作。这就是为什么保持序列完整并将它们作为一个整体进行处理而不是将它们分成更小的部分很重要。需要保留序列中元素之间的依赖关系,以及特征和标签之间的相关性,打散序列可能会破坏这些信息。循环神经网络非常适合此类问题,因为它们能够捕获序列中元素之间的依赖关系,以及特征和标签之间的相关性,从而使它们能够比其他机器学习算法做出更准确的预测。

序列不能被打破,仅仅知道前一个状态来预测下一个状态是不够的,下一个状态仅取决于当前状态的想法被称为马尔可夫假设。但是,马尔可夫假设在某些情况下可能过于严格,因为它忽略了系统过去和未来状态之间的依赖关系。循环神经网络的优势之一是它们不需要做出马尔可夫假设。相反,它们可以通过将来自先前状态的信息合并到循环神经网络的隐藏状态中来模拟系统过去和未来状态之间更复杂的依赖关系。循环神经网络的隐藏状态充当存储器,允许网络记住来自先前时间步长的信息并使用此信息对未来进行预测。这允许循环神经网络捕获输入和输出序列之间更复杂的依赖关系,并模拟更复杂的行为。例如,在工业机械臂学习执行任务的情况下,循环神经网络可以记住有关过去所做动作的信息,并使用此信息来预测下一个动作。这允许循环神经网络模拟更复杂的行为,如那些依赖于序列中上下文的行为。在这种情况下,可以使用循环神经网络等更复杂的模型来捕获这些依赖关系并为更复杂的行为建模。这意味着循环网络从部分被标记的不均匀序列中学习,并在预测未知向量时创建一堆标签,这称为顺序设置(sequential setting)。

还有第三种方法,这是顺序设置的演变形式,可以将其称为预测下一个(predict-next setting)。此设置根本不需要标签,通常用于自然语言处理文本生成,这需要模型能够理解语言中单词之间的关系,并能够生成连贯且合乎语法的句子。实际上它有标签,但它们是隐含的,这个想法是:对于每个输入序列(句子),将其分解为子序列并使用下一个单词作为目标,对于句子的开头和结尾,需要特殊的标记必须手动输入,在这里用"$"表示开头和"&"表示结尾。如果有一个句子"all I want for Birthday is book",那么首先必须将其转换为"$ all I want for Birthday is book&",然后将句子分解为输入和目标,成为"(输入字符串,目标)"的形式。

- ('$','all')
- ('$ all','I')
- ('$ all I','want')
- ('$ all I want','for')
- ('$ all I want for','Birthday')
- ('$ all I want for Birthday','is')
- ('$ all I want for Birthday is','book')
- ('$ all I want for Birthday is book','&')

然后,循环神经网络将学习如何在获得一个单词序列后返回最有可能的下一个单词。这意味着循环网络正在从输入中学习概率分布,即 $\mathbb{P}(x)$。因为没有目标,这实际上使得这种无监督学习成为可能,这里的目标是从所有输入产生的。

一方面,将上下文限制为固定数量的回顾单词(即输入字符串的逐字长度)是此设置中的常见做法,因为它有助于平衡任务的难度与解决它所需的计算资源。另一方面,回顾单词的长度也可以被视为一种训练模型的问答能力,这也是图灵测试的基础,用于确定机器是否可以表现出与人类无法区分的智能行为。预测下一个设置被认为是通向通用人工智能的一步,因为它需要对语言的理解水平与人类相似,因此预测下一个设置是人工智能领域中一个重要且具有挑战性的问题,并具有众多应用,如聊天机器人和文本生成等。但是,必须在这里做一个微小的调整。请注意,如果循环神经网络知道在字符串序列后哪个是最可能的单词,那么这种机会可能会变得重复,假设在训练集中有以下 5 个句子。

- 'My name is Cassidy'
- 'My name is Myron'
- 'My name is Marcus'
- 'My name is Marcus'

• 'My name is Marcus'

现在,循环神经网络将得出结论 $\mathbb{P}(\text{Marcus})=0.6$、$\mathbb{P}(\text{Myron})=0.2$ 和 $\mathbb{P}(\text{Cassidy})=0.2$,因此当给定一个序列"My name is"时,它总是会选择"Marcus",因为它的概率最高。这里的技巧不是让它选择概率最高的那个,而是循环神经网络应该为每个输入序列构建一个概率分布,其中包含所有结果的单独概率,然后随机抽样。结果将是有 60% 的机会给出 Marcus,但有时它也会产生 Myron 和 Cassidy。请注意,这实际上解决了很多可能出现的问题,如果不是这样对相同的单词序列总是会有相同的反应。

回顾图 3-13(c),如果循环神经网络使用经典训练方法,将只使用 $x(1)$(给出输入向量)和 $y(4)$ 来捕获(整体)输出,但是对于顺序和预测下一个方法,将使用所有 x 和 y。对于每一个学习设置,关键思想是循环神经网络能够捕获输入序列中元素之间的依赖关系,并使用此信息进行预测,这使得循环神经网络非常适合学习涉及数据序列的任务。这三种设置中的每一种都有其自身的优势和局限性,选择使用哪种设置取决于所解决的具体问题和所处理的数据类型。

3.3.5 一个简单的实现

在本节中,给出了一个简单的循环神经网络的实际示例,用于预测文本中的下一个单词。这种任务非常灵活,因为它不仅可以预测,还可以回答问题(但是,答案只是序列中的下一个单词)。对原始代码的某些部分进行了修改,以使代码更易于理解。正如在上一节中所解释的,这是一个可以工作的 Python 3 代码,但需要安装所有依赖项。还应该能够遵循本章代码中的想法,但要看到其中的细微之处,还需要在计算机上运行实际的代码。首先导入 Python 库。

```
from keras.layers import Dense, Activation
from keras.layers.recurrent import SimpleRNN
from keras.models import Sequential
import numpy as np
```

接下来是定义超参数。

```
hidden_neurons=50
my_optimizer="sgd"
batch_size=60
error_function="mean_squared_error"
output_nonlinearity="Softmax"
cycles=5
epochs_per_cycle=3
context=3
```

花点时间看看正在使用什么。在这里使用 Elman 单元实现简单循环神经网络,变量 "hidden_neurons"简单地说明了将使用多少隐藏单元。Elman 单元在隐含层上有一个反馈回路,隐含层中的每个单元都与前一个时间步长的自身有连接,这允许网络保持记忆并处理顺序数据。隐含层中 Elman 单元的数量决定了网络中反馈回路的数量,也决定了网络捕获输入数据中时间依赖性的能力,因此 hidden_neurons 与隐含层上的反馈循环数相同。变量 my_optimizer 定义了要使用的 Keras 优化器,在这种情况下是随机梯度下降。但是,还有其他的,建议尝试其他优化器来感受一下。请注意,SGD 是它的 Keras 名称,因此必须完全像这样输入它,而不是 SGD,也不是 stochastic_GD,也不是任何类似的东西。batch_size 简单地说明了将在随机梯度下降的单次迭代中使用多少个样本。变量 error_function 等于 mean_squared_error 告诉 Keras 使用之前一直使用的均方误差(MSE)。

现在来到激活函数 output_nonlinearity,使用 Softmax 激活函数或非线性,它的 Keras 名称为 Softmax。Softmax 函数是一个非常有用的函数:将任意实数值的向量作为输入,并将其转换为 0~1 的值向量,加起来为 1。这使其成为转换前一层输出的有用函数,可以将任意实数转换为一组概率,这些概率可以解释为输入属于每个类别的可能性。Softmax 函数的输出可以解释为类别上的概率分布,输出向量的每个元素表示输入属于相应类别的概率。现在继续简单循环神经网络代码的下一部分。

```python
def create_tesla_text_from_file(textfile="tesla.txt"):
    clean_text_chunks=[]
    with open(textfile, "r", encoding="utf-8") as text:
        for line in text:
            clean_text_chunks.append(line)
            clean_text=("".join(clean_text_chunks)).lower()
            text_as_list=clean_text.split()
    return text_as_list


text_as_list=create_tesla_text_from_file()
```

这部分代码打开一个纯文本文件 tesla.txt,将用于训练和预测。当 Python 打开并读取文件时,它会逐行返回,因此实际上将这些行累积在一个名为 clean_text_chunks 的列表中;然后将所有这些组合在一个名为 clean_text 的大字符串;然后将它们切割成单个单词并将其存储在名为 text_as_list 的列表,这就是整个函数 create_tesla_text_from_file()返回的内容。最后一行 text_as_list=create_tesla_text_from_file()调用函数,并将函数返回的内容存储在变量 text_as_list。现在,将所有文本都放在一个列表,其中每个单独的元素都是一个单词。请注意,这里可能有重复的单词,这将由代码的下一部分处理。

```python
distinct_words=set(text_as_list)
number_of_words=len(distinct_words)
word2index=dict((w, i) for i, w in enumerate(distinct_words))
index2word=dict((i, w) for i, w in enumerate(distinct_words))
```

number_of_words 只是计算文本中的单词数。word2index 创建一个字典,其中唯一的单词作为键,它们在文本中的位置作为值,而 index2word 正好相反,创建一个字典,其中位置是键,单词是值。接下来,有以下内容。

```python
def create_word_indices_for_text(text_as_list):
    input_words=[]
    label_word=[]
    for i in range(0, len(text_as_list)-context):
        input_words.append((text_as_list[i : i +context]))
        label_word.append((text_as_list[i +context]))
    return input_words, label_word


input_words, label_word=create_word_indices_for_text(text_as_list)
```

这是一个从原始文本创建输入词列表和标签词列表的函数,其形式必须为单个词的列表。解释一下这个想法。假设有一个小文本"why would anyone ever eat anything besides breakfast food?"，然后想做一个 input/label 结构用于预测下一个单词，通过分解这句话变成一个数组，如表 3-1 所示。

表 3-1　分解这句话

第 1 个词	第 2 个词	第 3 个词	标签词
why	would	anyone	ever
would	anyone	ever	eat
anyone	ever	eat	anything
ever	eat	anything	besides
eat	anything	besides	breakfast
anything	besides	breakfast	food?

请注意，使用了三个输入词并将下一个词声明为标签，然后移动一个单词并重复该过程。输入了多少词实际上是由超参数上下文定义的，并且可以更改。这里函数 create_word _indices_for_text() 文本以列表的形式接收，创建输入词列表和标签词列表并返回它们俩。然后，代码的下一部分是

```
input_vectors=np.zeros((len(input_words), context, number_of_words), dtype=
np.int16)
vectorized_labels=np.zeros((len(input_words), number_of_words), dtype=np
.int16)
```

此代码生成由 0 填充的空白张量。请注意，术语矩阵和张量来自数学，是在某些情况下工作的对象操作，并且是不同的。计算机科学将它们都视为多维的数组，不同之处在于计算机科学将重点放在它们的结构上：如果沿一个维度迭代，沿该维度的所有元素（正确称为轴）具有相同的形状。张量中的条目类型将是 int16，但是可以根据需要更改此设置。

稍微讨论一下张量 input_vectors 的维度。input_vectors 在技术上称为三阶张量，但实际上这只是一个具有三个维度的矩阵，或者只是一个三维数组。要理解 input_vectors 张量的维度，首先要考虑第一个维度表示每行数据有三个单词（词的数目由 context 定义）；由于单词进行 one-hot 编码（请注意，在技术上使用 one-hot 编码而不是一袋单词，因为只保留了文中不同的单词），这将扩展第二个维度 number_of_words，表示一个单词 one-hot 编码的长度；第三个（在代码中是第一个，len(input_words)）实际上只是将所有输入捆绑在一起，就像有一个包含所有输入矩阵的向量。vectorized_labels 是一样的，只是这里没有变量 context 指定单词个数，只有一个标签词，所以需要在张量中少一维。初始化了两个空白张量后，需要将 1 放在适当的位置地方定义 one-hot 编码，代码的下一部分是

```
for i, input_w in enumerate(input_words):
    for j, w in enumerate(input_w):
        input_vectors[i, j, word2index[w]]=1
        vectorized_labels[i, word2index[label_word[i]]]=1
```

现在，代码的下一部分实际上指定了完整的简单循环神经网络。

```
model =Sequential()
model.add(
    SimpleRNN(
        hidden_neurons,
        return_sequences=False,
        input_shape=(context, number_of_words),
        unroll=True,
    )
)
model.add(Dense(number_of_words))
model.add(Activation(output_nonlinearity))
model.compile(loss=error_function, optimizer=my_optimizer)
```

大多数可以在这里调整的东西实际上都放在了超参数中，不需要做任何改变。可以添加一些新层，通过复制指定层的一行或多行来完成的（特别是第二行，或者第三和第四行）。剩下要做的就是看看模型的工作情况如何，以及它会产生什么作为输出。这是由代码的最后部分完成的，如下所示。

```
for cycle in range(cycles):
    print(">-<" * 50)
    print(" Cycle: %d" %(cycle+1))
    model.fit(
        input_vectors, vectorized_labels, batch_size=batch_size, epochs=epochs
        _per_cycle
    )
    test_index=np.random.randint(len(input_words))
    test_words=input_words[test_index]
    print(
        "Generating test from test index %s with words %s: " %(test_index, test_
        words)
    )
    input_for_test =np.zeros((1, context, number_of_words))
    for i, w in enumerate(test_words):
        input_for_test[0, i, word2index[w]]=1
    predictions_all_matrix=model.predict(input_for_test, verbose=0)[0]
    predicted_word=index2word[np.argmax(predictions_all_matrix)]
    print(
        "THE COMPLETE RESULTING SENTENCE IS: %s %s"
        % (" ".join(test_words), predicted_word)
    )
print()                            #put more cycles in if what you see here is gibberish
```

这部分代码训练和测试完整的简单循环网络。测试通常会预测提供的一部分数据（测试集），然后测量准确性。预测下一个单词，它没有标签向量所以必须采用不同的方法。大家是在一个循环中进行训练和测试，一个循环由一个训练会话（包含多个 epoch）组成，然后从文本中生成一个测试句子，并查看网络给出的单词放在文本中的单词之后是否有意义，这样就完成了一个循环。这些循环是累积的，在每个连续的循环之后句子会变得越来越有意义。在超参数中，指定将训练 5 个迭代，每个迭代有 3 个周期。

简要介绍一下所做的工作。为了计算效率，大多数用于预测下一个的模型都使用马尔可夫假设。马尔可夫假设是概率论中的一种简化假设，它认为未来事件的概率只取决于当前状态,而不取决于过去事件对当前状态的影响。换句话说,假设未来是在给定当前状态下独立于过去的。所以,可以将考虑从时间开始的所有步骤的概率:$\mathbb{P}(s_n \mid s_{n-1}, s_{n-2}, s_{n-3}, \cdots)$,简化为只考虑上一个概率:$\mathbb{P}(s_n \mid s_{n-1})$。如果一个过程结果证明它真的与时间上的先前状态无关,则称它为马尔可夫过程。语言产生不是马尔可夫过程。假设有一个分类器和一个要训练的句子:"We need to remember what is important in life: friends, waffles, work. Or waffles, friends, work. Does not matter, but work is third."。如果它是一个马尔可夫过程,并且可以做出马尔可夫假设而不会在功能上造成很大损失,那么只需要一个单词就可以分辨出接下来是哪个单词。如果有 Does,训练集中之后的单词总是 not;但是如果是 work,就会遇到更多麻烦(可以通过计算单词的概率分布解决)。如果任务不是预测下一个,而是需要理解句子更深层的语义,将需要所有前面的单词进行比较,此类问题需要采用与典型马尔可夫假设不同的方法。循环神经网络不必做出马尔可夫假设,可以完全有能力处理更长的时间步(而不仅仅是最后一个),可以对序列中元素之间的依赖关系进行建模,可以学习识别数据中的复杂模式和依赖关系,并可用于检测序列中的变化或异常。

在离开循环神经网络之前,还需要讨论最后一件事,这就是反向传播的工作原理。循环神经网络中的反向传播称为**时序反向传播**(backpropagation through time,BPTT),是标准反向传播算法的变体。在时序反向传播中,网络的权重时序反向传播的误差信号进行更新,在概念上类似于标准反向传播,但存在一些关键差异。例如,在时序反向传播中,误差信号不仅通过网络层进行反向传播,而且还通过时间进行反向传播,这意味着权重的梯度不仅是针对当前时间步计算的,而且还针对之前的时间步计算的。时序反向传播计算的简单性实际上是由于每个时间步的权重梯度是单独计算的,然后在所有时间步上求和。这使得梯度的计算比前馈网络简单得多,在前馈网络中必须分别计算每一层的梯度,然后使用链式法则组合。

在时序反向传播中,计算的简单性也是 Elman 网络比具有相同隐含层数的前馈网络更能抵抗梯度消失问题的原因之一。当反向传播过程中梯度变得很小时,就会出现梯度消失问题,这会导致收敛速度变慢甚至训练失败,因为在时序反向传播中的梯度是针对每个时间步长单独计算然后相加的,所以它们不太可能随着时间变得非常小。时序反向传播的公式可以表示如下。

$$\frac{\partial E}{\partial W} = \sum_{t=1}^{T} \frac{\partial E_t}{\partial W}$$

其中,E 是网络的总误差函数;W 代表网络中所有权重的集合;T 是执行时序反向传播的序列长度。可以使用链式法则计算时间 t 处的误差相对于权重的偏导数,如下所示。

$$\frac{\partial E_t}{\partial W} = \frac{\partial E_t}{\partial z_t}\frac{\partial z_t}{\partial W} + \frac{\partial E_t}{\partial h_t}\frac{\partial h_t}{\partial W} + \sum_{k=t+1}^{T} \frac{\partial E_k}{\partial h_{k-1}}\frac{\partial h_{k-1}}{\partial h_t}\frac{\partial h_t}{\partial W}$$

其中,z_t 是网络在时间 t 的输出;h_t 是网络在时间 t 的隐藏状态;k 是前一个时间步长的索引。上式中的第一项表示时间 t 的输出对整体误差的贡献;第二项表示隐藏状态在时间 t 对整体误差的贡献;第三项表示前一时间步 k 到时间步 t 之间的所有隐藏状态对总误差的贡献。时序反向传播涉及计算误差相对于每个时间步长的权重的偏导数,并在整个序列上累加它们。然后使用这些累积的梯度来使用梯度下降更新网络的权重。因此,除了求和之外通过时间的反向传播与标准反向传播完全相同,这种计算的简单性实际上是简单循环网络比具有相同隐含层数的前馈网络更能抵抗梯度消失的原因。在代码中,不必实现反向传播,TensorFlow 是 Keras 的默认实现框架,TensorFlow 会自动计算梯度实现反向传播。

3.4 深度分布式表征

深度分布式表征(deep distributed representation,DDR)是一种基于神经网络的分布式表征学习方法,旨在将高维稀疏的输入数据映射到低维稠密的连续空间中,从而获得更有效的特征表示。分布式表征的特点是密集的,即每个特征都由一个连续的、低维的向量表示。与此相对应的是传统的稀疏表征,即每个特征都由一个离散的、高维的向量表示。在分布式表征中,每个学习到的概念通常由多个神经元表示,这是因为在神经网络中,每个神经元通常负责提取输入数据的某个特定方面或特征。因此,当一个概念具有多个特征时,它通常会被多个神经元表示。此外,每个神经元也通常表示多个概念,这是因为神经元的响应不仅受到输入数据的某个特定方面或特征的影响,还受到其他相关特征的影响。

深度分布式表征中的神经网络通常是深度神经网络,其层数可以很深,因此它可以学习到更复杂和抽象的特征表示。与传统的浅层神经网络相比,深层神经网络可以更好地处理复杂的非线性关系,并能够从数据中提取更高层次的抽象特征。此外,深度分布式表征还可以通过分布式训练方法在多台计算机上训练,从而可以更快地处理大量数据。

深度分布式表征使用深度神经网络来实现特征学习,可以分为单层模型和多层模型。单层模型包括自编码器(autoencoder)、稀疏自编码器(sparse autoencoder)等,多层模型包括深度信念网络(deep belief network,DBN)、深度自编码器网络(deep autoencoder network,DAEN)等。这些模型在学习过程中,通过最小化重构误差、最大化对数似然等目标函数来学习特征表示。深度分布式表征在自然语言处理、图像处理、语音处理等领域得到广泛应用,其中在自然语言处理领域中的应用最为突出,如将单词映射到低维向量空间中,用于文本分类、句子相似度计算等任务。

3.4.1 自编码器

自编码器由两个主要部分组成:编码器用于将输入编码,而解码器使用编码重构输入。实现这个功能最简单的方式就是重复原始信号,然而自编码器通常被迫近似地重构输入信号,重构结果仅仅包括原信号中最相关的部分。自编码器的思想已经流行了几十年,其首次应用可以追溯到 20 世纪 80 年代。自编码器最传统的应用是降维或特征学习,现在这个概念已经推广到用于学习数据的生成模型。21 世纪 10 年代的一些最强大的人工智能在深度神经网络中采用了自编码器。

最简单的自编码器形式是一个前馈的、非循环的神经网络,用一层或多层隐含层链接输入和输出,输出层结点数和输入层一致。其目的是重构输入(最小化输入和输出之间的差异),而不是在给定输入的情况下预测目标值,所以自编码器属于无监督学习。最简单的自编码器形式是一个前馈的、非循环的神经网络,类似于多层感知器中的单层感知器,用一层或多层隐含层链接输入和输出。输出层具有与输入层相同数量的结点(神经元)。输出层结点数和输入层一致。其目的是重构输入(最小化输入和输出之间的差异),而不是在给定输入 X 的情况下预测目标值 Y,所以自编码器属于无监督学习。

　　自编码器的基本组成部分包括编码器和解码器,如图 3-16 所示。其中,编码器将输入数据 x 映射到低维的特征表示 h,解码器将特征表示 h 重构为输出数据 $\hat{x}$。重构的目标是尽可能地接近原始输入数据 x。

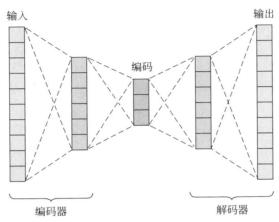

图 3-16　自编码器

　　假设 $x \in R^n$ 是输入数据,$h \in R^m$ 是特征表示,$\hat{x} \in R^n$ 是重构的输出数据。自编码器可以表示为一个映射函数 $f: R^n \to R^m$ 和 $g: R^m \to R^n$,其可以被定义为

$$h = f(x) = \sigma(\boldsymbol{W}x + \boldsymbol{b})$$
$$\hat{x} = g(h) = \sigma(\boldsymbol{W}'h + \boldsymbol{b}')$$

其中,$\boldsymbol{W} \in R^{m \times n}$ 和 $\boldsymbol{W}' \in R^{n \times m}$ 是权重矩阵;$\boldsymbol{b} \in R^m$ 和 $\boldsymbol{b}' \in R^n$ 是偏置向量;σ 是激活函数,通常采用 Sigmoid 或者 ReLU。自编码器的目标是最小化输入数据 x 与重构数据 $\hat{x}$ 之间的均方误差。

$$L(x, \hat{x}) = \frac{1}{2} \left\| x - \hat{x} \right\|_2^2$$

　　因此,自编码器的训练可以通过最小化损失函数 $L(x, \hat{x})$ 来完成。通常采用梯度下降法或其变种算法进行训练,以更新权重和偏置参数。求解完成后,由编码器输出的隐含层特征,即编码特征(encoded feature),可视为输入数据的表征。按自编码器的不同,其编码特征可以是输入数据的压缩(收缩自编码器)、稀疏化(稀疏自编码器)或隐变量模型(变分自编码器)等。

　　自编码器是一种无监督学习的神经网络模型,用于学习输入数据的特征表示。它包含一个编码器和一个解码器,可以将输入数据压缩为低维表示,然后重构出与原始数据相似的输出。自编码器的训练过程是通过最小化重构误差来实现的,即使得重构输出与原始输入之间的误差最小。在训练过程中,自编码器会尝试学习一种有效的编码方式,使得输入数据可以被压缩为一个低维表示,并且该低维表示能够包含输入数据的重要特征信息,因此自编码器可以用于数据压缩、特征提取、降噪等应用。自编码器的一般形式包括单层自编码器和深度自编码器。单层自编码器只包含一个隐含层,而深度自编码器则包含多个隐含层。在深度自编码器中,每个隐含层都可以看作一个单层自编码器,通过对每个隐含层进行编码和解码,可以逐层地学习数据的特征表示。这种深度的特征表示可以更好地反映输入数据的复杂结构和非线性关系。

自编码器在图像处理、语音识别、自然语言处理等领域得到了广泛应用。在图像处理中，自编码器可以用于图像的压缩、去噪和特征提取；在语音识别中，自编码器可以用于声学模型的预训练；在自然语言处理中，自编码器可以用于单词和文本的特征学习和表示。

3.4.1.1　自编码器结构

自编码器是一个三层前馈神经网络。它们有一个特点：目标 t 实际上与输入 x 的值相同，这意味着自动编码器的任务只是重新创建输入，所以自编码器是一种无监督学习的形式。这要求输出层必须具有与输入层相同数量的神经元。这就是将前馈神经网络称为自编码器所需的全部内容，可以将此版本称为普通自编码器。但是，普通自编码器可能会出现学习恒等函数的问题，因为它们可以通过将输入复制到输出以达到最小化重构误差的目标。

因此，添加一些约束条件来防止这种情况是很重要的，即隐含层中的神经元数量必须少于输入和输出层中的神经元数量。人们通常将满足这个属性的自编码器称为简单自编码器。简单自编码器要求隐含层中的神经元数量少于输入和输出层中的神经元数量。这种限制确保了自编码器能够学习到数据的压缩表示，并且可以通过该表示对数据进行重构和生成。简单自编码器的隐含层输出可以看作一个分布式表征，类似于主成分分析，但是它是通过神经网络学习得到的。训练完成后，自编码器的隐含层输出可以作为输入馈送给逻辑回归或简单前馈神经网络。这个分布式表征可以提供比原始数据更好的表示，从而提高模型的性能。这种分布式表征可以用于多种任务，如分类、聚类、降维等，它是一种高度压缩的表示，同时保留了原始数据的重要特征。

另一种常见的方法是稀疏自动编码器。稀疏自编码器是一种自编码器模型，其隐含层神经元数量被限制在输入层神经元数量的两倍以内，并添加了一个严格的 0.7 的丢弃率。这样，在每次迭代中，稀疏自编码器将拥有比输入层更少的隐藏神经元，但同时会产生一个大的隐含层向量，该向量是一个非常大的分布式表征。这个大的隐含层向量是通过学习冗余信息而获得的，它使得简单的神经网络更容易处理和消化它，并提高了准确性。从另一个角度来看，稀疏自编码器也可以通过稀疏率来定义。稀疏率是一种约束，它将低于某个阈值的激活视为 0。这种方法与上述方法类似，都是为了获得更加稀疏的隐含层表示。这种稀疏性使得模型更容易解释和理解，并且可以提高泛化能力，从而提高模型的性能。总体来说，稀疏自编码器是一种强制性地学习冗余信息，并生成一个更加稀疏和更大的隐含层向量的自编码器模型。它具有许多优点，包括更好的泛化能力、更容易解释和理解、更高的准确性等。

还可以通过在输入中插入一些噪声来使自动编码器的工作更加困难。去噪自动编码器是一种在噪声数据上进行训练以重建干净数据的自动编码器。基本思想是向输入数据添加噪声，然后训练自动编码器从噪声输入中重建原始数据。这可以帮助自动编码器通过强制其关注数据的底层结构而不仅仅是噪声来学习更稳健的数据表示。可以使用与传统自动编码器类似的方法训练去噪自动编码器，其中输入被噪声破坏，输出是输入的干净版本。然而，与传统自动编码器相比，去噪自动编码器通常需要更多的训练数据和训练时间，因为网络必须学习从嘈杂的输入中重建原始数据。如果加入明确的正则化，就得到了收缩自编码器。图 3-17 展示了各种类型的自编码器。还有许多其他类型的自动编码器，但它们更复杂，鼓励感兴趣的读者进行补充阅读。

在通常情况下，自编码器被用于预处理数据，从而提高后续神经网络模型的性能。为了

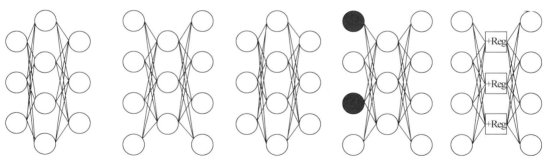

图 3-17　普通自编码器、简单自编码器、稀疏自编码器、去噪自编码器、收缩自编码器

实现这一点,需要将中间(隐藏)层的输出作为预处理后的数据,而不是整个自编码器的输出。这是因为中间层的输出包含了自编码器所学习的数据的压缩表示,它可以用于减少噪声、增强特征、消除冗余信息等。当使用自编码器进行数据预处理时,首先需要训练自编码器,然后使用它来对输入数据进行编码和解码。对于每个输入数据,可以通过将其馈送给自编码器并获取其中间层的输出来获得预处理后的数据。这些预处理后的数据可用于训练下游神经网络模型,如分类器、回归器等。需要注意的是,预处理后的数据需要与下游模型的输入数据形状相匹配。如果下游模型的输入数据具有与自编码器的输入数据不同的形状,则需要调整自编码器的架构或使用其他方法来进行预处理。

解决一个技术问题。本书已经在第 1 章中提到了潜变量的概念,但还没有正式介绍。潜变量(latent variable)是指位于背景中并与一个或多个可见变量相关的变量,它们在观察到的数据中不易直接观察到。在通常情况下,可以通过对可见变量的统计模型来推断潜变量。潜变量是一种概念工具,用于描述数据中的抽象因素,它们可以用来表示数据中的重要特征、结构和变化。例如,在一个人的身高和体重数据中,可以推断出一个潜变量。例如,健康指数,用于描述这些数据中的健康水平。健康指数是一个潜变量,虽然无法直接观察到它,但是可以通过测量身高和体重来推断它。在机器学习中,潜变量通常用于建立数据的低维表示或特征提取。这种方法可以帮助减少数据中的噪声、冗余信息和变化,从而提高数据的预测性能。通常,人们使用统计方法(如主成分分析、因子分析、深度自编码器等)来学习潜变量的表示。需要注意的是,潜变量的定义是一个哲学问题,因为不同的人可能对数据中的抽象因素有不同的看法。因此,当使用潜变量的方法时,需要根据具体应用场景来选择适当的潜变量表示方法,并考虑如何解释和理解学习到的潜变量。

分布式表征可以看作一组潜变量的概率分布,这些潜变量在表达数据时起到关键作用。人们希望学习到的分布式表征能够捕捉到数据中存在的关键特征,并且与真实的客观潜变量相似。当人们学习到的分布式表征与真实的概率分布非常相似时,就可以认为他们已经成功地学习到了数据的本质特征,人们一般通过最小化概率分布之间的差异来实现这一目标。具体来说,人们希望训练出的分布式表征能够与真实概率分布之间的 Kullback-Leibler 散度尽可能小。Kullback-Leibler(KL)散度是衡量两个概率分布之间差异的一种方式。假设有两个概率分布 $P(x)$ 和 $Q(x)$,则它们的 KL 散度定义为

$$\mathrm{KL}(P \parallel Q) = \sum_{x} P(x) \log \frac{P(x)}{Q(x)}$$

其中,$P(x)$ 和 $Q(x)$ 分别表示在 x 处的真实分布和模型分布的概率密度函数。KL 散度是

非负的,当且仅当$P(x)$等于$Q(x)$时取到最小值0。它的直观意义是,$P(x)$和$Q(x)$的差异越大,KL散度就越大,反之亦然。在神经网络中,KL散度通常被用作正则化项,以保证生成的概率分布和目标分布尽量接近。通过最小化重构误差来实现KL散度尽可能小,其中重构误差是输入数据和自编码器输出之间的差异,也可以通过其他形式的正则化来实现,如L^1或L^2正则化。在训练过程中,可以不断调整自编码器的参数,以使潜变量的分布能够更好地匹配真实潜变量的分布,从而得到更好的表示。

除了使用训练数据的重构误差来评估自编码器的性能,还可以使用学习到的潜在表示来训练其他的模型,并将其在感兴趣的任务上的性能作为评估自编码器的标准。这是一种常见的方法,通常被称为fine-tuning或transfer learning。fine-tuning可以翻译为"微调",指的是在一个已经训练好的模型基础上,对模型进行少量的调整,以适应新的任务或数据集。transfer learning可以翻译为"迁移学习",指的是在一个任务或领域中训练好的模型,可以应用于其他相关的任务或领域,以加快模型的训练或提高模型的表现。在这种方法中,首先使用自编码器来学习数据的潜在表示,其次使用这个表示来训练一个新的模型,如分类器或回归器,以执行人们感兴趣的任务。这样做的好处是,通过使用学习到的潜在表示,可以将数据转换成更具有表现力的形式,从而提高模型的性能。此外,由于自编码器通常是无监督的学习算法,它们可以在没有标记数据的情况下进行训练,这使得它们在许多实际应用中非常有用。

自编码器是一个历史悠久的想法,但是在深度学习的发展中,随着神经网络的规模和计算能力的提高,自编码器的应用变得越来越广泛,尤其是在无监督学习和数据预处理方面。此外,随着新的自编码器架构的涌现,如变分自编码器和生成对抗网络,自编码器已经成为当今深度学习领域中较活跃和较有影响力的研究方向之一。除了上述架构,还有很多其他的自编码器架构可以根据不同的应用场景选择使用。3.4.1.2节将介绍和实现堆叠去噪自动编码器。

3.4.1.2　堆叠自编码器

如果将自动编码器看作积木,实际上它们可能是堆叠在一起的,然后被称为堆叠式自动编码器。堆叠自编码器(stacked autoencoder,SAE)是一种多层自编码器,由多个自编码器按顺序堆叠而成。自动编码器的主要目的是学习输入数据的压缩表征。这种压缩表示通常是比原始数据维度更低的表示,因此也被称为低维表示。这种压缩表征通常位于自动编码器的中间层,这意味着要堆叠它们,不是简单地将一个自动编码器一个接一个地粘贴,而是实际组合它们的中间层,如图3-18所示。每一层的输出都作为下一层的输入。整个模型可以通过无监督的预训练和有监督的微调来训练。堆叠自编码器的预训练通常使用逐层训练(greedy layer-wise training)的方式进行,即先训练第一层自编码器,将第一层自编码器的隐含层输出作为第二层自编码器的输入,依次进行训练。在预训练完成后,可以使用反向传播算法对整个模型进行微调,以进一步提高模型的准确性。堆叠自编码器通常用于解决高维数据的特征提取问题,如图像分类和语音识别等任务。它们能够从原始数据中学习到复杂的特征表示,这些特征表示能够被用于其他任务,如分类、聚类等。

想象一下,有两个简单的自动编码器,大小为(13,4,13)和(13,7,13)。请注意,如果它们想要处理相同的数据,它们必须具有相同的输入(和输出)大小。只有中间层或自动编码器架构可能会有所不同。对于简单的自动编码器,它们通过创建13、7、4、7、13堆叠的自动

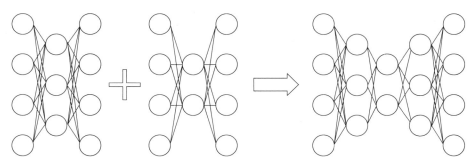

图 3-18　堆叠(4，3，4) 和(4，2，4)两种自动编码器得到一个(4，3，2，3，4)堆叠的自动编码器

编码器来堆叠。对于自动编码器的堆叠式架构,中间层的分布式表征是其真正的结果。这些分布式表征是通过多个自动编码器的级联学习过程中逐步学习得到的。每个自动编码器的中间层输出作为下一个自动编码器的输入,使得整个堆叠式自动编码器可以学习更高级别的抽象特征。与此不同的是,卷积神经网络等其他架构通常不使用中间层的瓶颈作为其主要结果。相反,卷积神经网络等架构更关注数据的空间结构,并希望保留输入数据的空间信息。为了在不丢失空间信息的同时减少数据的维度,卷积神经网络使用池化层或跨步卷积来减小空间维度。这些层可以对输入数据进行下采样,以减小数据的大小和维度,同时保持重要特征的相对位置和关系不变。在实践中,不同的神经网络架构适用于不同的问题和数据类型。自动编码器的堆叠式架构更适合用于学习高级别的抽象特征,而卷积神经网络等架构则更适合用于处理空间结构的数据,如图像和视频。接下来,将堆叠去噪自动编码器。代码的第一部分由 import 语句组成。

```
from keras.layers import Input, Dense
from keras.models import Model
from keras.datasets import mnist
import numpy as np
(x_train, _), (x_test, _)=mnist.load_data()
```

最后一行代码从 Keras 存储库加载 MNIST 数据集。可以手动执行此操作,但 Keras 有一个内置函数,可将 MNIST 加载到 Numpy 数组中。请注意,Keras 函数返回两对值,一组由训练样本和训练标签组成(都是 60000 行的 Numpy 数组),第二个由测试样本和测试标签组成(同样是 Numpy 数组,但这次是 10000 行)。由于不需要标签,将它们加载到匿名变量"_"中,虽然用不上但需要它,因为函数需要返回两对值,如果不提供必要的变量系统就会崩溃,所以接收这些值并将它们转储到变量。代码的下一部分对 MNIST 数据进行预处理,按步骤分解。

```
x_train=x_train.astype('float32') / 255.0
x_test=x_test.astype('float32') / 255.0
noise_rate=0.05
```

这部分代码将原始值范围从 0～255 转换为 0～1 的值,并将它们的 Numpy 类型声明为 float32(精度为 32 的十进制数)。它还引入了一个噪声率参数,很快就会需要它。

```
x_train_noisy=x_train +noise_rate * np.random.normal
(loc=0.0, scale=1.0, size=x_train.shape)
```

```
x_test_noisy=x_test +noise_rate * np.random.normal
(loc=0.0, scale=1.0, size=x_test.shape)
x_train_noisy=np.clip(x_train_noisy, 0.0, 1.0)
x_test_noisy=np.clip(x_test_noisy, 0.0, 1.0)
```

这部分代码将噪声引入数据副本。注意 np.random.normal(loc＝0.0，scale＝1.0，size＝x_train.shape)引入了一个新数组,其大小为 x_train 数组,其中填充了 loc＝0.0(实际上是平均值)和 scale＝1.0(标准差)的高斯随机变量。然后将其与噪声率相乘并添加到数据。接下来的两行实际上确保所有数据都绑定在 0～1,即使在相加之后也是如此。现在可以将当前(60 000,28,28)和(10 000,28,28)的数组分别重塑为(60 000,784)和(10 000,784)。当第一次介绍 MNIST 时,已经触及了这个想法,现在可以看到代码在运行。

```
x_train=x_train.reshape((len(x_train), np.prod(x_train.shape[1:])))
x_test=x_test.reshape((len(x_test), np.prod(x_test.shape[1:])))
x_train_noisy=x_train_noisy.reshape((len(x_train_noisy), np.prod(x_train_
noisy.shape[1:])))
x_test_noisy=x_test_noisy.reshape((len(x_test_noisy), np.prod(x_test_noisy.
shape[1:])))
assert x_train_noisy.shape[1]==x_test_noisy.shape[1]
```

前四行重塑了拥有的四个数组,最后一行是一个测试,看看噪声的训练向量和测试向量的大小是否相同。由于使用的是自动编码器,因此必须如此,如果它们不一样,整个程序就会在这里崩溃。故意让程序崩溃可能看起来很奇怪,但通过这种方式实际上获得了控制,因为知道它在哪里崩溃了,并且通过使用尽可能多的测试,可以快速调试甚至非常复杂的代码。这结束了代码的预处理部分,继续构建实际的自动编码器。

```
inputs=Input(shape=(x_train_noisy.shape[1],))
encode1=Dense(128, activation='relu')(inputs)
encode2=Dense(64, activation='tanh')(encode1)
encode3=Dense(32, activation='relu')(encode2)
decode3=Dense(64, activation='relu')(encode3)
decode2=Dense(128, activation='Sigmoid')(decode3)
decode1=Dense(x_train_noisy.shape[1], activation='relu')(decode2)
```

这提供了与习惯不同的视图,因为现在手动连接图层(可以看到图层大小为 128、64、32、64、128)。添加了不同的激活来显示它们的名称,但可以自由地尝试不同的组合。这里需要注意的重要一点是输入大小和输出大小都等于 x_train_noisy.shape[1]。一旦指定了层,将继续构建模型(随意尝试不同的优化器 4 和误差函数 5)。

```
autoencoder=Model(inputs, decode1)
autoencoder.compile (optimizer='sgd', loss='mean_squared_error',
                    metrics=['accuracy'])
autoencoder.fit(x_train,x_train,epochs=5,batch_size=256,shuffle=True)
```

一旦代码工作,还应该增加 epoch 的数量。最后,当评估、预测和提取最深中间层的权重时,到达了自动编码器代码的最后一部分。请注意,当打印所有权重矩阵时,正确的权重矩阵(堆叠自动编码器的结果)是第一个维度开始增加的矩阵(在示例中为(32,64))。

```
metrics=autoencoder.evaluate(x_test_noisy, x_test, verbose=1)
print()
```

```
print("%s:%.2f%%" %(autoencoder.metrics_names[1], metrics[1] * 100))
print()
results=autoencoder.predict(x_test)
all_AE_weights_shapes=[x.shape forxin autoencoder.get_weights()]
print(all_AE_weights_shapes)
ww=len(all_AE_weights_shapes)
deeply_encoded_MNIST_weight_matrix=autoencoder.get_weights()[int((ww/2))]
print(deeply_encoded_MNIST_weight_matrix.shape)
autoencoder.save_weights("all_AE_weights.h5")
```

生成的权重矩阵存储在变量 deeply_encoded_MNIST_weight_matrix 中,其中包含堆叠自动编码器最中间层的训练权重,然后应将其与标签(转储的那些)一起馈送到完全连接的神经网络。该权重矩阵是原始数据集的分布式表征。所有权重的副本也会保存以供以后在 all_AE_weights.h5 文件中使用。还添加了一个变量 results 来使用自动编码器进行预测,但这主要用于评估自动编码器的质量,而不是用于实际预测。

3.4.2　神经语言模型

神经语言模型(neural language model)是一种基于神经网络的语言模型,用于自然语言处理任务,如语音识别、机器翻译、语言生成等。它通过学习输入文本中单词之间的概率关系,预测下一个单词出现的概率。神经语言模型可以使用多种神经网络模型,如循环神经网络和转换器网络。循环神经网络是一种常用的神经语言模型,它能够对序列数据进行建模。在循环神经网络中,每个单词都被表示为一个向量,并将前一个单词的向量作为当前单词的输入,以此来建模单词之间的依赖关系。在训练时,模型通过最大化预测下一个单词的概率来调整权重,以使得模型能够更好地捕捉单词之间的关系。相比于传统的 n-gram 语言模型,神经语言模型可以更好地处理长文本,并且能够根据上下文动态地调整单词的表示。神经语言模型在自然语言处理领域中取得了很大的成功,成为各种语言任务的基础,如自动语音识别、机器翻译、自动文本摘要、对话生成等。

目前,基于神经语言模型的预训练模型(如 GPT-3、BERT 等)成为自然语言处理领域的重要研究方向之一。事实上,Word2Vec[①] 和 GloVe[②] 模型等神经语言模型是一些最常用的获取词嵌入的方法。这些模型背后的关键思想是训练一个神经网络来预测一个词在其他词的上下文中出现的概率,然后使用神经网络的权重将单词表示为数字向量。总体而言,词嵌入已成为许多自然语言处理系统的重要组成部分,其有效性已在广泛的应用中得到证明。本章我们关注最著名的神经语言模型 Word2Vec,它通过简单的神经网络学习表示单词的向量。

3.4.2.1　词嵌入

神经语言模型确实是单词和句子的分布式表征,它们是通过对大量文本数据的训练来学习的。这些模型将单词和句子表示为高维空间中的数值向量,其中语义相似的单词和句子由空间中靠得更近的向量表示。学习这些表征的过程涉及通过神经网络架构将单词和句

[①]　Word2Vec 是一种用于学习单词向量表示的算法,由 Google 的 Tomas Mikolov 等于 2013 年提出,是一种基于神经网络的模型,通过对大规模文本语料库进行训练,将每个单词映射到一个 n 维向量空间中。

[②]　GloVe (Global Vectors for Word Representation)是一种词向量表示方法,于 2014 年由斯坦福大学的研究人员提出。与其他词向量方法相比,GloVe 的优点在于能够捕捉全局词汇的共现信息,并将这些信息用于训练词向量。

子映射到数字向量。在训练过程中,模型会调整神经网络的权重和偏差,以最小化预测输出与实际输出之间的误差。经过训练后,该模型可以为任何给定的单词或句子生成数字表征,然后可将其用于各种自然语言处理任务,如语言生成、情感分析和文本分类。

人们使用术语"词嵌入(word embedding)"来表示某个或多个单词的非常具体的数字表征。词嵌入是一种将单词映射到具体的数字向量表示的方法。在词嵌入中,每个单词都被表示为一个非常具体的数字向量,相对于单词袋模型通常具有较低的维度(如 50 维或 100 维),这个向量可以捕捉单词的语义和语法特征。在词嵌入中,每个单词都被表示为一个实数向量,其中每个元素表示单词在不同语义或语法维度上的程度。例如,在一个二维词嵌入空间中,单词 cat 和 dog 可能分别被表示为(0.8,0.2)和(0.7,0.3),表示它们在某个语义或语法维度上具有相似的特征。词嵌入通常是通过使用神经网络架构对大量文本数据进行训练来学习的。获得词嵌入的方法多种多样,学习神经语言模型就是其中之一。

除了神经语言模型,还有其他获得词嵌入的方法,其中基于计数的方法和基于预测的方法比较常见。基于计数的方法是利用语料库中的统计信息(如单词共现频率)来构建单词之间的语义关系,其中潜在语义分析(latent semantic analysis,LSA)和潜在狄利克雷分配(latent dirichlet allocation,LDA)是比较常见的方法。LSA 是一种基于奇异值分解(SVD)的方法,它可以将语料库中的单词转换成一个低维度的向量表示,并且能够通过向量之间的相似度来衡量单词之间的语义关系。LDA 则是一种基于概率图模型的方法,它将语料库看作一些主题的混合,每个单词都属于某个主题,并且主题与单词之间存在一定的概率分布关系,从而得到单词的向量表示。基于预测的方法则是利用单词在上下文中的预测能力来构建单词的向量表示,其中 Skip-gram 模型和连续词袋(CBOW)模型是比较常见的方法。这些方法利用了同一个上下文中的单词之间的关系,通过预测一个单词在其上下文中出现的概率,从而学习单词的向量表示。Skip-gram 模型是通过当前单词预测其周围的上下文单词,而 CBOW 模型则是通过上下文单词预测当前单词,两者都能够学习到单词的语义关系。

词嵌入和循环神经网络的预测下一个单词的方法有一些相似之处,但是词嵌入提供了额外的优点。在循环神经网络中,模型通过学习上下文单词的序列来预测下一个单词,这样可以在一定程度上捕捉单词之间的语义关系。而在词嵌入中,每个单词被表示为一个固定长度的向量,这使得可以在向量空间中计算单词之间的距离,如余弦距离或欧几里得距离。这可以比较单词之间的相似性,并可以找到在语义上相似的单词。例如,在一个训练良好的词嵌入空间中,单词 cat 和 dog 在向量空间中的距离通常比单词 cat 和 computer 更接近。另一个优点是词嵌入的向量空间通常是低维的,这使得它可以更快地进行计算。此外,词嵌入可以通过预训练的方式得到,这可以将词嵌入应用于小型数据集,而不需要从头开始训练一个大型的深度学习模型。

3.4.2.2 Word2Vec

Word2Vec 是一种神经语言模型,旨在将自然语言词汇转换为向量形式,以便可以在计算机上处理。Word2Vec 的输入是一个大型文本语料库,输出是一个每个词汇对应一个向量的嵌入空间。这些向量通常在具有相似含义的单词之间具有相似的几何关系,从而可以在计算机上进行算术运算。Word2Vec 的核心思想是使用上下文来理解每个词汇的含义。给定一个文本序列,Word2Vec 将每个词汇表示为固定长度的向量,使得它们在上下文中具有相似的向量表示。这个向量表示称为词嵌入。

词嵌入的生成结构与自编码器非常相似。在 Word2Vec 模型中,隐含层权重矩阵的输入是一个维数为$[V \times N]$的矩阵,如图 3-19 所示。其中,V 是词汇表的大小;N 是词嵌入的维数。为了构建生成嵌入的网络,使用一个浅层前馈网络。输入层接收单词索引向量,因此需要与词汇表中唯一单词数量相同的输入神经元。隐含层神经元的数量称为嵌入大小(建议值介于 100~1000,即使是对于较小的数据集,它也明显小于词汇表的大小),输出神经元的数量与输入神经元相同。输入到隐藏的连接是线性的,即它们没有激活函数,而隐藏到输出的连接具有 Softmax 激活函数。输入到隐藏的权重是模型的可交付成果(类似于自编码器的交付成果),这个矩阵包含一个特定单词的单个单词向量作为行。

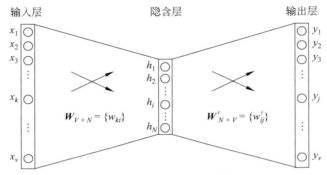

图 3-19　训练 Word2Vec 模型

Word2Vec 有两种主要的训练算法:Skip-gram 模型(图 3-20)和 CBOW 模型(continuous bag-of-words,连续词袋,如图 3-21 所示)。这两种算法都是基于神经网络,通过预测给定目标词周围的上下文词来学习词嵌入,将每个目标词及其上下文词视为单独的训练示例,并使用神经网络学习给定目标词的上下文词的概率分布,可以捕获词之间的句法和语义关系。以下是两者之间的一些区别。

◇ CBOW 模型的目标是根据上下文单词来预测中心单词。具体而言,CBOW 的输入是一组上下文单词,输出是中心单词。CBOW 的训练过程是,将每个上下文单词的词向量加起来,然后使用一个神经网络将它们映射到一个中心单词的词向量。因此,CBOW 模型更适合于小型语料库和相对较少的数据集。

◇ 相比之下,Skip-gram 模型的目标是根据中心单词来预测上下文单词。Skip-gram 的输入是中心单词,输出是上下文单词。Skip-gram 通过使用每个中心单词来训练多个不同的训练样例,从而增加了训练数据的数量,更适合于大型语料库和较大的数据集。

◇ 由于 CBOW 模型将上下文单词加起来并求平均值,因此它更适合于表示相对频繁的词汇,而 Skip-gram 模型更适合于表示罕见的词汇。此外,Skip-gram 模型还可以使用负样本采样技术来改进训练过程,以提高模型的效果。

在 Skip-gram 架构中,隐藏权重矩阵的输入是通过训练神经网络来预测给定目标词的上下文词来学习的。在此过程中,调整权重使倾向于出现在相似上下文中的词具有相似的嵌入。生成的词嵌入可以用作词汇表中每个词的分布式表征。CBOW 架构的工作原理类似,但它不是在给定目标词的情况下预测上下文词,而是在给定一组上下文词的情况下预测目标词。生成的词嵌入仍然在神经网络隐含层的输入中学习,并且可以与 Skip-gram 嵌入相同的方式使用。提取适当的单词向量的最简单方法之一是将这个矩阵乘以给定单词的单词索引向量。注意,这些权重通过通常的反向传播方法进行训练。

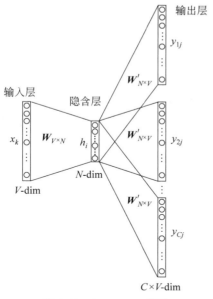

图 3-20　Skip-gram 模型

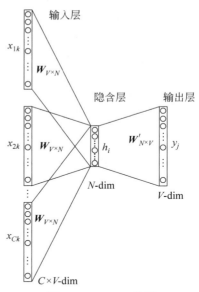

图 3-21　CBOW 模型

在实践中,这两种架构都有自己的优势和劣势,选择 CBOW 模型还是 Skip-gram 模型取决于具体应用场景和可用数据集的大小和质量。为了看出区别,将使用"Who are you, that you do not know your history?"这句话。首先,清除句子中的大写和标点符号。两种架构都使用单词的上下文(它周围的单词)及单词本身,必须提前定义上下文的大小。为简单起见,将使用长度为 1 的上下文,这意味着一个单词的上下文由一个单词之前和一个单词之后组成,将句子分解成单词和上下文对,如表 3-2 所示。Word2Vec 算法的两种架构都是学习模型,这意味着它们从给定的文本数据集中学习以生成词嵌入。学习这些嵌入的目的是捕捉数据集中单词之间的潜在关系,如语义和句法相似性。Word2Vec 算法通过迭代调整神经网络中词嵌入的值来学习,以提高其预测上下文词或目标词的能力。学习过程涉及根据网络的预测输出和实际输出之间的误差,使用随机梯度下降更新神经网络的权重。训练过程完成后,生成的词嵌入可以用作数据集中每个词的向量表示。

表 3-2　上下文和中心词

上 下 文	中 心 词	上 下 文	中 心 词
'are'	'Who'	'you' 'not'	'do'
'Who' 'you'	'are'	'do' 'know'	'not'
'are' 'that'	'you'	'not' 'your'	'know'
'you' 'you'	'that'	'know' 'history'	'your'
'that' 'do'	'you'	'your'	'history'

Skip-gram 和 CBOW 两种 Word2Vec 模型的工作原理,以及它们在预测上下文和中心词方面的不同。Skip-gram 模型学习从给定的中心词中预测上下文单词。也就是说,如果

将"are"作为中心词输入模型,模型将尝试预测在"are"周围可能出现的上下文单词,如"Who"。同样地,如果输入"know",模型将尝试预测可能出现在"know"周围的上下文单词,如"not"或"your"。相比之下,CBOW 模型从上下文中获取两个单词,然后使用它们的词嵌入的平均值来预测中心词。也就是说,如果将"not"和"your"作为输入传递给 CBOW 模型,它将尝试预测在这两个单词之间可能出现的中心词,如"know"。

在符号表示中,对象和概念使用离散符号表示,这些符号可以使用逻辑运算进行操作。例如,在猫的逻辑表示中,猫将使用符号"cat"来表示,该符号可以与其他符号和逻辑运算符组合以表示涉及猫的关系和概念。符号表示在早期的人工智能研究中被广泛使用,特别是在专家系统和基于规则的系统中。这些系统将使用规则和逻辑操作来做出决策并根据数据的符号表示得出结论,然而符号表示在表示复杂、模糊和依赖于上下文的概念的能力方面存在局限性。这是因为符号代表离散的、固定的概念,而许多现实世界的概念是流动的和依赖于上下文的。这就是词嵌入和其他类型的连续表示可以发挥作用的地方,因为它们可以捕捉语言和意义的细微差别,而这些细微差别很难单独使用符号表示来表示。

词嵌入通过提供一种将词表示为捕获其语义的数字向量的方式,挑战了将推理视为纯符号概念的传统观点。与符号表示不同,词嵌入是从数据中学习的,可以捕获词之间复杂而微妙的关系。这为推理开辟了新的可能性,因为它允许对这些反映潜在单词之间关系的向量执行操作。例如,可以使用词向量进行类比推理,查找与"king"类似于"queen"与"man"的关系。这可以通过对词向量执行向量运算来完成。例如,从"king"的向量中减去"man"的向量并添加"queen"的向量,然后找到与结果向量最接近的词嵌入。

3.4.2.3　度量相似度

汉明距离[①](hamming distance)是一种衡量两个字符串之间相似度的度量方式,它度量的是两个字符串在相同位置上不同字符的个数。如果两个字符串的长度不同,则它们之间的汉明距离是未定义的。对于文本处理来说,汉明距离可以被用来比较两个字符串之间的相似度。它可以被用来进行文本分类、相似性匹配等任务。然而,汉明距离有其限制,因为它只能度量两个字符串之间在字符级别的差异,而不能识别单词之间的相似性和语法结构。因此,在进行自然语言处理时,汉明距离可能不太适用。例如,单词 topos 和 topoi 之间的汉明距离是 1,而 friends 和 fellows 之间的距离是 5(注意 friends 和 0r＄8MMs 之间的距离也是 5)。

汉明距离是一种简单的字符串编辑距离度量(string edit distance metrics),它衡量两个等长字符串之间不同字符的数量。然而,汉明距离只能比较相同长度的字符串,且只考虑字符不同的情况,不对字符的位置或顺序进行考虑。Levenshtein 距离是一种更进化的字符串编辑距离度量,它考虑了插入、删除和替换操作,并衡量将一个字符串转换为另一个字符串所需的最少操作次数。Levenshtein 距离可以用于比较不同长度的字符串,它允许字符串之间存在不同长度的差异。当计算 Levenshtein 距离时,每种操作都有一个固定的惩罚值。在通常情况下,插入和删除操作的惩罚值相等,而替换操作的惩罚值较高。这是因为替换操作代表两个不同字符之间的转换,相对于插入和删除操作而言更可能导致语义上的差异。

---

①　汉明距离是用于比较两个等长字符串之间的差异的度量方式。它表示两个字符串在同一位置上不同的字符数量。换句话说,汉明距离是将一个字符串转换为另一个字符串所需的最小单字符替换次数。

通过计算将一个字符串转换为另一个字符串所需的最少操作次数,并根据操作类型的惩罚值进行加权,Levenshtein 距离可以衡量字符串之间的相似性。较小的 Levenshtein 距离表示两个字符串越相似,而较大的距离表示它们之间差异越大。这里有一个例子:假设要比较字符串"kitten"和"sitting"。首先,可以通过在"kitten"的开头插入"s"来匹配第一个字符,使得两个字符串变为"skitten"和"sitting";其次,可以通过替换"k"为"s"来匹配第二个字符,使得两个字符串变为"sitten"和"sitting";再次,可以通过插入"i"在"sitten"的第三个位置来匹配第三个字符,使得两个字符串变为"sittien"和"sitting";最后,不需要进行任何操作来匹配剩下的字符,因为它们已经完全匹配。我们进行了一次替换操作和一次插入操作,总共编辑了两次,因此字符串"kitten"和"sitting"的 Levenshtein 距离为 2。这个例子展示了 Levenshtein 距离如何通过最小化插入、删除和替换操作的数量来度量两个字符串之间的相似性。

Jaro-Winkler 距离也是一种字符串相似性度量,它主要用于比较较短的字符串。Jaro-Winkler 距离考虑了字符匹配、字符顺序和相邻字符的匹配,并以不同的方式惩罚不同类型的错误。它可以用于比较不同长度的字符串,并且对于较短的字符串通常具有较好的性能。这些进化的形式,如 Levenshtein 距离和 Jaro-Winkler 距离,提供了更全面和灵活的方法来衡量字符串之间的相似性,比汉明距离更具有实用性。根据具体的应用场景和需求,选择适合的字符串相似性度量方法可以更好地满足需求。汉明距离、Levenshtein 距离和 Jaro-Winkler 距离等度量都是基于单词的形式,这意味着它们仅根据组成单词的字符来考虑两个单词之间的相似性。它们不考虑单词的含义或其上下文,这在许多自然语言处理任务中可能至关重要。例如,"professor"和"teacher"这两个词可能没有太多相同的字符,但它们的含义相似,并且经常互换使用。

但是,基于形式的度量将无法捕获这种相似性,因此在同义词检测或语义相似性度量等任务中没有用处。为了捕捉单词的含义和上下文,需要更高级的技术可以将单词表示为语义空间中的高维向量,允许在单词之间进行更细微和上下文感知的比较。在自然语言处理中,通常使用更高级别的度量方式来捕捉单词之间的语义和上下文。词嵌入是一种基于分布式表征的方法,可以将单词映射到向量空间中,使得相似的单词在向量空间中距离更近,不相似的单词距离更远。使用词嵌入向量,可以计算两个单词之间的余弦相似度或欧几里得距离等度量方式,从而比较它们之间的语义相似性。如果将单词表示为向量,需要在向量之间进行距离度量,但现在可以引入向量的余弦相似度(cosine similarity)的概念,两个 n 维向量 v 和 u 的余弦相似度由下式给出。

$$\mathrm{CS}(v,u) := \frac{v \cdot u}{\|v\| \|u\|} = \frac{\sum_{i=1}^{n} v_i u_i}{\sqrt{\sum_{i=1}^{n} v_i^2} \sqrt{\sum_{i=1}^{n} u_i^2}}$$

其中,v_i 和 u_i 是 v 和 u 的分量;$\|v\|$ 和 $\|u\|$ 分别表示向量 v 和 u 的范数。余弦相似度是用于衡量两个向量之间的相似度的度量方法。它衡量的是这两个向量的方向上的相似程度,而不是它们的大小。余弦相似度的值范围为 $-1 \sim 1$,其中 1 表示两个向量在方向上完全相同,0 表示它们在方向上完全不同,而 -1 表示它们在方向上完全相反。在自然语言处理中,通常使用余弦相似度来衡量单词之间的相似度,因为这种方法在处理高维向量时非常有

效。例如,可以使用余弦相似度来比较两个单词在语义上的相似性,或者在文本分类中使用它来计算一个文档与一个类别之间的相似度。在使用词袋、one-hot 编码或类似的词向量嵌入时,余弦相似度的范围确实在 0~1,因为这些向量是非负的。这意味着两个向量之间的余弦相似度为 0 表示它们是正交的,即它们之间没有共同的特征。相反,余弦相似度为 1 表示两个向量是完全相同的,它们包含完全相同的特征。然而,这并不意味着 0 表示"相反"的意思。在这个上下文中,0 仅仅是指两个向量之间没有共同的特征,它们不相关。相反的含义在这里并不适用。因此,在使用余弦相似度来比较文本片段时,应该将 0 看作不相关的,而不是相反的。

3.4.2.4　实现 CBOW

在本节将给出一个连续词袋实现的示例,从通常的导入和超参数开始。

```
from keras.models import Sequential
from keras.layers.core import Dense
import numpy as np
from sklearn.decomposition import PCA
import matplotlib.pyplot as plt
text_as_list=["who","are","you","that","you","do","not","know","your",
"history"]
embedding_size=300
context=2
```

text_as_list 可以保存任何文本,因此可以将文本放在这里,或者使用循环神经网络中的代码部分,将文本文件解析为单词列表。embedding_size 是隐含层的大小也是词向量的大小;context 是给定单词之前和之后的单词数。如果 context 为 2,这意味着将使用主词之前的两个词和主词之后的两个词来创建输入,而主词将是训练目标。继续下一个代码块,它与循环神经网络的同一部分代码完全相同。

```
distinct_words=set(text_as_list)
number_of_words=len(distinct_words)
word2index=dict((w, i) for i, w in enumerate(distinct_words))
index2word=dict((i, w) for i, w in enumerate(distinct_words))
```

此代码以两种方式创建单词和索引字典,一种是单词是键,索引是值;另一种是索引是键,单词是值。代码的下一部分有点麻烦,它创建了一个生成两个列表的函数,一个是主单词列表;另一个是给定单词的上下文单词列表。

```
def create_word_context_and_main_words_lists(text_as_list):
    input_words=[]
    label_word=[]
    for i in range(0, len(text_as_list)):
        label_word.append((text_as_list[i]))
        context_list=[]
        if i>=context and i<(len(text_as_list) -context):
            context_list.append(text_as_list[i -context : i])
            context_list.append(text_as_list[i +1 : i +1 +context])
            context_list=[x for subl in context_list for x in subl]
        elif i <context:
            context_list.append(text_as_list[:i])
```

```
            context_list.append(text_as_list[i +1 : i +1 +context])
            context_list=[x for subl in context_list for x in subl]
          elif i >=(len(text_as_list) -context):
            context_list.append(text_as_list[i -context : i])
            context_list.append(text_as_list[i +1 :])
            context_list=[x for subl in context_list for x in subl]
        input_words.append((context_list))
    return input_words, label_word


input_words, label_word=create_word_context_and_main_words_lists(text_as_
list)
input_vectors=np.zeros((len(text_as_list), number_of_words), dtype=np.int16)
vectorized_labels=np.zeros((len(text_as_list), number_of_words), dtype=np.
int16)
for i, input_w in enumerate(input_words):
    for j, w in enumerate(input_w):
        input_vectors[i, word2index[w]]=1
        vectorized_labels[i, word2index[label_word[i]]]=1
```

看看这段代码做了什么。第一部分是一个函数的定义，它接收一个单词列表并返回两个列表，一个是单词列表的副本，在代码中命名为 label_word；第二个是 input_words，它是一个列表的列表。列表中的每个列表都携带来自 label_word 中相应单词的上下文的单词。整个函数定义后，在变量 text_as_list 上调用，之后用 0 创建保存与两个列表对应的词向量的两个矩阵，代码的最后部分将矩阵的相应部分更新为 1，以制作输入上下文和主上下文的最终模型目标的词。代码的下一部分初始化和训练 Keras 模型。

```
word2vec=Sequential()
word2vec.add(Dense(embedding_size, input_shape=(number_of_words,), activation=
"linear", use_bias=False))
word2vec.add(Dense(number_of_words, activation="Softmax", use_bias=False))
word2vec.compile(loss="mean_squared_error", optimizer="sgd", metrics=
['accuracy'])
word2vec.fit(input_vectors, vectorized_labels, epochs=1500, batch_size=10,
verbose=1)
metrics =word2vec.evaluate(input_vectors, vectorized_labels, verbose=1)
print("%s: %.2f%%" %(word2vec.metrics_names[1], metrics[1] * 100))
```

该模型基本遵循在上一节中介绍的架构。在 Word2Vec 的连续词袋架构中，模型接收几个输入词的上下文，并尝试预测上下文中间的目标词。连续词袋模型的输入层是上下文词的 one-hot 编码向量的串联，输出层是代表预测目标词的 one-hot 编码向量。在连续词袋模型中，输入层或输出层不需要偏置。输入层的权重用于将输入词编码为词嵌入，输出层的权重用于解码来自隐含层的预测目标词。向这些层添加偏差会引入单词预测任务不需要的额外信息。该模型经过了 1500 个 epoch 的训练，可能想对这些进行试验。如果想创建一个 Skip-gram 模型，应该只是交换这些矩阵，所以说 word2vec.fit() 的部分应该改为

```
word2vec.fit(vectorized_labels, input_vectors, epochs=1500, batch_size=10,
verbose=1)
```

这样,就会有一个 Skip-gram。一旦有了训练后的模型,只需要使用以下代码取出
权重。

```
word2vec.save_weights("all_weights.h5")
embedding_weight_matrix=word2vec.get_weights()[0]
```

该代码的第一行以[number_of_words×embedding_size]维数组的形式返回所有单词
的单词向量,可以选择适当的行来获取该单词的向量。第一行将网络中的所有权重保存到
H5 文件中,可以用 Word2Vec 做几件事,对于所有这些都需要这些权重。首先,可能只是
从头开始学习权重,就像代码所做的那样;其次,可能想要微调先前学习的词嵌入,在这种情
况下希望将先前保存的权重加载到原始模型的副本中,并在新文本上训练它使其更有针对
性,例如希望与法律文本的联系更密切;最后,是简单地使用它们(而不是 one-hot 编码或词
袋),并将它们提供给另一个神经网络,该网络具有预测情感的任务。请注意,H5 文件包含
网络的所有权重,只想使用来自第一层的权重矩阵,该矩阵由最后一行代码获取并命名为
embedding_weight_matrix,将在下面的代码中使用。

实际上,Word2Vec 能够分析大量文本数据并创建词嵌入,这是将词表示为高维空间中
的数值向量。这些嵌入捕获单词之间的语义关系,如相似性和上下文,从而使模型能够识别
语义相似的单词。通过使用 Word2Vec,可以识别数据集中单词之间的相似性,并以与前面
陈述中描述的类似方式对它们进行推理。例如,如果数据集包含单词 cat、dog 和 puppy 的
句子,Word2Vec 可能会识别出 dog 和 puppy 彼此之间的相似性高于 cat。为了显示这种能
力,看看代码,将使用 embedding_weight_matrix 找到一种有趣的方法来测量词的相似性
(实际上是词向量聚类),并在词向量的帮助下对词进行计算和推理。为此,首先应用主
成分分析处理 embedding_weight_matrix 保留前两个维度,然后简单地将结果绘制到
文件。

```
pca=PCA(n_components=2)
pca.fit(embedding_weight_matrix)
results=pca.transform(embedding_weight_matrix)
x=np.transpose(results).tolist()[0]
y=np.transpose(results).tolist()[1]
n=list(word2index.keys())
fig, ax=plt.subplots()
ax.scatter(x, y)
for i, txt in enumerate(n):
    ax.annotate(txt, (x[i], y[i]))
plt.savefig('word_vectors_in_2D_space.png')
plt.show()
```

由此生成了图 3-22。请注意,需要一个比 9 个单词句子大得多的数据集才能学习相似
性(并在图中看到它们),但是可以使用在循环神经网络中使用的解析器来试验不同的数
据集。

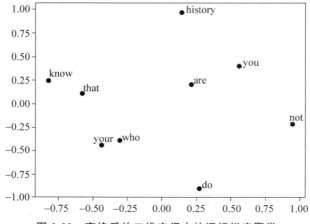

图 3-22   变换后的二维空间中的词相似度聚类

使用词向量进行推理也非常简单。需要从 embedding_weight_matrix 中获取相应的向量,并用它们进行简单的算术运算。它们都是相同的维度,这意味着很容易添加和删除它们。

第 2 部分
自然语言处理与转换器网络

以下是第 4 章和第 5 章的主要内容概述。

第 4 章　自然语言处理

✧ 回顾了自然语言处理的历史发展。

✧ 介绍了常见的自然语言处理任务,包括字符和语音识别、形态分析、句法分析、词汇语义、关系语义、话语及一些高级任务。

✧ 探讨了自然语言处理的未来趋势。

✧ 详细介绍了转换器(transformer)网络在自然语言处理中的应用。

✧ 解释了编码器到解码器的架构和注意力机制的原理。

✧ 探讨了迁移学习及 Hugging Face 生态系统在自然语言处理中的应用。

✧ 讨论了自然语言处理面临的挑战。

第 5 章　转换器网络

✧ 介绍了转换器模型的基本概念和原理。

✧ 解释了编码器的结构和各个组成部分,包括输入嵌入层、位置编码、多头注意力层、残差连接和层归一化、前馈网络层等。

✧ 解释了解码器的结构和各个组成部分,包括掩码多头注意力层、多头注意力层、线性层和 Softmax 层等。

✧ 讨论了转换器的训练过程。

✧ 探讨了转换器模型的不同变体和扩展,包括编码器分支、解码器分支、编码器到解码器分支等。

✧ 总结了转换器网络的主要内容。

　　总体而言,第 4 章介绍了自然语言处理的历史、常见任务和转换器模型在自然语言处理中的应用。第 5 章则详细介绍了转换器网络的结构和训练过程,并讨论了转换器模型的不同变体和扩展。这两章内容涵盖了自然语言处理和转换器网络的基础知识和技术。

第4章

自然语言处理

自然语言处理（natural language processing，自然语言处理）是计算机科学、人工智能和语言学的交叉学科领域，旨在让计算机能够理解、生成、处理、分析和翻译人类语言。自然语言处理的目标是实现人机交互、信息提取、文本分类、情感分析、机器翻译、语音识别、问答系统、语音合成等应用。

自然语言处理可以被划分为两个主要方向：自然语言理解（natural language understanding，NLU）和自然语言生成（natural language generation，NLG）。自然语言理解旨在使计算机理解人类语言，其中包括文本的意思、情感和意图；而自然语言生成则是计算机根据特定的条件生成人类语言，例如根据数据库生成报告或摘要。

在自然语言处理中，常见的技术包括分词、词性标注、句法分析、命名实体识别、情感分析、文本分类、信息提取、机器翻译、语音识别和语音合成等。自然语言处理的发展在近年来取得了巨大进展，尤其是深度学习技术的出现，如卷积神经网络、循环神经网络、长短时记忆网络和转换器网络等，这些技术大大提高了自然语言处理的性能，使得自然语言处理可以在更广泛的领域应用，如自然语言对话系统、自然语言生成、文本摘要等。

4.1 历 史 发 展[①]

自然语言处理的历史起源于20世纪50年代。早在1950年，艾伦·图灵（Alan Turing）就发表了一篇题为《计算机器与智能》(*Computing Machinery and Intelligence*)的文章，提出使用所谓的图灵测试作为智能标准，尽管当时并未将其作为与人工智能分开的问题，其中的测试包括一项涉及自然语言自动解释和生成的任务。之后自然语言处理的发展经历了三个阶段。

1. 基于符号的自然语言处理（20世纪50年代—20世纪90年代初期）

约翰·希尔勒（John Searle）的中文房间实验确实很好地总结了基于符号的自然语言处理的前提。该实验是一个思维实验，它通过想象一个只会英语的人在一个房间里操作一些符号，来探讨计算机能否真正理解自然语言。在该实验中，假设有一个只懂英语的人被关在一个房间里，他手里拿着一本英语规则书和一些纸笔。他的任务是根据书中的规则回答从外部投递进来的中文问题。人们从房间的另一侧递进一张中文问题纸条，而房间里的人则根据规则书来查找符合该问题的英文答案，并将该答案翻译成中文后写在纸条上。虽然这个人只是按照规则进行符号操作，但是对于外界的观察者来说，似乎房间内的人是能够真

---

① https://en.wikipedia.org/wiki/Natural_language_processing。

正理解中文问题并给出中文答案的,然而希尔勒指出这个人并没有真正理解中文问题,他只是按照一些规则进行符号操作。类似地,计算机也只是通过一些规则和算法来处理自然语言,它并不真正理解语言的意义,因此基于符号的自然语言处理需要面临如何真正理解语言意义的问题。

1954 年的乔治城实验是早期机器翻译领域的一个里程碑事件,该实验尝试使用计算机自动将俄语句子翻译成英语。该实验使用了当时最先进的技术,包括双语语料库和基于规则的翻译方法,取得了一定的成功。但是,该实验也揭示了机器翻译的困难之处,翻译结果不如人工翻译准确,翻译质量受到语言结构和语义理解等问题的制约。在 1966 年 ALPAC报告发现长达十年的研究未能达到预期后,机器翻译的资金大幅减少。直到 20 世纪 80 年代后期,当第一个统计机器翻译系统被开发出来时,才对机器翻译进行了进一步的研究。实际上,机器翻译的进展一直相对缓慢,远远落后于当时的预期。直到近年来,随着深度学习技术的发展,机器翻译取得了一定的突破,特别是神经机器翻译的出现,它使用神经网络来自动学习双语语料库之间的映射关系,取得了显著的进展。例如,在 2016 年的 WMT 机器翻译评测中,一些基于神经网络的翻译系统已经能够接近人工翻译的水平。然而,机器翻译仍然面临很多挑战和问题,如词汇、语法和语义的理解,文化差异和上下文的处理等。尽管如此,随着技术的不断发展和改进,机器翻译仍然具有很大的应用前景,可以在跨语言交流、信息检索和知识传播等领域发挥重要作用。

SHRDLU 是一个在受限制的"块世界①"中工作的自然语言处理系统,于 1968 年由麻省理工学院的 Terry Winograd 开发。它是当时自然语言处理领域最为成功的系统之一,被广泛认为是人工智能领域中的经典案例之一。SHRDLU 是一个基于符号的自然语言系统,它可以理解和回答关于"块世界"中的物体和动作的问题,如"将红色立方体移动到蓝色立方体上方"等。SHRDLU 的词汇非常有限,仅包含几十个词汇,但它可以理解复杂的语句结构,并根据语境和逻辑推理来回答问题。SHRDLU 的成功在于它采用了一种基于逻辑和规则的方法,通过定义一系列语法规则和世界模型来实现自然语言理解和生成。该系统的设计思路直接受到人工智能领域中的"符号主义"理论的影响,即将人类思维看作一系列逻辑和符号操作的过程。虽然 SHRDLU 是一个在受限环境中工作的系统,并且词汇量有限,但它的成功证明了基于符号的自然语言处理方法的可行性,并为后来的自然语言处理研究提供了重要的启示。

ELIZA② 是一种基于规则的对话系统,于 1966 年由麻省理工学院的 Joseph Weizenbaum开发。它被设计成一个模拟心理治疗师,可以与人类用户进行自然语言交互,以模拟人类之间的对话。ELIZA 的工作原理是根据用户输入的语句,使用一系列规则和模式匹配来生成响应。它可以理解用户的语言,并将用户的话语转换为一个问题或回答。与用户进行对话时,ELIZA 会不断重复和转换用户输入的话语,以产生一种类似心理治疗师的回答。ELIZA 并没有实际理解人类思想或情感,而是通过模式匹配和简单的规则来生成回答。尽管如此,由于它的设计理念和交互方式非常类似于人类对话,因此 ELIZA 的对话方式仍然

---

① 块世界是人工智能中的一个规划领域,类似于坐在桌子上的一组不同形状和颜色的木块,适用于经典的符号人工智能方法。

② Joseph Weizenbaum 在麻省理工学院人工智能实验室创建的早期自然语言处理计算机程序。

给人以惊人的类人交互的感觉。ELIZA 的成功在于它是最早的对话系统之一,为后来的自然语言处理技术的发展提供了重要的启示。它也被广泛应用于语言学、心理学和人机交互等领域的研究中,成为自然语言处理领域的经典案例之一。

在 20 世纪 70 年代,自然语言处理技术取得了一些重要的进展。除了像 SHRDLU 和 ELIZA 这样的对话系统外,许多程序员开始尝试使用"概念本体"的概念将现实世界的信息结构化为计算机可理解的数据,其中一些最著名的系统包括如下。

- ◇ MARGIE(Schank,1975):一种基于概念本体的自然语言理解系统,可以解析自然语言句子,并将其转换为计算机可理解的形式。
- ◇ SAM(Cullingford,1978):一种基于语义网络的自然语言理解系统,可以理解和回答有关计算机科学的问题。
- ◇ PAM(Wilensky,1978):一种基于框架和语义网络的自然语言理解系统,可以理解和回答有关物理学和机械工程的问题。
- ◇ TaleSpin(Meehan,1976):一种基于故事的自然语言理解系统,可以生成和理解自然语言故事。
- ◇ QUALM(Lehnert,1977):一种基于语义网络和规则的自然语言理解系统,可以理解和回答有关生物学和生态学的问题。
- ◇ Politics(Carbonell,1979):一种基于框架和知识表示的自然语言理解系统,可以理解和回答有关政治的问题。
- ◇ Plot Units(Lehnert,1981):一种基于框架和语义网络的自然语言理解系统,可以理解和回答有关小说和电影情节的问题。

在此期间,还开发了第一个聊天机器人 PARRY,它是由 Joseph Weizenbaum 于 1972 年创建的。PARRY 是一个基于规则的对话系统,它被设计成一个模拟患有精神分裂症的患者。尽管 PARRY 并没有真正理解自然语言,但它的交互方式和语言表现力仍然使人感到惊讶,并且被认为是自然语言处理技术的一个里程碑。

在 20 世纪 80 年代和 20 世纪 90 年代初期,基于符号的自然语言处理方法(如基于规则的方法)处于其鼎盛时期。在这个时期,许多重要的技术和方法被开发出来。例如,将 HPSG 发展为生成语法的计算操作化,这使得自然语言处理的语法分析能够更加精确和高效地完成。除此之外,还有形态学、语义学和自然语言理解等领域也得到了广泛的研究和探索。这些方法大多基于人类语言学家对语言规则和语言知识的理解,因此也被称为"知识驱动"的方法。在同一时期,形态学和语义学也是自然语言处理领域的重要研究方向。形态学是研究单词内部结构和变化的语言学分支,其中二级形态学指的是基于词根和词缀的单词构成方式,它可以用来识别单词的词性、时态、语态等信息。在自然语言处理领域,二级形态学可用来执行对单词进行词形还原和词性标注等,从而提高语言处理的准确性。语义学是研究语言意义的语言学分支,其中 Lesk 算法是一种基于词汇语义相似性的词义消歧算法。它通过比较一个单词的上下文环境中出现的其他单词的意义,来确定该单词的实际意义。该算法在自然语言处理中被广泛应用于文本分类、信息检索和机器翻译等任务。另外,同一时期的修辞结构理论是一种基于层次结构的语法理论,它通过将句子分解为一系列的层级结构,来更好地理解句子的含义。该理论认为,句子中的每个成分都具有特定的语法功能,如主语、谓语、宾语等,并且这些成分之间存在着特定的关系。通过对这些成分和关系的分析,可以得出句子的语义含义。同时,聊天机器人的开发也得到了关注,其中 Racter 和 Jabberwacky 是比较著名的两个聊天机器人。Racter 是由艺术家 William Chamberlain 和 Thomas Etter 开发的,它通过随机生成句子来进行对话。而 Jabberwacky 是由 Rollo Carpenter 开发的,它使用一种基于统计语言模型的方法来进行对话。这些聊天机器人虽然在当时引起了一定的轰动,但它们的交互能力和对话质量还有很大的提升空间。这一时期定量评估的重要性也越来越受到重视,这最终促成了自然语言处理研究在 20 世纪 90 年代向统计方法的转变。

2. 基于统计的自然语言处理(20 世纪 90 年代—21 世纪的前 10 年)

直到 20 世纪 80 年代,大多数自然语言处理系统都基于复杂的手写规则集,然而从 20 世纪 80 年代后期开始自然语言处理发生了一场革命。这场革命在自然语言处理领域被称为"统计转向"(statistical turn),这是由于基于摩尔定律计算能力的稳定增长和机器学习算法的兴起。通过使用大规模语料库和机器学习算法,自然语言处理系统可以从数据中自动学习规则和模式,而无须手动编写规则。这种方法比传统的基于规则的方法更为灵活和高效,可以适应各种不同的语言和语言变体。这种方法的代表性算法包括朴素贝叶斯分类器、最大熵模型、支持向量机和深度学习模型等。

IBM 研究院在 20 世纪 90 年代开发了一系列非常成功的统计机器翻译系统,其中最著名的是称为"译文自动评价计算(BLEU)"的指标。这个指标可以用来比较机器翻译结果和人工翻译结果之间的相似性,已成为机器翻译领域中广泛使用的评估方法。此外,还有一些其他的成功系统。例如,Brown 等(1990)开发的基于词对齐的翻译模型和 Och 和 Ney(2000)开发的基于短语的翻译模型。这些早期成功的系统为机器学习方法在自然语言处理中的应用奠定了基础,并激发了更多的研究和开发。

数据稀缺一直是自然语言处理中的一个主要问题。在早期,由于语料库的限制,大多数基于规则和符号的方法通常需要手动编写规则和语法来实现特定的任务,如文本分类或信息提取。随着机器学习的兴起,可以从更大的语料库中自动学习模型,从而避免手动编写规则的复杂性。但即使在机器学习方法中,数据的质量和数量仍然是一个关键问题,因为模型的性能通常取决于训练数据的质量和数量。因此,开发更好的数据收集和标注技术仍然是自然语言处理领域的重要研究方向之一。随着网络的发展,自 20 世纪 90 年代中期随着网络和数字化技术的不断发展,越来越多的语言数据变得可用,这为自然语言处理的发展提供了巨大的机遇。无监督和半监督学习算法的发展可以从未注释的数据中学习,或者利用有限的手动注释数据和大量的未注释数据进行学习,从而克服了传统监督学习算法所受到的数据限制,使自然语言处理系统的效果更加出色。

3. 基于神经网络的自然语言处理(21 世纪的前 10 年至今)

神经网络在自然语言处理中的应用非常广泛,包括语言模型、文本分类、命名实体识别、语义角色标注、机器翻译、情感分析等任务。自 2010 年后,表征学习和深度学习①(deep learning)方法的应用对于自然语言处理的进展非常重要。其中,表征学习②(representation

---

① 深度学习(也称为深度结构化学习)是更广泛的机器学习方法家族的一部分,这些方法基于具有表示学习的人工神经网络,学习可以是有监督的、半监督的或无监督的。

② 在机器学习中,特征学习或表征学习是一组技术,允许系统从原始数据中自动发现表示,用作特征检测或分类。这取代了手动特征工程,并允许机器学习特征并使用它们来执行特定任务。

learning)和特征学习(feature learning)是指从原始数据中学习有用的特征,以便更好地处理和理解这些数据。在自然语言处理中,这些特征可以是词嵌入、句子嵌入或文档嵌入等,这些嵌入向量捕捉了文本数据的语义和上下文信息。深度学习方法是指通过构建多层神经网络来进行表征学习,这种方法可以有效地解决自然语言处理中的许多任务,如文本分类、语言生成和机器翻译等。基于神经网络的自然语言处理是指利用神经网络模型处理和分析人类语言的方法。神经网络是一种模拟人脑神经元结构和功能的计算模型,通过大量的数据和训练来学习语言规律和模式。下面介绍一些常见的基于神经网络的自然语言处理模型。

(1) 循环神经网络:循环神经网络可以捕捉文本中的时序信息,是处理序列数据的一种经典模型。在自然语言处理中,循环神经网络被广泛用于语言模型、文本分类、机器翻译等任务。

(2) 卷积神经网络:卷积神经网络最初是用于图像处理的模型,但也可以应用于文本分类、情感分析等自然语言处理任务。长短时记忆网络通过卷积操作来提取文本中的局部特征,具有一定的平移不变性。

(3) 长短时记忆网络:长短时记忆网络是一种特殊的循环神经网络,可以有效地解决循环神经网络在处理长序列时的梯度消失问题。长短时记忆网络通过门控机制来控制信息的流动,能够学习文本中的长期依赖关系。

(4) 注意力机制:注意力机制是一种可用于各种自然语言处理任务的技术,它可以帮助模型关注文本中的重要部分。通过计算注意力权重,模型可以对文本中的不同部分进行不同程度的加权,从而提高模型的性能。

除了上述模型,还有许多其他基于神经网络的自然语言处理模型,如 BERT、GPT 等,它们都取得了很好的效果,在自然语言处理领域有着广泛的应用。

4.2　常 见 任 务

以下是自然语言处理中一些最常研究的任务列表,其中一些任务具有直接的实际应用程序,而其他任务更通常用于帮助解决更大任务的子任务。尽管自然语言处理任务密切相关,但为了方便起见可以细分为类别,下面给出粗略的划分。

4.2.1　字符和语音识别

字符识别,也称为光学字符识别(optical character recognition,OCR),是指将印刷字符转换为计算机可编辑文本的技术。OCR 技术涉及图像处理和模式识别领域,并广泛应用于数字化文档、银行支票处理、邮政编码和身份证号码识别等领域。

语音识别,也称为自动语音识别(automatic speech recognition,ASR),是指将人类语音转换为计算机可编辑文本的技术。ASR 技术涉及声学信号处理、语音识别和自然语言处理领域,并广泛应用于语音助手、电话客服、语音搜索等领域。

4.2.2　形态分析

形态分析(morphological analysis)是自然语言处理中的一个基本任务,旨在分析和识别单词的内部结构,例如词干、词缀和词形变化等。它是语言学中形态学的一个重要分支,可以帮助人们理解单词的含义和词法特征。在形态分析中,常用的技术包括词干提取和词形还原。词干提取是指从一个单词中提取出其基本形式(即词干),忽略词缀等其他形态变化,例如将 running 转换为 run。而词形还原是指将一个单词还原为其原始形式,例如将 mice 还原为 mouse。形态分析在很多自然语言处理任务中都有广泛应用,例如文本分类、信息检索、机器翻译等。

词形还原(lemmatization)是将一个单词还原为其基本形式的任务,即将其转换为其词典形式。与词干提取(stemming)不同,词形还原不仅会删除单词的词尾,而且会考虑单词的语法特性和词汇环境等因素,以确定其正确的基本形式。在词形还原中,单词的基本形式被称为"词元"(lemma),并且通常使用词典来映射单词到它们的词元形式。这个过程可以帮助计算机程序在处理自然语言时更好地理解单词,并可以提高文本分析和信息检索的准确性。例如,对于单词 roll、is、are、was、were、been,它们的词元都是 be,这意味着将这些单词词形还原为 be。类似地,单词 cats 和 cat 都可以还原为它们的词元"cat"。总之,词形还原是一种将单词还原为其基本形式的技术,通常使用字典来将单词映射到它们的词元形式。它可以帮助计算机程序更好地理解自然语言,并提高文本分析和信息检索的准确性。

形态分割(morphological segmentation)是一项将单词分成单独的语素并识别语素的类别的任务。在这项任务中,语言的形态复杂性是非常重要的因素。形态复杂性是指一个语言中单词形态变化的数量和种类。例如,在某些语言中,单词可以通过添加前缀、后缀或中缀等方式来表达不同的含义,这使得形态分割变得更加困难。相反,在其他语言中,单词形态变化较少,因此形态分割的难度较小,因此对于形态复杂的语言,形态分割任务会更加具有挑战性。例如,对于像土耳其语、芬兰语和匈牙利语等具有高度形态复杂性的语言,形态分割可能会更加困难。在像英语、汉语等形态变化较少的语言中,形态分割则可能更加容易。

词性标注(part-of-speech,POS)是一种自然语言处理技术,它的任务是给定一个句子,确定每个单词的词性,如名词、动词、形容词等。这是自然语言处理中非常重要的一步,因为在理解和分析自然语言时,我们需要知道每个单词的含义和在句子中的作用。词性标注通常使用标记集(tagset)来表示单词的词性。标记集是一组预定义的标记,每个标记表示一种词性。例如,在英语中,常见的词性标记包括名词(noun)、动词(verb)、形容词(adjective)和副词(adverb)等。在词性标注的过程中,计算机程序会根据单词的上下文和语法规则等因素来确定每个单词的词性,并将其标记为相应的标记。词性标注在自然语言处理中具有广泛的应用,如文本分类、信息检索、文本生成和机器翻译等任务。在这些任务中,词性标注可以帮助计算机程序更好地理解自然语言,从而提高文本分析和处理的准确性和效率。

词干提取(stemming)是一种自然语言处理技术,它的任务是将单词的变形形式简化为其基本形式,也被称为词干。例如,将单词 playing、played 和 plays 提取到它们的词干 play。词干提取是一种常见的文本预处理技术,在自然语言处理中具有广泛的应用,例如文本分类、信息检索、文本生成等任务。它可以帮助计算机程序更好地理解自然语言,从而提高文本分析和处理的准确性和效率。需要注意的是,词干提取并不总是能够得到正确的基本形式,因为它通常是基于一些启发式规则或模式匹配来实现的,而这些规则和模式并不总是完美的。此外,词干提取可能会将不同的单词映射到同一个词干,这可能会导致一些歧义和错误。因此，在某些情况下，使用更为精确的技术，如词形还原可能更为适合。

4.2.3 句法分析

句法分析（syntactic analysis）是自然语言处理中的一项任务，它的目的是分析句子的语法结构，也就是句子中各个单词之间的语法关系。句法分析可以通过分析句子中的词性、句子成分、语法结构等方面，来识别出句子中各个单词之间的关系，从而更好地理解句子的含义。常见的句法分析方法包括基于规则的句法分析、基于统计的句法分析和深度学习方法。句法分析在许多自然语言处理任务中都是重要的前置步骤，如机器翻译、问答系统、文本摘要等。

语法归纳（grammar induction）是一种自然语言处理技术，其任务是生成描述一种语言语法的正式语法。这个过程涉及从一个有限的样本中学习一种语言的规则和结构，通常是通过对输入文本的分析和理解来实现的。语法归纳通常是在无监督学习的框架下进行的，即不需要人工标注的数据。它可以用于自然语言生成、语音识别、机器翻译等领域。语法归纳是一种很有挑战性的任务，因为自然语言的语法通常是非常复杂和多变的。因此，实现准确和有效的语法归纳算法需要一些先进的数学和计算机科学技术，如机器学习、统计推断、符号推理和计算语言学等。需要注意的是，语法归纳通常不是一个精确的过程，因为语言的复杂性和多变性使得存在很多可能的语法规则和结构。因此，生成的语法可能不是唯一的，可能存在一些歧义和不确定性。此外，语法归纳通常需要大量的计算资源和时间，因此在实际应用中需要考虑到其计算复杂度和实用性。

断句（sentence breaking）也称为"句界消歧"（sentence boundary disambiguation），是自然语言处理中的一项基本任务。其任务是给定一段文本，自动确定句子的边界，将文本分割成独立的句子。在自然语言处理中，句子是文本中最基本的语言单元，因此正确地划分句子边界对于后续的文本处理任务非常重要。断句通常是通过识别一些特定的语言模式和标点符号来实现的。例如，在英语中，句子通常以句号、问号、感叹号等标点符号结尾，因此断句可以通过识别这些符号来完成。然而，在某些情况下，这些符号可能并不明显或者存在歧义，因此断句任务仍然是一项具有挑战性的任务。断句在自然语言处理中有广泛的应用，包括文本分类、机器翻译、信息检索、文本摘要等任务。正确地划分句子边界可以帮助计算机程序更好地理解文本的含义和结构，从而提高文本分析和处理的准确性和效率。

解析（parsing）是自然语言处理中的一项任务，其目的是确定一个句子的语法结构，通常是通过生成该句子的解析树或依存关系图来实现的。一个句子的语法结构可以有多种不同的表示方式，因此确实存在多种可能的分析结果。其中大部分对人类来说可能没有意义，但是对于自然语言处理系统来说，这些不同的分析结果都可能是有用的。另外，你提到了依赖解析和选区解析这两种主要类型。依赖解析侧重于确定句子中单词之间的依存关系，标记主要对象、谓词等语法成分之间的依存关系。而选区解析则是使用概率上下文无关文法（probabilistic context-free grammar，PCFG）或其他形式的上下文无关文法（context-free grammar，CFG）来构建解析树，以反映句子中不同语法成分之间的组成关系。在实际应用中，不同的解析方法和算法可以根据任务需求和实际情况选择使用。

4.2.4　词汇语义

词汇语义（lexical semantics）是语义学中的一个重要领域,它主要研究词汇的语义特征和含义。具体来说,词汇语义研究的内容包括以下 3 点。

（1）单词的概念和义项:对于一个单词,其可能有多个不同的义项或概念,词汇语义研究通过分析这些不同的概念或义项来揭示单词的含义。

（2）词汇在语法和组合性中的作用:词汇语义研究不仅关注单词的含义,还探究词汇在句子中的语法作用,以及词汇之间的组合性质。比如,一些词汇只能用作名词,而不能用作动词,这种限制在语义上有何解释,是词汇语义研究的重要问题之一。

（3）词汇之间的关系:词汇语义研究还探讨了不同词汇之间的关系,如同义词、反义词、上下位关系、联想关系等。通过研究这些关系,可以进一步了解单词的含义及其在语言中的使用。

总之,词汇语义是自然语言处理中非常重要的一个领域,它的研究对于理解自然语言、词义消歧、语义相似度计算等任务都具有重要的意义。

分布语义（distributional semantics）是一种基于语言的使用情况和上下文信息来描述单词或短语的语义的方法。它基于这样一种假设:具有相似上下文环境的单词或短语往往具有相似的含义。分布语义的主要思想是,通过分析大规模的语料库中单词在上下文中的出现情况和关联关系,来推测它们之间的语义相似性。这种方法不需要手动编写规则或使用人工定义的词汇资源,而是通过机器学习技术自动抽取和计算单词之间的语义相似性。分布语义在自然语言处理领域中被广泛应用,如词向量表示、文本分类、句子相似度计算等。它也为语言学研究提供了一种新的视角,可以更好地理解和描述语言现象和语言之间的关系。

命名实体识别（named entity recognition,NER）是一种自然语言处理技术,用于自动识别和提取文本中具有特定意义的实体,如人名、地名、组织名、时间、日期等。命名实体识别不仅能够提取实体名称,还可以确定每个实体名称的类型,如人、地点、组织等,从而更好地理解文本的含义。事实上,命名实体识别算法通常不仅依赖于文本中的大小写信息,还使用上下文信息、词性标注、词汇表等多种技术来确定命名实体的类型。对于不使用大写字母来区分名称的语言,如中文或阿拉伯文,命名实体识别算法会使用不同的技术和策略,如基于词性标注、基于语法分析等方法,来确定命名实体的类型。在实际应用中,命名实体识别算法的准确性和效果也取决于训练数据的质量和数量,以及算法本身的复杂度和优化程度。命名实体识别通常是基于机器学习算法和统计模型来实现的,这些算法和模型使用已标注的语料库来训练和优化,以识别文本中的命名实体。常用的方法包括基于规则的方法、基于统计的方法和深度学习方法等。命名实体识别在信息提取、问答系统、信息检索等领域有着广泛的应用。它可以帮助自动化处理大量文本数据,提高文本处理的效率和准确性。

情感分析（sentiment analysis）是一种自然语言处理技术,旨在自动分析和识别文本中的情感倾向,包括正面、负面和中性等情感极性。情感分析通常是基于机器学习算法和统计模型来实现的,这些算法和模型使用已标注的语料库来训练和优化,以识别文本中的情感倾向。情感分析在许多领域都有着广泛的应用,特别是在社交媒体、在线评论、产品营销等领域。通过情感分析,可以快速了解公众对特定对象(如品牌、产品、政治人物等)的情感态度,识别舆情趋势,并为相关决策提供参考。例如,在社交媒体上,情感分析可以帮助企业监测和分析用户对其品牌或产品的评价和反馈,及时发现问题和改进方案。在营销领域,情感分析可以帮助企业了解目标客户的情感需求和偏好,制订更精准的广告策略和营销计划。

术语提取(terminology extraction)是一种自然语言处理技术,旨在从大量文本数据中自动识别和提取相关术语。术语是指在特定领域或行业中具有特定含义和用途的词汇或短语,如医学术语、法律术语、计算机科学术语等。术语提取的目标是通过分析文本中的语言模式和上下文信息,自动识别和提取出这些特定领域或行业中的关键术语。术语提取通常是基于词汇统计、词频分析、词性标注、语法分析等技术来实现的。这些技术可以帮助自动识别出在特定领域或行业中频繁出现的词汇和短语,并排除那些在文本中出现频率较低或者与特定领域或行业关系不大的词汇和短语。术语提取的结果可以帮助构建领域知识图谱、词汇表和相关文献索引,有助于提高信息检索和文本理解的准确性和效率。

词义消歧(word sense disambiguation,WSD)是指在自然语言处理中解决词汇多义性问题的一种技术。同一个词汇在不同上下文中可能会有不同的意思,需要通过对上下文的分析来确定其确切的含义。词义消歧的目标是通过分析上下文语境,确定一个多义词在特定上下文中所表达的确切含义。词义消歧是一个开放性问题,也是自然语言处理领域的重要问题之一。它的解决方案对于提高自然语言处理算法的精度和效果至关重要。词义消歧的应用范围非常广泛,包括信息检索、机器翻译、问答系统、语音识别、自然语言生成等领域。在这些应用中,准确识别多义词的含义可以显著提高系统的性能和用户体验。目前,词义消歧的解决方案主要基于两种方法:基于知识的方法和基于统计的方法。基于知识的方法使用人工构建的语义网络或词汇资源来识别多义词的含义,而基于统计的方法则利用大规模语料库中的统计信息来识别多义词的含义。随着机器学习技术的发展,深度学习在词义消歧中的应用也逐渐得到了关注。

实体链接(entity linking)也被称为命名实体链接(named entity linking,NEL),是自然语言处理中的一项技术,用于将文本中的实体与知识库中的实体进行链接。实体链接旨在识别文本中提到的实体并将其与知识库中的实体相关联。知识库可以是如维基百科、Freebase 等公开的知识库,也可以是组织内部维护的专业领域知识库。实体链接的目标是将文本中提到的实体链接到对应的知识库中的实体,以便对文本中提到的实体进行更深入的分析和挖掘。例如,在文本中提到"苹果"这个实体,实体链接系统可以将其链接到知识库中的"苹果公司"或"苹果(水果)"等实体,从而更好地理解文本的含义。实体链接技术的实现通常涉及实体识别和实体消歧两个步骤。实体识别是指在文本中识别实体的位置和边界,而实体消歧则是在识别出的实体候选集合中选择正确的实体,并将其链接到知识库中的对应实体。实体链接在自然语言处理中的应用非常广泛,如问答系统、信息抽取、知识图谱构建等领域。它不仅可以提高自然语言处理算法的准确性,还可以帮助人们更好地理解文本信息和知识库中的实体关系。

4.2.5　关系语义

关系语义(relational semantics)是指单个句子中词语之间的关系及其意义,通常使用语义角色标注(semantic role labeling,SRL)来表示。SRL 将句子中的词语与它们在句子中扮演的语义角色相对应,如谓词、主语、宾语、施事者等。这些语义角色对于理解句子中的事件结构和语义含义非常重要,因为它们揭示了词语之间的关系和词语在句子中所代表的行为。例如,在句子"狗咬了小男孩"的语义角色标注中,"狗"是谓词,表示一个动作或事件,而"小男孩"是宾语,表示谓词作用的对象。因此,通过识别语义角色,可以得出该句子表达的是一个狗咬了小男孩的事件。

关系抽取(relationship extraction)是自然语言处理中的一项技术,用于从文本中识别和提取实体之间的关系。它的主要目的是确定文本中实体之间的语义关系,如人与人之间的关系(如夫妻、兄弟姐妹、朋友等)、人与组织之间的关系(如就业关系、所属关系等)、组织与组织之间的关系(如兼并、收购等)等。关系抽取的方法通常基于机器学习技术,包括基于规则的方法、基于统计的方法和基于深度学习的方法等。这些方法通常需要从大规模的标注数据中学习关系抽取模型,并利用这些模型在未标注的文本中识别和提取关系。关系抽取在自然语言处理中有着广泛的应用,如信息提取、问答系统、社交网络分析等领域。它可以帮助人们更好地理解文本中实体之间的关系,从而提高自然语言处理算法的准确性和效率。

语义解析(semantic parsing)是将自然语言文本转换成形式化语义表示的过程。这个过程通常会把文本转换成逻辑形式或者图形形式,使得计算机可以更方便地对文本进行处理和分析。语义解析的目标是将自然语言文本中的意思和语言结构映射到一种形式化的语义表示,这个表示可以被计算机程序所使用。这个过程需要解决自然语言的歧义性和复杂性问题,如词汇多义性、语法歧义性和语言结构的复杂性等。语义解析在自然语言处理中非常重要,它被广泛应用于问答系统、自动摘要、机器翻译、信息检索、自然语言生成等领域。常见的语义解析方法包括基于规则的方法、基于统计的方法和基于神经网络的方法。

语义角色标注(semantic role labelling)是自然语言处理中的一个任务,它的目标是为句子中的每个单词或短语分配一个语义角色标签,以指示它们在句子中扮演的语义角色,如动作的施事者(agent)、受事者(patient)等。语义角色标注可以看作一种浅层语义分析,它提取句子的语义结构,并将其表示为谓词-论元结构。在语义角色标注任务中,通常会给出一个包含谓词的句子,并为每个句子中的谓词及其对应的论元分配一个语义角色标签,以反映它们在谓词所表达的事件中所扮演的不同角色。例如,在句子"小明吃了一碗面条"中,谓词是"吃","小明"和"一碗面条"分别扮演施事者和受事者的角色。语义角色标注任务的应用广泛,包括问答系统、信息提取、机器翻译、自然语言生成等。常见的语义角色标注方法包括基于规则的方法、基于统计的方法和基于神经网络的方法。

4.2.6 话语

话语(discourse)是指超越单个句子的语言交流,通常包括一个或多个句子的语言材料和它们之间的关系。话语研究的是人类语言交际中的意义和信息组织方式,它关注的是在语境中如何组织句子,以便构建有意义的、连贯的文本。话语分析的目标是理解话语中的语言信息组织方式,包括识别话语的话题、话语的结构、话语之间的关系、话语中的语言表述方式等。通过话语分析,可以获得话语中的更高级别的语言信息,如指代、推理、话题分析等,这些信息对于自然语言理解和应用有着重要的作用。话语分析被广泛应用于自然语言处理中的许多任务,如文本分类、文本摘要、机器翻译、信息检索、对话系统等。常用的话语分析方法包括基于规则的方法、基于统计的方法和基于机器学习的方法。其中,话题模型、词共现网络和序列标注模型是常用的话语分析方法。

共指解析（coreference resolution）是自然语言处理中一个重要的任务，它的目标是在文本中找到指向同一实体的词语。这些词语可以是名词、代词、名词短语或其他指称表达。共指解析通常涉及确定哪些词语指向同一实体，以及在文本中标注出这些词语所指向的实体。回指解析（anaphora resolution）是共指解析的一个具体示例，它涉及将代词与它们所指的名词或名称进行匹配。例如，在句子"约翰拿起了电话。他开始打电话。"中，"他"是一个代词，它指向"约翰"。回指解析任务就是要找出"他"所指向的实体，即"约翰"。共指解析还包括识别涉及引用表达式的"桥接关系"。例如，在句子"他从前门进入约翰的房子"中，"前门"是一个指称表达，要识别的桥接关系是所指的门是约翰的前门。共指解析的另一个重要方面是处理不同类型的共指，如同指（同名词、名词短语等）和交叉指（不同类型的指称表达相互指向）等。共指解析在自然语言处理中有广泛的应用，如文本推理、信息检索、机器翻译、问答系统等领域。但是，共指解析是一个复杂的任务，需要考虑语义、上下文、语境等多方面的因素，因此目前仍存在许多挑战和难点。

话语分析（discourse analysis）是自然语言处理中一个重要的研究领域，它主要涉及对文本的结构、语用和语境等方面的分析。话语分析包括多个相关的任务，其中包括以下4点。

（1）语篇分析（textual analysis）：语篇分析主要关注文本的结构和组织方式，包括段落结构、句子连接和段落主题等方面的分析。语篇分析的目标是理解文本的整体结构和组织方式，以便更好地理解文本中的语义和信息。

（2）语用分析（pragmatic analysis）：语用分析主要关注语言在交际中的使用方式和意义，包括说话者和听话者的角色、语境和言语行为等方面的分析。语用分析的目标是理解文本中的语境和意义，以便更好地理解说话者的意图和信息。

（3）对话分析（conversation analysis）：对话分析主要关注对话中的交际行为和规则，包括对话的结构、转移和转换等方面的分析。对话分析的目标是理解对话的结构和组织方式，以便更好地理解对话中的语义和信息。

（4）话语关系分析（discourse relation analysis）：话语关系分析主要关注文本中句子和段落之间的关系，包括话语连贯性、衔接和语段的层次结构等方面的分析。话语关系分析的目标是理解文本的组织方式和结构，以便更好地理解文本中的语义和信息。

这些任务都是话语分析的重要组成部分，它们之间相互关联、相互影响，共同构成了话语分析的完整框架。话语分析在自然语言处理中有广泛的应用，如文本分类、信息抽取、机器翻译、问答系统等领域。

隐式语义角色标注（implicit semantic role labelling，iSRL）是自然语言处理中的一项任务，旨在预测文本中的隐含语义角色。与传统的语义角色标注不同，iSRL 更加注重对常识知识的利用，它能够识别那些不是显式参数的谓词，并预测这些谓词的语义角色。iSRL 的任务是为给定的谓词识别并预测其相关的语义角色，这些谓词可能不是显式表达的，而是需要通过上下文和常识知识来推断。例如，在以下句子中，"吉姆在森林中找到了一条小溪。"谓词是"找到"，而隐含的语义角色是"目的地"（即"小溪"）。因此，iSRL 的目标是根据上下文和常识知识，将谓词与其隐含的语义角色相匹配。iSRL 在自然语言处理中具有广泛的应用，例如问答系统、信息抽取、文本分类等。通过对谓词的语义角色进行准确预测，iSRL 可以提高这些任务的性能和准确度,从而为自然语言处理的相关应用提供更加精确和高效的解决方案。

识别文本蕴涵(recognizing textual entailment,RTE)是自然语言处理中的一项任务,旨在确定两个文本片段之间的方向关系。在这个任务中,假设一个文本片段是前提(premise),而另一个文本片段是假设(hypothesis)。如果根据逻辑或语义关系,可以从前提推导出假设,则称假设是由前提所蕴含的,即存在文本蕴涵关系。例如,给定前提"今天是晴天",假设"太阳正在升起"。在这种情况下,假设可以被前提所蕴涵,因为晴天通常与太阳升起相关联。因此,这两个文本片段之间存在蕴含关系。RTE 的应用非常广泛,如问答系统、信息检索、文本分类等。通过识别文本之间的蕴含关系,可以推理出一个文本的真实性或可靠性。此外,在自然语言推理中,RTE 也扮演了非常重要的角色,因为它可以为自动推理系统提供基础。

主题分割和识别(topic segmentation and recognition)是自然语言处理中的一项任务,旨在将给定的文本分成几个段落,并确定每个段落的主题。这项任务通常被用于自动化文本摘要、信息检索、文本分类等应用。在主题分割中,文本被划分成若干连续的段落,每个段落都是关于一个特定主题的。主题分割可以被看作对文本中的较大单元进行分割的任务。例如,对于一篇长文章的分割。在主题识别中,需要确定每个段落的主题。这通常需要使用主题模型或其他文本分类技术来确定每个段落的主题,这些技术可以将文本段落映射到特定的主题或主题类别。主题分割和识别的应用非常广泛。例如,在信息检索中,可以根据用户查询的主题将文本段落划分成主题相关的子集,以提高检索效率。在文本摘要中,可以将文本段落分成主题相关的子集,以便为每个主题生成摘要。在新闻分类中,可以将新闻文章划分为主题相关的子集,以提高分类效果。

论证挖掘(argument mining)是自然语言处理中的一项任务,旨在从自然语言文本中自动提取和识别论证结构。论证结构通常包括论点(argument)和支持该论点的证据(evidence)。在论证挖掘中,需要识别和提取文本中的论点和证据,以及它们之间的关系。这可以通过使用自然语言处理技术(如命名实体识别、句法分析、语义角色标注等)和机器学习技术(如分类、序列标注等)来实现。论证挖掘可以应用于各种应用,如辩论分析、政策制定、舆情分析等。在辩论分析中,论证挖掘可以帮助识别和分析辩论中的论点和证据,以了解不同方面的观点和论据。在政策制定中,论证挖掘可以帮助政策制定者了解公众对政策的看法和观点。在舆情分析中,论证挖掘可以帮助企业或政府了解公众对其品牌或政策的看法和态度。

4.2.7 高级任务

1. 自动摘要

自动摘要(automatic summarization)是一种自然语言处理技术,旨在自动生成一段文本的可读摘要。该技术可以大大减少读者阅读大量文本的时间和精力,同时仍能够传达文本的关键信息。自动摘要通常可以分为两种类型:抽取式自动摘要和生成式自动摘要。抽取式自动摘要是指直接从原始文本中抽取一些句子或词组来形成摘要。这些句子或词组通常是包含重要信息的句子或关键词。而生成式自动摘要是指使用自然语言生成技术来生成摘要。生成式摘要可以根据原始文本的内容创造新的句子来表达摘要的含义。自动摘要在许多领域都有应用,如新闻报道、研究论文、商业报告等。在新闻报道中,自动摘要可以帮助读者快速了解一篇文章的主题和内容,而无须阅读整个文章。在研究领域,自动摘要可以帮助研究人员快速了解一篇论文的主要内容和结论,而无须花费大量时间阅读完整篇论文。在商业报告中,自动摘要可以帮助企业决策者快速了解关键信息和数据,以便更好地做出商业决策。

2. 图书生成

图书生成(book generation)自然语言生成和其他自然语言处理任务的扩展,可以使用各种技术和方法来创建具有特定目标的书籍,如基于规则的方法、基于统计的方法、深度学习方法等。除了小说和科学书籍,图书生成也可以用于创建其他类型的书籍,例如自助书籍、技术手册、旅游指南等。第一本机器生成的书是在 1984 年由基于规则的系统创建的(*Racter*,*The policeman's beard is half-constructed*)。通过神经网络发表的第一部作品 1 the Road 包含 6000 万字,于 2018 年出版,是以小说形式销售的。第一本机器生成的科学书籍于 2019 年出版(Beta Writer,Lithium-Ion Batteries,Springer,Cham)。不像前两部,这是基于事实知识和基于文本摘要的。

3. 对话管理

对话管理(dialogue management)是指为与人类进行自然对话的计算机系统管理和组织对话流程的任务。这项任务通常涉及以下几方面。

(1) 意图理解(intent understanding):识别用户的话语并确定用户的意图。

(2) 对话状态跟踪(dialogue state tracking):根据先前的对话历史记录维护对话状态。

(3) 对话策略(dialogue policy):根据当前对话状态,选择适当的回复或操作。

(4) 自然语言生成(natural language generation):生成可理解的文本响应。

(5) 对话历史管理(dialogue history management):管理对话历史记录,以便在对话中保持一致性和连贯性。对话管理是人机交互中的一个重要任务,可应用于各种场景,如智能客服、智能家居、虚拟助手等。它旨在使计算机系统更加智能和人性化,以提高用户体验和效率。

4. 文档 AI

文档 AI(document AI)是应用自然语言处理技术的一个领域,它的目标是自动化处理文档和信息提取,以提高工作效率和准确性。文档 AI 平台通常包括文本分类、实体提取、关系提取和摘要生成等功能,这些功能能够帮助用户从大量文档中提取和组织有用的信息,以便更快地做出决策和完成任务。文档 AI 平台的应用场景广泛,如金融服务、法律、医疗保健、保险等领域。

5. 语法错误纠正

语法错误纠正(grammatical error correction)指通过自然语言处理技术纠正语法错误的任务,其涉及语言分析各个层面的问题,如音韵/正字法、词法、句法、语义、语用学等。在语法错误纠正任务中,通常需要识别并纠正各种类型的错误,如主谓一致错误、动词时态错误、代词使用错误、冠词误用等。为了解决这些问题,语法错误纠正技术通常结合了语言模型、句法分析和语义分析等多种自然语言处理技术,以识别和修复文本中的错误。

6. 机器翻译

机器翻译（machine translation）机器翻译是一种自然语言处理技术，旨在将一种语言中的文本自动翻译成另一种语言。通常，机器翻译可以分为基于规则的机器翻译、基于统计的机器翻译和基于神经网络的机器翻译等不同类型。在机器翻译的过程中，计算机需要分析源语言的文本，理解其意思和语法结构，然后生成目标语言的相应文本。机器翻译技术已经在很多场景下被广泛使用，如网站翻译、跨语言沟通和跨语言信息检索等。这是最困难的问题之一，也是俗称为"AI完全"的问题之一，即需要拥有人类的所有不同类型的知识才能正确解决。

7. 问答

问答（question answering）是自然语言处理中的一个重要任务，其目标是基于自然语言文本回答提出的问题。这个任务需要计算机具有理解自然语言的能力，以及对于问题所涉及的知识和上下文的理解。通常，问答任务可以分为开放域和封闭域两种类型。开放域问答要求计算机从大量文本中找到答案，如万维网上的文本，而封闭域问答则是在特定领域中寻找答案，如医学或法律。

4.3 未来趋势

自然语言处理是一种涉及计算机与自然语言之间交互的学科，它旨在开发算法和技术来使计算机更好地理解、处理和生成人类语言。随着技术的不断发展，自然语言处理的未来趋势可以总结如下5方面。

从技术特征方面来看，自然语言处理的未来趋势包括以下几方面。

（1）深度学习模型：深度学习模型是当前自然语言处理领域最为流行的技术之一。未来的自然语言处理将会进一步发展和改进深度学习模型。例如，使用更加先进的架构、更加有效的训练方法、更加优化的损失函数等。同时，还将会出现更加灵活和可解释的深度学习模型，以便更好地适应各种任务需求。

（2）语言表征学习：语言表征学习是一种将自然语言转换为向量表示的技术，这种技术可以在不同的自然语言处理任务中得到广泛应用。未来的自然语言处理将会更加注重语言表征学习。例如，使用更加高效和精确的表征学习方法，以及将语言表征学习和其他自然语言处理技术结合起来解决更加复杂的任务。

（3）迁移学习：迁移学习是一种将在一个领域中训练好的模型应用到另一个领域的技术。未来的自然语言处理将会更加注重迁移学习。例如，将在语音识别领域中训练好的模型迁移到对话系统或者机器翻译领域中，以提高模型的性能和效率。

（4）知识图谱：知识图谱是一种用于存储和处理结构化知识的技术。未来的自然语言处理将会更加注重将语言和知识图谱相结合，以便更好地理解语言中的实体、关系和事件等，同时也可以为语言理解和各种应用提供更加准确和高效的解决方案。

（5）自监督学习：自监督学习是一种在不需要人工标注数据的情况下，通过学习数据中的某种结构来进行学习的技术。未来的自然语言处理将会更加注重自监督学习。例如，使用自监督学习方法训练语言表示模型、对话系统和机器翻译等任务，以解决数据缺乏或者成本高昂的问题。

从学习策略方面来看,自然语言处理的未来趋势包括以下 7 方面。

(1) 强化学习:强化学习是一种通过与环境互动来学习最优行为策略的技术,其已经在自然语言处理中得到了应用。未来的自然语言处理将更加注重强化学习的应用。例如,在对话系统、自动摘要和机器翻译等领域中,利用强化学习训练模型来生成更加准确和自然的输出。

(2) 集成学习:集成学习是一种将多个学习模型进行集成和组合的技术,以达到更好的性能和效果。未来的自然语言处理将会更加注重集成学习。例如,将多个语言表示学习模型组合起来,或者将多个文本分类模型进行集成,以提高模型的准确性和泛化能力。

(3) 元学习:元学习是一种学习如何学习的学习模型,可以在不同任务中快速适应和学习。未来的自然语言处理将会更加注重元学习。例如,在少样本学习或者零样本学习中使用元学习来提高模型的性能和泛化能力。

(4) 联邦学习:联邦学习是一种在分散的设备上联合学习模型的技术,可以有效解决数据隐私和安全性等问题。未来的自然语言处理将更加注重联邦学习的应用。例如,在处理自然语言的移动设备上,使用联邦学习技术实现个性化服务和个性化学习。

(5) 远程监督学习:远程监督学习是一种利用外部信息来辅助模型训练的技术。未来的自然语言处理将更加注重远程监督学习的应用。例如,在训练自然语言理解和生成模型时,使用外部知识库和其他领域的信息来提高模型的准确性和泛化性能。

(6) 多任务学习:多任务学习是一种同时学习多个相关任务的技术,可以提高模型的效率和泛化性能。未来的自然语言处理将更加注重多任务学习的应用。例如,在训练对话系统和机器翻译等任务时,使用多任务学习技术来提高模型的性能和效率。

(7) 无监督学习:无监督学习是一种在没有标注数据的情况下学习模型的技术。未来的自然语言处理将更加注重无监督学习的应用。例如,使用自监督学习、半监督学习和迁移学习等技术来减少对大量标注数据的依赖,以提高模型的性能和效率。

从模型架构方面来看,自然语言处理的未来趋势包括以下 7 方面。

(1) 大规模预训练模型:预训练模型是指在大规模语料库上进行预训练的模型,可以通过微调来适应特定任务。未来的自然语言处理将会更加注重大规模预训练模型,如 BERT、GPT 等模型,通过增加模型的规模和训练数据量,以提高模型的性能和泛化能力。

(2) 预训练语言模型:预训练语言模型已经成为自然语言处理领域的重要技术,可以通过大规模的无标注数据训练出通用的语言表示。未来的自然语言处理将更加注重预训练语言模型的应用。例如,在各种下游任务中微调这些预训练模型来提高性能。

(3) 深度神经网络:深度神经网络已经成为自然语言处理领域中的主流技术,可以有效地处理文本序列。未来的自然语言处理将继续发展更深层次、更复杂的神经网络模型。例如,使用更加高效的注意力机制和自注意力机制来处理长文本序列。

(4) 网络结构的可解释性:网络结构的可解释性是自然语言处理领域中的一个重要问题,未来的自然语言处理将更加注重解释模型的决策过程和预测结果。例如,使用可解释的神经网络模型、可视化技术和注意力热图等工具来解释模型的预测过程和结果。

(5) 多模态模型:多模态模型是一种可以处理多种输入模态(如文本、图像、语音等)的技术,可以更好地模拟人类的语言理解过程。未来的自然语言处理将更加注重多模态模型的应用。例如,在处理视觉文本问题和语音文本问题时,使用多模态模型来提高性能。

(6)可迁移的模型:可迁移的模型是一种可以在不同任务和领域之间共享知识和参数的技术,可以有效减少模型训练的时间和成本。未来的自然语言处理将更加注重可迁移的模型的应用。例如,使用迁移学习和元学习等技术来训练通用的模型和共享知识,以提高模型的效率和性能。

(7)更加注重隐私保护:由于自然语言处理涉及大量的个人数据和隐私信息,因此未来的模型将更加注重隐私保护和可解释性。未来的研究将更加关注如何开发出更加透明、安全和可控的自然语言处理模型。

预训练模型是一种在自然语言处理领域中越来越流行的方法。这种方法利用大量未标记数据进行预训练,以获得深层次的语言表示能力,然后使用少量标记数据进行微调,以适应特定的任务。预训练模型的核心思想是通过无监督的学习方式,在大规模的语料库中训练出语言模型。通过这种方式,模型可以学习到丰富的语言特征,如语法、语义和上下文信息等,从而使其在各种自然语言处理任务中表现出色。目前,BERT 和 GPT 是预训练模型领域中最成功的模型之一。BERT 是 bidirectional encoder representations from transformers 的缩写,是一种基于转换器网络的双向预训练语言模型,已经在多个自然语言处理任务中取得了最先进的结果。GPT 是 generative pre-trained transformer 的缩写,是一种基于转换器网络的单向预训练语言模型,也在多个自然语言处理任务中取得了优秀的性能。预训练模型的优点是可以显著降低数据要求和训练成本,并且可以在不同的自然语言处理任务中共享底层语言表示。因此,预训练模型已经成为自然语言处理领域的一种重要技术,并且正在得到广泛应用。

最新的工作趋势是使用给定任务的非技术结构来构建适当的神经网络,这种方法被称为"架构搜索"(architecture search)。与传统的神经网络设计方法不同,架构搜索方法可以通过自动化和优化的方式从大量的可能性中找到最优的神经网络结构。架构搜索方法通常采用深度强化学习或进化算法来生成和评估神经网络结构。这些方法可以根据任务的性质,自动设计出适合该任务的网络结构,从而提高模型的性能和泛化能力。架构搜索已经被广泛应用于计算机视觉、语音识别和自然语言处理等领域,并取得了很好的效果。这种方法可以显著减少人工设计神经网络的时间和成本,同时提高模型的性能和效率。

随着自然语言处理技术的不断发展,转换器网络已经成为一种广泛使用的模型类型。转换器网络模型是一种使用注意力机制的神经网络模型,用于解决自然语言处理中的各种任务,例如语言翻译、语言理解、文本生成等。转换器网络的基本结构是由编码器和解码器组成的,其中编码器用于将输入序列转换为高维向量表示,而解码器则将这些向量表示转换为输出序列。在这个过程中,注意力机制被用来提取输入序列中的重要信息,从而使模型能够更好地理解输入并生成准确的输出。目前,基于转换器网络的实际应用已经非常广泛,如谷歌翻译、人工智能助手和自动摘要生成器等。这些应用程序利用转换器网络的强大功能来实现更准确和智能的自然语言处理。除了基于转换器网络的应用,还有一些其他的自然语言处理技术正在不断发展,如 BERT、GPT 和 ELMo 等。这些技术都具有自己独特的优点和应用场景,并且正在被广泛应用于自然语言处理领域的各种任务中。后面的章节,将基于目前自然语言的发展趋势详细解释转换器网络,以及基于此模型的应用。

4.4 认识转换器

2017 年，谷歌的研究人员提出了一种新型神经网络架构，被称为转换器网络（transformer network）。这种架构主要应用于序列到序列（sequence-to-sequence，seq2seq）的任务，如机器翻译、语音识别和文本摘要等。转换器网络基于注意力机制（attention mechanism），它可以让神经网络更加准确地关注输入序列中与当前输出相关的部分。相比于传统的循环神经网络，转换器网络能够更好地处理长序列输入，而且在训练过程中可以并行计算，从而加速了训练速度。在机器翻译任务中，转换器网络的表现优于传统的循环神经网络模型，无论是在翻译质量还是训练成本方面。转换器网络也被广泛应用于其他序列建模任务，取得了良好的效果。

与此同时，一种名为 ULMFiT 的有效迁移学习方法表明，在非常庞大且多样化的语料库上训练长短期记忆网络可以产生最先进的文本分类器，且标签数据很少。ULMFiT（universal language model fine-tuning）是一种有效的迁移学习方法，可以用于自然语言处理任务，如文本分类、情感分析等。ULMFiT 的核心思想是通过在一个大型、多样化的语料库上训练一个通用的语言模型，并将其微调到目标任务。通用的语言模型可以理解为一种理解语言的能力，通过在大型语料库上进行训练，可以使得该模型具有更好的语言理解能力。在 ULMFiT 中，使用了一个双向长短期记忆网络作为语言模型，并在经过大规模的预训练后，在特定的目标任务上进行微调。这种方法可以使得即使在标签数据很少的情况下，也能够产生最先进的文本分类器。ULMFiT 方法已经在多个自然语言处理任务上取得了最先进的结果，包括情感分析、文本分类、问答等任务。它是一种非常有效的迁移学习方法，可以为自然语言处理任务提供更好的性能和更高的效率。

ULMFiT 和转换器网络是两个非常重要的自然语言处理技术，而 GPT 和 BERT 则是由它们催化产生的两个最著名的转换器网络。GPT 是一种基于转换器网络的生成式预训练语言模型，由 OpenAI 团队开发。它采用了大规模的无监督预训练来学习通用的语言表示，可以用于各种自然语言处理任务，如文本生成、对话生成、摘要生成等。GPT 的预训练过程基于自回归机制，即通过预测一个单词来生成下一个单词，从而逐步生成一段文本。在预训练过程中，GPT 使用了大量的无标注文本数据，使得它可以学习到丰富的语言表示。经过微调后，GPT 在各种自然语言处理任务上取得了非常好的结果，证明了它在实践中的有效性。BERT 是另一种基于转换器网络的双向编码器表征模型，由 Google 团队开发。它采用了双向的转换器编码器来学习语言表示，并使用了大规模的无监督预训练来学习通用的语言表示。BERT 的预训练过程不像 GPT 那样是基于自回归机制，而是采用了双向预测机制，即模型可以同时考虑上下文中的词来预测当前词。在预训练过程中，BERT 使用了大量的无标注文本数据，使得它可以学习到非常强大的语言表示。经过微调后，BERT 在各种自然语言处理任务上取得了非常好的结果，证明了它在实践中的有效性。自 GPT 和 BERT 发布以来，出现了一大堆转换器网络，如图 4-1 所示，这里显示了基于转换器网络最重要模型的时间线。

要了解转换器的新颖之处，首先需要解释一下：
• 编码器到解码器框架（the encoder-decoder framework）。

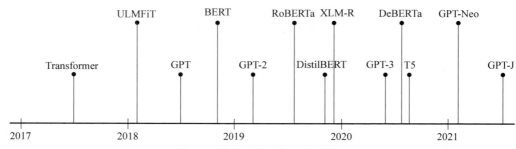

图 4-1 转换器网络发展的时间线

- 注意力机制。
- 迁移学习(transfer learning)。

下面将介绍转换器普遍存在的核心概念和 Hugging Face 生态系统。在转换器网络兴起之前,首先从编码器到解码器框架开始。

4.4.1 编码器到解码器框架

在转换器出现之前,循环神经网络架构是自然语言处理中最先进的,这些体系结构在网络连接中包含一个反馈回路,允许信息从一个步骤传播到另一个步骤,使它们非常适合对文本等顺序数据进行建模。如图 4-2(等号左侧)所示,循环神经网络接收一些输入(可以是单词或字符),将其馈送到网络,并输出称为隐藏状态的向量,同时模型通过反馈循环将一些信息反馈给自己,然后可以在下一步中使用这些信息。图 4-2(等号右侧)所示,展开的循环可以更清楚地看到这一点:循环神经网络将每一步的状态信息传递给序列中的下一个操作,这允许循环神经网络跟踪来自先前步骤的信息,并将其用于其输出预测。

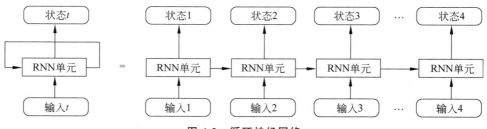

图 4-2 循环神经网络

这些架构曾经广泛用于自然语言处理任务、语音处理和时间序列。Andrej Karpathy[①]在他的博客文章中深入探讨了循环神经网络的功能和局限性。他指出,尽管循环神经网络在许多自然语言处理任务和时间序列预测问题中表现良好,但它们的有效性存在一些不合理的方面。其中一个不合理之处是,循环神经网络可以学习生成看似准确但在实际上毫无意义的序列。例如,循环神经网络可以学习在给定一个单词序列后生成下一个单词,但是生成的序列可能是毫无意义的,甚至是无法理解的。另一个不合理之处是,循环神经网络对于长期依赖性的处理存在困难。当序列变得非常长时,循环神经网络会出现梯度消失或梯度

---

① The Unreasonable Effectiveness of Recurrent Neural Networks, http://karpathy.github.io/2015/05/21/rnn-effectiveness/。

爆炸的问题,导致模型难以捕捉长期依赖关系。Karpathy 指出,尽管这些不合理性存在,但循环神经网络仍然是非常有用的工具,可以在许多实际应用中产生良好的结果。他提出了一些方法来克服这些问题。例如,使用长短期记忆网络或门控循环单元等更复杂的循环神经网络变体,以及使用注意力机制等技术来帮助循环神经网络处理长序列。

循环神经网络在机器翻译系统中扮演了关键角色,可以使用编码器到解码器(encoder-decoder)或序列到序列的体系结构来处理这种任务。这种结构非常适用于输入和输出都是任意长度的序列的情况。在机器翻译中,编码器的任务是将输入语言的单词序列编码为一个数字表示,通常称为最后一个隐藏状态。这个隐藏状态可以看作整个输入序列的摘要,它包含了输入序列中所有单词的信息。编码器通常采用循环神经网络或者其变种(如LSTM、GRU 等)来处理输入序列,每个时间步长生成一个隐藏状态向量,然后将最后一个隐藏状态作为编码器的输出。然后,编码器的输出被传递给解码器,解码器使用它来生成输出序列,也是使用循环神经网络或者其变种来处理。在解码器中,每个时间步长都会生成一个输出单词,并且根据先前生成的单词和当前的隐藏状态,预测下一个输出单词。解码器也会将隐藏状态向量不断更新,以便根据先前的信息预测下一个单词。最终,解码器会生成目标语言的单词序列,完成翻译任务。循环神经网络在机器翻译中的优点在于它们可以处理可变长度的输入和输出序列,并且可以学习到序列中的依赖关系。同时,循环神经网络还可以处理上下文信息,即利用过去的信息来影响当前的预测,这对于翻译任务来说非常重要。

编码器到解码器和自编码器都是深度学习中常见的模型,它们之间有一些关系,但是它们也有一些显著的区别。编码器到解码器是一个用于序列生成的通用框架,其中一个编码器将输入序列映射到一个向量空间,然后一个解码器将该向量映射回输出序列。在许多序列生成任务中,编码器到解码器模型已经取得了很好的效果,如机器翻译、语音识别等。自编码器是一种神经网络结构,它可以将输入数据编码为低维向量,然后解码器可以从该向量中重构出输入数据。它包括一个编码器和一个解码器,其中编码器将输入数据压缩成一个低维表示,而解码器可以从该表示中重构出原始输入数据。在训练期间,自编码器尝试最小化重构误差,以便生成能够捕捉输入数据中的关键特征的压缩表示。在训练完成后,自编码器可以用于数据压缩、降维和特征提取等任务。从网络结构上,编码器到解码器模型通常由两个神经网络组成:一个编码器和一个解码器。编码器将输入数据转换为潜在空间中的表示,解码器将该表示转换回输入空间。在自然语言处理中,编码器可以是一组循环神经网络(如 LSTM 或 GRU),而解码器可以是另一组循环神经网络,也可以是一组前馈神经网络。自编码器模型也由两个神经网络组成:一个编码器和一个解码器。与编码器到解码器不同的是,自编码器的编码器和解码器的结构是相似的,它们通常都由一些全连接层或卷积层组成。自动编码器的目标是将输入数据压缩成一个更小的向量,并尽可能地还原输入数据,同时保留输入数据中的重要特征。因此,编码器到解码器和自编码器的网络结构在一些方面是相似的,都包含一个编码器和一个解码器,但它们在编码器和解码器的结构、训练目标和应用场景等方面存在差异。因此,自编码器只是形式上有些像编码器到解码器框架,但是自编码器是专门用于无监督学习的,而且它主要用于特征提取和数据压缩,而编码器到解码器可以用于许多其他类型的序列生成任务。

通常,序列到序列模型中的编码器和解码器组件可以是任何一种能够对序列建模的神经网络架构。用于这些组件的最常见架构是循环神经网络,如长短期记忆或门控循环单元网络,然而其他架构如卷积神经网络或转换器网络也可用于这些组件。序列到序列模型的编码器组件接收输入序列并生成输入序列的固定长度表示,通常称为上下文向量或隐藏状态。然后将该上下文向量传递给解码器组件,解码器组件根据该上下文向量和初始输入标记生成输出序列。通常训练解码器通过最小化将生成的输出序列与目标输出序列进行比较的损失函数来生成正确的输出序列。总之,序列到序列模型的编码器和解码器组件的架构选择取决于手头的特定任务和数据,不同的架构对于不同的应用程序可能具有不同的优势和劣势。如图 4-3 所示,一对循环神经网络说明了这一点(通常循环层比此处显示的要多得多),其中英文句子"Transformers are great!"被编码为隐藏状态向量,然后被解码以产生德语翻译"Transformer sind grossartig!",输入词按顺序通过编码器输入,输出词从上到下一次生成一个。

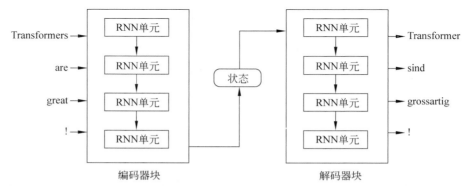

图 4-3　基于循环神经网络的编码器到解码器架构

图 4-3 中的模型尽管简洁优雅,但这种架构的一个弱点是编码器的最终隐藏状态造成了信息瓶颈:它必须代表整个输入序列的含义,因为这是解码器在生成输出时可以访问的所有内容。这对于长序列尤其具有挑战性,因为在将所有内容压缩为单个固定表示的过程中,序列开头的信息可能会丢失。这个弱点是带有编码器和解码器的基本序列到序列架构的常见限制。编码器的最终隐藏状态包含输入序列的固定大小表示,必须捕获生成输出序列所需的所有相关信息。然而,对于长输入序列,固定大小的表示可能不足以捕获所有重要细节,这个问题通常被称为"信息瓶颈"问题。编码器最终的隐藏状态只能保留有限的信息,可能不足以代表整个输入序列,因此解码器可能难以为更长的序列生成准确且有意义的输出。为了解决这个问题,研究人员对基本的序列到序列架构进行了各种扩展和改进。例如,可以添加注意力机制以允许解码器在解码期间选择性地关注输入序列的不同部分,这可以通过允许解码器从输入序列访问更详细的信息来帮助缓解信息瓶颈问题。其他方法包括使用分层模型以多个粒度级别处理输入序列,或使用允许编码器重新访问序列的先前部分的循环模型。这些方法可以帮助捕获有关输入序列的更多详细信息并提高生成输出的质量。

注意力机制是许多现代神经网络架构中的关键组件,了解如何为循环神经网络开发注意力机制可以更好地理解转换器网络,现在深入了解一下注意力机制。

4.4.2　注意力机制

注意力机制是深度学习中的一个重要概念,最早出现在神经机器翻译领域。具体来说,

Bahdanau 等在 2014 年提出了一种基于注意力机制的神经机器翻译模型,这是第一次在自然语言处理领域中广泛应用注意力机制。Bahdanau 等提出的注意力机制可以使神经机器翻译模型在翻译长句子时更加准确和稳定。自此之后,注意力机制在自然语言处理、计算机视觉和其他领域中得到了广泛应用,并取得了很多重要进展。例如,基于注意力机制的神经网络在语言建模、文本分类、序列标注和对话系统等任务中都取得了很好的效果。同时,注意力机制也被应用于生成式模型。例如,在生成图像描述和语音合成中,以及在增强学习和多模态学习等领域中。

注意力机制是一种神经网络技术,用于在序列到序列模型中更好地处理长序列输入。在传统的序列到序列模型中,编码器会将整个输入序列压缩成一个固定长度的向量,该向量会被传递给解码器用于生成输出序列。然而,当处理长序列时,这种方法可能会导致信息丢失或混淆。注意力机制允许编码器为每个输入状态生成一个隐藏状态,并将这些隐藏状态作为注意力向量与解码器状态进行加权组合。这个加权组合向量可以看作编码器状态的加权平均值,其中每个状态的权重是由解码器动态计算的。这个加权组合向量提供了更好的序列表示,同时还可以将注意力集中在与当前解码器状态相关的输入部分上,从而提高了模型的性能。在注意力机制中,通常使用一些度量方式来计算编码器状态和解码器状态之间的相似度,如点积、缩放点积或双线性函数。然后,使用 Softmax 函数将这些相似度转换为权重,并将权重应用于编码器状态来计算加权平均值。注意力机制已被广泛应用于自然语言处理、语音识别、图像处理等领域。它是序列到序列模型的重要组成部分,也是许多先进的自然语言处理模型(如转换器)的核心。这个过程如图 4-4 所示,其中显示了注意力在预测输出序列中第二个标记的作用。

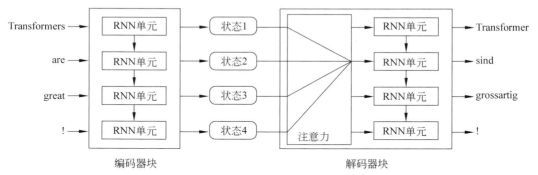

图 4-4 基于循环神经网络注意力机制的编码器到解码器架构

基于注意力的模型可以学习将目标句子中的每个单词与输入标记的加权组合相关联,而不是依赖于整个输入序列的固定大小表示。这允许模型捕获源句和目标句之间更复杂和非线性的关系,即使对齐不是直接的或一对一的。注意机制使解码器能够在每个解码时间步有选择性地关注输入序列的不同部分,从而使其能够专注于最相关的信息以生成目标句子中的下一个单词。这使模型能够学习更多细微差别和上下文相关的翻译,因为它可以考虑源句和目标句之间的特定对齐。通过学习在每个解码时间步为编码器隐藏状态分配不同的权重,基于注意力的模型可以捕获源句和目标句中单词之间的重要对齐,即使对齐不是直接的或一对一的。这使它们成为自然语言处理任务的强大工具,如机器翻译和文本摘要。如图 4-5 所示,这里可视化了英语到法语翻译模型的注意力权重,其中每个像素表示一个权重,该图显示了解码器如何能够正确对齐单词 zone 和 Area,这两个单词在两种语言中的顺序不同。

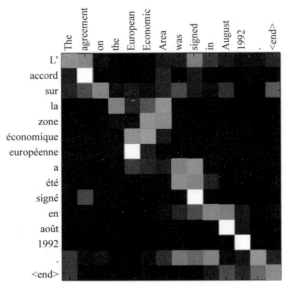

图 4-5 循环神经网络编码器到解码器对齐英语单词和生成的法语翻译

尽管注意力能够产生更好的翻译,但使用循环神经网络作为编码器到解码器仍然存在一个主要缺点:计算本质上是顺序的,不能在输入序列中并行化。当使用循环神经网络作为编码器和解码器时,每个时间步必须依次进行计算,因此无法在输入序列中进行并行化计算,这会导致在处理较长的序列时出现效率问题,这种问题被称为序列到序列建模问题。

随着转换器网络的引入,引入了一种新的建模范式,它完全摒弃了循环,完全依赖于自注意力。自注意力(self-attention)是一种特殊的注意力形式,它允许模型在处理特定输入位置时权衡不同输入位置的重要性。与在每个时间步长关注输入序列的不同部分的传统注意力不同,自注意力允许模型关注同一输入序列中的不同位置,并且并行进行而不受顺序的约束顺序。在转换器网络中,自注意力在编码器和解码器组件中都使用,允许模型捕获给定序列中所有输入和输出位置之间的全局依赖性,而不管它们的相对位置或顺序。这使得转换器网络在广泛的序列建模任务中非常有效,包括自然语言处理和计算机视觉。总体来说,转换器网络代表了序列建模的重大进步,并导致依赖于处理序列数据的广泛应用程序的显著改进。如图 4-6 所示,其中编码器和解码器都有自己的自注意力机制,其输出被馈送到前馈神经网络,这种架构的训练速度比循环模型快得多,并为自然语言处理的许多近期突破铺平了道路。

自注意力机制和注意力机制都是深度学习中常用的机制,它们的主要区别在于作用的对象和范围。自注意力机制是一种用于处理序列数据的机制,其作用是对输入序列中的每个元素计算一个权重,然后通过加权平均的方式得到序列的表示。这里的“自”指的是序列内部元素之间的关系,即一个元素和其他元素之间的关系。在自注意力机制中,每个元素都可以与序列中的其他元素进行交互,得到一个权重,表示当前元素对其他元素的重要性。这个权重是通过对当前元素与其他元素之间的关系进行建模得到的。具体地,通过计算当前

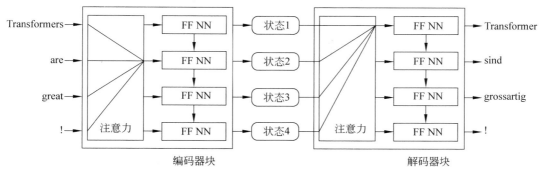

图 4-6　转换器网络的编码器到解码器架构

元素和其他元素之间的相似度,然后将相似度通过 Softmax 函数进行归一化得到权重。最后,根据这些权重,对序列中的所有元素进行加权平均,得到序列的表示。相比之下,注意力机制是一种用于处理两个不同数据集之间交互的机制。例如,在机器翻译任务中,注意力机制可以用于将源语言句子和目标语言句子之间进行对齐,从而更好地进行翻译。在这种情况下,注意力机制用于计算源语言句子中每个词对目标语言句子中每个词的重要性,然后根据这些重要性来加权平均源语言句子中的词,从而得到目标语言句子的表示。

在传统的注意力机制中,需要给定一个查询向量和一组键值对,然后计算查询向量与每个键之间的相似度,得到一组注意力权重,再利用这些权重对值向量进行加权求和,从而得到最终的输出向量。而自注意力机制则是将查询向量、键和值都来自同一个输入序列,即将当前位置的输入作为查询向量和键值对中的一部分,从而计算当前位置与其他位置之间的关系,得到一组注意力权重,并利用这些权重对所有位置的值向量进行加权求和,从而得到当前位置的输出向量。自注意力机制相比传统的注意力机制具有以下 3 个优点。

(1)自注意力机制能够更好地捕捉输入序列中的上下文信息,因为它在计算注意力权重时考虑了所有位置之间的关系,而不仅仅是当前位置与其他位置之间的关系。

(2)自注意力机制能够并行化计算,因为所有位置的查询向量、键和值都来自同一个输入序列,所以可以同时计算所有位置之间的注意力权重,从而大大提高了计算效率。

(3)自注意力机制可以应用于不同长度的序列,因为它不需要固定的查询向量和键值对,而是根据输入序列自动生成查询向量和键值对,因此可以处理不同长度的输入序列。

因此,自注意力机制是在注意力机制的基础上发展起来的一种机制,它在自然语言处理、计算机视觉等领域中广泛应用,并取得了很好的效果。总体来说,自注意力机制和注意力机制都是用于建模元素之间的关系的机制,但是自注意力机制更侧重于对序列内部元素之间的关系进行建模,而注意力机制则更侧重于对两个不同数据集之间的关系进行建模。

4.4.3　迁移学习

在最初的转换器论文中,翻译模型是在大量语料库上从头开始训练的。但是,在自然语言处理的许多实际应用中获取大量带标签的文本数据可能具有挑战性,甚至是不可能的。幸运的是,有几种技术可用于克服这一挑战并使用有限的标记数据训练自然语言处理模型。

(1)迁移学习,这种方法通过在大规模数据集上预训练模型,然后在目标任务上进行微调来实现。例如,在自然语言处理任务中,可以使用预训练的语言模型(如 BERT、GPT 等)

在大规模语料库上预训练模型,然后将该模型微调到特定的任务,如情感分析、文本分类、命名实体识别等。这种方法可以显著减少需要标记数据的数量,并提高模型性能。

(2) 半监督学习,特别是当可用的带标签数据非常少时。在半监督学习中,利用少量带标签数据来训练模型,并利用未标记数据的结构信息来增强模型的泛化能力。这种方法的基本思想是利用未标记数据中的相似性结构来加强模型的泛化能力,因为未标记数据通常具有与带标记数据相似的分布特征。一种常见的半监督学习方法是使用自学习技术,它基于"伪标签"来利用未标记数据。具体来说,可以将模型应用于未标记数据,并将模型生成的预测标签作为"伪标签"添加到未标记数据中,然后将这些数据与少量带标记数据一起用于模型的训练。这种方法通常能够显著提高模型的性能,尤其是当可用的带标签数据非常有限时。

(3) 主动学习(active learning),也可以用于训练具有有限标记数据的自然语言处理模型。在自然语言处理任务中,通常需要大量的标记数据来训练模型,但是获取标记数据的成本往往很高。这时,主动学习可以用来减少标记数据的需求,同时提高模型的性能。主动学习的基本思想是,利用模型对未标记数据进行预测,并且选择最具信息量的样本,然后将这些样本提交给标注者进行标记。这样,模型可以通过有限的标记数据进行训练,并且获得更好的性能。具体来说,在每个迭代中,主动学习算法会选择一些未标记数据样本,并将它们提交给标注者进行标记,然后利用这些新标记的样本重新训练模型。在自然语言处理任务中,主动学习通常与序列标注任务(如命名实体识别、词性标注、句法分析等)结合使用。例如,在命名实体识别任务中,主动学习算法可以利用模型对未标记的语料库进行预测,并选择最具信息量的样本,如包含新的实体类型或者包含具有歧义的实体等。然后,这些样本可以提交给标注者进行标记,以便模型学习到更好的规则和特征。总之,主动学习是一种有用的技术,可以在具有有限标记数据的情况下,提高自然语言处理模型的性能。

迁移学习、半监督学习和主动学习都是用于使用有限标记数据训练自然语言处理模型的有用技术,选择适当的技术取决于特定任务和可用的数据。转换器网络与迁移学习有着密切的关系。作为一种深度学习模型,转换器网络可以应用于多种自然语言处理任务,包括机器翻译、文本摘要、语言建模等。由于转换器网络在大规模未标记数据上的预训练,使得它可以很好地捕捉自然语言的语义和语法规律,并能够将这些学习到的知识迁移到特定任务的训练。这就是转换器网络与迁移学习的关系。具体而言,通过将转换器网络在大规模未标记数据上进行预训练,可以获得语言学习的通用表示。这些表示可应用于各种自然语言处理任务,包括那些缺乏足够标记数据的任务。这样,可以在一个特定任务的小规模标记数据上对预训练模型进行微调,以提高性能。此外,这种迁移学习方法还可以通过跨语言和跨领域的学习来进一步增强模型的泛化能力。总之,转换器网络和迁移学习的结合为自然语言处理任务的解决带来了革命性的变化。

在计算机视觉中,使用迁移学习训练像残差网络这样的卷积神经网络,并在新任务中对其进行调整或微调是非常常见的做法。这样做可以充分利用原始任务中学到的知识,从而加速和提高在新任务上的表现。在实现上,这通常涉及将模型分成身体和头部两部分,其中身体是网络的前几层,负责提取通用的图像特征,而头部是特定于任务的网络,负责对这些特征进行分类或回归等任务。在训练期间,身体的权重学习源域的广泛特征,并且这些权重可以用于为新任务初始化新模型,从而加速收敛并提高性能。通常,在微调的过程中,只有新任务特定的头部网络中的权重被更新,而身体部分的权重通常是固定的,因为它们已经被训练得足够好,可以提供通用的特征表示。这种方法允许在新任务上使用较少的标注数据进行训练,并且可以避免从头开始训练网络所需的大量计算资源和时间。总体来说,使用迁移学习在计算机视觉中是一种非常有效的方法,可以帮助加速和提高模型的性能,并且在实际应用中得到了广泛应用。与传统的监督学习相比,这种方法通常会产生高质量的模型,这些模型可以在各种下游任务上更有效地进行训练,并且标签数据要少得多,如图 4-7 所示,这里显示了这两种方法的比较。

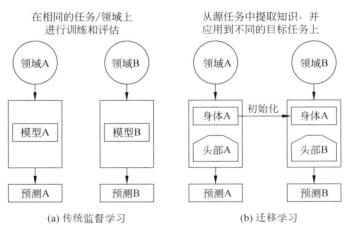

图 4-7 传统监督学习与迁移学习对比

在计算机视觉中,模型首先在包含数百万张图像的 ImageNet 等大规模数据集上进行训练。这个过程称为预训练,其主要目的是教会模型图像的基本特征,如边缘或颜色。然后可以在下游任务中对这些预训练模型进行微调。例如,使用相对较少的标记示例(通常每类数百个)对花卉物种进行分类。经过微调的模型通常比在相同数量的标记数据上从头开始训练的监督模型具有更高的准确性。

迁移学习已经成为计算机视觉中的标准方法,而在自然语言处理中,预训练模型的应用相对较新。自然语言处理应用程序通常需要大量标记数据才能实现高性能,这是因为语言具有高度的复杂性和变化性。然而,近年来,在自然语言处理中的预训练技术已经迅速发展,并且已经取得了令人瞩目的成果。在 2017 年和 2018 年,多个研究小组提出了一系列新的迁移学习方法,这些方法使得迁移学习在自然语言处理中得以应用。其中,OpenAI 研究人员的工作是其中一个重要的突破。他们在 2017 年提出了一种名为 ULMFiT 的方法,该方法使用从大量无标注文本中预训练的语言模型,然后使用较少的标注数据进行微调,以用于各种自然语言处理任务。在一项基准测试中,ULMFiT 方法在多个自然语言处理任务中超越了以前最先进的模型。此外,同年,Facebook AI 研究人员提出了一种名为 XLM (cross-lingual language model)的方法,该方法可以在多种语言上进行跨语言预训练。这项工作使得跨语言迁移学习成为可能,并且在多种自然语言处理任务中都取得了良好的效果。此外,2018 年,Google Brain 研究人员提出了一种名为 USE(universal sentence encoder)的方法,该方法可以将文本句子编码为固定长度的向量表示,并且在多种自然语言处理任务中表现出色。这些新的迁移学习方法和技术使得自然语言处理中的无监督学习和迁移学习成为可能,进一步提高了自然语言处理应用程序的性能和效率。

如图 4-8 所示,ULMFiT 是一种基于深度学习的自然语言处理技术,它包括三个主要步骤:预训练、域适配和微调。

图 4-8   ULMFiT 训练过程

首先是预训练,该阶段的目标是训练一个语言模型,使其能够预测给定单词序列中下一个单词的概率。这一阶段的训练数据通常是来自大型文本语料库,如维基百科。预训练阶段不需要标注数据,并且可以利用大量可用文本。

其次是域适配,该阶段的目标是使用目标域的语料库来进一步训练语言模型。例如,从维基百科到电影评论的 IMDb 语料库。这一阶段仍然使用语言建模,但现在模型必须预测目标语料库中的下一个单词。这一步的目的是使模型适应目标域的特定风格和用语。

最后是微调,该阶段使用目标任务的标记数据来微调语言模型。例如,在如图 4-8 所示的电影评论分类任务中,模型使用电影评论数据集的标记数据来微调其分类层,从而可以更准确地预测电影评论的情感。

ULMFiT 使用语言模型作为预训练任务,使用大量的未标记文本数据(例如维基百科)训练一个通用的语言模型,然后将其用于下游任务中。在下游任务中,通过微调预训练的模型来适应特定的任务,从而提高性能。在微调阶段中,ULMFiT 使用了一种称为“分层微调”的技术,即首先微调模型的底层表示层以适应新任务,然后逐层解冻和微调更高层的权重。这种技术可以避免微调期间出现过拟合现象,同时也可以在训练数据不足的情况下提高性能。通过这些技术的使用,ULMFiT 在多个自然语言处理任务上都取得了非常好的效果,并且为使用转换器网络进行文本分类、命名实体识别、情感分析等任务提供了一种可行的预训练和迁移学习框架。

请注意,ULMFiT 是一种自然语言处理的预训练和迁移学习框架,而转换器网络是一种基于自注意力机制的神经网络结构。ULMFiT 使用转换器网络作为其基础架构之一,以提供出色的自然语言处理性能。在 2018 年,发布了两个将自注意力机制与迁移学习相结合的转换器网络模型,它们分别是 GPT 和 BERT。

(1)GPT(generative pre-trained transformer)模型只使用了转换器网络的解码器部分,并且采用了类似于 ULMFiT 的语言建模方法。GPT 模型通过在大规模的语料库上进行预训练来学习通用的自然语言表示,其中包括 BookCorpus 数据集。该数据集由 7000 本未发表的书籍组成,涵盖了各种流派,包括冒险、幻想、浪漫等。预训练过程中,GPT 模型试图预测每个文本序列中下一个单词的概率分布,从而训练出一种通用的语言表示能力,使得模型在各种自然语言处理任务上都能表现出色。

(2)BERT(bidirectional encoder representations from transformers)使用了转换器网络的编码器部分和一种特殊形式的语言建模,称为掩码语言建模(masked language modeling,MLM)。在掩码语言建模中,BERT 随机掩盖一些单词,并要求模型通过上下文中的其他单词来预测这些被掩盖的单词。具体地说，BERT 使用了一种特殊的掩码记号［MASK］来表示一个被掩盖的单词，同时还使用另外两种记号来表示在文本序列中已知的单词和需要预测的单词。对于每个训练样本，BERT 随机选择一些单词并将它们替换为［MASK］，然后让模型预测这些被掩盖的单词。BERT 模型在预训练时使用了大规模的语料库，其中包括 BookCorpus[①] 和英文维基百科。预训练分为两个阶段：第一阶段是使用掩码语言建模，第二阶段是使用另一种任务称为下一句预测。在下一句预测中，模型需要判断两个句子是否是相邻的，从而学习到句子级别的语义信息。BERT 的预训练模型可以通过微调来适应各种自然语言处理任务，如文本分类、命名实体识别、问答等。

GPT 和 BERT 是近年来在自然语言处理领域取得的重大突破，它们的出现标志着自然语言处理进入了一个新的阶段。然而，不同的研究实验室在不同的框架中（如 PyTorch 或 TensorFlow）发布其模型，这给自然语言处理从业者带来了一些挑战。为了在不同的框架之间进行模型迁移，需要进行一些工作来确保模型能够正确地加载和使用。例如，需要检查模型的参数和结构是否与目标框架兼容，还需要在加载模型时正确设置所有的超参数和配置。此外，还需要注意模型的输入和输出格式是否与目标框架相同。为了解决这些问题，一些社区和工具已经出现，旨在简化模型迁移的过程。例如，Hugging Face 的 Transformers 库提供了一些方便的接口和功能，可以轻松地加载和使用各种预训练模型，包括 GPT 和 BERT。此外，许多研究实验室也提供了在不同框架中实现的预训练模型的源代码，这可以帮助其他从业者更好地了解和使用这些模型。总之，尽管存在一些挑战，但自然语言处理从业者可以通过仔细检查和使用现有的社区和工具来克服这些挑战，从而更好地利用 GPT 和 BERT 等先进的自然语言处理模型。

4.4.4　Hugging Face 生态

Hugging Face 生态系统主要由两部分组成：库家族和 Hub 平台，如图 4-9 所示。库家族是一组面向自然语言处理任务的开源 Python 库，包括 Transformers、Tokenizers、Datasets 和 Accelerate 等。这些库提供了各种自然语言处理模型、文本分词器、数据集处理工具和分布式训练和推理加速器等，帮助用户快速构建、训练和部署自然语言处理模型。Hugging Face Hub 是一个模型共享平台，让用户能够上传、分享和发现各种自然语言处理模型。除了提供许多已经预训练好的模型外，Hub 还允许用户微调这些模型以适应自己的特定任务，或者上传自己训练的模型供其他人使用。同时，Hub 还提供了一些方便的 API，可以让用户轻松地在自己的应用程序中使用这些模型。下面是更详细的解释。

库家族是一个用于自然语言处理的开源 Python 库，包含了众多预训练模型，如 BERT、GPT、RoBERTa 等，可用于各种自然语言处理任务，例如文本分类、问答、语言生成等。该库还提供了一些方便的工具，如 Tokenizer 和 Trainer，以便进行数据预处理和模型微调等任务，其中包括了以下 4 个"库"。

---

① BookCorpus 是一个包含大量文本书籍的数据集，用于训练自然语言处理模型。这个数据集由数千本图书组成，其中包括小说、历史书籍、科学书籍等不同类型的书籍。这些书籍都是从互联网上收集而来的，其中大多数是来自开放的图书项目，如 Project Gutenberg。BookCorpus 数据集由约 1100 亿个单词组成，是一个很好的训练语言模型的数据集。它被广泛应用于各种自然语言处理任务的预训练，如 BERT、GPT 等模型的预训练。该数据集的可用性已经得到广泛的认可，其被认为是学术界和工业界的一种标准数据集，用于评估各种自然语言处理技术的性能和效果。

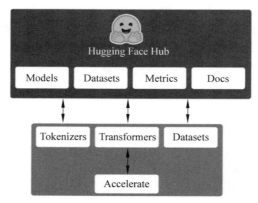

图 4-9   Hugging Face 生态系统

（1）Transformers：是一个自然语言处理模型库，提供了多种预训练模型和模型架构，包括 BERT、GPT、RoBERTa 等。用户可以使用这些模型完成各种自然语言处理任务，如文本分类、命名实体识别、问答等。除了模型外，Transformers 还提供了一些实用工具，如 Tokenizer、Trainer 等。

（2）Tokenizers：是一个高效的文本分词器库，支持多种编程语言，并具有出色的性能和可扩展性。它提供了许多先进的分词算法，包括 Byte Pair Encoding（BPE）、WordPiece 和 Unigram 等。

（3）Datasets：是一个用于自然语言处理数据集的库，提供了一个易于使用的接口，用于快速加载和处理各种类型的自然语言处理数据集。该库提供了大量的标准数据集，如 GLUE、SQuAD、CoNLL 等，也支持自定义数据集的导入。

（4）Accelerate：是一个用于分布式训练和推理加速的库，可帮助用户在多个 GPU 或 TPU 上轻松地训练和部署自然语言处理模型。该库提供了各种分布式训练策略，如 Data Parallel、Model Parallel 和 Pipeline Parallel 等，并且可与 PyTorch 和 TensorFlow 等框架配合使用。

Hub 平台是一个模型共享平台，让用户能够上传、分享和发现各种自然语言处理模型。除了提供许多已经预训练好的模型外，Hub 还允许用户微调这些模型以适应自己的特定任务，或者上传自己训练的模型供其他人使用。Hub 还提供了一些方便的 API，可以让用户轻松地在自己的应用程序中使用这些模型，这些 API 支持多种编程语言和框架，如 Python、JavaScript、Node.js 等。Hugging Face 开发了一些与 Hub 平台集成的工具，方便用户在命令行或代码中直接使用 Hub 平台上的模型。其中一个工具是 Model Hub CLI，它是一个命令行界面工具，允许用户从命令行界面上传、下载、共享和管理 Hugging Face Hub 上的模型和数据集。通过这个工具，用户可以方便地在终端中运行各种与 Hub 平台相关的操作，如上传自己的模型、搜索其他人共享的模型、下载模型等。另一个工具是 Transformers 库中的 hubconf.py 模块，它是一个 Python 模块，提供了一些简单的 API，使得用户可以在 Python 代码中方便地加载和使用 Hugging Face Hub 上的模型。使用这个模块，用户可以轻松地从 Hub 平台中加载和使用自己或其他人共享的模型，而无须手动下载和解压缩模型文件。

4.4.4.1　Hub 平台

如前所述,迁移学习是推动转换器网络成功的关键因素之一,因为它可以为新任务重用预训练模型,因此能够快速加载预训练模型并使用它们进行实验至关重要。Hugging Face Hub 上拥有 20 000 多个免费模型,这些模型可以为自然语言处理任务提供快速的启动。如图 4-10 所示,Hub 平台提供了针对任务、框架、数据集等的过滤器,可以帮助用户浏览并快速找到有前途的模型候选人。同时,在代码中加载一个有前途的模型实际上只需要一行代码,这使得尝试各种模型变得简单,并允许用户专注于项目的特定领域部分。使用 Hugging Face Hub 的好处之一是可以使用预训练的模型,从而可以更快地进行实验并获得更好的结果。在自然语言处理任务中,迁移学习的概念是很重要的,因为它可以允许重用预训练模型,并在新任务上进行微调,这通常比从头开始训练模型要快得多。Hugging Face 提供了丰富的预训练模型,这使得尝试不同的预训练模型变得更加容易,同时也使得探索新的自然语言处理任务变得更加容易。

图 4-10　Hugging Face Hub 的模型页面,左侧显示过滤器,右侧显示模型列表

Hugging Face Hub 中心不仅托管了各种自然语言处理模型的权重和架构,还包括了用于计算指标的数据集和脚本。这些数据集和脚本可以帮助研究人员和工程师重现已发布的结果,并在自己的应用程序中使用其他数据集。通过 Hub 中心,用户可以轻松访问各种数据集,如 GLUE、SQuAD、CoNLL-2003 等,这些数据集广泛用于自然语言处理任务的评估。同时,Hub 中心还包括与各种数据集相关的脚本,可以用于数据集的下载、预处理和评估。这些数据集和脚本的存在使得使用 Hugging Face 生态系统更加方便和高效。

模型和数据集卡是 Hugging Face Hub 提供的功能之一,用于记录模型和数据集的详细信息以便其他用户了解和使用。模型卡和数据集卡是类似的,它们包括模型或数据集的名称、描述、作者、特性、指标等信息。这些卡片通常还包括模型或数据集的使用示例、代码示例、论文引用等其他有用的信息,帮助其他用户更好地了解和使用这些资源。通过这些卡片,用户可以方便地查看和比较不同的模型和数据集,以便做出更明智的决策。

Hugging Face Hub 提供了许多交互式小部件,使得用户可以直接在网页上使用模型进行各种自然语言处理任务。例如,对于文本分类任务,用户可以输入文本并立即查看模型的预测结果和置信度分数。这使得用户可以轻松地测试各种模型,并对它们的性能和行为有更深入的了解,如图 4-11 所示。

图 4-11　Hugging Face Hub 的示例模型卡：在右侧通过小部件与模型交互

注意：PyTorch 和 TensorFlow 都提供了自己的 Hub 平台。PyTorch Hub[①] 是一个预训练模型的存储库，它允许用户在 PyTorch 中使用各种预训练模型。与 Hugging Face Hub 类似，PyTorch Hub 还提供了一个交互式的演示平台，使用户能够在不离开浏览器的情况下快速测试和使用模型。TensorFlow Hub[②] 是一个可重用模型组件的存储库，允许用户在 TensorFlow 中重用各种预训练模型和数据集。它还提供了用于加载模型的各种 API 和工具。例如，在 tf.keras 模型中的 KerasLayer 和 tf.saved_model 模块中的 load API。TensorFlow Hub 还提供了一个模型预览平台，使用户能够轻松地探索和可视化不同的预训练模型。如果特定模型或数据集在 Hugging Face Hub 上不可用，则可以试一试这里提到的 Hub 平台。

4.4.4.2　Transformers

Hugging Face Transformers 是一个自然语言处理工具库，提供了许多预训练的语言模型，如 BERT、GPT-2、RoBERTa 等。这些模型已经在大型语料库上进行了训练，可以执行多种任务，如文本分类、问答、生成等。举个例子，如果你想训练一个文本分类器来识别新闻文章的主题，可以使用 Hugging Face Transformers 来完成这个任务。你可以选择其中一个预训练模型，如 BERT 或 RoBERTa，然后使用 Hugging Face Datasets 载入一个标准的新闻分类数据集，如 AG News 或 Reuters。接着，你可以使用 Hugging Face Tokenizers 进行文本预处理，并使用 Hugging Face Transformers 提供的模型和 Trainer 进行模型训练。最后，你可以使用训练好的模型对新的新闻文章进行分类。下面是使用 Hugging Face Transformers 进行文本分类的示例代码。

```
from datasets import load_dataset
from transformers import AutoTokenizer, AutoModelForSequenceClassification,
TrainingArguments, Trainer

# Load the dataset
dataset=load_dataset('ag_news')

# Load the tokenizer and model
```

---

① https://pytorch.org/hub/。
② https://www.tensorflow.org/hub。

```
tokenizer=AutoTokenizer.from_pretrained('bert-base-uncased')
model=AutoModelForSequenceClassification.from_pretrained('bert-base-uncased
', num_labels=4)

#Preprocess the data
def tokenize(batch):
    return tokenizer(batch['text'], padding=True, truncation=True)

dataset=dataset.map(tokenize, batched=True, batch_size=len(dataset))

#Set up the trainer
training_args=TrainingArguments(
    output_dir='./results',
    evaluation_strategy='epoch',
    learning_rate=2e-5,
    per_device_train_batch_size=16,
    per_device_eval_batch_size=64,
    num_train_epochs=3,
    weight_decay=0.01,
    push_to_hub=False,
    logging_dir='./logs',
)

trainer=Trainer(
    model=model,
    args=training_args,
    train_dataset=dataset['train'],
    eval_dataset=dataset['test'],
)

#Train the model
trainer.train()

#Evaluate the model
trainer.evaluate()
```

这段代码使用了 AG News[①] 数据集和 BERT 模型进行文本分类。首先,它载入数据集,其次使用 BERT tokenizer 进行文本预处理。最后,它使用 Trainer 对模型进行训练,并进行模型评估。

4.4.4.3 Tokenizers

在本章中看到的每个管道示例的背后都有一个标记化步骤,它将原始文本拆分为更小的片段,称为标记。将在后面的章节中详细了解它是如何工作的,但现在只需要了解标记可以是单词、单词的一部分,或者只是标点符号等字符就足够了。转换器模型是根据这些标记

---

① AG News 是一个常用的文本分类数据集,其中包含了来自 4 个类别的新闻文章。这些类别包括 World(世界)、Sports(体育)、Business(商业)和 Science/Tech(科学/技术)。每个类别下都有约 30 000 篇新闻文章,共计 120 000 篇文章。该数据集通常被用于文本分类、情感分析和信息检索等自然语言处理任务的训练和评估。读者可以在以下位置找到 AG News 数据集的详细信息和下载。

Hugging Face Datasets:https://huggingface.co/datasets/ag_news。

Kaggle:https://www.kaggle.com/amananandrai/ag-news-classification-dataset。

的数字表示进行训练的,因此正确执行此步骤对于整个自然语言处理项目非常重要。

Tokenizers 是一个强大的分词库,支持多种分词策略和语言,包括 BERT、GPT-2、RoBERTa 等常见的预训练语言模型。Tokenizers 库支持多种语言和分词算法,包括 BERT、GPT-2、RoBERTa、ALBERT 等预训练模型使用的分词器。它提供了一个简单的 API,允许用户轻松地自定义分词器。例如,添加自定义分词规则或使用自定义字典。当使用 Tokenizers 进行分词时,可以指定词汇表大小、截断策略、特殊标记等参数,以满足特定任务的需求。例如,如果要使用 BERT 进行分类任务,可以使用 BertTokenizer 分词器,并指定最大序列长度、截断策略等参数。Tokenizers 还提供了一个可视化工具,可以帮助了解分词器的工作原理,并查看分词结果。Tokenizers 以 Rust 后端实现,提供了高效的文本处理和分词功能,同时具备灵活的定制化选项。使用 Tokenizers,可以轻松地对文本进行预处理、分词和后处理,以适应各种应用场景。与 Transformers 集成,可以实现以与预训练模型加载器相同的方式加载分词器,使得在应用预训练模型时更加方便快捷。

现在还需要一个数据集和指标来训练和评估模型,所以看一下 Datasets,它负责这方面的工作。

4.4.4.4 Datasets

加载、处理和存储数据集可能是一个烦琐的过程,特别是当数据集过大无法适应笔记本电脑内存时。此外,通常需要实现各种脚本来下载数据并将其转换为标准格式。

Hugging Face Datasets 是一个用于访问、处理和管理各种数据集的 Python 库,它提供了标准化的接口,可以访问数千个数据集。该库提供了智能缓存机制,这意味着一旦数据集被处理和缓存,就无须再次执行处理步骤,而是直接从缓存中获取数据。此外,该库还使用内存映射机制来避免 RAM 限制,并使多个进程更有效地修改文件。该库还与流行的数据处理和分析库(如 Pandas 和 NumPy)兼容,因此可以轻松地在这些库中使用 Hugging Face Datasets 中的数据。这使得处理和分析数据集变得更加简单和高效。

在自然语言处理领域,衡量模型性能的指标有很多种,并且不同的实现方式可能会导致不同的结果。这可能会使得实验结果不可靠,并且很难比较不同模型之间的性能。为了解决这个问题,Hugging Face Datasets 提供了许多指标的标准实现,以确保不同实验之间的可比性和可重复性。这些实现都是经过仔细设计和测试的,可以提供准确和可信的性能指标。通过使用这些标准化的指标实现,研究人员可以更容易地比较不同模型的性能,并且可以更加自信地得出结论。

有了 Transformers、Tokenizers 和 Datasets 库,即拥有了训练自己的转换器网络所需的一切。然而,在某些情况下需要对训练循环进行细粒度控制。这就是生态系统的最后一个库发挥作用的地方:Accelerate。

4.4.4.5 Accelerate

如果人们曾经不得不在 PyTorch 中编写自己的训练脚本,那么当尝试将笔记本电脑上运行的代码移植到组织集群上运行的代码时,可能会遇到一些麻烦。Accelerate 为正常训练循环添加了一个抽象层,负责处理训练基础设施所需的所有自定义逻辑。通过在必要时简化基础架构的更改,这从字面上加速了工作流程。Accelerate 是 Hugging Face 的一个组件,用于加速训练和推理过程,特别是在使用多个 GPU 或 TPU 时。Accelerate 支持多种深度学习框架,包括 PyTorch、TensorFlow 和 JAX。Accelerate 的主要功能包括以下 4 点。

（1）分布式训练：Accelerate 提供了一个简单的 API 来实现数据并行和模型并行训练，支持在多个 GPU 或 TPU 上训练模型，并自动处理数据切分、模型同步和梯度聚合等过程。

（2）自动混合精度：Accelerate 支持自动混合精度训练，即在保持模型精度的同时，将计算操作转换为低精度格式，以提高训练速度和减少内存占用。

（3）优化的数据加载：Accelerate 提供了一个优化的数据加载器，可以在读取数据时自动进行异步预处理和缓存，以加速数据加载和提高 GPU 或 TPU 的利用率。

（4）训练和推理监控：Accelerate 提供了实时的训练和推理监控，包括 GPU 或 TPU 的利用率、内存使用情况、训练速度、训练损失等指标。

Accelerate 可以大大简化分布式训练和混合精度训练的实现过程，同时提高训练和推理的速度和效率。

以上总结了 Hugging Face 开源生态系统的核心组成部分。但在结束本章之前，看一下在现实世界中尝试部署转换器时遇到的一些常见挑战。

4.4.5　面对挑战

虽然转换器网络模型非常强大且在自然语言处理任务中非常有用，但仍然存在一些挑战。

（1）数据质量问题：转换器网络模型的性能取决于所使用的数据的质量。低质量的数据可能会影响模型的性能和准确性。

（2）训练成本问题：转换器网络模型需要大量的训练数据和计算资源，因此训练成本很高。这可能会导致训练过程需要大量时间和资源，也可能会导致只有大型组织才能承担训练成本。

（3）推理速度问题：虽然转换器网络模型在训练时可以使用大量的计算资源，但在推理时可能需要较长的时间才能生成结果。这可能会对实时应用程序的性能产生负面影响。

（4）模型解释问题：由于转换器网络模型的复杂性和黑盒特性，很难解释它们的决策过程。这可能会导致模型不可解释性，从而导致模型无法信任或无法接受。

（5）噪声和偏见问题：由于转换器网络模型的训练数据通常是从现实世界收集的，因此可能包含噪声和偏见。这可能会导致模型偏向于某些特定的群体或结果，并导致错误的决策。

这些挑战表明，尽管转换器网络模型在许多自然语言处理任务中表现出色，但仍然需要注意模型的局限性和缺陷，并寻找解决这些问题的方法。

第 5 章

转换器网络

转换器网络是比较流行和先进的深度学习架构之一,主要用于自然语言处理任务。自从转换器网络出现以来,它已经取代了循环神经网络和长短期记忆网络用于各种任务。一些新的自然语言处理模型,如 BERT、GPT 和 T5,都是基于转换器网络的。本章将详细研究转换器网络并了解其工作原理。

本章将从了解转换器的基本概念开始,然后将学习转换器如何使用编码器到解码器架构来完成语言翻译任务。在此之后,将通过探索每个编码器组件来详细检查转换器的编码器是如何工作的。在理解了编码器之后,将深入研究解码器并详细研究每个解码器组件。本章的最后会将编码器和解码器放在一起,看看转换器网络是如何作为一个整体工作的。

5.1 转换器介绍

循环神经网络由于其递归结构,能够对序列数据进行处理,是一种流行的模型用于生成文本序列任务。然而,循环模型的主要挑战之一是捕获长期依赖性。当循环神经网络在处理长序列数据时,模型需要在许多时间步长上记住之前的输入,以便正确预测当前输出。但是,由于梯度消失或爆炸的问题,长序列中的信息在传递到后续时间步长时会丢失或被模糊化,这就是所谓的长期依赖性问题。这会导致模型在长序列中表现不佳,无法捕捉到序列中的长期依赖性,从而影响了模型的性能。为了解决这个问题,出现了一些变种的循环神经网络模型,如长短时记忆网络和门控循环单元,它们通过引入不同的机制来控制信息在时间步长之间的流动。这些模型可以更好地处理长期依赖性,因此在生成文本序列任务中表现更好,然而循环神经网络的局限依然存在。

2017 年 12 月,Vaswani 等发表了他们的开创性论文 *Attention is All You Need*,在文中提出了新颖的转换器网络。转换器网络可以用于生成文本序列任务,而不需要使用循环结构,可以更好地处理长序列。转换器目前是多项自然语言处理任务的最先进模型。转换器的问世创造了自然语言处理领域的重大突破,也为 BERT、GPT-3、T5 等新的革命性架构铺平了道路。

转换器网络是一种由编码器(encoder)和解码器(decoder)组成的架构,用于序列到序列的任务,如机器翻译、对话生成等。在这种网络中,编码器将源序列映射到一个高维表示空间,而解码器则从该空间中解码目标序列。具体来说,在编码器中,输入序列中的每个单词都会被转换成一个向量表示,这些向量表示将经过一系列自注意力机制和前馈神经网络层进行编码。这些编码向量将包含源序列的上下文信息,并且可以用于生成目标序列。解码器在接收到编码器学习的表示后,使用类似的机制进行解码,逐步生成目标序列中的每个单词。在生成每个单词时,解码器会在自注意力机制和编码器-解码器注意力机制之间进行交互,以获得源序列的上下文信息。在整个过程中,编码器和解码器之间的信息传递都是通过自注意力机制和编码器-解码器注意力机制进行的。自注意力机制可以帮助模型找到输入序列中不同位置的相关性,而编码器-解码器注意力机制可以帮助模型将目标序列中的每个单词与源序列中的相关单词进行对齐。总之,转换器网络是一种强大的序列到序列模型,它已被广泛应用于自然语言处理任务,并在很多任务中取得了很好的表现。假设需要将一个句子从英语转换为法语,如图 5-1 所示,将英语句子作为输入提供给编码器。编码器学习

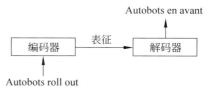

图 5-1　转换器的编码器和解码器

给定英语句子的表征并将该表征提供给解码器。解码器将编码器的表征作为输入并生成法语句子作为输出。

　　本章将把论文中描述的模型称为原始转换器网络。本章先从外部查看转换器网络的构建,在接下来的部分中,本章将探索模型的每个组件内部的内容。原始的转换器网络是由 6 个堆叠的编码器层和 6 个堆叠的解码器层组成的。每个编码器层和解码器层都有多头自注意力机制(multi-head self-attention)和前馈神经网络组成,这些层都使用残差连接和层归一化(add & norm)来帮助训练。在编码器中,第一个(底层)输入序列被馈送到多头自注意力机制,生成自注意力向量,再经过前馈神经网络。然后,这些向量被传递到下一个(更高层)编码器中,如此往复,直到到达顶部(最高层)编码器,输出最终的编码表示。在解码器中,第一个(底层)输入序列和编码器的输出编码表示被馈送到多头自注意力机制和多头编码器-解码器注意力机制。然后,这些向量被传递到下一个(更高层)解码器中,如此往复,直到到达顶部(最高层)解码器,生成最终的输出序列。最终预测是由输出层计算的,它将解码器的最后一层的输出向量映射到预测空间。如图 5-2 所示,左边部分是 6 层编码器栈,右边部分是 6 层解码器栈。

　　转换器网络是一种完全基于自注意力机制的神经网络架构,它完全摆脱了递归结构,因此可以高效地处理序列数据。在转换器网络中,每个输入标记都与序列中的所有其他标记进行交互,以生成上下文表示。这种交互基于自注意力机制,其中每个标记通过与自己和其他标记的关系来计算其在上下文中的重要性。这使得转换器网络在处理长序列时能够更好地捕捉全局依赖关系,并且在处理各种自然语言处理任务时表现出色。这一点将在接下来的部分中被详细介绍。

　　在图 5-2 左侧编码器中,输入序列通过自注意力子层和前馈网络子层进行编码,生成上下文表示;在图 5-2 右侧解码器中,目标输出序列通过两个注意力子层和一个前馈网络子层进行解码,生成最终的输出。在转换器网络中,没有 RNN、LSTM 或 CNN 这样的递归结构,而是使用自注意力机制来捕捉序列中的依赖关系。在生成文本序列任务中,自注意力机制可以替代传统的递归结构,以更好地处理长期依赖性问题。自注意力机制是一种"单词对单词"的操作。它通过对同一序列中不同位置的单词之间的关系进行计算来获取上下文信息,而不像传统的循环神经网络一样需要按顺序处理整个序列。在自注意力机制中,每个单词都与序列中的其他单词进行交互,并计算其与其他单词之间的相似度得分,然后将这些得分用于计算加权平均值以获取单词的表示。这种方法避免了循环神经网络中存在的梯度消

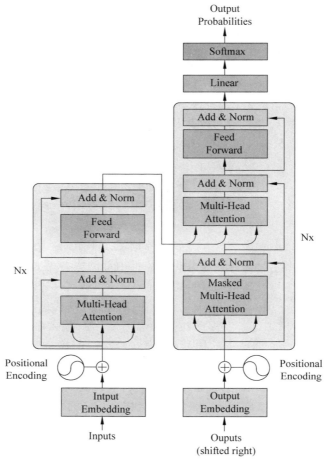

图 5-2　转换器网络

失问题,并且在处理长序列时具有更好的效果。例如,当机器翻译任务中,自注意力机制可以使模型更加关注源语言句子中与当前目标语言单词相关的部分。

　　来看以下序列:"The cat sat on the mat.",注意力机制将在单词向量之间运行点积,并确定单词在所有其他单词中的最强关系,包括与自身相关的关系(cat 和 mat)。注意力机制将在单词向量之间运行点积,并计算每个单词与所有其他单词之间的相关性分数,这些分数可以被视为该单词对于序列中其他单词的重要性。在这个例子中,注意力机制将为每个单词计算一个注意力权重向量,其中每个元素表示该单词与序列中其他单词之间的相关性分数。例如,当处理单词 cat 时,注意力机制会计算该单词与序列中其他单词的相关性分数,包括与自身相关的分数。这些分数将被用于计算一个注意力权重向量,该向量将指示模型在处理该单词时应该关注哪些其他单词。注意力机制的输出将被用于计算每个单词的上下文向量,这个上下文向量将包含该单词与序列中其他单词的相关信息。在这个例子中,注意力机制将帮助模型捕捉到 cat 与 mat 之间的联系,从而更准确地理解这个句子的含义。

　　自注意力机制将提供更深层次的词与词之间的关系并产生更好的结果。对于每个自注意力子层,原始的转换器网络不是并行运行一个而是 8 个自注意力机制以加快计算速度,将在 5.2 节"理解编码器"中探讨这种架构,这个过程被命名为"多头自注意力"。多头自注意力是一种注意力机制的变体,它将注意力机制分解为多个头部(也称为子空间),每个头部计算一组查询、键和值的相似性,然后将这些头部的结果拼接在一起形成最终的注意力表示。在多头注意力中,模型学习多组查询、键和值的线性投影,然后分别计算它们的注意力表示。这些头部可以并行计算,因此多头注意力可以更快地处理大规模数据。此外,多头注意力还可以帮助模型学习多个不同的表示,因为不同的头部可能关注不同的信息。多头注意力在自然语言处理任务中非常有用,如语言建模、机器翻译和文本分类。在这些任务中,多头自注意力可以帮助模型更好地捕捉不同层次的语义信息,从而提高模型的性能。例如,在机器翻译任务中,多头自注意力可以帮助模型更好地关注不同的单词和短语,从而提高翻译的准确性。在转换器中的编码器和解码器是如何将英文句子转换为法语句子的呢?编码器和解码器内部发生了什么?首先,详细研究一下编码器。

5.2　理解编码器

转换器网络的编码器由一系列相同的层组成,每个层都包含两个子层,分别是多头自注意力机制层(multi-head self-attention layer)和全连接前馈神经网络层(feed-forward neural network layer)。

多头自注意力机制层可以同时将一个输入序列中的所有单词作为输入,并在保留单词之间关系的同时,计算出每个单词的"注意力权重",并使用这些权重来重新组合输入序列中的单词向量,得到新的表示。这个新的表示是基于注意力机制的,可以更好地反映输入序列中不同单词之间的关系。全连接前馈神经网络层会对经过多头自注意力机制层得到的新的表示进行进一步处理,以获得更高层次的抽象表示。该层通常由两个全连接层组成,分别通过一个 ReLU 激活函数进行激活,从而将输入映射到新的空间中。在编码器的每层中,都会在多头自注意力机制层和全连接前馈神经网络层之间添加一个残差连接(residual connection),并使用一个标准化层(normalization layer)来归一化输出。残差连接可以使网络更容易训练,并且可以防止信息在传递过程中丢失。标准化层可以帮助网络更好地处理梯度,并提高训练速度和效果。编码器的多层结构使得网络可以对输入序列进行多次处理,从而逐步捕捉输入序列中的各个层次的语义信息,并提高整个网络对序列建模的能力。

转换器由一堆 N 个编码器组成。一个编码器的输出作为输入发送到其上面的编码器。如图 5-3 所示,图中有一堆 N 个编码器,每个编码器将其输出发送到其上方的编码器。最终编码器返回给定源语句的表示作为输出。将源句作为编码器的输入,并将源句的表征作为输出,如图 5-3 所示。

在论文 *Attention is All You Need* 中,作者使用了 $N=6$,这意味着框架将 6 个编码器一个接一个地堆叠起来,可以尝试不同的 N 值。但是,为了简单和更好地理解,我们简化编码器测堆叠的层数为 $N=2$。现在的问题是编码器究竟是如何工作的?如何将源语句生成表征的?为了理解这一点,深入了解编码器并查看其组件。如图 5-4 所示,这里显示了两个编码器的堆叠,Encoder_1 被详细扩展,从图中我们了解到以下 4 点。

(1)输入序列中的每个单词将被转换为一个嵌入向量,并加上位置编码,以表示其在序列中的位置。这些嵌入向量和位置编码将被用作输入序列的表示,然后被输入最底部的编码器（Encoder_1）。

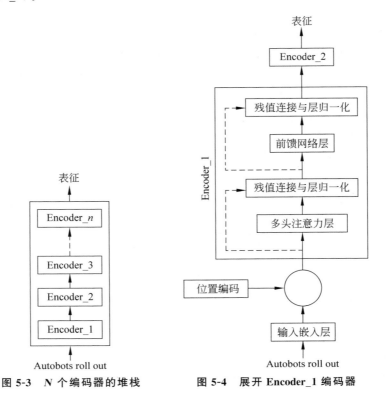

图 5-3　N 个编码器的堆栈　　图 5-4　展开 Encoder_1 编码器

（2）Encoder_1 使用一个多头自注意力机制对输入进行处理。自注意力机制利用输入序列中所有单词的嵌入向量计算注意力分数，以此来确定每个单词与其他单词的相对重要性，并生成一个注意力矩阵作为输出。

（3）将注意力矩阵作为输入提供给 Encoder_1 中的下一个子层，即前馈神经网络。前馈神经网络是一个简单的全连接前馈网络，用于处理自注意力机制的输出，生成 Encoder_1 的最终表征。

（4）将 Encoder_1 的输出作为输入提供给 Encoder_2，并重复步骤（3）～（4），直到达到所需的编码器层数。

对于一般的转换器网络，可以将多个编码器层堆叠在一起以构建更强大的模型，其中每个编码器层都可以逐步学习输入序列的不同特征和语义信息。最终编码器的输出将是给定输入句子的表征，也称为编码器表征。当使用转换器网络进行序列到序列的任务时，可以将从最终编码器获得的编码器表示作为解码器的输入，并尝试生成目标句子。

从图 5-4 中可以了解到，所有的编码器块都是一样的，可以观察到每个编码器块都由两个子层组成。

• 多头自注意力层。

• 前馈网络层。

在转换器网络中，每个主要子层的输出都包含了残差连接和层归一化函数。残差连接的作用是将子层未处理的输入和子层的输出相加，保留了输入的信息，避免了信息的丢失。

层归一化函数则用于规范化子层输出的值域,以避免过度的梯度消失或爆炸。因此,每层的归一化输出可以表示为

$$\text{LayerNorm}(x + \text{Sublayer}(x))$$

其中,$\text{Sublayer}(x)$表示主要子层的输出;x 表示子层的输入。LayerNorm 函数对输出进行规范化处理。

在转换器网络中,编码器层的每层都具有相同的结构,但是每层的内容与前一层并不完全相同。这是因为每层都需要处理不同的输入,因此每层的内容可能不同。例如,在编码器的第一层,需要将输入转换为输入嵌入,并添加位置编码。这个子层仅存在于堆栈的底层,而在其他五层中并不包含这个子层。这可以确保编码器输入在所有层中都是稳定的,因为在每层中都遵循相同的输入表示。此外,在注意力子层中,每层都需要计算输入序列中所有单词的注意力分数,因此每层的注意力分数矩阵可能不同。因此,尽管每一层的结构相同,但是每一层的具体内容和输出都不完全相同。每一层都可以看作从前一层学习的表示的进一步提炼,因此每一层都在探索输入序列的不同方面。多头注意力机制在每一层中的作用是找到与每个单词最相关的其他单词,从而为输入序列中的每个位置提供更全面的信息。因此,在每一层中,多头注意力机制都可以理解为执行类似的任务,但是由于输入序列的不同部分可能具有不同的关联模式,因此每一层都需要独立地探索和学习这些关联。这种层层逐步提炼的过程,以及每一层的不同探索和学习方式,使得转换器网络能够对输入序列进行深入的理解和建模。

转换器网络的设计者引入了一个非常有效的约束。模型的每个子层的输出都有一个恒定的维度,包括嵌入层和残差连接。这个维度是 d_{model} 并且可以根据目标设置为另一个值,在原始的转换器网络中 $d_{\text{model}} = 512$。实际上所有的关键操作都是点积,维度保持稳定减少了计算操作的数量,减少了资源的消耗,并且更容易在信息流经模型时对其进行跟踪。这个编码器的全局视图(图 5-4)显示了转换器高度优化的架构。在以下部分中,将详细介绍每个子层和机制。下面将从嵌入子层开始。

5.2.1　输入嵌入层

在转换器网络中,输入嵌入子层使用学习的嵌入将输入标记转换为维度 $d_{\text{model}} = 512$ 的向量。嵌入子层的工作方式与其他标准转换模型类似。标记器将句子转换为标记,每个标记器都有自己的方法,但结果是相似的。例如,应用于序列"Transformer is an innovative NLP model!"的分词器将在一种模型中生成以下分词。

```
['the', 'transform', 'er', 'is', 'an', 'innovative','n', 'l', 'p', 'model', '!']
```

注意到此分词器将字符串规范化为小写并将其截断为子部分。分词器通常会提供将用于嵌入过程的整数表示。例如

```
Text="The cat slept on the couch. It was too tired to get up."
tokenized text=[1996, 4937, 7771, 2006, 1996, 6411, 1012, 2009, 2001, 2205, 5458,
          2000, 2131, 2039, 1012]
```

本书选择 Word2Vec 嵌入方法的 Skip-gram 架构来说明转换器的嵌入子层。Skip-gram 将专注于单词窗口中的中心单词并预测上下文单词。例如,word(i)是窗口大小为 2

中心词,Skip-gram 模型将分析词 word($i-2$)、word($i-1$)、word($i+1$)和 word($i+2$),然后窗口将滑动并重复该过程。Skip-gram 模型通常包含输入层、权重、隐含层和包含词嵌入的输出。假设需要对以下句子进行嵌入。

The black cat sat on the couch and the brown dog slept on the rug.

本书将专注于两个词"black"和"brown",这两个词的词嵌入向量应该是相似的。由于必须为每个单词生成一个大小为 $d_{model}=512$ 的向量,因此每个单词获得一个大小为 512 的向量嵌入。

为了验证为这两个词生成的词嵌入,可以使用余弦相似度来查看"black"和"brown"这两个词的词嵌入是否相似。余弦相似度使用欧几里得范数(L^2 范数)在单位球体中创建向量。正在比较的向量的点积是这两个向量的点之间的余弦。示例嵌入中大小为 $d_{model}=512$ 的黑色向量与大小为 $d_{model}=512$ 的棕色向量之间的余弦相似度为

cosine_similarity(black, brown)=[[0.9998901]]

Skip-gram 模型学习到的词嵌入中,黑色和棕色单词向量在向量空间中靠近彼此,从而被检测到是词典中的颜色子集,这些词嵌入向量可以作为输入数据被传递给转换器网络的后续层,从而提供有用的信息。然而,由于没有额外的向量或信息指示单词在序列中的位置,因此丢失了大量信息。转换器网络的设计者提出了另一个创新功能:位置编码。看看位置编码是如何工作的。

5.2.2　位置编码

如果假定输入句为:"Autobots roll out",对于循环神经网络,每个输入(如单词)都会依次传递给网络,并在网络的隐藏状态中建立一种记忆。这种记忆可以捕捉到先前输入的信息,并将其用于下一个输入的处理。在处理完整个句子后,网络会输出一个结果,表示对整个句子的理解。对于转换器网络,所有输入单词都会同时传递给网络,每个单词都会与句子中的所有其他单词一起处理。这是通过注意力机制实现的,网络会自动学习哪些单词在给定的上下文中最重要。

因此,对于输入句子"Autobots roll out",循环神经网络会逐字处理句子,而转换器网络会将整个句子并行处理。这种差异在处理长句子时尤为明显,因为循环神经网络需要记住先前的信息,因此处理长句子时可能会出现梯度消失或梯度爆炸的问题。而转换器可以更好地处理长句子,因为它不需要记住先前的信息,而是通过注意力机制选择要关注的单词。并行输入单词有助于减少训练时间,也有助于学习长期依赖,然而问题在于既然将单词并行地输入网络,那么如果不保留单词顺序网络如何理解句子的意思呢?了解单词在句子中的位置很重要,有助于理解句子的意思,所以应该给转换器一些关于词序的信息,这样它才能理解句子。现在更详细地探讨一下。

对于给定的句子"Autobots roll out"。首先得到句子中每个单词的嵌入,表示为 d_{model}。如果嵌入维度 d_{model} 是 4,那么输入矩阵的维度将是[句子长度×嵌入维度]=[3×4]。输入矩阵 X(嵌入矩阵)表示输入句子"Autobots roll out",设输入矩阵 X 如下:

$$X = \begin{bmatrix} 1.769 & 2.22 & 3.4 & 5.8 \\ 7.3 & 9.9 & 8.5 & 7.1 \\ 9.1 & 7.1 & 0.85 & 10.1 \end{bmatrix}$$

现在，如果输入矩阵 X 直接传递给网络，将无法理解词序，因此需要添加一些指示词序（词的位置）的信息。为此，在转换器网络中这种信息是通过引入位置编码（positional encoding）来实现的，就是表示单词在句子中的位置（词序）的编码。位置编码的维数与输入矩阵 X 的维数相同。现在，在将输入矩阵（嵌入矩阵）直接传递到网络之前，我们包含位置编码，因此只需要将位置编码矩阵 PE 添加到嵌入矩阵 X，然后将其作为输入提供给网络，所以现在输入矩阵不仅有单词的嵌入，还有单词在句子中的位置。

$$X = X + PE = \begin{bmatrix} 1.769 & 2.22 & 3.4 & 5.8 \\ 7.3 & 9.9 & 8.5 & 7.1 \\ 9.1 & 7.1 & 0.85 & 10.1 \end{bmatrix} + \begin{bmatrix} 0 & 1 & 0 & 1 \\ 0.841 & 0.54 & 0.01 & 0.99 \\ 0.909 & -0.416 & 0.02 & 0.99 \end{bmatrix}$$

$$= \begin{bmatrix} 1.769 & 3.22 & 3.4 & 6.8 \\ 8.14 & 10.44 & 8.51 & 8.09 \\ 10.0 & 6.68 & 0.87 & 11.09 \end{bmatrix}$$

那么，位置编码矩阵 PE 是怎么获得呢？给转换器网络一些关于词序的信息非常重要，因为句子中单词的顺序对于理解句子的意思至关重要。位置编码是一个向量，它与每个单词的词向量相加，以提供有关单词在句子中位置的信息。这个向量的形式是根据正弦和余弦函数计算的，公式如下：

$$PE_{(pos, 2i)} = \sin\left(\frac{pos}{10\ 000^{2i/d_{model}}}\right) \quad PE_{(pos, 2i+1)} = \cos\left(\frac{pos}{10\ 000^{2i/d_{model}}}\right)$$

在上面的等式中，pos 表示单词在句子中的位置；i 表示词嵌入的位置（$0 \leqslant i < d_{model}/2$）；$d_{model}$ 是词向量的维度。因此，对于输入句子"Autobots roll out"，每个单词都将与其位置编码相加，然后并行传递给转换器网络。这使得网络能够同时捕捉到单词之间的关系和单词在句子中的位置，从而更好地理解整个句子的意思。通过使用这个等式，可以写出以下内容：

$$PE = \begin{bmatrix} \sin\left(\frac{pos}{10\ 000^0}\right) & \cos\left(\frac{pos}{10\ 000^0}\right) & \sin\left(\frac{pos}{10\ 000^{2/4}}\right) & \cos\left(\frac{pos}{10\ 000^{2/4}}\right) \\ \sin\left(\frac{pos}{10\ 000^0}\right) & \cos\left(\frac{pos}{10\ 000^0}\right) & \sin\left(\frac{pos}{10\ 000^{2/4}}\right) & \cos\left(\frac{pos}{10\ 000^{2/4}}\right) \\ \sin\left(\frac{pos}{10\ 000^0}\right) & \cos\left(\frac{pos}{10\ 000^0}\right) & \sin\left(\frac{pos}{10\ 000^{2/4}}\right) & \cos\left(\frac{pos}{10\ 000^{2/4}}\right) \end{bmatrix}$$

从这个矩阵可以看出，在位置编码中当 i 为偶数时使用 sin 函数，当 i 为奇数时使用 cos 函数，简化的矩阵可以写成下面的形式。

$$PE = \begin{bmatrix} \sin(pos) & \cos(pos) & \sin\left(\frac{pos}{100}\right) & \cos\left(\frac{pos}{100}\right) \\ \sin(pos) & \cos(pos) & \sin\left(\frac{pos}{100}\right) & \cos\left(\frac{pos}{100}\right) \\ \sin(pos) & \cos(pos) & \sin\left(\frac{pos}{100}\right) & \cos\left(\frac{pos}{100}\right) \end{bmatrix}$$

在输入的句子中，单词"Autobots"在 0 的位置，"roll"在 1 的位置，"out"在 2 的位置，替换 pos 值，最终的位置编码矩阵 P 如下：

$$PE = \begin{bmatrix} \sin(0) & \cos(0) & \sin\left(\dfrac{0}{100}\right) & \cos\left(\dfrac{0}{100}\right) \\ \sin(1) & \cos(1) & \sin\left(\dfrac{1}{100}\right) & \cos\left(\dfrac{1}{100}\right) \\ \sin(2) & \cos(2) & \sin\left(\dfrac{2}{100}\right) & \cos\left(\dfrac{2}{100}\right) \end{bmatrix} = \begin{bmatrix} 0 & 1 & 0 & 1 \\ 0.841 & 0.54 & 0.01 & 0.99 \\ 0.909 & -0.416 & 0.02 & 0.99 \end{bmatrix}$$

在计算出位置编码 PE 之后,只须对嵌入矩阵 X 执行逐元素加法,并将修改后的输入矩阵提供给编码器。现在,重新审视编码器架构。如图 5-5 所示,这里显示了单个编码器块。正如所观察到的,在将输入直接发送到编码器之前,首先得到输入嵌入矩阵,然后将位置编码添加到其中。

例如,在句子"*The black cat sat on the couch and the brown dog slept on the rug.*"中,*Skip-gram* 产生了两个非常接近的向量,检测到 *black* 和 *brown* 构成了词典的颜色子集,但是由于没有额外的向量或信息指示单词在序列中的位置。在句子中,可以看到 *black* 在位置 $pos=2$,*brown* 在位置 $pos=10$。如果对这两个字进行位置编码,会得到一个大小为 512 的位置编码向量,现在想检查一下这个结果是否有意义,用于词嵌入的余弦相似度函数可以方便地更好地可视化位置的接近度:$cosine\_similarity(pos(2)),pos(10) = [[0.860\ 001\ 3]]$。与词嵌入的相似度比较,位置的编码显示出更低的值,所以位置编码已经把这些词区别开了。现在的问题是如何将位置编码添加到词嵌入向量。如果以 *black* 词嵌入为例,将其定义为 y_1,就可以将其添加到通过位置编码函数获得的位置向量 $pe(2)$ 中(表示 pos=2 位置向量),将获得输入词 black 的位置编码,如图 5-6 所示。

$$pc(\text{black}) = y_1 + pe(2)$$

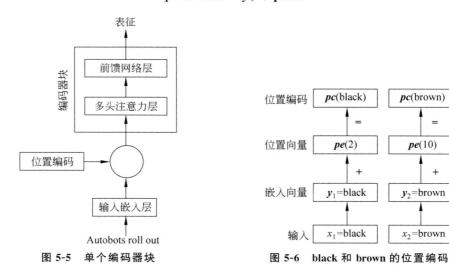

图 5-5　单个编码器块　　　　　　图 5-6　**black** 和 **brown** 的位置编码

这个解决方案很简单,但是这种方法可能会丢失一些有关输入单词的信息,因为位置编码向量的值通常比嵌入向量的值小很多,这可能会减少输入单词的贡献。因此,一些研究人员提出了一些替代的位置编码方案。例如,使用基于时间的位置编码或可学习的位置编码,以更好地捕捉输入单词的信息并提高模型性能。

另外,有些方法可以增加 y_1 的值以确保词嵌入层的信息可以在后续层中有效地使用,其中之一是将任意值添加到 y_1，如 $y_1 * \sqrt[2]{d_{\text{model}}}$。将位置编码矩阵与嵌入矩阵相加是实现位置编码的一种简单而有效的方法，但是这种方法可能会导致位置编码矩阵覆盖嵌入矩阵的部分信息，从而可能丢失一些有用的信息。为了解决这个问题，可以采用可学习的位置编码方法，如之前所述。这种方法允许网络学习如何将位置编码向量与词向量结合起来，以便更好地捕捉单词之间的关系和顺序，同时保留词嵌入层的信息。在这种方法中，位置编码向量被初始化为任意值，并在训练过程中进行优化。这使得网络可以自己学习如何结合位置编码向量和词向量，以便更好地理解句子中单词的顺序和含义。因此，通过使用可学习的位置编码方法，转换器网络可以更好地利用词嵌入层的信息，并且在保留单词顺序的同时，更好地理解整个句子的含义。

相同的操作适用于单词 brown 和序列中的所有其他单词。该算法的输出不是基于规则的，在每次运行期间可能会略有不同。可以将余弦相似度函数应用于 black 和 brown 的位置编码向量：cosine_similarity(pc(black))，pc(brown)＝[[0.962 709 4]]。词嵌入的相似度非常高为 0.99，位置编码向量将这两个词分开，相似度值较低为 0.86。最后将每个词的词嵌入向量添加到其各自的位置编码向量，这使两个词的余弦相似度达到了 0.96，现在每个词的位置编码现在包含初始词嵌入信息和位置编码值。

5.2.3　多头自注意力层

多头自注意力层是一种深度学习中常用的层，用于处理序列数据，如自然语言文本。它是基于注意力机制的一种变种。在自注意力机制中，输入序列中的每个元素都会被编码为一个向量表示。这些向量将被用于计算与其他元素的相似度，从而决定每个元素对其他元素的关注程度，最终生成一个加权的表示。多头自注意力层则通过将输入向量分别映射到多个子空间，并在每个子空间中执行独立的自注意力计算来增强模型的表现能力。具体来说，多头自注意力层将输入序列中的每个元素分别映射到多个子空间，每个子空间都有自己的注意力计算过程。这些子空间的输出被串联起来，并通过一个全连接层进行线性变换，得到最终的输出。通过多头自注意力层的操作，模型可以更好地学习输入序列中的关系和模式，提高模型的表示能力和泛化能力，使得模型在自然语言处理等任务中表现更加出色。

要了解多头注意力的工作原理，首先需要了解自注意力机制。通过一个例子来理解自注意力机制，考虑句子：A dog ate the food because it was hungry。在句子中，代词 it 可以表示 dog 或 food。通过阅读句子，可以很容易地理解它所暗示的代词是狗而不是食物，但是模型如何理解在给定的句子中，代词 it 暗示 dog 而不是 food，这就是自注意力机制可以帮助地方。

在给定的句子中，首先模型计算单词 A 的表示，然后计算单词 dog 的表示，然后计算单词 ate 的表示，以此类推。在计算每个单词的表示时，它会将每个单词与句子中的所有其他单词相关联，以便更多地了解该单词。例如，当计算单词 it 的表示时，模型将单词 it 与句子中的所有单词联系起来，以更多地了解单词 it。如图 5-7 所示，为了计算单词 it 的表示，模型将单词 it 与句子中的所有单词相关联。通过将单词 it 与句子中的所有单词相关联，模型可以理解单词 it 与 dog 和 food 之间的相关性。正如所观察到的，连接 it

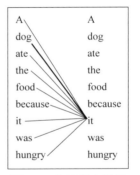

图 5-7　自注意力示例

和 dog 的线比其他线更粗,这表明 it 与给定句子中的 dog 相关,而不是与 food 相关。

这个模型将被训练以确定 it 是与 dog 还是与 food 相关。通过将 $d_{model}=512$ 维度分成多个块并使用多头注意力机制,模型可以并行地学习多个不同的表示子空间,以便更好地捕捉单词之间的关系。实际上,多头注意力机制将输入 x 映射到 8 个不同的子空间,并在每个子空间中执行单独的自注意力计算,维度 $d_k=64$。然后,将每个子空间的输出级联在一起并通过一个线性层进行处理以生成最终的多头注意力输出,如图 5-8 所示。将每个单词的 512 维嵌入向量分成 8 个头部,每个头部包含 64 维,因此得到了 8 个并行的 64 维空间来学习不同的关系。这样,模型可以同时获得不同的视角,并且每个头可以专注于序列中不同的关键信息。通过并行计算和学习多个子空间,模型的训练速度更快,且效果更好。在转换器模型中,输入向量的维度等于词嵌入的维度,因此 d_{model} 经常被称为词嵌入维度。在多头注意力层中,每个注意力头的输入向量的维度都是 d_{model},最终多头注意力层的输出矩阵的最后一维也是 d_{model},这意味着它具有与输入向量相同的维度。d_k 是多头注意力模型中每个注意力头的查询、键和值矩阵的最后一维。在多头注意力中,输入向量被分成 h 个子向量,每个子向量都被投影到一个 d_k 维的向量空间。这样,每个注意力头都有自己的一组权重参数,用于计算注意力分数和加权求和。通常情况下,d_k 的取值是模型总维度 d_{model} 除以注意力头数 h,即 $d_k=d_{model}/h$。这种设置可以保证不同的注意力头能够捕捉输入向量不同方面的信息。

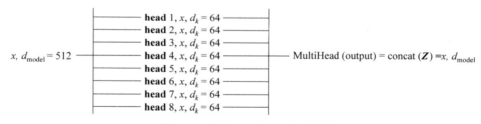

图 5-8　连接 8 个头(head)的表征

在这里给出多头注意力层的一般表示公式。假设有 h 个注意力头,每个注意力头的输入矩阵 x 的形状为 $[n\times d_{model}]$,其中 n 是序列长度,d_{model} 是输入向量的维度。多头注意力机制的输出矩阵 Z 是通过将每个注意力头的输出连接起来得到的,形状也是 $[n\times d_{model}]$ 的矩阵,可以表示为

$$Z=\text{MultiHead}(x)=\text{concat}(\text{head}_1,\text{head}_2,\cdots,\text{head}_h)W^O,$$
$$x\in\mathbb{R}^{n\times d_{model}},Z\in\mathbb{R}^{n\times d_{model}},W^O\in\mathbb{R}^{hd_k\times d_{model}}$$

其中,

$$\text{head}_i=\text{Attention}(xW_i^Q,xW_i^K,xW_i^V)=\text{Attention}(Q_i,K_i,V_i),\text{head}_i\in\mathbb{R}^{n\times d_k}$$

head_i 是第 i 个($i\in 1,2,\cdots,h$)注意力头的输出矩阵,形状为 $[n\times d_k]$ 的矩阵;$Q_i=xW_i^Q,K_i=xW_i^K,V_i=xW_i^V$ 是第 i 个注意力头的查询、键和值矩阵,形状为 $[n\times d_k]$ 的矩阵;$W_i^Q\in\mathbb{R}^{n\times d_k},W_i^K\in\mathbb{R}^{n\times d_k},W_i^V\in\mathbb{R}^{n\times d_k}$ 是第 i 个注意力头中的权重矩阵,形状为 $[d_{model}\times d_k]$ 的矩阵。注意力头的数量 h 和每个注意力头中的查询、键和值向量的维度 d_k 是超参数,可以根据具体任务进行选择。W^O 是通过训练得到的权重矩阵,它将连接了所有注意力头的输

出矩阵映射回原始输入矩阵的维度 d_{model}。$\boldsymbol{W}^O$ 的形状为 $[hd_k \times d_{model}]$,其中每个元素都是需要在训练过程中学习得到的参数。举例来说,假设有一个输入矩阵 $\boldsymbol{x}$,其形状为 $[4 \times 512]$,其中 4 是序列长度,512 是输入向量的维度。想要使用 8 个注意力头进行多头注意力计算,每个注意力头的向量维度 $d_k = 64$,则每个注意力头的输出矩阵形状为 $[4 \times 64]$。因此,连接了所有注意力头的输出矩阵 $\boldsymbol{Z}$ 的形状为 $[4 \times 512]$。为了得到 $\boldsymbol{W}^O$,需要定义一个全连接层,将 $\boldsymbol{Z}$ 的形状从 $[4 \times 512]$ 映射回 $[4 \times 512]$。这个全连接层的权重矩阵 $\boldsymbol{W}^O$ 的形状为 $[512 \times 512]$,因为输入矩阵的维度是 512,输出矩阵的维度也是 512。$\boldsymbol{W}^O$ 可以被看作一个线性变换的权重矩阵,用于将输入向量的多个子空间连接起来,并将它们转换为一个固定维度的输出向量。

公式中的"Attention(·)"函数是一个通用的概念,用于表示各种不同的注意力机制。点积注意力(dot-product attention)[1]是其中一种具体的实现方式。

$$\text{Attention}(\boldsymbol{Q}_i, \boldsymbol{K}_i, \boldsymbol{V}_i) = \text{Softmax}\left(\frac{\boldsymbol{Q}_i \cdot \boldsymbol{K}_i^{\mathrm{T}}}{\sqrt{d_k}}\right) \boldsymbol{V}_i$$

其中,点积操作($\boldsymbol{Q}_i \cdot \boldsymbol{K}_i^{\mathrm{T}}$)计算了查询矩阵 $\boldsymbol{Q}_i$ 和键向量 $\boldsymbol{K}_i$ 之间的相似度,并使用 $\sqrt{d_k}$ 进行缩放以控制梯度大小。Softmax 函数将相似度转换为注意力权重,这些权重被用于加权值向量 $\boldsymbol{V}_i$ 以生成注意力输出。在点积注意力中,使用缩放因子是为了控制注意力权重的范围,从而减少由于维度大小对计算结果造成的影响,确保模型能够更加稳定地学习到输入序列的表示。当点积注意力计算注意力权重时,使用点积操作计算查询向量和键向量之间的相似度,具体来说,它计算的是查询向量和键向量的点积,然后通过缩放因子来缩放相似度得分,从而得到标准化的注意力权重。缩放因子的作用是使得注意力权重的大小与维度大小无关,从而避免由于维度大小不同而导致注意力权重过小或过大的情况。具体而言,缩放因子的计算公式是 $\sqrt{d_k}$,其中 d_k 是键向量的维度。通过将点积得分除以 $\sqrt{d_k}$,可以使得点积得分的值域范围不受键向量维度的影响,从而确保得到的注意力权重范围在 $[0,1]$。另外,由于缩放因子的存在,点积注意力中的注意力权重和其他注意力机制相比更容易进行梯度反向传播,因为它们的值域范围更加稳定。

点积注意力是一种常用的注意力机制实现方式,通常用于自然语言处理和深度学习模型。在点积注意力中,查询向量和键向量进行点积运算,然后再将结果除以一个缩放因子,最后将得到的注意力权重与值向量相乘,得到最终的注意力表示。这些操作都可以通过矩阵乘法和广播运算进行高效地实现。点积注意力具有一些重要的优点。首先,它的计算量相对较小,因为所有关键操作都是点积和除法,而没有其他复杂的运算。这使得点积注意力在处理大规模数据时具有很高的效率。其次,点积注意力的实现非常容易跟踪,因为所有的操作都是标准的数学运算。这使得点积注意力非常适合于深度学习框架和自动微分库中的实现。

接下来,使用一个例子说明多头自注意力层的运行机制。假设输入句子(源句)是"Autobots roll out"。首先,可以得到句子中每个单词的词嵌入。请注意,嵌入只是单词的向量表示,嵌入的值将在训练期间学习。设 x_1 是单词 Autobots 的词嵌入,x_2 是单词"roll"的词嵌入,x_3 是单词 out 的词嵌入,假设嵌入如下:单词 Autobots 的嵌入是 $x_1 = [1.76,$

---

[1] 在某些文献中,点积注意力也被称为缩放点积注意力(scaled dot-product attention)。

$2.22, \cdots, 6.66]$；单词 roll 的嵌入是 $x_2 = [7.77, 0.631, \cdots, 5.35]$；单词 out 的嵌入是 $x_3 = [11.44, 10.10, \cdots, 3.33]$。然后，可以使用输入矩阵 x（嵌入矩阵或输入嵌入）来表示输入句子，如下所示。

$$x = \begin{array}{r} \text{Autobots} \\ \text{roll} \\ \text{out} \end{array} \begin{bmatrix} 1.76 & 2.22 & \cdots & 6.66 \\ 7.77 & 0.631 & \cdots & 5.35 \\ 11.44 & 10.10 & \cdots & 3.33 \end{bmatrix}$$

请注意，在 x 矩阵中使用的值是任意的，这里的值没有实际意义，只是为了更好地理解。

从前面的输入矩阵 x 我们可以了解到，矩阵的第一行表示词 Autobots 的词嵌入，第二行表示词 roll 的词嵌入，第三行表示词 out 的词嵌入。因此，输入矩阵 x 的维度将为[句子长度×嵌入维度]。句子中的单词数（句子长度）为 3，令嵌入维度为 512；那么输入矩阵（输入嵌入）维度将是[3×512]。

现在，根据输入矩阵 x，创建了三个新矩阵：查询矩阵 Q、键矩阵 K 和值矩阵 V，它们用于自注意机制。为了创建这些，引入了三个新的权重矩阵，称为 W^Q、W^K 和 W^V。请注意，权重矩阵 W^Q、W^K 和 W^V 是在模型的训练过程中进行随机初始化的。这些权重矩阵的初始值是随机选择的，因此它们通常不能直接用于计算准确的查询、键和值矩阵。在训练期间，模型将通过反向传播算法来调整这些权重矩阵的值，从而逐渐学习到更准确查询、键和值矩阵。如下所示，将输入矩阵 x 乘以权重矩阵 W^Q、W^K 和 W^V 得到查询 Q、键 K 和值矩阵 V。

$$Q = x \cdot W^Q = \begin{array}{r} \text{Autobots} \\ \text{roll} \\ \text{out} \end{array} \begin{bmatrix} 3.69 & 7.42 & \cdots & 4.44 \\ 11.11 & 7.07 & \cdots & 76.7 \\ 99.3 & 3.69 & \cdots & 0.85 \end{bmatrix} \begin{array}{l} q_1 \\ q_2 \\ q_3 \end{array}$$

$$K = x \cdot W^K = \begin{array}{r} \text{Autobots} \\ \text{roll} \\ \text{out} \end{array} \begin{bmatrix} 5.31 & 6.78 & \cdots & 0.96 \\ 11.71 & 0.86 & \cdots & 11.31 \\ 10.10 & 11.44 & \cdots & 5.11 \end{bmatrix} \begin{array}{l} k_1 \\ k_2, \\ k_3 \end{array}$$

$$V = x \cdot W^V = \begin{array}{r} \text{Autobots} \\ \text{roll} \\ \text{out} \end{array} \begin{bmatrix} 67.85 & 91.2 & \cdots & 0.13 \\ 13.13 & 63.1 & \cdots & 4.44 \\ 12.12 & 96.1 & \cdots & 43.4 \end{bmatrix} \begin{array}{l} v_1 \\ v_2 \\ v_3 \end{array}$$

如上所示，可以了解到以下 3 点。

◇ 查询、键和值矩阵中的第一行 q_1、k_1 和 v_1 表示单词 Autobots 的查询、键和值向量。

◇ 查询、键和值矩阵中的第二行 q_2、k_2 和 v_2 表示单词 roll 的查询、键和值向量。

◇ 查询、键和值矩阵中的第三行 q_3、k_3 和 v_3 表示单词 out 的查询、键和值向量。

请注意，查询、键、值向量的维数是 64，由于在句子中有三个词，查询、键和值矩阵的形状是[3×64]。学习了如何从输入矩阵 x 中计算查询矩阵 Q、键矩阵 K 和值矩阵 V，现在看看查询矩阵、键矩阵和值矩阵如何用于自注意力机制。为了计算一个词的表征，自注意力机制将这个词与给定句子中的所有词相关联。考虑一下"Autobots roll out"，为了计算单词 Autobots 的表征，将单词 Autobots 与在句子中的所有单词相关联，助于学习更好的表征。

现在了解自注意机制如何使用查询、键和值矩阵将一个词与句子中的所有词相关联起来，其中包括 5 个步骤。

• 第 1 步

自注意力机制的第一步是计算查询矩阵 Q 和键矩阵 K^T 之间的点积，下面显示了查询

矩阵 Q 和键矩阵 K^T 之间的点积结果。

$$Q \cdot K^T = \begin{array}{c} \text{Autobots} \\ \text{roll} \\ \text{out} \end{array} \begin{bmatrix} 3.69 & 7.42 & \cdots & 4.44 \\ 11.11 & 7.07 & \cdots & 76.7 \\ 99.3 & 3.69 & \cdots & 0.85 \end{bmatrix} \begin{array}{c} q_1 \\ q_2 \\ q_3 \end{array} \times \begin{array}{ccc} \text{Autobots} & \text{roll} & \text{out} \\ \begin{bmatrix} 5.31 & 11.71 & 10.10 \\ 6.78 & 0.86 & 11.44 \\ \vdots & \vdots & \vdots \\ 0.96 & 11.31 & 5.11 \end{bmatrix} \\ k_1 \quad k_2 \quad k_3 \end{array}$$

$$= \begin{array}{c} \text{Autobots} \\ \text{roll} \\ \text{out} \end{array} \begin{array}{ccc} \text{Autobots} & \text{roll} & \text{out} \\ \begin{bmatrix} q_1 \cdot k_1 & q_1 \cdot k_2 & q_1 \cdot k_3 \\ q_2 \cdot k_1 & q_2 \cdot k_2 & q_2 \cdot k_3 \\ q_3 \cdot k_1 & q_3 \cdot k_2 & q_3 \cdot k_3 \end{bmatrix} \end{array} = \begin{array}{c} \text{Autobots} \\ \text{roll} \\ \text{out} \end{array} \begin{array}{ccc} \text{Autobots} & \text{roll} & \text{out} \\ \begin{bmatrix} 110 & 90 & 80 \\ 70 & 99 & 70 \\ 90 & 70 & 100 \end{bmatrix} \end{array}$$

计算查询矩阵和键矩阵之间的点积 $Q \cdot K^T$ 有什么用呢？通过详细查看 $Q \cdot K^T$ 的结果来理解这一点。$Q \cdot K^T$ 矩阵的第一行是计算查询向量 q_1（Autobots）和所有键向量 k_1（Autobots）、k_2（roll）和 k_3（out）之间的点积。这个计算结果反映了查询向量和每个键向量之间的相似度，因为点积是两个向量之间的内积，反映它们的夹角大小。如果两个向量的夹角接近于 0，它们的点积将接近于它们的模长的乘积，表示它们非常相似；而如果夹角接近于 90°，它们的点积将接近于 0，表示它们非常不相似。因此，通过计算查询向量与每个键向量之间的点积，可以了解它们之间的相似度，从而确定最相关的键值对。$Q \cdot K^T$ 矩阵的第一行（$q_1 \cdot k_1 = 100$）、（$q_1 \cdot k_2 = 90$）和（$q_1 \cdot k_3 = 80$），可以使人们理解单词 Autobots 与其自身更相关，这是因为：对于一个向量，其与自身之间的点积值等于其模长的平方，因此自身与自身之间的点积值是最大的。如果某个键向量与查询向量的点积值较高，则说明该键向量与单词 Autobots 的相关性更强，因此这个键对应的单词与单词 Autobots 的关系更紧密。相反，如果某个键向量与查询向量的点积值较低，则说明该键向量与单词 Autobots 的相关性较弱，因此这个键对应的单词与单词 Autobots 的关系较远。例如，Autobots 与单词 roll 之间的点积值为 90，而与单词 out 之间的点积值为 80，则可以得出结论，单词 Autobots 与单词 roll 的关系比单词 Autobots 与单词 out 的关系更紧密。这是因为单词 Autobots 与单词 roll 之间的点积值更高，表示它们之间的相似度更高，因此这两个单词的关系更紧密。通过类似的方式，可以比较单词 Autobots 与其他单词之间的相似度，以确定它们之间的关系。

同理，$Q \cdot K^T$ 矩阵的第二行，可以分析查询向量 q_2（roll）和所有关键向量 k_1（Autobots）、k_2（roll）和 k_3（out）之间的点积；以及 $Q \cdot K^T$ 矩阵的第三行，可以查询向量 q_3（out）和所有键向量 k_1（Autobots）、k_2（roll）和 k_3（out）之间的点积。因此，计算查询矩阵 Q 和键矩阵 K^T 之间的点积实质上计算了相似度分数，这有助于了解句子中每个单词与所有其他单词的相似程度。

• 第 2 步

自注意力机制的下一步是将 $Q \cdot K^T$ 矩阵除以键向量维度的平方根。令 d_k 为键向量的维数，然后将 $Q \cdot K^T$ 除以 $\sqrt{d_k}$，键向量的维度为 64，将 $Q \cdot K^T$ 除以 8，如下所示。

$$S = \frac{Q \cdot K^T}{\sqrt{d_K}} = \frac{Q \cdot K^T}{8} = \begin{bmatrix} 13.75 & 11.25 & 10 \\ 8.75 & 12.375 & 8.75 \\ 11.25 & 8.75 & 12.5 \end{bmatrix}$$

S 矩阵也称为分数矩阵。借助这些分数,可以了解句子中的每个单词与句子中的所有单词之间的关系。在自注意力机制中,通过将查询矩阵 Q 与键矩阵 K 进行点积操作,得到未经缩放的注意力分数矩阵 S,其形状为 $[n, n]$,其中 n 为序列的长度。具体来说,第 i 行第 j 列的元素 $s(i, j)$ 表示查询矩阵 Q 中第 i 个向量与键矩阵 K 中第 j 个向量之间的相似度。为了控制注意力分数的大小,避免过于集中或分散,通常会对注意力分数进行缩放。缩放的方式是将注意力分数矩阵 S 中每个元素除以缩放因子 $\sqrt{d_k}$,其中 d_k 为查询向量和键向量的维度。

• 第 3 步

通过查看前面的相似度分数,可以了解到它们是非规范化形式,因此使用 Softmax 函数进行归一化。应用 Softmax 函数有助于将分数拉到 0~1 的范围内,分数之和等于 1,如下所示。

$$A = \mathrm{Softmax}\left(\frac{Q \cdot K^{\mathrm{T}}}{\sqrt{d_k}}\right) = \begin{bmatrix} 0.90 & 0.07 & 0.03 \\ 0.025 & 0.95 & 0.025 \\ 0.21 & 0.03 & 0.76 \end{bmatrix}$$

在自注意力机制中,通过将查询矩阵 Q 与键矩阵 K 相乘并经过缩放,得到注意力分数矩阵 S,通过对注意力分数矩阵 S 进行 Softmax 操作,得到注意力权重矩阵 A。注意力权重矩阵(attention weight matrix)是一种用于计算序列模型中不同位置对于某个关键位置的重要程度的矩阵,通常用于自注意力机制中,可以通过将不同位置之间的关系建模为权重矩阵来实现。例如,查看注意力权重矩阵 A 的第一行,可以了解:单词"Autobots"与它自己的相关度为 90%,与单词"roll"的相关度为 7%,与单词"out"的相关度为 3%。

• 第 4 步

用注意力权重矩阵 A 加权求和值矩阵 V,得到加权值矩阵 Z,也称为注意力矩阵。在这个过程中,Z 的每行表示与 Q 中相应查询向量对应的加权值向量,其中权重由 A 中的注意力权重向量给出;而 Z 的每列表示值矩阵 V 中相应值向量的注意力权重。这个加权求和的过程是自注意力机制中非常重要的一步,它的目的是根据注意力分数来加权计算值向量的加权平均值,得到自注意力矩阵。注意力机制的这个加权求和过程,实际上就是将每个查询向量与所有键向量之间的相似度(注意力权重)作为权重,对值向量进行加权平均,从而得到每个查询向量的输出表征。这个过程可以看作在利用键向量对查询向量进行加权汇总,从而实现了对输入序列信息的全局交互和整合。

注意力矩阵包含句子中每个单词的注意力值,可以计算注意力矩阵 Z,如下所示。

$$Z = AV = \begin{bmatrix} 0.90 & 0.07 & 0.03 \\ 0.025 & 0.95 & 0.025 \\ 0.21 & 0.03 & 0.76 \end{bmatrix}\begin{bmatrix} 67.85 & 91.2 & \cdots & 0.13 \\ 13.13 & 63.1 & \cdots & 4.44 \\ 12.12 & 96.1 & \cdots & 43.4 \end{bmatrix} = \begin{bmatrix} z_1 \\ z_2 \\ z_3 \end{bmatrix} = \begin{bmatrix} \sum\limits_{j=1}^{3} s_{1j}v_j \\ \sum\limits_{j=1}^{3} s_{2j}v_j \\ \sum\limits_{j=1}^{3} s_{3j}v_j \end{bmatrix}$$

其中,z_i 表示第 i 个查询向量 q_i 通过自注意力机制得到的向量表示,也可以称为自注意力向量,它的大小与每个值向量 v_j 相同。可以看到,自注意力矩阵 Z 是一个 $[3 \times 4]$ 的矩阵,其中每行对应查询向量 $\boldsymbol{q}_i$ 的自注意力向量。

注意力矩阵 $\boldsymbol{Z}$ 是通过计算加权值向量的总和来计算的，通过逐行查看来理解这一点。首先看看第一行 $\boldsymbol{z}_1$，单词“Autobots”的自注意力是如何计算的，如图 5-9 所示。

$$z_1 = 0.90\underbrace{[67.85\ \ 91.2\ \ \cdots]}_{\boldsymbol{v}_1(\text{Autobots})} + 0.07\underbrace{[13.13\ \ 63.1\ \ \cdots]}_{\boldsymbol{v}_2(\text{roll})} + 0.03\underbrace{[12.12\ \ 96.1\ \ \cdots]}_{\boldsymbol{v}_3(\text{out})}$$

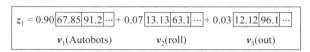

图 5-9 单词“Autobots”的自注意力

如图 5-9 所示，可以了解到单词“Autobots”的自注意力被计算为分数加权值向量的总和，因此 $\boldsymbol{z}_1$ 的值将包含来自值向量 $\boldsymbol{v}_1$(Autobots)的 90%的值，来自值向量 $\boldsymbol{v}_2$(roll)的 7%的值和来自值向量 $\boldsymbol{v}_3$(out)的 3%的值。但这有什么用呢？为了回答这个问题，稍微看一下之前看到的例句“A dog ate the food because it was hungry”，在这里“it”表示“dog”这个词。为了计算单词“it”的自注意力，遵循与前面相同的步骤，如图 5-10 所示。

$$\boldsymbol{Z}_{\text{it}} = 0.0\underbrace{[71.1\ \ 6.1\ \ \cdots]}_{\boldsymbol{v}_1(\text{A})} + 1.0\underbrace{[31.1\ \ 11.1\ \ \cdots]}_{\boldsymbol{v}_2(\text{dog})} + \cdots + 0.0\underbrace{[0.9\ \ 11.44\ \ \cdots]}_{\boldsymbol{v}_5(\text{food})} + \cdots + 0.0\underbrace{[0.8\ \ 12.44\ \ \cdots]}_{\boldsymbol{v}_9(\text{hungry})}$$

图 5-10 单词“it”的自注意力

如图 5-10 所示，可以了解到单词“it”的自注意力值 100%包含了值向量 $\boldsymbol{v}_2$(dog)的值。这有助于模型理解它实际上指的是“dog”而不是“food”，因此通过使用自注意力机制，可以理解一个词与句子中所有其他词的关系。

自注意力机制的目标是计算每个查询向量与键向量之间的相似度，然后使用这些相似度来为每个查询向量分配权重，最终得到一个加权的值向量的表示。具体地说，查询向量与键向量的相似度是通过点积计算得到的，这些相似度被用来计算注意力分数矩阵。然后，对注意力分数矩阵进行 Softmax 归一化，得到每个键向量在计算对应查询向量的注意力时的权重系数。接下来，将这些权重系数与值向量进行加权求和，得到一个加权平均值，这个加权平均值的目的是根据注意力分数为每个查询向量分配一个值向量的加权平均表示。这样，就得到了自注意力机制的最终输出：自注意力矩阵。总体来说，自注意力机制的计算过程可以用来从一组向量中抽取相关信息并生成它们的加权平均表示。这个过程是深度学习中非常常见的一种操作，被广泛应用于自然语言处理、图像处理等领域中。

自注意力矩阵 $\boldsymbol{Z}$ 的每一行对应于查询矩阵 $\boldsymbol{Q}$ 的一个查询向量，每一列表示与值矩阵 $\boldsymbol{V}$ 中相应值向量对应的注意力权重。在计算得分矩阵 $\boldsymbol{S}$ 时，对于 $\boldsymbol{Q}$ 中的每个查询向量，都将其与 $\boldsymbol{K}$ 中的所有键向量进行点积，得到一个得分向量。然后，对得分向量应用 Softmax 函数，得到与该查询向量对应的注意力权重向量。因此，得分矩阵 $\boldsymbol{S}$ 的每一行表示一个查询向量在所有键向量上的得分，而 $\boldsymbol{S}$ 的每一列表示一个查询向量对应的注意力权重。换句话说，注意力矩阵 $\boldsymbol{Z}$ 告诉我们每个查询向量对应的值向量在整个值矩阵 $\boldsymbol{V}$ 中的贡献大小，以及对于每个值向量，它在哪些查询向量中具有较高的注意力权重。这种信息对于将输入序列中的信息编码成一个固定长度的向量非常有用，这是许多自然语言处理任务的基础。

现在，回到例子中的 $\boldsymbol{z}_2$，其值将包含值向量 $\boldsymbol{v}_1$(Autobots)的 2.5%，值向量 $\boldsymbol{v}_2$(roll)的 95%，以及值向量 $\boldsymbol{v}_3$(out)的 2.5%。类似地，$\boldsymbol{z}_3$ 的值将包含值向量 $\boldsymbol{v}_1$(Autobots)的 21%，值

向量 v_2(roll)的 3%,以及值向量 v_3(out)的 76%。因此,注意力矩阵 Z 由句子中所有单词的自注意力值组成。为了更好地理解自注意力机制,将所涉及的步骤总结如下:首先,计算查询矩阵和键矩阵之间的点积 $Q \cdot K^T$,表示为"Matmul"(矩阵相乘,matrix multiplication),得到相似度的分数;接下来,将 $Q \cdot K^T$ 除以键向量维数的平方根 $\sqrt{d_k}$,表示为"Scale"(进行缩放);然后,应用 Softmax 函数对分数进行归一化并获得分数矩阵 $\text{Softmax}(QK^T/\sqrt{d_k})$;最后,通过将分数矩阵乘以值矩阵 V 来计算注意力矩阵 Z。自注意力机制用图形表示如图 5-11 所示。

• 第 5 步

现在已经了解了自注意力机制的工作原理,也可以计算多个注意力矩阵,但是计算多个注意力矩阵有什么用呢?用一个例子来理解这一点。考虑一下"All is well."这个短语。假设需要计算单词"well"的自注意力,在计算出相似度得分之后,如图 5-12 所示。

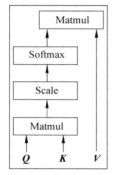

图 5-11　自注意力机制

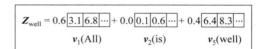

图 5-12　单词 well 的自注意力

从上图可以看出,"well"这个词的自注意力值是被另一个词"All"支配的。也就是说,由于将单词"All"的值向量乘以 0.6,而实际单词"well"的值向量仅乘以 0.4,这意味着 Z_{well} 将包含来自单词"All"值向量的 60%,并且只有 40% 的值来自实际单词的值向量。因此,这里实际单词"well"的注意力值受"All"单词支配,但是这种支配关系仅在实际单词的含义不明确的情况下才有用。在自注意力机制中,每个词都会计算其与其他所有词之间的注意力得分。然而,当某个词的含义模糊不清时,它的注意力得分可能会受到其他词的影响,从而导致模型对该词的理解出现偏差。例如,在句子"A dog ate the food because it was hungry"中,如果"it"指代"dog",那么"dog"这个词的注意力得分应该更高,而如果"it"指代"food",那么"food"这个词的注意力得分应该更高。如果只使用单个注意力头来计算这些注意力得分,可能会导致模型对"it"的理解出现偏差。为了解决这个问题,可以使用多头注意力。多头注意力机制通过将注意力矩阵分为多个头(通常是 8 或 16 个),并在每个头上计算不同的注意力得分来提高注意力的准确性。每个头都学习一组不同的注意力权重,从而使模型能够关注不同的语义信息。在前面的例子中,如果使用多头注意力机制,每个头可能会关注不同的上下文信息,如主语、动词、宾语等,从而更准确地计算"it"在句子中的含义。最后,多头注意力将每个头计算的注意力矩阵连接起来,得到最终的注意力矩阵。这样做可以充分利用每个头所学习的不同语义信息,从而提高模型的性能和准确性。

假设计算两个注意力矩阵 Z_1 和 Z_2,首先应计算注意力矩阵 Z_1。现在了解到,为了计算注意力矩阵,本书创建了三个新矩阵,称为查询矩阵、键矩阵和值矩阵。为了创建查询 Q_1、键 K_1 和值 V_1 矩阵,本书引入了三个新的权重矩阵,称为 W_1^Q、W_1^K 和 W_1^V。本书创建查询、键和值矩阵,分别将输入矩阵 X 乘以 W_1^Q、W_1^K 和 W_1^V。现在,注意力矩阵 $\mathbf{head}_1$ 可以计算如下:

$$\mathbf{head}_1 = \mathrm{Softmax}\left(\frac{Q_1 \cdot K_1^{\mathrm{T}}}{\sqrt{d_k}}\right) V_1$$

现在,计算第二个注意力矩阵 $\mathbf{Z}_2$。为了计算注意力矩阵 $\mathbf{Z}_2$,创建了另一组查询 Q_2、键 K_2 和值 V_2 矩阵。本书引入了三个新的权重矩阵,称为 W_2^Q、W_2^K 和 W_2^V,通过将输入矩阵 X 分别乘以 W_2^Q、W_2^K 和 W_2^V 来创建查询、键和值矩阵。注意力矩阵 $\mathbf{head}_2$ 可以计算如下:

$$\mathbf{head}_2 = \mathrm{Softmax}\left(\frac{Q_2 \cdot K_2^{\mathrm{T}}}{\sqrt{d_k}}\right) V_2$$

类似地,可以计算 h 个注意力矩阵,假设有 8 个自注意力矩阵 $\mathbf{head}_1$ 到 $\mathbf{head}_8$。因为前馈神经网络层接收的是 1 个矩阵(每个词的词向量)而不是 8 个矩阵,因此需要一种方法将这 8 个矩阵整合为一个矩阵,可以连接所有注意力矩阵并将结果乘以新的权重矩阵 W^O,并创建最终的注意力矩阵,如下所示。

$$\mathbf{Z} = \mathrm{Concatenate}(\mathbf{head}_1, \mathbf{head}_2, \cdots, \mathbf{head}_8) W^O$$

在多头自注意力层中,将输入的序列先进行多个注意力头的划分和处理,每个注意力头都会产生一个注意力矩阵。在多头自注意力层的输出阶段,这些注意力矩阵需要被连接起来以产生最终的输出。具体地说,假设有 h 个注意力头,每个注意力头都产生了一个形状为 $[n \times d]$ 的注意力矩阵,其中 n 是序列长度;d 是隐藏向量维度。那么,可以将这 h 个注意力矩阵沿着最后一个维度(即隐藏向量维度)拼接起来,得到一个形状为 $[n \times hd]$ 的张量。这个张量就是多头自注意力层的输出。可以用下面的代码片段来说明这个过程。

```python
import torch
#假设有 h=8 个注意力头,每个注意力头输出大小为 nxd
n, d, h=10, 64, 8
#生成模拟的注意力矩阵
attention_matrices=[torch.randn(n, d) for _ in range(h)]
#将多个注意力矩阵拼接起来
output=torch.cat(attention_matrices, dim=-1)
#输出拼接后的张量大小
print(output.size()) #torch.Size([10, 512])
```

在这个例子中,生成了 8 个形状为 $[10 \times 64]$ 的注意力矩阵,然后将它们沿着最后一个维度(即 64 维)拼接起来,得到了一个形状为 $[10 \times 512]$ 的张量。

在多头注意力中,使用多个注意力头,每个注意力头都是一个独立的神经网络。每个头都将查询向量和键向量映射到不同的表示空间,并计算一个注意力得分矩阵。然后将所有的注意力得分矩阵拼接在一起,并使用拼接后的注意力得分矩阵来加权聚合所有值向量。最终,将所有的头的输出拼接在一起,生成多头注意力的最终输出。使用多头注意力的主要优点是,它可以捕获多个不同的上下文信息,并将它们合并成一个综合的表示。每个注意力头都可以关注不同的部分,从而生成多个不同的表示,这些表示在聚合时会更准确地反映输入序列中的不同信息。此外,多头注意力还可以提高模型的泛化能力。由于每个头都可以学习不同的表示,因此可以使模型更加灵活,并有助于处理输入序列中的多样性和复杂性。总之,使用多头注意力可以使模型更加准确和灵活,从而提高其性能和泛化能力。

在 5.2.4 节中学习另一个有趣的概念,称为层归一化。

5.2.4　残值连接与层归一化

残值连接与层归一化是一种用于神经网络的正则化技术,可以帮助提高训练的稳定性和泛化能力。在转换器网络的编码器中,残值连接与层归一化被用于将每个子层的输入和输出连接起来,以便更好地处理梯度消失和爆炸的问题。具体来说,在每个子层的输入和输出之间添加了一个"Add&Norm"层,连接子层的输入(虚线)和输出,由以下两个步骤组成。

◇ 残差连接(residual connection):将当前层的输入和输出相加(add)。这个操作可以确保在模型训练的过程中,模型可以有效地学习到输入和输出之间的差异,从而提高模型的性能。

◇ 层归一化(layer normalization):将残差连接后的结果进行层归一化操作(norm)。层归一化是指在每个层中对数据进行标准化处理,使得每个特征的平均值为 0,标准差为 1。这个操作可以帮助模型更快地收敛,提高模型的泛化能力。

在编码器中,可以观察到有两个子层应用了"Add&Norm",其中包括(图 5-13)以下两点。

◇ 将多头注意力子层的输入(虚线)和输出连接在一起。

◇ 将前馈子层(feedforward)的输入(虚线)和输出连接在一起。

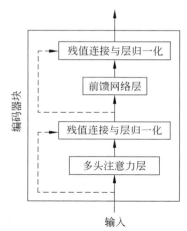

图 5-13　带有层归一化的编码器块

"Add&Norm"是指将残差连接和层归一化结合起来使用,这是一种在深度神经网络中常用的技术。在"Add&Norm"中,残差连接将当前层的输入添加到该层的输出。这意味着每个层的输出可以被解释为该层实际学习到的信息和跨层连接中传递的信息之和。添加操作通常在残差连接后立即执行。接下来,对相加后的结果进行层归一化,以使其分布归一化并在不同批次和不同序列长度之间进行归一化。层归一化是一种归一化技术,它在一个样本的所有特征维度上执行标准化,而不是在单个特征维度上执行标准化。这使得它在自然语言处理任务中非常有效,因为自然语言处理任务通常涉及高维输入和较长的序列。在转换器网络中,"Add&Norm"被广泛应用于编码器和解码器中的每个子层,以帮助提高模型的性能和训练速度。使用"Add&Norm"可以帮助减少梯度消失和梯度爆炸问题,同时加快训练速度和提高模型性能。在"Add&Norm"中,"Add"指的是加法操作,它将当前层的输入与该层的输出相加,以形成残差连接。

残差连接是深度神经网络中的一种技术,它允许在不降低模型性能的情况下,增加网络深度。它通过在神经网络中添加跨层的直接连接来实现。在每层之间,残差连接将当前层的输入直接添加到该层的输出,然后将其传递到下一层。这意味着每层的输出可以被解释为该层实际学习到的信息和跨层连接中传递的信息之和。残差连接的主要目的是解决深度神经网络中的梯度消失和梯度爆炸问题,同时还可以帮助模型更快地收敛。当使用残差连接时,即使在模型变得非常深时,信息也可以在模型中保持有效地传递,因此模型不会出现过度拟合的问题。此外,残差连接还可以简化模型,因为它允许较浅的网络学习与更深的网络相同的复杂度。在转换器网络中,残差连接被广泛应用,包括在编码器和解码器中的每个子层中,以帮助提高模型的性能和训练速度。由于残差连接可以帮助减少梯度消失和梯度爆炸问题,因此可以使模型更深,这在自然语言处理任务中是非常有用的。

这种归一化操作可以帮助将每个子层的输出调整到一个相似的范围内,从而更容易进行梯度更新和学习。在具体实现时,层归一化可以使用不同的归一化方法,如 Batch Normalization 或 Layer Normalization(layernorm)。层归一化通过防止每层中的值发生剧烈变化来促进更快的训练。如前所述,转换器网络利用层归一化和残值连接,前者将批次中的每个输入标准化为均值为 0 且方差为单位,残值连接将张量传递给模型的下一层而不进行处理,并将其添加到处理后的张量中。在转换器网络中,层归一化可以被放置在编码器或解码器层的两个位置中,即层前和层后。这两种方式分别被称为层前归一化(pre layer normalization,Pre-LN)和层后归一化(post layer normalization,Post-LN)。

✧ 层前归一化:在每个子层计算之前进行归一化。也就是说,将输入先进行归一化处理,然后再输入子层中进行计算。层前归一化的优点是可以减小网络深度带来的梯度消失问题,因为归一化可以使得输入具有更统一的分布。此外,层前归一化还可以提高模型的收敛速度和稳定性,如图 5-14 所示。

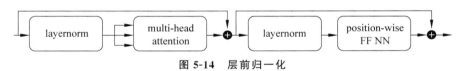

图 5-14　层前归一化

✧ 层后归一化:在每个子层计算之后进行归一化。也就是说,将子层的输出先进行计算,然后再进行归一化处理。层后归一化的优点是可以减少训练时的内存占用和计算量,因为归一化只需要在每个子层的输出上进行。此外,层后归一化还可以更好地处理解码器端的自回归(auto-regressive)结构,因为层后归一化可以确保每个位置的输出只依赖于之前的位置,如图 5-15 所示。

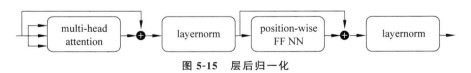

图 5-15　层后归一化

层前归一化是指在神经网络的每个层的输入中应用标准化,即在激活函数之前应用归一化。层前归一化的主要优点是可以防止网络层的梯度消失或爆炸,从而可以更有效地进行训练。层后归一化是指在神经网络的每个层的输出中应用标准化,即在激活函数之后应用归一化。层后归一化的主要优点是可以保持层的激活函数不变,从而可以更好地保留信息和特征。在自然语言处理领域中,转换器网络模型通常使用层后归一化。由于转换器网络模型中每个子层(如自注意力机制、前馈神经网络等)的输出都需要在加上残差连接之前进行标准化,因此层后归一化可以更好地适应这种需求。选择哪种归一化方式取决于具体的任务和模型结构。

转换器的每个注意力子层和每个前馈子层后面都是层归一化,层归一化包含一个"Add"函数和一个层归一化过程,"Add"函数处理来自子层输入的残值连接,残值连接的目标是确保关键信息不会丢失,因此层归一化可以描述如下:

$$\text{LayerNorm}(x + \text{Sublayer}(x))$$

Sublayer(x)表示子层本身的输出,x 是子层的输入。层后归一化的输入是向量 $v = x + \text{Sublayer}(x)$,存在许多不同的层归一化方法,基本概念可以定义为

$$\text{LayerNorm}(v) = \gamma \frac{v - \mu}{\sigma} + \beta \quad \mu = \frac{1}{d}\sum_{k=1}^{d} v_k \quad \sigma^2 = \frac{1}{d}\sum_{k=1}^{d} (v_{k-\mu})^2$$

其中,μ 是维度为 d 的向量 v 的平均值;σ 是维度为 d 的向量 v 的标准差;β 是一个偏置向量。此版本的 $\text{LayerNorm}(v)$ 只是显示了许多可能层归一化方法的一般概念。现在,下一个子层可以处理层归一化或 $\text{LayerNorm}(v)$ 的输出,下一个子层是一个前馈网络。在 5.2.5 节中,我们将了解前馈网络层在编码器中的工作原理。

5.2.5　前馈网络层

在转换器网络模型中,前馈网络层(feed-forward network)用于对编码器和解码器中的每个位置进行非线性变换,其输入是前一个子层的 Post-LN 输出(图 5-13),维度为 $d_{\text{model}} = 512$,即编码器和解码器中的注意力子层输出的维度。前馈网络层通常由两个全连接层组成,两层之间的激活函数是 ReLU 激活函数。具体来说,假设输入向量为 $x \in \mathbb{R}^{d_{\text{model}}}$,那么前馈网络的输出为

$$\text{FFN}(x) = \text{ReLU}(x\boldsymbol{W}_1 + \boldsymbol{b}_1)\boldsymbol{W}_2 + \boldsymbol{b}_2$$

其中,$\boldsymbol{W}_1 \in \mathbb{R}^{d_{\text{model}} \times d_{ff}}$ 和 $\boldsymbol{W}_2 \in \mathbb{R}^{d_{ff} \times d_{\text{model}}}$ 是两个全连接层的权重矩阵,$\boldsymbol{b}_1 \in \mathbb{R}^{d_{ff}}$ 和 $\boldsymbol{b}_2 \in \mathbb{R}^{d_{\text{model}}}$ 是两个全连接层的偏置向量,ReLU 表示 ReLU 激活函数。首先,x 通过第一个全连接层进行变换,得到一个 d_{ff} 维的中间特征向量。然后,该中间特征向量通过 ReLU 激活函数进行非线性变换。最后,通过第二个全连接层,将非线性变换后的特征向量映射回原始维度 d_{model},得到前馈网络子层的输出。下面是前馈网络层子层的详细描述。

⋄ 前馈网络层的输入先通过一个全连接层,然后再通过一个激活函数 ReLU,最后再通过另一个全连接层得到输出。这个全连接层的参数是可训练的,可以在模型训练过程中自适应学习得到。

⋄ 前馈网络层中的每个位置单独并以相同的方式处理。这意味着,前馈网络层的输出只取决于输入位置的内容,而不考虑其位置信息。因此,在前馈网络层之前需要加入位置编码器,以便将位置信息融入输入中。

⋄ 前馈网络层由两个全连接层组成,并且在这两个层之间应用 ReLU 激活函数。ReLU 函数是一种非线性激活函数,将所有负数输入映射为 0,而保留所有正数输入。这使得前馈网络层能够学习非线性变换,从而更好地表示输入。

⋄ 输入和输出的维度都为 $d_{\text{model}} = 512$,这是因为转换器网络模型中的每个子层都必须具有相同的输入和输出维度。然而,前馈网络层中间的全连接层的维度为 $d_{ff} = 2048$,这个维度的设置可以使得前馈网络层更加强大,能够更好地学习非线性变换。

⋄ 前馈网络层的两个全连接层可以被视为两个内核大小为 1 的卷积层。在卷积神经网

络中,内核的大小决定了该层可以看到多少个相邻位置的信息。由于前馈网络层中的内核大小为1,因此它只能看到同一位置的信息。这使得前馈网络层成为一种全局非线性变换,能够将一个位置的信息转换为另一个位置的信息,而不考虑它们的相对位置。

可以看出,前馈网络对每个位置的向量进行了非线性变换,其中每个位置的变换是相同的。这使得模型具有一定的平移不变性和位置不变性,能够更好地处理自然语言处理任务中的序列数据。前馈网络是转换器网络模型中编码器和解码器的核心组件之一,它们在编码器和解码器中的位置都是相同的,即在每个注意力子层之后。前馈网络通过增加模型的深度和非线性变换能力,有助于模型更好地学习序列数据中的抽象特征。

如上一节所述,前馈网络层的输出进入层后归一化,然后将输出发送到编码器堆栈的下一层和解码器堆栈的多头注意力层,现在接着探索解码器堆栈。

5.3　理解解码器

在转换器网络中,编码器和解码器都是由多层的自注意力层和前馈全连接层组成的。在编码器中,输入序列经过多层自注意力和前馈全连接层,生成一组编码器输出,每个编码器输出都包含输入序列中一个位置的语义信息。在解码器中,每个位置的输出是通过对输入序列的编码器输出进行加权求和并进行自注意力计算得到的。例如,在翻译任务中解码器在每个时间步骤生成一个单词,并且在每个时间步骤都需要知道其前面的单词。为了实现这个目标,解码器使用了一个自回归架构,即解码器的输出在下一步作为输入。

在解码器中,每个位置的输入都是由两部分组成的。第一部分是前一个解码器位置的输出,也就是解码器自身的上下文信息。第二部分是编码器的输出,它是一个固定的表示整个输入序列的语义信息。这个编码器的输出是通过在编码器中进行自注意力计算得到的,即编码器自己也可以看作一个特殊的解码器,但是它不会生成任何预测输出,它只负责生成输入序列的语义表示。因此,对于解码器来说,它的每个位置都有两个输入:前一个解码器位置的输出和编码器的输出。这两个输入在解码器中通过自注意力计算进行融合,生成当前位置的输出,即解码器对当前位置的预测。这种编码器-解码器结构的优点在于,编码器可以从整个输入序列中学习到全局的语义信息,而解码器则可以利用这个全局信息来生成逐个位置的输出。这样,转换器网络可以在自然语言处理等任务中取得非常好的效果。

假设要将英文句子"Autobots roll out"翻译成法语句子"Autobots en avant"。为了执行此翻译,提供源句子"Autobots roll out"给编码器,编码器学习源句子的嵌入表征,现在将此编码器的表征形式提供给解码器,解码器生成目标语句"Autobots en avant"。在编码器部分,可以拥有 N 个编码器,与编码器类似地也可以有 N 个解码器,为简单起见,设置 N=2,如图 5-16 所示。一个解码器的输出作为它上面解码器的输入。还可以观察到编码器对输入句子的表征(编码器的输出)被发送到所有解码器,因此解码器接收两个输入:一个来自前一个解码器;另一个是编码器的表征(编码器的输出)。

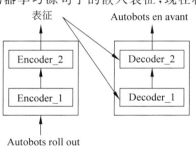

图 5-16　一堆编码器和解码器

解码器究竟是如何生成目标句子的呢？下面更详细探讨一下。当时间步长 $t=1$ 时，解码器的输入将是"＜sos＞"，它表示句子的开始。解码器以"＜sos＞"为输入，生成目标句子中的第一个词，即"Autobots"，如图 5-17 所示；当时间步长 $t=2$ 时，解码器将＜sos＞和"Autobots"（来自上一步）作为输入，并尝试生成目标句子中的下一个词，如图 5-18 所示；当时间步长 $t=3$ 时，解码器将"＜sos＞""Autobots"和"en"（来自上一步）作为输入，并尝试生成句子中的下一个单词，如图 5-19 所示；类似地，在每个时间步长，解码器将新生成的单词与输入结合起来并预测下一个单词，因此当时间步长 $t=4$ 时，解码器采用"＜sos＞""Autobots""en"和"avant"作为输入并尝试生成句子中的下一个单词，如图 5-20 所示。一旦生成了表示句末的标记"＜eos＞"，就意味着解码器已经完成了目标句的生成。

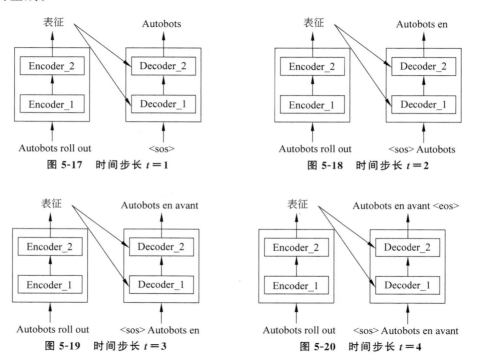

图 5-17　时间步长 $t=1$　　　　　　图 5-18　时间步长 $t=2$

图 5-19　时间步长 $t=3$　　　　　　图 5-20　时间步长 $t=4$

在编码器部分，了解到将输入转换为嵌入矩阵并向其添加位置编码，然后将其作为输入提供给编码器，同样不是将输入直接提供到解码器，而是将其转换为词嵌入，为其添加位置编码，然后将其提供给到解码器。例如，当时间步长 $t=2$ 时，如图 5-21 所示，将输入转换为词嵌入，称其为输出嵌入（output embedding），因为这里是解码器在上一时间步长生成的词嵌入，给它加上位置编码，然后发送给解码器。

最终的问题是解码器究竟是如何工作的？详细探讨一下。如图 5-22 所示，这里显示了一个解码器块及其所有组件。

如图 5-22 所示，解码器块的结构与编码器块非常相似，都由多个层组成，每个层都包含三个子层：掩码多头注意力、多头注意力和前馈网络。解码器和编码器的区别在于它们使用这些子层的方式。在编码器中，输入序列被馈入模型，并且每个层逐个处理它，一个层的输出作为下一个层的输入。相比之下，解码器从编码器获取输出，并使用它生成最终的输出

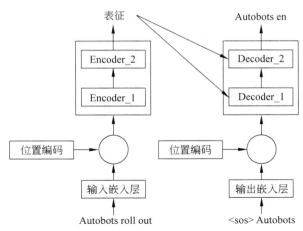

图 5-21　具有位置编码的编码器和解码器

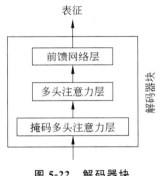

图 5-22　解码器块

序列。在这个过程中,解码器在第一个子层中使用掩码多头注意力层来确保每个解码器位置只能关注输出序列中它之前的位置。这对于防止模型在训练过程中"作弊",即向前查看输出序列,非常重要。解码器块的第二个子层是一个多头注意力层,允许解码器根据它们与当前位置的相关性来关注输出序列中的不同位置。最后,前馈网络对多头注意力层的输出应用一组非线性变换,使模型能够捕捉输出序列中不同部分之间更复杂的关系。

除了掩码多头注意力、多头注意力和前馈网络这三个子层之外,解码器的每个层还包含一个额外的归一化层和一个残差连接。这些层的作用与编码器中的类似,都是为了加速网络的训练和提高模型性能。现在对解码器有了一个基本的了解,可以开始详细了解解码器的每个组件,然后看一看解码器作为一个整体是如何工作的。

5.3.1　掩码多头注意力层

在解码器中,需要在每个时间步骤生成一个单词,但不能让模型使用未来的单词。为此,需要在注意力机制中引入掩码,以便只关注已经生成的单词。使用掩码矩阵来隐藏未来的词,使注意力机制只能查看当前和先前的单词。因此,在解码器的第一个子层中,使用一个掩码来隐藏所有未来的单词,这被称为掩码多头注意力。在这个过程中,可以使用一个向量来指示哪些词是被掩蔽的,并将这个向量与注意力矩阵相乘,以便将未来的词掩蔽掉。这样，解码器就只会使用之前生成的单词来生成下一个单词。

现在已经看到了解码器如何在每个时间步长逐字预测目标句子，而这仅在测试期间[①]发生（如图 5-17～图 5-20 所示）。在测试期间，解码器的任务是将编码器生成的源语言句子转换成目标语言句子。与训练期间不同，测试期间没有目标语言句子可供使用，因此必须使用解码器自己生成的输出来构建翻译句子。在测试期间，首先将源语言句子输入编码器，得到编码器的输出。然后，将编码器的输出和一个特殊的"＜sos＞"标记输入解码器，作为第一个时间步长的输入。在每个时间步中，解码器根据当前输入标记和编码器的输出计算出下一个输出标记，然后将该输出标记用作下一个时间步的输入。解码器会不断地重复这个过程，直到生成一个特殊的"＜eos＞"标记，表示翻译句子的结束。因为在测试期间没有目标语言句子可供使用，解码器只能根据自己的预测逐步生成翻译句子。测试期间的解码器通常也有一些与训练期间不同的处理。例如，在训练期间，使用了一些技术来加速训练和避免过拟合，如 Dropout 和教师强制（teacher forcing）。但在测试期间，不需要这些技术。

在训练期间，可以访问正确的目标句子，因此可以使用它来训练模型生成正确的翻译。在训练期间，解码器使用教师强制的方式，即它在每个时间步长接收到当前输入标记（来自目标句子）、编码的源句子，以及自身的隐藏状态，并使用这些信息来预测目标句子中的下一个输出标记。因为已经有目标句子的正确输出标记，所以在每个时间步长，解码器可以使用目标句子中的下一个正确输出标记来替代自己的预测输出标记。这个正确的输出标记就是下一个时间步长的输入，因此在训练期间，下一个时间步长是确定的，而不是预测的。因此，在训练期间，可以将正确的输出标记作为下一个时间步长的输入，而不是使用解码器自己生成的标记。这使得训练更容易，因为解码器只需要学习如何生成正确的输出，而不需要学习如何选择下一个输入标记。然而，这种方法也有一个缺点，即可能导致模型在测试期间的表现不如在训练期间。这是因为在测试期间，解码器需要预测下一个输出标记，并将其作为下一个时间步长的输入，而不是使用正确的输出标记。因此，在测试期间，下一个时间步长是由模型自己预测的，而不是确定的。通过在训练期间使用正确的目标句子，可以更新模型的参数，以最小化预测输出和正确输出之间的差异。这使得模型能够学习如何生成准确的翻译。

假设将英语句子"Autobots roll out"转换为法语句子"Autobots en avant"，可以将"＜sos＞"标记添加到目标句子的开头并将"＜sos＞ Autobots en avant"作为输入发送到解码器，然后解码器预测输出为"Autobots en avant ＜eos＞"，如图 5-23 所示。

为什么需要提供整个目标句子并让解码器预测移位后的目标句子作为输出？更详细地探讨一下。不是将输入直接馈送到解码器，而是将其转换为嵌入（输出嵌入矩阵）并添加位置编码，然后将其馈送到解码器。假设以下矩阵 X 是添加输出嵌入矩阵和位置编码的结果。

---

① 测试期间通常是指在模型训练完成后，用于评估模型性能和生成翻译结果的阶段，也称为推理（inference）阶段，即将模型应用于新的未见过的数据时的阶段。在推理阶段，我们使用经过训练的模型来生成翻译结果，以便评估模型的翻译质量，或用于实际翻译任务。在这个阶段，我们不再使用训练数据来更新模型参数，而是使用已经训练好的模型来生成输出。

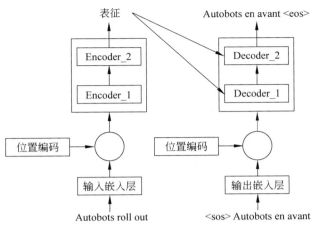

图 5-23　编码器和解码器

$$X = \begin{array}{r} < \text{sos} > \\ \text{Autobots} \\ \text{en} \\ \text{avant} \end{array} \begin{bmatrix} 7.9 & 3.5 & \cdots & 16.1 \\ 8.1 & 4.4 & \cdots & 38.1 \\ 17 & 0.54 & \cdots & 6.12 \\ 11.12 & 11.12 & \cdots & 22.1 \end{bmatrix} \begin{array}{l} x_1 \\ x_2 \\ x_3 \\ x_4 \end{array}$$

　　下面将矩阵 X 提供给解码器。解码器中的第一层是掩码多头注意力。这与我们在编码器中学到的多头注意力层类似,但有细微差别。为了执行自注意力,创建了三个新矩阵,称为查询 Q、键 K 和值 V。由于正在计算 h 个多头注意力,创建了 h 个查询、键和值矩阵,因此对于头 i 有查询 Q_i、键 K_i 和值 V_i 矩阵,可以是通过将 X 分别乘以权重矩阵 W_i^Q、W_i^K、W_i^V 创建。

　　掩码多头注意力可以用于确保模型在训练和测试期间的行为保持一致。在训练期间,模型可以看到整个目标序列,可以使用该序列来预测下一个单词,因此在自注意力机制中,模型可以在每个时间步长计算与整个输入序列相关的注意力权重。但是在测试期间,模型只能看到之前生成的单词,因此在这种情况下,需要掩蔽未生成的单词,以确保模型只能使用以前生成的单词来预测下一个单词。通过掩蔽右侧的单词,模型将只能看到当前时间步长之前的单词,从而保证了模型在训练和测试期间的一致性。看看掩码多头注意力是如何工作的。本书提供给解码器的输入语句是“<sos> Autobots en avant”。自注意力机制将一个词与句子中的所有词相关联,以便更好地理解每个词,但是这里有一个小问题。在测试期间,解码器只有前一个步骤作为输入时才会有单词生成。例如,假设在时间步长 $t=2$ 时,解码器将只有输入词“<sos>”和“Autobots”,而不会有任何其他词,所以必须以同样的方式训练模型,因此注意力机制应该只将单词与“Autobots”相关,而不是其他单词。为此,可以屏蔽右侧所有尚未被模型预测的单词。假设要预测单词“<sos>”旁边的单词。在这种情况下,模型应该只看到“<sos>”之前的词,因此掩蔽了“<sos>”右侧的所有词。假设要预测单词“Autobots”旁边的单词,模型应该只看到“Autobots”之前的词,所以将“Autobots”右边的所有词都掩蔽掉,其他行也是如此,如下所示。

$$\begin{bmatrix} <\text{sos}> & \text{mask} & \text{mask} & \text{mask} \\ <\text{sos}> & \text{Autobots} & \text{mask} & \text{mask} \\ <\text{sos}> & \text{Autobots} & \text{en} & \text{mask} \\ <\text{sos}> & \text{Autobots} & \text{en} & \text{avant} \end{bmatrix}$$

像这样掩蔽单词有助于自我注意机制只关注模型在测试期间可用的单词。如何执行此掩蔽？已知对于头部 i，注意力矩阵 $\textbf{head}_i$ 的计算方式如下：

$$\textbf{head}_i = \text{Softmax}\left(\frac{\boldsymbol{Q}_i \cdot \boldsymbol{K}_i^{\text{T}}}{\sqrt{d_k}}\right)\boldsymbol{V}_i$$

计算注意力矩阵的第一步是计算查询矩阵和关键矩阵之间的点积。下面显示了查询和键矩阵之间的点积结果 $\boldsymbol{Q}_i \boldsymbol{K}_i^{\text{T}}$。请注意，此处使用的值是任意的，只是为了更好地理解。

$$\boldsymbol{Q}_i \cdot \boldsymbol{K}_i^{\text{T}} = \begin{matrix} <\text{sos}> \\ \text{Autobots} \\ \text{en} \\ \text{avant} \end{matrix} \begin{matrix} <\text{sos}> & \text{Autobots} & \text{roll} & \text{out} \\ \begin{bmatrix} 73 & 60 & 10 & 45 \\ 40 & 99 & 25 & 70 \\ 58 & 40 & 83 & 10 \\ 12 & 11 & 15 & 80 \end{bmatrix} \end{matrix}$$

接下来是将 $\boldsymbol{Q}_i \boldsymbol{K}_i^{\text{T}}$ 矩阵除以键向量 $\sqrt{d_k}$ 的维数。假设以下是 $\dfrac{\boldsymbol{Q}_i \boldsymbol{K}_i}{\sqrt{d_k}}$ 的结果。

$$\frac{\boldsymbol{Q}_i \cdot \boldsymbol{K}_i^{\text{T}}}{\sqrt{d_k}} = \begin{matrix} <\text{sos}> \\ \text{Autobots} \\ \text{en} \\ \text{avant} \end{matrix} \begin{matrix} <\text{sos}> & \text{Autobots} & \text{roll} & \text{out} \\ \begin{bmatrix} 9.125 & 7.5 & 1.25 & 5.625 \\ 5.0 & 12.37 & 3.12 & 8.75 \\ 7.25 & 5.0 & 10.37 & 1.25 \\ 1.5 & 1.37 & 1.87 & 10.0 \end{bmatrix} \end{matrix}$$

接下来，将 Softmax 函数应用于前面的矩阵并对分数进行归一化。但在应用 Softmax 函数之前，需要掩蔽这些值。例如，查看矩阵的第一行。要预测单词"<sos>"旁边的单词，模型不应关注"<sos>"右侧的所有单词（因为这在测试期间不可用）。所以，可以用"$-\infty$"掩蔽"<sos>"右边的所有单词。

$$\frac{\boldsymbol{Q}_i \cdot \boldsymbol{K}_i^{\text{T}}}{\sqrt{d_k}} = \begin{matrix} <\text{sos}> \\ \text{Autobots} \\ \text{en} \\ \text{avant} \end{matrix} \begin{matrix} <\text{sos}> & \text{Autobots} & \text{roll} & \text{out} \\ \begin{bmatrix} 9.125 & -\infty & -\infty & -\infty \\ 5.0 & 12.37 & 3.12 & 8.75 \\ 7.25 & 5.0 & 10.37 & 1.25 \\ 1.5 & 1.37 & 1.87 & 10.0 \end{bmatrix} \end{matrix}$$

现在，看一下矩阵的第二行。为了预测"Autobots"旁边的单词，模型不应该关注"Autobots"右边的所有单词（因为这在测试期间不可用）。所以，可以用"$-\infty$"掩蔽"Autobots"右边的所有单词。

$$\frac{\boldsymbol{Q}_i \cdot \boldsymbol{K}_i^{\text{T}}}{\sqrt{d_k}} = \begin{matrix} <\text{sos}> \\ \text{Autobots} \\ \text{en} \\ \text{avant} \end{matrix} \begin{matrix} <\text{sos}> & \text{Autobots} & \text{roll} & \text{out} \\ \begin{bmatrix} 9.125 & -\infty & -\infty & -\infty \\ 5.0 & 12.37 & -\infty & -\infty \\ 7.25 & 5.0 & 10.37 & 1.25 \\ 1.5 & 1.37 & 1.87 & 10.0 \end{bmatrix} \end{matrix}$$

同样,可以用"$-\infty$"掩蔽"en"右边的所有单词,如下所示。

$$\frac{\boldsymbol{Q}_i \cdot \boldsymbol{K}_i^{\mathrm{T}}}{\sqrt{d_k}} = \begin{array}{c} <\mathrm{sos}> \\ \mathrm{Autobots} \\ \mathrm{en} \\ \mathrm{avant} \end{array} \overset{\begin{array}{cccc} <\mathrm{sos}> & \mathrm{Autobots} & \mathrm{roll} & \mathrm{out} \end{array}}{\begin{bmatrix} 9.125 & -\infty & -\infty & -\infty \\ 5.0 & 12.37 & -\infty & -\infty \\ 7.25 & 5.0 & 10.37 & -\infty \\ 1.5 & 1.37 & 1.87 & 10.0 \end{bmatrix}}$$

现在,可以将 Softmax 函数应用于前面的矩阵,并将结果与值矩阵 $\boldsymbol{V}_i$ 相乘,得到最终的注意力矩阵 $\boldsymbol{Z}_i$。类似地,可以计算 h 个注意力矩阵,将它们连接起来,并将结果乘以新的权重矩阵 $\boldsymbol{W}^O$,并创建最终的注意力矩阵 $\boldsymbol{Z}$,如下所示。

$$\boldsymbol{Z} = \mathrm{Concatenate}(\mathbf{head}_1, \mathbf{head}_2, \cdots, \mathbf{head}_i, \cdots, \mathbf{head}_h)\boldsymbol{W}^O$$

现在,将这个最终的注意力矩阵 $\boldsymbol{Z}$ 提供给解码器中的下一个子层,这是另一个多头注意力层。在 5.3.2 节中详细了解它是如何工作的。

5.3.2 多头注意力层

如图 5-24 所示,这里显示了带有编码器和解码器的转换器网络。正如所观察到的,每个解码器中的多头注意力子层接收两个输入:一个是来自前一个子层的掩码多头注意力;另一个是编码器的输出表征。

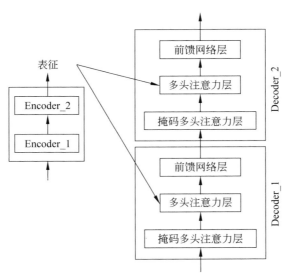

图 5-24 编码器与解码器交互

用 $\boldsymbol{R}$ 表示编码器表征,并用 $\boldsymbol{Z}$ 表示掩码多头注意子层获得的矩阵。由于是在编码器和解码器之间进行交互,因此该层也称为编码器与解码器注意层。现在,深入了解一下这个多头注意力层的工作原理。多头注意力机制的第一步是创建查询、键和值矩阵,可以通过将输入矩阵乘以权重矩阵来创建查询、键和值矩阵。但是在这一层中,有两个输入矩阵:一个是 $\boldsymbol{R}$(编码器的表征),另一个是 $\boldsymbol{Z}$(来自前一个子层的注意力矩阵)。那么应该使用哪一个?使用从前一个子层获得的注意力矩阵 $\boldsymbol{Z}$ 创建查询矩阵 $\boldsymbol{Q}$,并使用编码器的表征 $\boldsymbol{R}$ 创建键和值矩阵。由于正在执行多头注意机制,因此对于头 i 执行下列操作。

◇ 查询矩阵 Q_i 是通过将注意力矩阵 Z 乘以权重矩阵 W_i^Q 创建的。

◇ 通过将编码器的表征 R 分别乘以权重矩阵 W_i^K 和 W_i^V 来创建键 K_i 和值 V_i 矩阵。

$$Q_i = Z \cdot W_i^Q = \begin{array}{c} <sos> \\ \text{Autobots} \\ \text{en} \\ \text{avant} \end{array} \begin{bmatrix} 7.11 & 93.1 & \cdots & 61.1 \\ 3.1 & 44.3 & \cdots & 5.28 \\ 6.8 & 36.8 & \cdots & 9.11 \\ 11.6 & 7.11 & \cdots & 66.9 \end{bmatrix} \begin{array}{c} z_1 \\ z_2 \\ z_3 \\ z_4 \end{array} \cdot$$

$$W_i^Q = \begin{array}{c} <sos> \\ \text{Autobots} \\ \text{en} \\ \text{avant} \end{array} \begin{bmatrix} 4.11 & 6.31 & \cdots & 8.12 \\ 11.3 & 7.11 & \cdots & 7.35 \\ 0.65 & 10.10 & \cdots & 80.75 \\ 11.16 & 11.11 & \cdots & 4.44 \end{bmatrix} \begin{array}{c} q_1 \\ q_2 \\ q_3 \\ q_4 \end{array}$$

$$K_i = R \cdot W_i^K = \begin{array}{c} \text{Autobots} \\ \text{roll} \\ \text{out} \end{array} \begin{bmatrix} 10.33 & 11.89 & \cdots & 31.4 \\ 22.1 & 10.14 & \cdots & 87.1 \\ 63.6 & 14.24 & \cdots & 83.1 \end{bmatrix} \begin{array}{c} r_1 \\ r_2 \\ r_3 \end{array} \cdot$$

$$W_i^K = \begin{array}{c} \text{Autobots} \\ \text{roll} \\ \text{out} \end{array} \begin{bmatrix} 11.11 & 18.71 & \cdots & 0.96 \\ 3.78 & 12.12 & \cdots & 3.69 \\ 6.35 & 7.11 & \cdots & 88 \end{bmatrix} \begin{array}{c} k_1 \\ k_2 \\ k_3 \end{array}$$

$$V_i = R \cdot W_i^V = \begin{array}{c} \text{Autobots} \\ \text{roll} \\ \text{out} \end{array} \begin{bmatrix} 10.33 & 11.89 & \cdots & 31.4 \\ 22.1 & 10.14 & \cdots & 87.1 \\ 63.6 & 14.24 & \cdots & 83.1 \end{bmatrix} \begin{array}{c} r_1 \\ r_2 \\ r_3 \end{array} \cdot$$

$$W_i^V = \begin{array}{c} \text{Autobots} \\ \text{roll} \\ \text{out} \end{array} \begin{bmatrix} 0.35 & 91.7 & \cdots & 4.10 \\ 36.1 & 63.1 & \cdots & 1.11 \\ 14.14 & 3.69 & \cdots & 71 \end{bmatrix} \begin{array}{c} v_1 \\ v_2 \\ v_3 \end{array}$$

为什么从 Z 中获取查询矩阵,从 R 中获取键和值矩阵?在转换器网络的解码器中,使用自注意力机制来对目标序列中的每个位置进行上下文编码。在自注意力机制中,使用查询矩阵、键矩阵和值矩阵来计算注意力分数,从而对每个位置进行加权汇总。在解码器中,查询矩阵来自于前一层的输出,将其称为 Z,它包含了目标句子的表征。这是因为在解码器中,希望根据目标句子的表征来生成翻译输出。相反,键和值矩阵来自编码器的输出,将其称为 R,它包含源句子的表征。这是因为编码器已经对源句子进行了建模,并提取出了源句子中每个位置的特征表示。本书使用这些键和值来计算自注意力分数,以便将注意力集中在与目标序列当前位置相关的源序列位置上。通过这种方式,可以在解码器中有效地利用源句子的信息,从而提高翻译的质量。因此,在解码器中,从 Z 中获取查询矩阵 Q,从 R 中获取键矩阵 K 和值矩阵 V,是因为查询矩阵 Q 包含了解码器端目标句子的表征,而键矩阵 K 和值矩阵 V 包含了编码器端源句子的表征。通过逐步计算自注意力来理解这一点。

自注意力的第一步是计算查询矩阵和键矩阵之间的点积。正如所观察到的,查询矩阵是从 Z 中获得的,它包含目标句子的表征,并且由于键矩阵是从 R 中获得的,它包含输入句子的表征(请注意,此处使用的值是任意的,只是为了更好地理解)。

$$
\boldsymbol{Q}_i \cdot \boldsymbol{K}_i^{\mathrm{T}} =
\begin{array}{c}
<\text{sos}> \\
\text{Autobots} \\
\text{en} \\
\text{avant}
\end{array}
\begin{bmatrix}
4.11 & 6.31 & \cdots & 8.12 \\
11.3 & 7.11 & \cdots & 7.35 \\
0.65 & 10.10 & \cdots & 80.75 \\
11.16 & 11.11 & \cdots & 4.44
\end{bmatrix}
\begin{array}{c}
\boldsymbol{q}_1 \\
\boldsymbol{q}_2 \\
\boldsymbol{q}_3 \\
\boldsymbol{q}_4
\end{array}
\cdot
\begin{array}{ccc}
\text{Autobots} & \text{roll} & \text{out} \\
\begin{bmatrix}
11.71 & 3.78 & 6.35 \\
16.71 & 12.12 & 7.11 \\
\vdots & \vdots & \vdots \\
0.96 & 3.69 & 8.88
\end{bmatrix} \\
\boldsymbol{k}_1 \quad \boldsymbol{k}_2 \quad \boldsymbol{k}_3
\end{array}
$$

$$
=
\begin{array}{c}
<\text{sos}> \\
\text{Autobots} \\
\text{en} \\
\text{avant}
\end{array}
\begin{array}{ccc}
\text{Autobots} & \text{roll} & \text{out} \\
\begin{bmatrix}
\boldsymbol{q}_1 \cdot \boldsymbol{k}_1 & \boldsymbol{q}_1 \cdot \boldsymbol{k}_2 & \boldsymbol{q}_1 \cdot \boldsymbol{k}_3 \\
\boldsymbol{q}_2 \cdot \boldsymbol{k}_1 & \boldsymbol{q}_2 \cdot \boldsymbol{k}_2 & \boldsymbol{q}_2 \cdot \boldsymbol{k}_3 \\
\boldsymbol{q}_3 \cdot \boldsymbol{k}_1 & \boldsymbol{q}_3 \cdot \boldsymbol{k}_2 & \boldsymbol{q}_3 \cdot \boldsymbol{k}_3 \\
\boldsymbol{q}_4 \cdot \boldsymbol{k}_1 & \boldsymbol{q}_4 \cdot \boldsymbol{k}_2 & \boldsymbol{q}_4 \cdot \boldsymbol{k}_3
\end{bmatrix}
\end{array}
=
\begin{array}{c}
<\text{sos}> \\
\text{Autobots} \\
\text{en} \\
\text{avant}
\end{array}
\begin{array}{ccc}
\text{Autobots} & \text{roll} & \text{out} \\
\begin{bmatrix}
91 & 60 & 77 \\
96 & 63 & 12 \\
41 & 111 & 48 \\
36 & 45 & 65
\end{bmatrix}
\end{array}
$$

通过查看前面的矩阵 $\boldsymbol{Q}_i \cdot \boldsymbol{K}_i^{\mathrm{T}}$，可以理解以下内容。

◇ 从矩阵的第一行，可以观察到正在计算查询向量 $\boldsymbol{q}_1$（$<\text{sos}>$）和所有键向量 $\boldsymbol{k}_1$（Autobots）、$\boldsymbol{k}_2$（roll）和 $\boldsymbol{k}_3$（out）之间的点积，因此第一行表示目标词"$<\text{sos}>$"与源句子中所有词（Autobots、roll 和 out）的相似程度。

◇ 类似地，从矩阵的第二行，可以观察到正在计算查询向量 $\boldsymbol{q}_2$（Autobots）和所有关键向量 $\boldsymbol{k}_1$（Autobots）、$\boldsymbol{k}_2$（roll）和 $\boldsymbol{k}_3$（out）之间的点积，因此第二行表示目标词"Autobots"与源句中所有词（Autobots、roll 和 out）的相似程度。

◇ 这同样适用于所有其他行。因此计算 $\boldsymbol{Q}_i \cdot \boldsymbol{K}_i^{\mathrm{T}}$ 可以帮助理解查询矩阵（目标句子表征）与键矩阵（源句表征）相似性。

下一步是将 $\boldsymbol{Q}_i \cdot \boldsymbol{K}_i^{\mathrm{T}}$ 除以 $\sqrt{d_k}$，然后获得注意力权重矩阵 $\boldsymbol{A}_i = \mathrm{Softmax}\left(\dfrac{\boldsymbol{Q}_i \cdot \boldsymbol{K}_i^{\mathrm{T}}}{\sqrt{d_k}}\right)$。接下来，将 $\boldsymbol{A}_i$ 与 $\boldsymbol{V}_i$ 做加权平均，即 $\mathrm{Softmax}\left(\dfrac{\boldsymbol{Q}_i \cdot \boldsymbol{K}_i^{\mathrm{T}}}{\sqrt{d_k}}\right)\boldsymbol{V}_i$，得到注意力矩阵 $\mathbf{head}_i$。

$$
\mathbf{head}_i = \mathrm{Softmax}\left(\frac{\boldsymbol{Q}_i \cdot \boldsymbol{K}_i^{\mathrm{T}}}{\sqrt{d_k}}\right)\boldsymbol{V}_i
$$

$$
=
\begin{array}{c}
<\text{sos}> \\
\text{Autobots} \\
\text{en} \\
\text{avant}
\end{array}
\begin{array}{ccc}
\text{Autobots} & \text{roll} & \text{out} \\
\begin{bmatrix}
0.84 & 0.017 & 0.14 \\
0.98 & 0.02 & 0.0 \\
0.0 & 1.0 & 0.0 \\
0.0 & 0.0 & 1.0
\end{bmatrix}
\end{array}
\begin{array}{c}
\text{Autobots} \\
\text{roll} \\
\text{out}
\end{array}
\begin{bmatrix}
0.35 & 91.7 & \cdots & 4.10 \\
36.1 & 63.1 & \cdots & 1.11 \\
14.14 & 3.69 & \cdots & 71
\end{bmatrix}
\begin{array}{c}
v_1 \\
v_2 \\
v_3
\end{array}
$$

假设有以下内容

$$
\mathbf{head}_i =
\begin{bmatrix}
z_1 \\
z_2 \\
z_3 \\
z_4
\end{bmatrix}
\begin{array}{l}
<\text{sos}> \\
\text{Autobots} \\
\text{en} \\
\text{avant}
\end{array}
$$

目标句子的注意力矩阵 $\mathbf{head}_i$ 是通过计算分数加权的值向量的总和来计算的。为了清楚起见，看看单词"Autobots"的自注意力值 z_2 的计算，如图 5-25 所示。

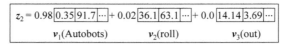

$$z_2 = 0.98 \boxed{0.35 \mid 91.7 \mid \cdots} + 0.02 \boxed{36.1 \mid 63.1 \mid \cdots} + 0.0 \boxed{14.14 \mid 3.69 \mid \cdots}$$

$$v_1(\text{Autobots}) \qquad v_2(\text{roll}) \qquad v_3(\text{out})$$

图 5-25   单词"Autobots"的自注意力

z_2 单词"Autobots"的自注意力被计算为由分数加权的值向量的总和,因此 z_2 的值将包含来自值向量 v_1(Autobots)98％的值和来自值向量 v_2(roll)2％的值。这基本上可以帮助模型理解目标词"Autobots"表示源词"roll"。类似地,可以计算 h 个注意力矩阵,将它们连接起来,并将结果乘以新的权重矩阵 $\boldsymbol{W}^O$,并创建最终的注意力矩阵,如下所示。

$$\boldsymbol{Z} = \text{Concatenate}(\textbf{head}_1, \textbf{head}_2, \cdots, \textbf{head}_i, \cdots, \textbf{head}_h)\boldsymbol{W}^O$$

现在,将这个最终的注意力矩阵提供给解码器中的下一个子层,这是一个前馈网络。解码器的前馈层与在编码器中学到的完全相同。接下来,就像在编码器中学习的那样,层归一化连接子层的输入和输出,如图 5-26 所示。

5.3.3   线性层和 Softmax 层

解码器在学习目标句子的表征后,会生成一个表示该句子的向量。这个向量包含了句子的语义信息,可以用于生成翻译或生成任务的输出。在机器翻译任务中,一般会使用一个线性层将解码器的输出映射到目标语言的词汇空间。这个线性层将解码器输出的向量转换为一个维度等于目标语言词汇量的向量,该向量的每个维度代表了目标语言中一个单词的概率。为了得到最终的翻译结果,还需要使用一个 Softmax 层将该向量转换为概率分布。Softmax 层将每个维度上的值转换为 0～1 的概率,并且确保所有概率之和为 1。这样就可以从概率分布中选择概率最大的单词作为当前时间步长的输出,然后将该单词作为输入提供给下一个时间步长的解码器。这个过程一直持续到生成整个目标句子为止,如图 5-27 所示。

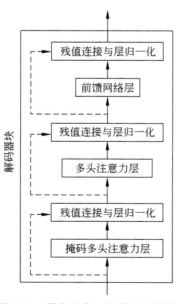

图 5-26   带有层归一化的解码器块

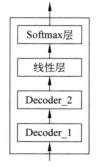

图 5-27   线性层和 Softmax 层

　　线性层生成词汇量大小的对数概率(logit[①])。在机器学习中,logit 是指将概率转换为对数比例的函数。它通常用于二分类问题,用于表示某一事件发生的概率与不发生的概率之间的对数比例。对于一个二分类问题,如果 p 是事件发生的概率,那么 logit 可以表示为 $logit(p)=log(p/(1-p))$。$logit(p)$ 的取值范围为 $-\infty \sim \infty$。在深度学习中,logits 通常指神经网络最后一层的输出,即尚未经过 Softmax 函数转换的实数向量。logits 向量中的每个元素对应于一个类别,它们的值不是概率,可以是任意实数,也可以是负数。为了将 logits 转换为概率分布,通常会使用 Softmax 函数,将 logits 向量的每个元素映射到 0~1 的实数,并确保它们的总和为 1。Softmax 函数的输出就是概率分布向量,其中每个元素对应于一个类别,表示该类别被选择的概率。虽然 logit 和 logits 的词根相同,但它们的具体含义在不同的背景下有所不同。logit 是一个特定的函数,用于表示概率比例的对数,而 logits 是一个通用的术语,用于表示深度学习模型输出层的输入值。

　　假设词汇表只包含以下三个词:[avant, Autobots, en]。现在,线性层返回的 logits 将是一个大小为 3 的向量。接下来,使用 Softmax 函数将 logits 转换为概率,然后解码器输出具有高概率值的单词索引。用一个例子来理解这一点。假设解码器的输入是单词"<sos>"和"Autobots",现在在解码器需要预测目标句子中的下一个单词,因此获取最顶层解码器的输出并将其提供给线性层,线性层生成 logits 向量,其大小是词汇表大小,让线性层返回的 logits 为 $[45,40,49]$。将 Softmax 函数应用于线性层生成的 logits 并获得概率为 $[0.0179,0.000,0.981]$。在这个向量中,可以了解到索引 2(索引从 0 开始)处的概率较高,因此在词汇表中查找索引 2 处的单词。由于单词"en"位于索引 2,解码器将预测目标句子中的下一个单词确定为"en"。通过这种方式,解码器预测目标句子中的下一个单词。

　　现在已经了解了所有的解码器组件,把它们放在一起,并在 5.3.4 节中看看它们作为一个整体是如何工作的。

5.3.4　运行流程

　　如图 5-28 所示,这里显示了两个解码器的堆栈,只有 Decode_1 被展开。

　　这是解码器的基本流程。具体来说,它包括以下步骤。

　　(1) 将目标语言句子中的单词转换为嵌入矩阵,并添加位置编码。这样得到的嵌入矩阵作为输入提供给解码器的第一个子层(Decode_1)。

　　(2) 在 Decode_1 中,对输入进行掩码多头注意力操作,以确保解码器只能关注已生成的序列的左侧部分。

　　(3) 将掩码多头注意力层的输出作为编码器-解码器注意力层的输入,同时也将编码器的输出传递给编码器-解码器注意力层。该层计算注意力矩阵,并将其输出传递给下一个子层。

　　(4) 下一个子层是前馈网络,它对编码器-解码器注意力层的输出应用一系列非线性变换。前馈网络的输出作为解码器的表示被传递到下一层。

---

　　① logit 这个术语在中文中通常被翻译为"对数概率""对数概率函数"或"对数概率回归"等。其中,"对数概率"是一个数学术语,表示事件发生的概率与不发生的概率之比的自然对数,常用于二元分类问题中。而"对数概率函数"或"对数概率回归"是指一种分类算法,使用对数概率函数来拟合数据并进行分类预测。在深度学习中,logit 通常指神经网络的输出层的未经过 Softmax 函数处理的实数向量,用于进行分类问题的预测。

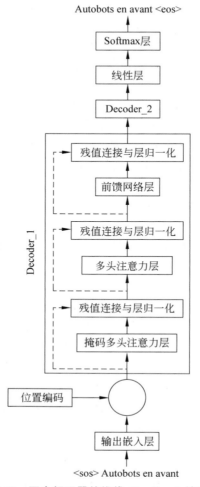

图 5-28　两个解码器的堆栈，Decoder_1 被展开

（5）从 Decoder_1 的输出中获取解码器表示，并将其作为输入提供给上面的解码器（Decoder_2）。

（6）Decoder_2 执行类似的操作，并返回目标句子的解码器表示作为输出。

可以将 N 个解码器一个叠一个叠放；从最终解码器获得的输出（解码器表征）将是目标句子的表示。接下来，将目标句子的解码器表征提供给线性层和 Softmax 层，并得到预测词。

5.4　训练转换器

现在已经详细了解了编码器和解码器是如何工作的，将编码器和解码器放在一起看看转换器网络作为一个整体是如何工作的。为了更加清晰，可以看一看带有编码器和解码器的完整转换器网络，如图 5-29 所示。

如图 5-29 所示，Nx 表示可以堆叠多个编码器和解码器。正如所观察到的，一旦输入了

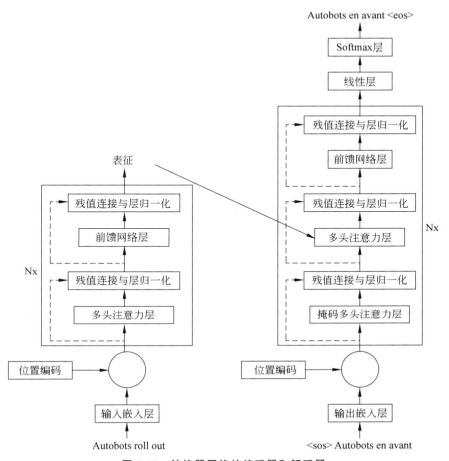

图 5-29　转换器网络的编码器和解码器

输入句子(源句子),编码器就会学习表征并将表征发送给解码器,解码器又会生成输出句子(目标句子)。

　　需要注意的是,在训练中须使用教师强制技巧来指导输出序列的生成。教师强制是一种用于序列生成模型训练的技术,特别适用于机器翻译、语音识别、文本生成等序列生成任务。在教师强制技巧中,将模型训练的过程中,使用真实的标签来指导模型生成输出序列,而不是使用模型自己生成的输出序列作为下一个时间步长的输入。具体来说,假设正在训练一个翻译模型,将英语翻译为法语。在标准的序列生成模型中,需要在每个时间步长将模型之前生成的输出作为下一个时间步的输入。但在教师强制技巧中,将模型之前生成的输出替换为真实的标签,将其作为下一个时间步长的输入。这意味着在训练期间可以直接向模型提供正确的输出序列,而不是让模型自己生成序列并尝试让其接近正确的序列。教师强制技巧可以有效地加速模型的收敛,并提高模型的准确性。因为是使用真实的标签作为输入,所以可以通过反向传播来计算模型的梯度,并更新模型的参数。另外,使用教师强制技巧可以避免模型在生成序列时出现错误的累积效应,因为每个时间步的输入都是正确的,模型可以更好地预测下一个时间步的输出。然而,教师强制技巧也有一些缺点。首先,当模型在测试时遇到未知的单词或短语时,可能会出现错误的翻译。其次,使用教师强制技巧训练的模型可能过度依赖正确的标签,因此可能无法很好地处理不同于训练数据的输入。因此,在实际应用中,需要平衡教师强制技巧的优点和缺点,并结合其他技术来提高模型的性能。

5.5 转换器家族

转换器网络是自然语言处理领域中非常重要的模型之一,具有很强的表达能力和泛化能力。编码器、解码器和编码器到解码器都是常见的转换器网络架构,每个架构都有其优缺点和适用场景。BERT、RoBERTa、ALBERT 和 DistilBERT 是目前应用广泛的编码器模型,而 GPT、GPT-2、GPT-3 是常见的解码器模型。BART 和 T5 则是编码器到解码器架构的代表性模型。对于不同的任务需求,选择不同的转换器网络架构和预训练模型是非常重要的。随着深度学习技术的不断发展,转换器网络已成为自然语言处理领域中较为流行和有效的模型之一。

在不同的任务中,各种转换器网络都能够取得非常出色的表现,这为自然语言处理应用提供了强大的支持。同时,随着研究人员不断尝试新的架构、预训练目标和调整策略,转换器网络的性能也在不断提高。虽然模型库不断增长,但分类为编码器、解码器和编码器到解码器这三种架构是有帮助的,因为它们反映了模型在处理不同类型任务时的核心思想。在本节中,将简要概述每个类中最重要的转换器网络。首先看一下转换器网络的家族树,如图 5-30 所示。

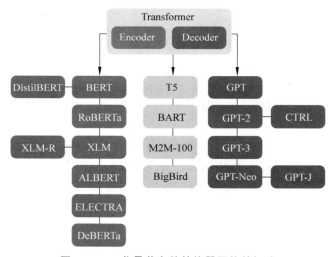

图 5-30 一些最著名的转换器网络的概述

转换器网络中包含 50 多种不同的架构,此家谱不提供所有现有架构的完整概述,它只是突出了几个架构里程碑。本章已经深入介绍了原始的转换器网络,所以从编码器分支开始仔细研究一些关键的后代。

5.5.1 编码器分支

第一个基于转换器网络的编码器模型是 BERT。BERT 的发布标志着转换器网络的重要突破,它是第一个成功应用于自然语言处理任务的编码器模型,通过双向编码器来学习上下文相关的单词表示,进而取得了在 GLUE 基准测试上的显著优势。此后,BERT 的变体(如 RoBERTa、ALBERT、DistilBERT 等)不断涌现,它们通过改变预训练目标、调整网络结构和超参数等方面的改进,进一步提高了性能。编码器模型的出色表现使其成为自然语言理解任务(如文本分类、命名实体识别和问答)的主要研究和行业领域,为各种应用场景提供了强大的工具。简要了解一下 BERT 模型及其变体。

5.5.1.1　BERT

BERT 是由 Google 在 2018 年提出的基于双向转换器的预训练语言模型,它使用双向编码器来学习上下文相关的单词表示。BERT 是一种预训练的语言模型,旨在生成通用的语言表示。BERT 预训练过程包括两个任务:掩码语言建模和下一句预测(next sentence prediction,NSP)。掩码语言建模任务是为了训练模型对于输入文本中的掩码标记进行预测,其中一些标记被随机地替换为"[MASK]"标记。模型在输入中看到掩码标记时,需要预测原始标记的正确词汇,以鼓励模型在理解上下文和句子中的语法和语义信息。下一句预测任务是为了训练模型识别两个文本段落是否相互关联。在该任务中,模型的输入是两个文本段落,模型需要判断这两个文本段落是否在语义上相互连续。该任务可以帮助模型学习理解文本之间的语义关系,以便在后续任务中更好地理解文本。通过这两个任务的预训练,BERT 能够在许多自然语言处理任务中提供强大的表现力,包括问答、文本分类、命名实体识别和自然语言推理等。

5.5.1.2　DistilBERT

尽管 BERT 提供了很好的结果,但它的规模可能使其难以部署在需要低延迟的环境中。通过在预训练期间使用一种称为知识蒸馏的技术,DistilBERT 实现了 BERT 97% 的性能,同时使用的内存减少了 40%,速度提高了 60%。DistilBERT 是一种轻量级版本的BERT,通过在预训练期间使用知识蒸馏技术,它可以在保持高性能的同时减少内存使用和提高推理速度。

知识蒸馏是一种非常有用的技术,它可以将大型模型中的知识转移到小型模型中,从而获得高性能和低计算成本的组合。DistilBERT 是知识蒸馏技术在自然语言处理领域中的成功应用之一。此外,知识蒸馏也可以在其他领域中应用,如计算机视觉和语音识别等。通过将大型模型中的知识转移给小型模型,可以在保持高性能的同时减少模型的大小和参数数量,从而提高模型的效率和推理速度。在 DistilBERT 中,教师模型(即 BERT)是一个大型的预训练模型,而学生模型(即 DistilBERT)是一个较小的模型,它通过模拟教师模型的输出来学习教师模型的知识。通过这种方式,DistilBERT 可以在保持与 BERT 相近的性能的同时,拥有更小的模型大小和更少的参数,从而可以更快地进行推理,并且可以在需要低延迟的环境中部署,如实时文本分类、语音识别等。这使得 DistilBERT 可以更快地进行推理,并且可以在需要低延迟的环境中部署,如实时文本分类、语音识别等。

5.5.1.3　RoBERTa

RoBERTa(robustly optimized BERT pretraining approach)是在 BERT 模型的基础上进行改进的模型。RoBERTa 通过对 BERT 的改进,进一步提高了语言建模的效果,取得了更好的性能。RoBERTa 主要的改进包括以下 3 点。

- 改进了训练数据:RoBERTa 使用了更大的语料库,包括了更多的数据源和更多的语言。此外,RoBERTa 还进行了更严格的预处理和清理,以减少噪声和错误。相比之下,BERT 使用了 16GB 的书籍和文本数据进行预训练,而 RoBERTa 使用了比BERT 多 10 倍的 160GB 的训练数据,包括书籍、网页、文档、爬取的文本和wikipedia 等。这使得 RoBERTa 比 BERT 拥有更广泛和更丰富的语言背景和语言知识,可以更好地理解自然语言的含义和语法规则。在 RoBERTa 中,更大的训练数据不仅仅是增加数据量,而且还包括了更多的数据源和更多的语言。RoBERTa的数据预处理和清理也更加严格,以减少噪声和错误。这使得 RoBERTa 能够更好地捕捉到语言中的潜在结构和规律,从而在各种自然语言处理任务中取得更好的表现。

- 改进了训练过程:RoBERTa 使用了比 BERT 更长的训练时间,从而提高了模型的表现。具体来说,RoBERTa 使用了比 BERT 多 3 倍的训练时间。RoBERTa 使用了更大的批量大小,这可以提高训练效率并减少训练时间。RoBERTa 的批量大小是 BERT 的 5 倍。为了加快训练速度,RoBERTa 使用了更多的 GPU。具体来说,RoBERTa 使用了 2048 个 GPU 进行训练,而 BERT 只使用了 64 个 GPU。RoBERTa 使用了比 BERT 更多的训练步骤,以进一步提高模型的表现。具体来说,RoBERTa 使用了比 BERT 多 2 倍的训练步骤。此外,RoBERTa 使用了动态掩码语言模型(dynamic masked language model,DMLM),这意味着模型可以随机掩蔽不同的词,而不是仅仅遮盖相同的词。这样可以提高模型的泛化能力,使得模型能够更好地处理未知的语言结构和词汇。

- 改进了模型结构:RoBERTa 移除了 BERT 中的下一句预测任务,只使用了掩码语言模型任务,这可以让 RoBERTa 更加专注于语言建模任务,提高模型效率和准确性。RoBERTa 还使用了更大的批量归一化(batch normalization)这可以让模型更容易训练,并且可以加速模型的收敛速度。此外,更大的批量归一化还可以减少模型对超参数的敏感性。RoBERTa 使用了更深的神经网络结构,具体包括更多的Transformer 层和更大的隐含层。这可以让 RoBERTa 能够更好地捕获长距离的依赖关系和复杂的语言结构,从而提高模型的表现。

RoBERTa 在多项自然语言处理任务中取得了比 BERT 更好的性能,特别是在需要对上下文进行理解的任务中,如文本分类、情感分析、阅读理解、问答等任务。以下是一些RoBERTa 在不同任务上的表现。

- GLUE 评测:RoBERTa 在 GLUE 评测中取得了比 BERT 更好的性能,其中包括 9个不同的自然语言理解任务,如语义相似性、自然语言推理、情感分类等。
- SQuAD 问答任务:RoBERTa 在 SQuAD v2.0 问答任务中取得了比 BERT 更好的性能,达到了目前最先进的水平。
- SWAG 任务:RoBERTa 在 SWAG 任务中也取得了比 BERT 更好的性能,这是一个需要理解上下文并进行推断的任务。
- 翻译任务:RoBERTa 在翻译任务中也表现出色,尤其是在低资源翻译场景中表现更为突出。

总体来说,RoBERTa 在各种自然语言处理任务中表现出色,这主要得益于其在模型结构和训练过程方面的改进,以及使用更多的数据进行预训练。

5.5.1.4 XLM

XLM(cross-lingual language model)是一种多语言预训练模型,是由 Facebook AI Research(FAIR)开发的一种多语言预训练模型,它的目的是为不同语言之间的自然语言处理任务提供一个通用的框架。XLM 使用了与 Google 的 BERT 类似的转换器网络架构,并在多个语言之间共享参数,从而可以同时处理多种语言的任务。与其他仅针对特定语言的模型不同,XLM 被设计为支持跨语言的自然语言处理任务,这使得它在涉及多种语言的应用场景中具有优势。

XLM 使用了一种多任务学习的方法来进行训练,其中包括三种不同的任务:自回归语言建模、掩码语言建模和翻译语言建模。这种方法的一个主要优点是,它允许模型在不同的任务之间共享参数,从而可以更好地处理多语言 NLP 任务中的跨语言问题。这意味着,当 XLM 在一种语言上进行训练时,它可以在其他语言上实现迁移学习,并取得比从头开始训练模型更好的结果。此外,XLM 还采用了一种多语言词表的方法,将多个语言的词表合并成一个更大的词表,以便在跨语言任务中更好地共享信息。这使得 XLM 成为处理多语言 NLP 任务的有效工具。

在 XLM 中,自回归语言建模和遮蔽语言建模是常见的预训练目标。其中,自回归语言建模目标是通过给定上下文生成下一个词汇来预测文本,而遮蔽语言建模则是将随机选择的单词替换为特殊的"[MASK]"标记,并让模型预测这些被遮蔽的单词。而翻译语言建模是 XLM 独有的一种预训练任务,它要求模型在接收多语言输入后,通过将句子的两个语言随机交换来预测不同语言之间的关系,从而促进不同语言之间的信息共享和迁移学习。这种方法可以帮助模型更好地处理多语言文本,并且在多语言文本分类、机器翻译和其他自然语言处理任务中表现出更好的性能。

通过使用这些预训练目标,XML 可以学习多语言知识,并在多语言自然语言理解和翻译任务上实现最先进的结果。例如,在多语言自然语言推断任务上,XML 在 14 个不同语言的数据集上的平均准确率高于以往的最佳模型,同时,它在跨语言翻译任务上也表现出了卓越的性能。在预训练过程中,模型可以学习多种语言的语法和语义,以及不同语言之间的相似性和差异性。这种学习可以让模型更好地处理多语言环境下的自然语言任务,如机器翻译、跨语言信息检索和跨语言文本分类等。多语言预训练模型的优点在于,它可以将多语言数据集整合在一起,从而提高数据的利用率,减少数据的获取成本。此外,预训练模型可以更好地处理不同语言之间的转换问题,从而可以更好地应对多语言环境下的任务。这些结果表明,多语言预训练模型可以通过使用多种预训练目标来提高模型的性能,并且能够在多语言环境中更好地工作。

总之,多语言预训练模型的发展为跨语言自然语言处理和翻译任务带来了新的机遇和挑战,它有望成为未来自然语言处理领域的一个重要方向。

5.5.1.5 XLM-RoBERTa

XLM-RoBERTa 是由 Facebook AI Research 开发的一种基于转换器网络的预训练模型,是 RoBERTa 的跨语言版本。XLM-RoBERTa 使用了多语言数据集进行训练,并使用了一种称为"语言掩码"的技术,以便在不同语言之间共享知识。通过在大量的文本数据上进行自监督学习,XLM-RoBERTa 能够学习到关于语言的通用特征,从而能够在多种语言和任务上进行迁移学习。与 RoBERTa 相比,XLM-RoBERTa 在跨语言学习方面表现更好,因为它在训练过程中涉及了多种语言,可以更好地处理多语言语境下的语言学习问题。它已经在多项任务上取得了优异的表现,如自然语言推理、机器翻译、命名实体识别等。

XLM-RoBERTa 使用了 Common Crawl 等大规模语料库中的 2.5TB 文本数据进行训练。不同于 XLM 的 TLM 目标,XLM-RoBERTa 使用掩码语言模型作为训练目标。因此,XLM-RoBERTa 放弃了跨语言翻译语言模型目标。这种方法使得 XLM-RoBERTa 在低资源语言上表现出色,并且比 XLM 和其他多语言 BERT 变体有更好的性能。此外,XLM-RoBERTa 还使用了跨语言数据增强技术,如使用同义词、反义词和近义词等。这可以使得模型在处理多语言和跨语言任务时更具有稳健性和泛化能力。总体来说,XLM-RoBERTa 是一种非常强大的多语言预训练模型,可以为各种自然语言处理任务提供良好的性能,特别是在低资源语言上。

总之,XLM-RoBERTa 模型通过使用大规模的训练数据来进一步提高多语言预训练模型的性能,并在多语言自然语言理解任务上实现了最先进的结果。

5.5.1.6　ALBERT

ALBERT(a lite BERT)是一种神经网络语言模型,由 Google 的研究人员在 2019 年推出。ALBERT 是流行的 BERT 模型的一个更轻、更快的版本,广泛用于各种自然语言处理任务,如文本分类、命名实体识别和问答等。ALBERT 的主要思想是在保持 BERT 模型准确性和效率的同时减少模型参数的数量。这通过对 BERT 架构进行一系列修改来实现。

- 因式分解嵌入参数化:ALBERT 为不同的层使用单独的嵌入矩阵,而不是像 BERT 那样使用单个嵌入矩阵,从而减少参数数量。在 BERT 中,每个层使用相同的嵌入矩阵,这意味着模型需要学习大量的参数。相反,在 ALBERT 中,每个层都有其自己的嵌入矩阵,这些矩阵是通过因式分解来获得的,从而减少了模型中的参数数量。这样,ALBERT 可以在减少参数数量的同时保持准确性和效率。

- 跨层参数共享:ALBERT 在层之间共享参数,进一步减少了参数数量并提高了效率。在 BERT 中,每个层都有自己的参数,这意味着模型需要学习大量的参数,这会导致计算资源的浪费和训练时间的增加。相反,在 ALBERT 中,层之间共享参数,这些参数是通过因式分解来获得的。这种参数共享方式可以大大减少模型中的参数数量,提高模型的效率和训练速度。同时,参数共享还可以帮助模型更好地利用训练数据,并提高模型的泛化能力,使其在不同的 NLP 任务上表现更好。

- 交叉句子一致性损失:ALBERT 通过训练一个涉及预测两个句子是否在文档中相邻的任务,从而鼓励模型捕捉句子之间的关系并提高其在下游任务中的性能。这个任务被称为句子顺序预测(sentence order prediction,SOP),它要求模型根据输入的两个句子来预测它们在文档中的顺序。通过这种方式,ALBERT 可以学习到句子之间的关系和文档结构,并在下游任务中应用这些知识。相比之下,BERT 使用的是掩码语言模型任务,该任务要求模型根据上下文来预测掩盖的单词,与 SOP 任务相比,掩码语言模型任务不太能够帮助模型学习到句子之间的关系和文档结构。因此,ALBERT 在训练中使用 SOP 任务来进一步提高模型性能。SOP 和 NSP 都是用来训练自然语言处理模型的任务,但它们之间有一些区别。句子顺序预测任务要求模型根据输入的两个句子来预测它们在文档中的顺序。这意味着,SOP 任务需要模型理解句子之间的语义关系和文档结构,以便正确预测句子的顺序。SOP 任务被用于 ALBERT 模型的预训练,以鼓励模型更好地捕捉句子之间的关系,并提高其在下游任务中的性能。NSP 任务要求模型预测第二个句子是否是给定句子的下一句话。这个任务可以帮助模型更好地理解句子之间的连贯性和逻辑性,并且被用于 BERT 模型的预训练。与 SOP 任务不同,NSP 任务并不要求模型理解文档的整体结构,而只需要理解两个句子之间的关系。因此,虽然 SOP 和 NSP 任务都是用于预训练 NLP 模型的任务,但它们的目标不同,分别用于提高模型对句子之间关系的理解和对句子连贯性和逻辑性的理解。

总体而言,ALBERT 已被证明在各种 NLP 任务中实现了最先进的性能,同时使用的参数数量比 BERT 少得多,使其成为计算资源有限的应用程序的一种有前途的模型。

5.5.1.7　ELECTRA

ELECTRA(efficiently learning an encoder that classifies token replacements accurately)模型使用了替代词分类任务来训练模型,而不是像 BERT 等模型那样使用掩码语言建模任务。这种方法使 ELECTRA 可以使用更小的模型和更短的训练时间来达到与 BERT 等模型相当的性能。具体来说,ELECTRA 的替代词分类任务是在原始文本中随机选择一些词,并将它们替换为随机生成的词。然后,模型的目标是预测哪些词被替换了。这个任务比掩码语言建模任务更难,因为模型需要区分哪些词被替换了,而在掩码语言建模任务中,被掩码的词是固定的。

此外,ELECTRA 还引入了一种新的损失函数,即对抗性训练损失。这个损失函数的目标是让模型更好地识别真实数据和替代数据之间的区别,从而提高模型的性能。这种方法可以帮助模型更好地捕捉语言的细微差别和上下文信息。这个损失函数的目标是让模型区分真实数据和替代数据之间的差异,从而使模型更好地理解语言的细微差别和上下文信息。具体来说,对抗性训练损失函数的训练过程是这样的:首先,对于每个输入,模型会随机生成一个替代输入。然后,模型会被训练去区分真实输入和替代输入。这个过程被称为对抗训练,因为模型需要对抗生成器生成的替代输入,以便更好地理解真实输入。这种对抗性训练方法可以帮助模型更好地捕捉语言的细微差别和上下文信息,因为模型需要学会区分真实输入和替代输入之间的差异,从而更好地理解语言的含义。相比于传统的损失函数,对抗性训练损失函数能够进一步提高模型的性能,特别是在一些复杂的自然语言处理任务上,如问答和自然语言推理等。

在传统的 NLP 预训练方法(如 BERT)中,模型被训练以根据周围单词的上下文来预测句子中缺失的单词。然而,ELECTRA 采用了一种不同的方法,通过对生成器和鉴别器进行对抗训练的过程来进行训练。在 ELECTRA 中,生成器模型是通过随机替换输入中的标记来训练的,以此来学习如何对输入进行建模。生成器模型类似于标准的掩码语言建模模型,但使用了一个称为替换分布的新技术来训练。替换分布是一种随机方法,用于将输入中的一些标记替换为其他标记,从而使生成器模型在预测掩码标记的同时,也需要区分原始标记和替换标记。与此同时,鉴别器模型用于判断输入中的标记是原始标记还是替换标记。鉴别器模型接收生成器模型的输出,并对其进行分类,以便区分输入中的原始标记和替换标记。通过这种方式,ELECTRA 可以使用相对较小的生成器模型来训练鉴别器模型,从而利用无标签数据,提高预训练的效率和质量。ELECTRA 的创新点在于利用了对抗训练和替换分布的方法,使得模型在仅使用相对较少的计算资源的情况下,就能够达到与 BERT

等模型相当的性能。这使得 ELECTRA 成为一种高效且具有广泛应用前景的预训练模型。

总之,ELECTRA 的主要优势在于它使用替代词分类任务来训练模型,并引入了一种新的对抗性训练损失函数,这使得模型可以使用更小的模型和更短的训练时间来达到与 BERT 等模型相当的性能,并且可以更好地捕捉语言的细微差别和上下文信息。

5.5.1.8 DeBERTa

DeBERTa(decoding-enhanced BERT with disentangled attention)是一种基于 BERT 的模型,其关注点在于使用解耦注意力机制来增强文本序列中各个位置的信息交互,并且使用自适应门控机制来进一步控制信息流。这使得 DeBERTa 能够更好地处理长文本序列,并且在多项自然语言处理任务上实现了最先进的性能。与传统的注意力机制不同,DeBERTa 的解耦注意力机制将每个注意力头与一个特定的任务相关联,使得不同头可以专注于序列中的不同特征,从而更好地捕获语言表示。传统的注意力机制将所有的注意力头都用于所有的任务,这样就会存在头与任务之间的竞争,导致模型难以捕捉不同任务之间的相关性。而 DeBERTa 采用了解耦注意力机制,将每个注意力头与一个特定的任务相关联,这使得每个头可以专注于序列中的不同特征,从而更好地捕获语言表示。通过这种方法,DeBERTa 能够在多个自然语言处理任务上取得最先进的性能,包括阅读理解、命名实体识别、自然语言推理等任务。

同时,自适应门控机制可以自动调整每个位置的重要性,使得 DeBERTa 能够更好地捕获长文本序列中的关键信息。在传统的注意力机制中,每个位置的重要性是通过 Softmax 函数计算得到的,当处理长文本序列时,一些位置的重要性可能会被低估,导致模型难以捕获长距离的依赖关系。而自适应门控机制可以自动调整每个位置的重要性,这样每个位置都可以得到适当的重视,从而更好地捕获长文本序列中的关键信息。具体来说,自适应门控机制通过计算每个位置的得分,然后将这些得分作为门控向量来调整每个位置的重要性。这种方法使得 DeBERTa 能够更好地捕获长文本序列中的关键信息,从而在多个自然语言处理任务上取得了最先进的性能。

除了解耦注意力和自适应门控机制外,DeBERTa 还引入了一种称为"相对位置编码"的新型位置编码方法,以更好地处理长文本序列中的位置信息。在传统的位置编码方法中,位置编码只考虑了绝对位置信息,而忽略了序列中不同位置之间的相对位置关系。当处理长文本序列时,可能会出现一些位置之间的相对位置关系被忽略,导致模型难以捕获到长距离的依赖关系。相对位置编码方法通过考虑不同位置之间的相对位置关系来更好地处理长文本序列中的位置信息。具体来说,它将每个位置相对于其他位置的位置差分解成一组基向量,并使用这些基向量来编码每个位置的相对位置关系。这样可以更好地捕获到不同位置之间的相对位置关系,从而更好地处理长文本序列中的位置信息。相对位置编码方法在 DeBERTa 中的应用,可以使得模型更好地处理长文本序列中的位置信息,从而在多个自然语言处理任务上取得了最先进的性能。

通过这些改进,DeBERTa 在多个自然语言处理任务上实现了最先进的性能,包括 GLUE、SuperGLUE、SQuAD 和 SWAG 等任务。同时,DeBERTa 在处理长文本序列时也表现出了出色的效果。例如,在处理长篇新闻报道和小说时能够比 BERT 和 RoBERTa 更好地捕获上下文信息。DeBERTa 是第一个在 SuperGLUE 基准测试中击败人类基线的模型,这是一个更难的 GLUE 版本,由几个用于衡量 NLU 性能的子任务组成。这表明,

DeBERTa 在理解自然语言方面表现得比人类更好。

5.5.2　解码器分支

OpenAI 对于转换器解码器模型的研究和应用确实推动了这些模型在自然语言处理中的发展和进步。这些模型通过自回归方式生成文本,使得它们在文本生成任务中表现出色,其中最著名的是 GPT 系列模型,如 GPT-2 和 GPT-3,它们采用了大规模的预训练和微调策略,并在大量的数据集上进行了训练和优化。此外,OpenAI 还提出了一种新的预训练策略——自监督学习,通过利用文本的自然结构进行预训练,以提高模型的语言理解能力。这些技术的应用,使得这些模型在文本生成、机器翻译、语音识别等任务上取得了令人瞩目的成果。

OpenAI 是一个非营利性人工智能研究组织,旨在通过推动人工智能的研究和发展,使其对人类的利益产生积极影响。OpenAI 的创始人包括伊隆·马斯克(Elon Musk)、Sam Altman、Greg Brockman 等。OpenAI 的研究领域包括自然语言处理、机器学习、强化学习等,其中最为著名的是其在自然语言处理领域的研究。OpenAI 曾发布了一系列先进的自然语言处理模型,如 GPT、GPT-2、GPT-3、DALL-E 等,这些模型在各种自然语言处理任务中表现出了惊人的性能。除了研究,OpenAI 还通过向社区发布开源工具和数据集,以及提供开源软件和算法等方式,促进了人工智能技术的普及和发展。

ChatGPT 是一个基于转换器网络模型架构的大型语言模型,由 OpenAI 研发。它是 GPT 系列模型的一部分,采用了与 GPT-3 相同的预训练策略,使用了大量的无监督语言数据进行训练,并在训练过程中通过自监督学习等技术,提高了模型的语言理解能力。ChatGPT 具有强大的文本生成能力,可以生成连贯、通顺的自然语言文本,可以用于对话生成、文章摘要、翻译等多种自然语言处理任务。相对于其他基于规则或传统机器学习方法的对话系统,ChatGPT 具有更好的灵活性和可扩展性,并且能够根据不同的上下文和用户输入生成多样化的回复。由于 ChatGPT 拥有大规模的预训练模型,因此其表现出的文本生成能力非常强大,被广泛应用于自然语言处理领域。

5.5.2.1　GPT

GPT 是一系列基于转换器网络模型的大型语言模型,由 OpenAI 研发。GPT 系列模型使用大量的无监督语言数据进行预训练,并采用自监督学习等技术,提高模型的语言理解能力。GPT-3 是目前较大、较先进的 GPT 语言模型之一,它由 OpenAI 开发,具有 1750 亿个参数,使用的预训练数据集规模达到了数十 TB 级别。GPT-3 是由多个不同规模的模型组成的,这些模型被称为 GPT-3 的不同版本。其中最大的版本(1750 亿参数)被称为 GPT-3 175B,它是 GPT-3 中参数最多、能力最强的版本。此外,还有包括 GPT-3 13B(包含 1300 亿个参数)、GPT-3 6B(约 6 亿个参数)等在内的其他版本,它们的参数规模和能力也都非常强大。需要注意的是,GPT-3 6B 和 GPT-3 6B 并不是 GPT-3 的官方名称,而是由一些人为区分 GPT-3 不同版本的命名。实际上,OpenAI 官方发布的 GPT-3 模型只有一个版本,它包含了 1750 亿个参数。

GPT-3 是基于转换器解码器模型的文本生成模型,它在海量的文本语料上进行预训练,可以产生令人印象深刻的文本生成效果。与其他文本生成模型相比,GPT-3 的突出之处在于它可以根据给定的提示生成各种形式的文本,如文章、对话、电子邮件等,而且生成的文本具有令人惊讶的创造力和逻辑性。GPT-3 的推出引起了广泛的关注和讨论,它被视为是人工智能技术在自然语言处理领域的一次重大进展。尽管 GPT-3 还存在一些问题,如偏见、错误等,但它仍然是目前最先进的语言模型之一,对自然语言处理领域的研究和应用都有着重要的推动作用。

GPT-3 是通过语言模型的方式进行训练的。语言模型是一种用于估计自然语言中单词序列出现概率的模型。在 GPT-3 中,模型通过学习给定上下文下一个单词的概率分布来预测下一个单词,从而学习自然语言的语言知识。具体来说,GPT-3 是一个自回归语言模型,它将输入的文本序列作为上下文,并预测下一个单词。在训练阶段中,GPT-3 使用了巨大的语料库来训练模型,使其学习到自然语言中的语法、语义和上下文关联等知识,从而具有强大的文本生成能力。由于 GPT-3 具有强大的泛化能力,因此它可以生成各种形式的文本,如新闻文章、对话、诗歌等。此外,GPT-3 还可以执行其他自然语言处理任务,如语言翻译、摘要、问答等。这些功能的实现都是基于 GPT-3 学习到的语言知识,证明了语言模型在自然语言处理领域的重要性。

GPT-3 具有零样本学习的能力,这是其另一个突出的特点。零样本学习指的是模型可以在没有见过任何相关样本的情况下完成新任务的能力。在自然语言处理中,这意味着GPT-3 可以在没有额外训练数据的情况下完成新任务,而不需要进行针对性的微调或重新训练。GPT-3 实现零样本学习的方式是使用元学习技术。具体来说,它使用了一种称为元学习的学习框架,该框架可以在训练阶段学习如何适应新任务,并在推理阶段使用所学的知识来完成新任务。这种方式使得 GPT-3 可以通过学习任务适应的方式快速适应新任务,从而实现了零样本学习。零样本学习的能力对于自然语言处理领域非常有价值,因为在现实世界中,很难收集足够的标注数据来训练模型。因此,GPT-3 的零样本学习能力使其可以更加灵活地应对各种实际应用场景,有望在自然语言处理领域产生深远的影响。

GPT 系列模型除了 GPT-3 之外,还包括 GPT-1 和 GPT-2。GPT-1 是在 2018 年发布的,包含了 1.17 亿个参数,是当时最大的语言模型之一。GPT-2 是在 2019 年发布的,包含了 1.5 亿～1.55 亿个参数,比 GPT-1 更大一些。相比之下,GPT-3 包含了 1750 亿个参数,是目前较大、较先进的语言模型之一。虽然 GPT-1 和 GPT-2 相对于 GPT-3 来说规模较小,但它们在自然语言处理任务中的表现也非常出色。这些模型具有与 GPT-3 类似的结构,也是基于自回归的方式进行训练,可以生成高质量的自然语言文本。在实际应用中,它们可以用于文本生成、对话系统、文本分类等任务。

总体而言,GPT 系列模型的发展代表了自然语言处理领域的重要进展,为解决各种文本处理任务提供了强大的工具。未来随着模型的不断发展,我们可以期待更加先进和强大的语言模型的问世。这些模型的成功证明了基于转换器网络模型的预训练技术在自然语言处理领域的巨大潜力,并为文本生成和自然语言理解等任务提供了强有力的工具。

5.5.2.2　CTRL

CTRL(conditional transformer language model)是一种基于转换器网络模型的大型语言模型,由 OpenAI 研发。与其他语言模型不同,CTRL 的目标是学习条件下的文本生成能力,即在特定主题或领域下生成高质量的文本。因此,CTRL 模型通常用于特定领域的文本生成任务,如编程、科学、法律等。与其他语言模型不同,CTRL 在预训练时引入了一个特定领域的文本控制器。该控制器的作用是为模型提供额外的信息,使其能够更好地理解和生成特定领域的文本。例如,在编程领域,控制器可以提供编程语言的语法和结构信息,以帮助模型更好地生成代码。在科学领域中,控制器可以提供科学文献中常见的术语和表达方式,以帮助模型更好地生成科学文本。

CTRL 模型在很多领域都表现出了出色的文本生成能力。例如,在编程领域,CTRL 可以生成高质量的代码片段,而在科学领域,CTRL 可以生成清晰、准确的科学论文摘要。因此,CTRL 模型在特定领域的文本生成任务中具有很大的潜力,并已经在学术研究和工业应用中得到了广泛的应用。

5.5.2.3　GPT-Neo/GPT-J-6B

GPT-Neo(generative pre-trained transformer-Neo)是一种由 EleutherAI 开发的基于 Transformer 架构的大型语言模型,它由数百万个参数组成。GPT-Neo 最初是作为对 OpenAI 的 GPT 系列模型的替代品而创建的,因为这些模型的训练数据集和代码未公开发布。最新版本的 GPT-Neo 模型是 GPT-J-6B,它是目前可用的较大的基于 Transformer 的语言模型之一,这个模型具有 60 亿个参数,虽然比起 GPT-3 的 1750 亿个参数较小,但它的出现标志着开源社区正在逐渐接管大型自然语言处理模型的研究和开发,打破了仅由一些大型科技公司掌控的局面。GPT-J-6B 的训练数据集包括大量的互联网文本,包括网页、维基百科、电子书、新闻、社交媒体等。与其他预训练模型不同的是,GPT-J-6B 是由一个开源社区开发的,因此可以被广泛使用和定制。此外,它的设计旨在使其具有更好的可扩展性和更好的效率。尽管 GPT-J-6B 的规模较小,但它在多个自然语言处理任务中已经表现出了优异的性能,如文本生成、对话系统、情感分析等,这使得它成为自然语言处理领域的一个重要研究和应用工具。

与 OpenAI 的 GPT 模型类似,GPT-Neo 通过预训练的方式学习语言模型,然后可以通过微调适应各种自然语言处理任务。GPT-J-6B 是由 EleutherAI 在大型开源社区的支持下开发的,它采用了与 GPT-3 相似的预训练方法,但使用了更大的数据集。与 GPT-3 不同的是,GPT-J-6B 的训练数据集包括从英文维基百科、BookCorpus、Common Crawl 和其他来源获取的多语言数据。由于数据集的多语言性质,GPT-J-6B 模型可以用于不同语言的自然语言处理任务。此外,GPT-J-6B 模型还拥有大量的上下文记忆,可以在各种自然语言处理任务中提供更加准确的预测和更好的性能。

总体来说,GPT-Neo/GPT-J-6B 模型是一种非常强大的语言模型,具有很强的语言理解和生成能力,并且适用于各种自然语言处理任务。该模型的开源性和可扩展性也使其成为研究和工业应用的理想选择。

转换器网络家族的最后一个分支是编码器到解码器模型。

5.5.3　编码器到解码器分支

基于转换器网络的编码器到解码器分支是一种常见的神经网络结构,用于自然语言处理领域的各种任务,包括机器翻译、对话系统和摘要生成等。该结构基于转换器网络,包括编码器和解码器两部分,其中编码器将输入序列转换为向量表示,解码器使用向量表示生成输出序列。在该结构中,编码器和解码器之间的连接点是一个向量表示,通常称为上下文向量或编码器状态。在解码器中,上下文向量被用作输入,指导解码器生成正确的输出。解码器根据输入的上下文向量,以及之前生成的标记来预测下一个标记,直到输出序列生成完毕。该结构的主要优点是能够将编码器的信息传递到解码器,同时保留原始输入的信息。这样可以帮助解码器更好地理解输入序列,提高模型的性能。此外,该结构还具有良好的灵活性,可以应用于各种自然语言处理任务,并可以方便地进行扩展和改进。基于转换器网络的编码器到解码器分支已经被广泛应用于自然语言处理领域。其中较著名的应用之一是机器翻译,其中该结构被用于将源语言句子转换为目标语言句子。此外,该结构还可以应用于对话系统、文本摘要、问答系统等任务。最新的研究表明,基于转换器网络的编码器到解码器分支在各种自然语言处理任务中仍然是一个具有潜力的领域,未来将会有更多的研究和应用。

5.5.3.1　T5

T5 是一种基于 Transformer 架构的大型预训练语言模型,由 Google Brain 团队于 2019 年提出。T5 的全称是"Text-to-Text Transfer Transformer",它在自然语言处理领域中具有很高的应用价值。T5 的主要特点是将各种自然语言处理任务视为输入输出对的形式,将不同的任务通过输入输出的格式进行区分,从而统一了各种任务的解决方式。T5 的预训练过程使用了大量的文本语料库,并利用 Transformer 架构进行训练。在预训练完成后,T5 可以通过微调来适应不同的自然语言处理任务,如机器翻译、问答、文本分类、摘要生成等。T5 相比于其他预训练语言模型具有以下优势。

◇ 可以处理各种不同的自然语言处理任务,只需要根据输入输出的格式进行微调即可。

◇ 使用了较大的语料库进行预训练,具有很强的语言模型能力。

◇ 使用了新的数据增强技术,提高了模型的鲁棒性和泛化能力。

由于 T5 的优秀表现,它已经成为许多自然语言处理任务中的 SOTA 模型,并且在自然语言处理领域中得到了广泛的应用。

T5 模型通过将所有 NLU 和 NLG 任务转换为文本到文本任务来统一它们。所有任务都被构造为序列到序列任务,其中采用编码器-解码器架构是很自然的。例如,对于文本分类问题,这意味着文本用作编码器输入,解码器必须将标签生成为普通文本而不是类别。T5 架构使用原始的转换器网络。使用大型爬网 C4 数据集,通过将所有这些任务转换为文本到文本任务,使用掩码语言建模和 SuperGLUE 任务对模型进行预训练。具有 110 亿个参数的最大模型在多个基准测试中产生了最先进的结果。

5.5.3.2　BART

BART 是一种基于转换器网络架构的序列到序列模型,由 Facebook AI 研究院于 2019 年提出。BART 的全称是"Bidirectional and Auto-Regressive Transformers",它结合了自回归(auto-regressive)和双向(bidirectional)编码器的优势,同时引入了新的预训练任务和技术,取得了很好的效果。BART 的预训练任务是用一个无监督的方式去训练模型,其中包括以下 3 点。

◇ 原始语言建模(MLM):随机地将一些单词替换成掩码,然后让模型预测这些掩码的单词是什么。

◇ 无序语言建模(TLM):对输入序列中的单词进行随机排列,然后让模型重新将它们排序。

◇ 文本重构(TRC):随机地从一个文本中删除一些单词,然后让模型重新构建这个文本。

在预训练之后,BART 可以进行微调以适应各种任务,如文本摘要、机器翻译、问答系统等。与其他 Seq2Seq 模型相比,BART 的优点在于以下 3 点。

◇ 可以生成流畅的输出,同时处理长序列的能力也非常强。

◇ 可以进行单语和多语言之间的翻译,同时支持训练时和测试时进行无监督的多语言学习。

◇ 可以使用不同的预训练数据进行微调,以便适应不同的应用场景。

由于 BART 的性能优异,它已经在多个自然语言处理任务中超过了 SOTA 模型,并且成为一种非常有效的序列到序列模型。

BART 在编码器-解码器架构中结合了 BERT 和 GPT 的预训练过程。输入序列经历了几种可能的转换之一,从简单的掩码到句子排列、标记删除和文档旋转。这些修改后的输入通过编码器传递,解码器必须重建原始文本。这使得模型更加灵活,因为它可以用于 NLU 和 NLG 任务,并且它在两者上都实现了最先进的性能。

5.5.3.3   M2M-100

M2M-100(many-to-many-100)是一种由 Facebook AI Research 开发的多语言机器翻译模型,可以翻译 100 种不同的语言对。M2M-100 使用了一种名为"multilingual denoising sequence-to-sequence"的新型自监督学习方法进行训练,它能够训练一个单一的模型来同时处理多种语言对的翻译,而不需要对每种语言对分别进行训练。相比于其他的机器翻译模型,M2M-100 的主要优点在于它可以直接进行多语言之间的翻译,而无须使用单独的模型进行转换。此外,M2M-100 还可以处理多种不同的文本类型,包括书面文本、口语、网络文本等。M2M-100 的实现基于 Transformer 架构,使用了一个高度可配置的神经网络来进行自监督学习。该模型在训练中使用了大量的未标记数据,包括来自互联网、维基百科及其他公共资源的文本数据,以提高翻译的准确性。

由于 M2M-100 具有广泛的语言覆盖范围和高度可配置的架构,因此它已经被广泛用于各种不同的自然语言处理应用,包括机器翻译、语言模型、语义搜索等。

在传统上,翻译模型是为一种语言对和翻译方向建立的。当然,这不会扩展到多种语言,此外,语言对之间可能存在共享知识,可用于稀有语言之间的翻译。M2M-100 是第一个可以在 100 种语言之间进行翻译的翻译模型。这允许在稀有和代表性不足的语言之间进行高质量的翻译。该模型使用前缀标记(类似于特殊的[CLS]标记)来指示源语言和目标语言。

5.5.3.4   BigBird

BigBird 是一种由 Google 开发的预训练语言模型,它采用了一种名为"Sparse Attention"的新型自注意力机制,可以在更大的上下文范围内处理长序列数据,同时也能够实现更高的计算效率和模型稳定性。传统的转换器网络模型通常采用全局自注意力机制,这意味着模型需要在整个序列上进行自注意力计算,从而导致计算和存储成本的增加。为了解决这个问题,BigBird 引入了一种"分块"策略,将序列分成多个块,并仅在每个块内执行自注意力计算。这种方法不仅可以减少计算和存储成本,还可以提高模型的效率和精度。此外,BigBird 还采用了一种名为"Random Attention Sparsification"的技术,可以随机丢弃一些注意力计算,从而进一步减少计算和存储成本。通过这种方式,BigBird 可以在处理具有大量上下文的长序列数据时实现更好的性能。BigBird 在多项自然语言处理任务上都取得了优秀的结果,包括机器翻译、问答和文本分类等。它还被广泛用于处理文本数据中的关系和依存关系,如语义依存分析和关系抽取等任务。

由于注意机制的二次内存需求,转换器网络的一个主要限制是最大上下文大小。BigBird 通过使用线性扩展的稀疏注意力形式解决了这个问题。这允许将上下文从大多数 BERT 模型中的 512 个标记大幅扩展到 BigBird 中的 4096 个。这在需要保留长依赖性的情况下特别有用,例如在文本摘要中。

本节中涉及的所有模型的预训练检查点都可以在 Hugging Face Hub 上找到,并且可以使用 Hugging Face 对用例进行微调。

5.6 概　　括

本章主要介绍了什么是转换器网络,以及它如何使用编码器-解码器架构,还介绍了转换器的编码器部分,以及编码器中使用的不同子层,如多头注意力和前馈网络等。

自注意力机制将一个词与句子中的所有词相关联,以更好地理解该词。为了计算自注意力,本章使用了三种不同的矩阵,分别为查询矩阵、键矩阵和值矩阵。在此之后,本章介绍了如何计算位置编码,以及如何使用它来捕获句子中的词序。接下来,本章介绍了前馈网络如何在编码器中工作,如何添加和范数组件,解码器是如何工作的,解码器中使用的三个子层,即掩码多头注意力、编码器与解码器注意力和前馈网络。在此之后,介绍了转换器如何与编码器和解码器一起工作,然后本章末尾介绍了如何训练网络。

第 3 部分
自然语言处理案例分析

以下是每个章节的主要内容概述。

第 6 章　文本分类案例分析

✧ 简要介绍了文本分类任务,并介绍了相关的数据集。

✧ 展示了如何查看数据集、将数据转换为数据框,以及查看类别分布和推文长度等数据统计信息。

✧ 解释了从文本到标记的过程,包括字符标记化、词标记化和子词标记化的方法。

✧ 展示了如何在整个数据集上进行文本标记化。

✧ 讨论了训练文本分类器的步骤,包括特征提取器和微调转换器模型。

第 7 章　实体识别案例分析

✧ 介绍了实体识别任务,并介绍了相关的数据集。

✧ 探讨了使用多语言转换器进行实体识别的方法。

✧ 解释了标记化管道的作用和使用方式。

✧ 讨论了模型类的构成和创建自定义模型的方法。

✧ 展示了如何标记文本并进行绩效衡量。

✧ 探讨了使用微调 XLM-R 模型进行实体识别的过程。

✧ 提供了错误分析的方法和步骤。

第 8 章　文本生成案例分析

✧ 介绍了文本生成的任务和挑战。

✧ 解释了贪心搜索解码、集束搜索解码和抽样方法等不同的解码策略。

第 9 章　文本摘要案例分析

✧ 介绍了文本摘要任务,并介绍了相关的数据集。

✧ 讨论了不同的文本摘要管道,包括基线方法、GPT-2、T5、BART 和 PEGASUS 等模型。

✧ 解释了衡量指标 BLEU 和 ROUGE 的作用和计算方法。

第 10 章　问答系统案例分析

✧ 介绍了基于评审的问答系统的任务和数据集。

✧ 展示了如何从文本中提取答案的方法和步骤。

这些章节涵盖了文本分类、实体识别、文本生成、文本摘要和问答系统等自然语言处理的不同任务和技术。通过这些章节,读者可以了解相关任务的数据处理方法、模型构建和性能评估等内容。

第6章
文本分类案例分析

文本分类是自然语言处理中较常见的任务之一,它可以用于广泛的应用程序,如电子邮件垃圾邮件过滤器、社交媒体监控、新闻文章分类、产品评论分类等。文本分类任务的目的是将一段文本分配到一个或多个预定义的类别中。这通常涉及从文本中提取有意义的特征,如单词、短语或其他语言结构,并将它们表示为机器学习算法可以处理的数值形式。然后,这些特征可以用来训练一个分类器,该分类器可以根据它们在训练数据中出现的方式来预测新文本的类别。随着深度学习技术的发展,深度学习模型已经成为文本分类任务的主流方法之一。

这些模型可以利用神经网络来自动学习文本中的特征,并以端到端的方式进行训练,从而实现更高效和准确的分类。现在假设是一名数据科学家,需要构建一个系统来自动识别人们在推特上表达的关于贵公司产品的情感状态,如"愤怒"或"喜悦"。在本章中,将使用一种称为 DistilBERT 的 BERT 变体来解决此任务,该模型的主要优点是它实现了与 BERT 相当的性能,同时体积更小、效率更高,可以在几分钟内训练一个分类器,如果想训练更大的 BERT 模型,只须更改预训练模型的检查点即可,检查点对应于加载到给定转换器网络中的一组权重。

这也将是第一次接触来自 Hugging Face 生态系统的三个核心库: Datasets、Tokenizers 和 Transformers 。如图 6-1 所示,这些库将使人们能够快速从原始文本转变为可用于对新推文进行推理的微调模型。

图 6-1 使用 Datasets、Tokenizers 和 Transformers 库训练转换器网络的典型管道

6.1 数　据　集

为了构建情感检测器,将使用一篇文章中的一个很好的数据集,该文章探讨了情感在英语推特消息中的表现方式。与大多数仅涉及"积极"和"消极"极性的情感分析数据集不同,该数据集包含 6 种基本情感: anger(愤怒)、love(喜爱)、fear(恐惧)、joy(喜悦)、sadness(悲伤)和 suprise(惊讶)。给定一条推文,任务是训练一个模型,将其分类为其中一种情感。

6.1.1 查看数据

将使用 Datasets 从 Hugging Face Hub 下载数据,可以使用 list_datasets()函数查看 Hub 上有哪些数据集。

```
from datasets import list_datasets

all_datasets=list_datasets()
print(f"当前在 Hub 上有{len(all_datasets)}个可用数据集。")
print(f"前 10 个数据集是: {all_datasets[:10]}")
```

输出:

```
当前在 Hub 上有 23795 个可用数据集。
前 10 个数据集是: ['acronym_identification', 'ade_corpus_v2', 'adversarial_qa',
'aeslc', 'afrikaans_ner_corpus', 'ag_news', 'ai2_arc', 'air_dialogue', 'ajgt_
twitter_ar', 'allegro_reviews']
```

看到每个数据集都被赋予了一个名字,那么用 load_dataset()函数加载情感数据集。

```
from datasets import load_dataset

emotions=load_dataset("emotion")
```

如果看一下情感对象:

```
emotions
```

输出:

```
DatasetDict({
    train: Dataset({
        features: ['text', 'label'],
        num_rows: 16000
    })
    validation: Dataset({
        features: ['text', 'label'],
        num_rows: 2000
    })
    test: Dataset({
        features: ['text', 'label'],
        num_rows: 2000
    })
})
```

看到它类似于 Python 字典,每个键对应不同的拆分。可以使用通常的字典语法来访问单个拆分。

```
train_ds=emotions["train"]
train_ds
```

输出:

```
Dataset({
    features: ['text', 'label'],
```

```
    num_rows: 16000
})
```

它返回 Dataset 类的一个实例。Dataset 对象是 Datasets 中的核心数据结构之一,将在本书的整个过程中探索它的许多特性。对于初学者来说,它的行为就像一个普通的 Python 数组或列表,所以可以查询它的长度。

```
len(train_ds)
```

输出:

```
16000
```

或通过其索引访问单个示例:

```
train_ds[0]
```

输出:

```
{'text': 'i didnt feel humiliated', 'label': 0}
```

在这里看到单行表示为字典,其中键对应于列名:

```
train_ds.column_names
```

输出:

```
['text', 'label']
```

分别对应推文和情感,这反映了 Datasets 是基于 Apache Arrow① 数据格式,它定义了一种类型化的列格式,比原生 Python 的内存效率更高。人们可以通过访问 Dataset 对象的 features 属性来查看底层使用了哪些数据类型。

```
print(train_ds.features)
```

输出:

```
{'text': Value(dtype='string', id=None), 'label': ClassLabel(names=['sadness',
'joy', 'love', 'anger', 'fear', 'surprise'], id=None)}
```

在这种情况下,文本列的数据类型是字符串,而标签列是一个特殊的 ClassLabel 对象,它包含有关类名及其到整数的映射的信息。人们还可以使用切片访问多行:

```
print(train_ds[:5])
```

输出:

```
{'text': ['i didnt feel humiliated', 'i can go from feeling so hopeless to so
damned hopeful just from being around someone who cares and is awake ', 'im
grabbing a minute to post i feel greedy wrong', 'i roll ever feeling nostalgic
about the fireplace i will know that it is still on the property', 'i roll feeling
grouchy'], 'label': [0, 0, 3, 2, 3]}
```

---

① Apache Arrow 是一个跨语言的内存数据结构,它提供了一种标准化的方式来表示数据,并允许在不同编程语言和框架之间高效地共享和交换数据。Arrow 使用了一种称为"内存映射"的技术,它可以将数据存储在一种通用的、可序列化的二进制格式中,这使得数据可以更快地加载和处理,并且可以减少数据转换的复杂性。

请注意,在这种情况下字典值现在是列表而不是单个元素。人们还可以通过名称获取完整的列。

```
print(train_ds["text"][:5])
```

输出:

```
['i didnt feel humiliated', 'i can go from feeling so hopeless to so damned hopeful
just from being around someone who cares and is awake', 'im grabbing a minute to
post i feel greedy wrong', 'i roll ever feeling nostalgic about the fireplace i
will know that it is still on the property', 'i roll feeling grouchy']
```

现在已经了解了如何使用数据集加载和检查数据,检查一下推文的内容。但是,如果数据集不在 Hub 上怎么办? 可以使用 Hugging Face Hub 下载本书中大多数示例的数据集。但在许多情况下,人们会发现自己处理的数据要么存储在本地电脑上,要么存储在组织中的远程服务器上。Datasets 提供了几个加载脚本来处理本地和远程数据集。如表 6-1 所示,这里显示了常见数据格式的示例。

表 6-1   常见数据格式的示例

数 据 格 式	加 载 脚 本	示 例
CSV 文件	csv	load_dataset("csv", data_files="my_file.csv")
文本文件	text	load_dataset("text", data_files="my_file.txt")
JSON 文件	json	load_dataset("json", data_files="my_file.json")

如上所见,对于每种数据格式,只需要将相关的加载脚本传递给 load_dataset() 函数,以及指定一个或多个文件的路径或 URL 的 data_files 参数。例如,情感数据集的源文件实际上托管在 Dropbox 上,因此加载数据集的另一种方法是先下载其中一个拆分。

```
dataset_url="https://huggingface.co/datasets/transformersbook/emotion-train-
split/raw/main/train.txt"
!wget{dataset_url}
```

在 shell 命令前面,这里的"!"代表在 Jupyter Notebook 中运行这些命令。现在,如果要查看 train.txt 文件的第一行:

```
!head -n 1 train.txt
```

输出:

```
i didnt feel humiliated;sadness
```

可以看到这里没有列标题,每条推文和情感都用分号分隔。尽管如此,这与 CSV 文件非常相似,因此可以通过使用 csv 方式,将 data_files 参数指向 train.txt 文件在本地加载数据集。

```
emotions_local=load_dataset("csv", data_files="train.txt", sep=";",
                 names=["text", "label"])
```

这里还指定了分隔符的类型和列的名称。一种更简单的方法是将 data_files 参数指向

URL 本身。

```
dataset_url = "https://huggingface.co/datasets/transformersbook/emotion-train-
split/raw/main/train.txt"
emotions_remote=load_dataset("csv", data_files=dataset_url, sep=";",
                             names=["text", "label"])
```

它将自动下载和缓存数据集。可以看到,load_dataset()函数的用途非常广泛。

6.1.2　转换到数据框

尽管 Datasets 提供了许多低级功能来对数据进行切片和切块,但将 Dataset 对象转换为 Pandas DataFrame 通常很方便,因此可以访问高级 API 以实现数据可视化。为了启用转换,Datasets 提供了一个 set_format()方法,允许更改 Dataset 的输出格式。请注意,这不会更改基础数据格式,如果需要可以稍后切换到另一种格式。

```
import pandas as pd

emotions.set_format(type="pandas")
df=emotions["train"][:]
df.head()
```

输出:

	text	label
0	i didnt feel humiliated	0
1	i can go from feeling so hopeless to so damned...	0
2	im grabbing a minute to post i feel greedy wrong	3
3	i am ever feeling nostalgic about the fireplac...	2
4	i am feeling grouchy	3

如上所见,列标题已被保留,前几行与之前的数据视图相匹配。但是,标签(label)以整数表示,因此使用标签特征的 int2str()方法在 DataFrame 中创建一个具有相应标签名称的新列。

```
def label_int2str(row):
    return emotions["train"].features["label"].int2str(row)

df["label_name"]=df["label"].apply(label_int2str)
df.head()
```

输出:

	text	label	label_name
0	i didnt feel humiliated	0	sadness
1	i can go from feeling so hopeless to so damned...	0	sadness
2	im grabbing a minute to post i feel greedy wrong	3	anger
3	i am ever feeling nostalgic about the fireplac...	2	love
4	i am feeling grouchy	3	anger

在深入构建分类器之前,仔细看看数据集。

6.1.3　查看类别分布

每当处理文本分类问题时,最好检查示例在类中的分布。具有不均匀分布的数据集在训练损失和评估指标方面可能需要与平衡数据集不同的处理方式。借助 Pandas 和 Matplotlib,可以快速可视化类别分布,如下所示。

```
import matplotlib.pyplot as plt

df["label_name"].value_counts(ascending=True).plot.barh()
plt.title("Frequency of Classes")
plt.show()
```

输出:在这种情况下(图 6-2),可以看到数据集严重不平衡:"joy"和"sadness"类出现频率很高,而"love"和"suprise"则要少 5～10 倍,有几种方法可以处理不平衡数据,包括以下 3 点。

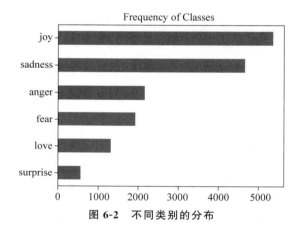

图 6-2　不同类别的分布

◇ 随机对少数类进行过采样。
◇ 随机对多数类进行欠采样。
◇ 从代表性不足的类别中收集更多标记数据。

在本章中为了简单起见,将使用原始的、不平衡的数据。现在我们已经了解了这些类,来看看推文本身。

6.1.4　查看推文长度

转换器网络模型具有最大输入序列长度,称为最大上下文大小。对于使用 DistilBERT 的应用程序,最大上下文大小为 512 个标记,相当于几段文本。正如将在 6.2 节中看到的,标记是一段原子文本,现在将标记视为单个单词。通过查看每条推文的单词分布,可以粗略估计每种情感的推文长度。

```
df["Words Per Tweet"]=df["text"].str.split().apply(len)
df.boxplot("Words Per Tweet", by="label_name", grid=False, showfliers=False,
        color="black")
```

```
plt.suptitle("")
plt.xlabel("")
plt.show()
```

输出：如图 6-3 所示，可以看出，对于每种情感大多数推文的长度都在 15 个单词左右，最长的推文远低于 DistilBERT 的最大上下文大小。比模型的上下文大小长的文本需要被截断，如果截断的文本包含关键信息，这可能会导致性能下降。在这种情况下，这似乎不是问题。现在弄清楚如何将这些原始文本转换为适合转换器网络的格式。当这样做时，也重置数据集的输出格式，因为不再需要 Dataframe 格式。

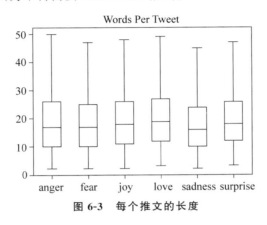

图 6-3　每个推文的长度

```
emotions.reset_format()
```

6.2　从文本到标记

像 DistilBERT 这样的转换器网络模型不能接收原始字符串作为输入，相反它们假设文本已被标记化并编码为数字向量。标记化是将字符串分解为模型中使用的原子单位的步骤。可以采用多种标记化策略，并且通常从语料库中学习将单词最佳拆分为子单元。在查看用于 DistilBERT 的分词器之前，考虑两种极端情况：字符和单词分词。

6.2.1　字符标记化

最简单的标记化方案是将每个字符单独输入模型。在 Python 中，str 对象在内部实际上是数组，这使人们可以用一行代码快速实现基于字符的标记化。

```
text="Tokenizing text is a core task of NLP."
tokenized_text=list(text)
print(tokenized_text)
```

输出：

```
['T', 'o', 'k', 'e', 'n', 'i', 'z', 'i', 'n', 'g', ' ', 't', 'e', 'x', 't', ' ', 'i', 's', ' ', 'a', ' ', 'c', 'o', 'r', 'e', ' ', 't', 'a', 's', 'k', ' ', 'o', 'f', ' ', 'N', 'L', 'P', '.']
```

这是一个好的开始,但还没有完成。模型期望将每个字符转换为整数,这个过程有时称为数值化。一种简单的方法是用唯一的整数对每个唯一的标记(在本例中是字符)进行编码。

```
token2idx={ch: idx for idx, ch in enumerate(sorted(set(tokenized_text)))}
print(token2idx)
```

输出:

```
{' ': 0, '.': 1, 'L': 2, 'N': 3, 'P': 4, 'T': 5, 'a': 6, 'c': 7, 'e': 8, 'f': 9, 'g': 10,
'i': 11, 'k': 12, 'n': 13, 'o': 14, 'r': 15, 's': 16, 't': 17, 'x': 18, 'z': 19}
```

这提供了从词汇表中的每个字符到唯一整数的映射,现在可以使用 token2idx 将标记化文本转换为整数列表。

```
input_ids=[token2idx[token] for token in tokenized_text]
print(input_ids)
```

输出:

```
[5, 14, 12, 8, 13, 11, 19, 11, 13, 10, 0, 17, 8, 18, 17, 0, 11, 16, 0, 6, 0, 7, 14, 15, 8,
0, 17, 6, 16, 12, 0, 14, 9, 0, 3, 2, 4, 1]
```

每个标记都已映射到一个唯一的数字标识符,名称为 input_ids。最后一步是将 input_ids 转换为 one-hot 向量的二维张量。one-hot 向量在机器学习中经常用于对分类数据进行编码,这些数据可以是有序的也可以是名义的。例如,假设要对角色名称进行编码。一种方法是将每个名称映射到一个唯一的 ID,如下所示。

```
categorical_df=pd.DataFrame(
    {"Name": ["Bumblebee", "Optimus Prime", " Optimus Prime "], "Label ID": [0,1,
2]})
categorical_df
```

输出:

	Name	Label ID
0	Bumblebee	0
1	Optimus Prime	1
2	Megatron	2

这种方法的问题在于它在名称之间创建了一个虚构的顺序,而神经网络非常擅长学习这些类型的关系。因此,可以为每个类别创建一个新列,并在类别为真时分配 1,否则分配 0。在 Pandas 中,这可以通过 get dummies()函数实现,如下所示。

```
pd.get_dummies(categorical_df["Name"])
```

输出:

	Bumblebee	Megatron	Optimus Prime
0	1	0	0
1	0	0	1
2	0	1	0

这个 DataFrame 的行是 one-hot 向量,其中只有一个元素为 1,其他都是 0。对于 input_

ids,如果它们创建了一个序数标度,这意味着它们表示的是一系列有序的标签或索引。在这种情况下,对两个序数执行加法或减法运算是没有意义的,因为它们只是用来表示不同的标签或索引,并没有直接的数值关系。所以对这些序数进行数学运算通常是没有实际意义的。另外,对两个 one-hot 编码进行加法运算的结果可以很容易解释。当我们将两个 one-hot 编码相加时,结果是一个新的 one-hot 向量,其中两个条目都被激活(设置为 1)。这意味着原始的两个标记在输入数据中同时出现。可以通过将 input_ids 转换为张量并应用 one_hot()函数来在 PyTorch 中创建 one-hot 编码,如下所示。

```
import torch
import torch.nn.functional as F

input_ids=torch.tensor(input_ids)
one_hot_encodings=F.one_hot(input_ids, num_classes=len(token2idx))
one_hot_encodings.shape
```

输出:

```
torch.Size([38, 20])
```

对于 38 个输入标记中的每一个,现在都有一个 20 维的 one-hot 向量,因为词汇表包含 20 个独特的字符。通过检查第一个向量,可以验证 1 是否出现在 input_ids[0]指示的位置。

```
print(f"Token: {tokenized_text[0]}")
print(f"Tensor index: {input_ids[0]}")
print(f"One-hot: {one_hot_encodings[0]}")
```

输出:

```
Token: T
Tensor index: 5
One-hot: tensor([0, 0, 0, 0, 0, 1, 0, 0, 0, 0, 0, 0, 0, 0, 0, 0, 0, 0, 0, 0])
```

在简单示例中,可以看到字符级标记化会忽略文本中的任何结构,并将整个字符串视为字符流。虽然这有助于处理拼写错误和生僻词,但主要缺点是需要从数据中学习单词等语言结构。这需要大量的计算、内存和数据。出于这个原因,字符标记化在实践中很少使用。相反,在标记化步骤中保留了一些文本结构。词标记化是实现这一目标的一种直接方法,所以来看看这是如何工作的。

6.2.2　词标记化

可以将其拆分为单词并将每个单词映射为一个整数,而不是将文本拆分为字符。从一开始就使用单词可以使模型跳过从字符学习单词的步骤,从而降低训练过程的复杂性。一类简单的单词分词器使用空格来分词文本。可以通过直接在原始文本上应用 Python 的 split()函数来做到这一点。

```
tokenized_text=text.split()
print(tokenized_text)
```

输出:

```
['Tokenizing', 'text', 'is', 'a', 'core', 'task', 'of', 'NLP.']
```

从这里可以采取与字符分词器相同的步骤将每个单词映射到一个 ID。然而,已经可以看到这种标记化方案的一个潜在问题:没有考虑标点符号,所以"NLP."被视为单个标记。当处理自然语言文本时,由于单词的多样性、变形和错误拼写等因素,词汇量可能会快速增长。对于大型语料库或广泛的文本数据集,词汇量可能会达到数百万甚至更多。注意:一些分词器有额外的标点符号规则。还可以应用词干提取或词形还原,将单词标准化为词干(例如,"great""greater"和"greatest"都变成"great"),代价是丢失文本中的一些信息。

自然地,人们希望避免浪费模型参数,因为模型的训练成本很高,而且较大的模型更难维护。限制词汇量并丢弃稀有词是一种常见的策略,可以帮助减少模型的参数量和复杂性,降低训练成本,并简化模型的维护过程。这种方法通常通过设置一个固定的阈值来选择出现频率最高的词汇,并将其纳入词汇表,而将其他词汇视为稀有词而丢弃。具体来说,一种常见的做法是根据语料库中单词的出现频率选择前 N 个最常见的词作为词汇表。通常,这个 N 值可以根据实际需求和可用资源进行调整,常见的选择是选择前 100 000 个最常见的词。使用未知标记(UNK)来处理不在词汇表中的单词是一种常见的策略。这种方法可以帮助降低模型的参数量和复杂性,并提高计算效率。然而,确实会导致一些潜在的信息损失。当将不在词汇表中的单词映射到 UNK 标记时,模型失去了对这些单词的特定信息和上下文理解能力。这对于那些频率较低但在特定上下文中具有重要意义的单词来说尤其重要。这些单词可能是特定领域的专业术语、人名、地名、少见词汇等。由于它们被归类为未知,模型无法准确地理解它们的含义和上下文。

子词标记化是一种折中的方法,可以在保留更多输入信息和结构的同时减小词汇量的大小。通过将单词分解为子词单位,可以捕获到单词内部的结构和语义信息,从而更好地处理复杂的词汇。

6.2.3　子词标记化

子词标记化背后的基本思想是结合字符和单词标记化的最佳方面。一方面,人们希望将稀有词拆分成更小的单元,让模型能够处理复杂的词和拼写错误。另一方面,人们希望将频繁出现的单词保留为唯一实体,以便他们可以将输入的长度保持在可管理的范围内。子词标记化(以及单词标记化)的主要区别特征是使用统计规则和算法的组合从预训练语料库中学习的。

有几种自然语言处理中常用的子词分词算法。其中,WordPiece 是一种常用的子词分词算法,它在 BERT 和 DistilBERT 等模型中被广泛使用。WordPiece 将单词分解为子词单元,以便更好地处理未登录词和复杂的词汇。了解 WordPiece 工作原理的最简单方法是实际查看它。Transformers 提供了一个方便的 AutoTokenizer 类,允许快速加载与预训练模型关联的分词器,只须调用 from_pretrained()方法,提供模型在 Hub 上的 ID 或本地文件路径。从为 DistilBERT 加载分词器开始。

```
from transformers import AutoTokenizer

model_ckpt="distilbert-base-uncased"
tokenizer=AutoTokenizer.from_pretrained(model_ckpt)
```

AutoTokenizer 类是在 Hugging Face 的 Transformers 库中提供的一种方便的工具,用

于自动检索和加载适用于特定模型的适当分词器（tokenizer）。它属于更大的"Auto"类系列之一，如 AutoModel、AutoConfig 等。AutoTokenizer 的作用是根据提供的模型名称或路径自动选择并加载相应的预训练模型的配置、权重或词汇表。它可以根据模型名称自动匹配对应的 Tokenizer，无须手动指定和加载特定的 Tokenizer 类。这种自动化的机制允许快速切换不同的预训练模型，而无须手动编写和加载不同模型的特定 Tokenizer。只须提供模型的名称或路径作为输入，AutoTokenizer 会根据名称中的关键字自动选择适当的 Tokenizer，并加载相应的配置和权重。然而，如果希望手动加载特定的 Tokenizer 类，仍然可以这样做。可以根据需要直接实例化并加载特定的 Tokenizer 类，然后手动指定和配置该 Tokenizer 的参数。例如，可以按如下方式加载 DistilBERT 分词器。

```
from transformers import DistilBertTokenizer
distilbert_tokenizer=DistilBertTokenizer.from_pretrained(model_ckpt)
```

注意：当第一次运行 AutoTokenizer.from_pretrained()方法时将看到一个进度条，当第二次运行代码时，它会从缓存中加载分词器，通常位于//cache/huggingface。

通过简单的文本分词任务来检查这个分词器是如何工作的。

```
encoded_text=tokenizer(text)
print(encoded_text)
```

输出：

```
{'input_ids': [101, 19204, 6026, 3793, 2003, 1037, 4563, 4708, 1997, 17953, 2361,
1012, 102], 'attention_mask': [1, 1, 1, 1, 1, 1, 1, 1, 1, 1, 1, 1, 1]}
```

与字符标记化一样，我们可以看到单词已映射到 input_ids 字段中的唯一整数。我们将在下一节讨论注意力掩码（attention_mask）字段的作用。现在有了输入 id，可以使用标记器的 convert_ids_to_tokens()方法将它们转换回标记。

```
tokens=tokenizer.convert_ids_to_tokens(encoded_text.input_ids)
print(tokens)
```

输出：

```
['[CLS]', 'token', '##izing', 'text', 'is', 'a', 'core', 'task', 'of', 'nl', '##p
', '.', '[SEP]']
```

可以在这里观察到三件事。首先，一些特殊的"[CLS]"和"[SEP]"标记已添加到序列的开始和结束。这些标记因模型而异，但它们的主要作用是指示序列的开始和结束。其次，每个标记都被小写了，这是特定检查点的一个特征。最后，可以看到"tokenizing"和"NLP."被拆分为两个标记，因为它们不是常用词。"＃＃izing"和"＃＃p"中的"＃＃"前缀表示前面的字符串不是空格，当将标记转换回字符串时，任何带有此前缀的标记都应与前一个标记合并。AutoTokenizer 类有一个 convert_tokens_to_string()方法就是为了做到这一点，所以将它应用于标记。

```
print(tokenizer.convert_tokens_to_string(tokens))
```

输出：

```
[CLS] tokenizing text is a core task of NLP. [SEP]
```

AutoTokenizer 类还有几个提供有关分词器信息的属性。例如,可以检查词汇表的大小。

```
tokenizer.vocab_size
```

输出:

```
30522
```

以及相应模型的最大上下文大小。

```
tokenizer.model_max_length
```

输出:

```
512
```

另一个需要了解的有趣属性是模型在其前向传播中的字段名称。

```
tokenizer.model_input_names
```

输出:

```
['input_ids', 'attention_mask']
```

在深度学习模型的前向传播过程中,不同的模型和任务可能期望输入具有特定的字段名称。以下是一些常见的字段名称和它们的含义。

◇ input_ids:这个字段通常用于表示输入文本的编码。它是一个表示单词或子词的整数序列。

◇ attention_mask:这个字段用于指示哪些位置的输入应该被模型忽略,一般用于填充的位置。它是一个与 input_ids 相同长度的二进制序列,其中 1 表示要注意的位置,0 表示要忽略的位置。

现在对单个字符串的标记化过程已经有了基本的了解,下面看看如何对整个数据集进行标记化。

6.2.4 整个数据集

为了标记整个语料库,将使用 DatasetDict 对象的 map() 方法,将在本书中多次遇到这种方法,因为它提供了一种将处理函数应用于数据集中每个元素的便捷方法。map() 方法也可以用于创建新的行和列。首先,需要一个处理函数来标记示例。

```
def tokenize(batch):
    return tokenizer(batch["text"], padding=True, truncation=True)
```

此函数将分词器应用于示例的批,"padding＝True"会将示例用 0 填充到一批中最长的示例的大小,而"truncation＝True"会将示例截断为模型的最大上下文大小。要查看 tokenize() 的实际效果,从训练集中传递两个示例。

```
print(tokenize(emotions["train"][:2]))
```

输出:

```
{'input_ids': [[101, 1045, 2134, 2102, 2514, 26608, 102, 0, 0, 0, 0, 0, 0, 0, 0, 0, 0,
0, 0, 0, 0, 0, 0], [101, 1045, 2064, 2175, 2013, 3110, 2061, 20625, 2000, 2061, 9636,
17772, 2074, 2013, 2108, 2105, 2619, 2040, 14977, 1998, 2003, 8300, 102]],
'attention_mask': [[1, 1, 1, 1, 1, 1, 1, 0, 0, 0, 0, 0, 0, 0, 0, 0, 0, 0, 0, 0, 0, 0, 0],
[1, 1, 1, 1, 1, 1, 1, 1, 1, 1, 1, 1, 1, 1, 1, 1, 1, 1, 1, 1, 1, 1, 1]]}
```

在这里可以看到填充的结果：input_ids 的第一个元素比第二个元素短，因此向该元素添加了 0 以使其长度相同。这些 0 在词汇表中有对应的"[PAD]"标记，特殊标记集还包括"[CLS]"和之前遇到的"[SEP]"标记。

特殊标签	[PAD]	[UNK]	[CLS]	[SEP]	[MASK]
标签 ID	0	100	101	102	103

除了将编码的推文作为 input_ids 返回外，标记器还返回一个 attention_mask 数组列表，这是因为不希望模型被额外的填充标记混淆，注意力掩码允许模型忽略输入的填充部分。如图 6-4 所示，这里直观地解释了如何填充输入 ID 和注意力掩码。

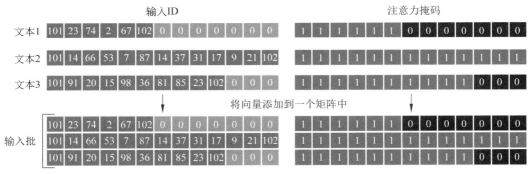

图 6-4　填充输入 ID 和注意力掩码

一旦定义了一个处理函数，就可以用一行代码将它应用于语料库的所有拆分。

```
emotions_encoded=emotions.map(tokenize, batched=True, batch_size=None)
```

当使用 map() 方法时，在默认情况下会对语料库中的每个示例进行单独的操作。这意味着每个示例将被独立地输入到 tokenize() 函数中进行编码。然而，通过将 batched 设置为 True，可以将数据分批处理。这意味着 tokenize() 函数将以批次的形式处理数据，而不是逐个示例进行处理。此外，由于将 batch_size 设置为 None，tokenize() 函数将应用于整个数据集，而不是按照固定大小的批次处理数据。这样的设置对于处理大型数据集或批处理处理速度更快的情况非常有用。通过以批次的形式处理数据，可以利用并行计算的优势，提高处理速度和效率。

这确保了输入张量和注意力掩码具有全局相同的形状，可以看到该操作为数据集添加了新的 input_ids 和 attention_mask 列。

```
print(emotions_encoded["train"].column_names)
```

输出：

```
['text', 'label', 'input_ids', 'attention_mask']
```

6.3 训练分类器

预训练的模型(如 DistilBERT)可以用于预测文本序列的掩码词,这被称为掩码语言建模任务。然而,直接使用预训练的语言模型进行文本分类可能不是最佳选择,因为语言模型的输出并不直接对应于分类任务所需的类别。为了解需要进行哪些修改,看一下基于编码器模型的架构,如图 6-5 所示。

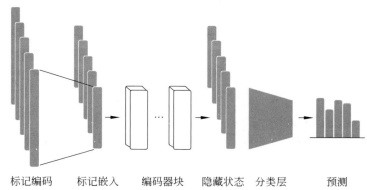

标记编码　标记嵌入　编码器块　隐藏状态　分类层　预测

图 6-5　使用基于编码器的转换器进行序列分类的架构

首先,文本被标记化并表示为称为标记编码的 one-hot 向量。tokenizer 词汇表的大小决定了标记编码的维度。词汇表中的每个唯一标记都被分配一个编码,这些编码通常是整数值。常见的词汇表大小范围是 20 000～200 000 个唯一标记。一旦标记被编码,它们会被转换为标记嵌入。标记嵌入是将标记映射到低维空间中的向量表示。每个标记在嵌入空间中都有一个对应的向量,这个向量捕捉了标记的语义和语境信息。标记嵌入的维度通常是一个超参数,可以根据具体任务和模型的需求进行选择。常见的嵌入维度范围是几十到几百维。通过将标记编码映射到低维嵌入空间,模型可以在较小的参数空间中表示和处理文本数据。这样可以降低模型的复杂度,并且能够更好地进行训练和推理。然后,标记嵌入通过编码器块层传递,为每个输入标记生成隐藏状态。在语言模型的预训练目标中,每个隐藏状态会被输入到一个层中,该层用于预测被掩码的输入标记。对于分类任务,会将语言模型层替换为一个分类层。

在预训练过程中,为了进行语言建模,模型会通过自回归的方式生成下一个标记。在每个时间步中,模型会根据当前的隐藏状态预测下一个标记,并将隐藏状态作为输入传递给下一个时间步。这样的预训练过程有助于模型学习到语言的上下文信息和表示。而在分类任务中,需要将预训练的语言模型用于对文本进行分类。为了实现这一点,会将语言模型层替换为一个分类层。这个分类层可以是一个全连接层,它将语言模型的输出映射到分类类别。通过调整分类层的参数,可以使模型在特定的分类任务上进行训练和优化。通过将预训练的语言模型的语言建模层替换为分类层,可以使模型适应不同的任务,如文本分类。这样,模型可以利用预训练过程中学到的语言表示和上下文信息,并在分类任务中进行特定的训练和预测。

实际上,在 PyTorch 中,通常跳过了将标记编码为 one-hot 向量的步骤,而是直接使用标记 ID 从嵌入矩阵中选择对应的列。通过将每个标记映射到嵌入矩阵的列,可以获得与标记相关的嵌入向量。每列都对应于一个特定的标记 ID,并且该列的值即为该标记的嵌入表示。这种方法有几个优点。首先,它避免了生成巨大的 one-hot 向量,从而节省了内存和计算资源。其次,通过直接从嵌入矩阵中选择列,可以快速有效地获取标记的嵌入表示。这种方法也适用于其他表示学习技术,如词向量。通过使用标记 ID 作为索引,可以从嵌入矩阵中获取相应的词向量,而无须使用 one-hot 向量进行乘法操作。需要注意的是,在使用嵌入矩阵进行标记编码时,确保正确配置和初始化嵌入层,以便在训练过程中对嵌入矩阵进行更新和调整。这样,模型可以学习到适合特定任务和数据的嵌入表示。

下面有两种选择可以在推特数据集上训练模型。

◇ 特征提取:在特征提取中,可以使用预训练模型并提取其隐藏状态作为特征。隐藏状态是模型在输入序列上学习到的表示,它捕获了输入文本的语义和语境信息。可以将这些隐藏状态作为输入,然后训练一个独立的分类器(如全连接层)来预测推特的分类标签。

◇ 微调:在微调中,会全面地训练整个模型,包括预训练模型和分类器。通过微调,可以通过在推特数据集上进行进一步训练来调整预训练模型的参数,使其更适应特定任务。在微调过程中,预训练模型的参数会根据任务和数据集的信号进行微小调整。

在以下部分中,将探讨 DistilBERT 的两个选项并检查它们的权衡。

6.3.1　特征提取器

使用转换器作为特征提取器的方法相对简单有效,如图 6-6 所示。转换器是一种强大的神经网络架构,广泛应用于自然语言处理和其他序列建模任务中。它的特点是可以学习到输入序列的上下文信息,并生成对应的隐藏表示。在使用转换器作为特征提取器时,通常有两个主要步骤。

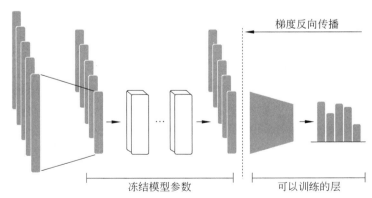

图 6-6　在基于特征提前的方法中,DistilBERT 模型被冻结,只为分类器提供特征

(1)训练期间冻结身体的权重:这意味着在模型训练的过程中,转换器的权重不会被更新。这样做是为了确保转换器在训练期间保持不变,充当一个固定的特征提取器。

(2)使用隐藏状态作为特征:在转换器的每一层,都会生成一系列隐藏状态,代表输入序列的不同层次的语义信息。这些隐藏状态可以被用作分类器的特征。可以选择使用最后一层的隐藏状态,或者使用多层的隐藏状态进行特征融合。

对于分类任务,可以将转换器的隐藏状态输入一个神经分类层中,如全连接层,以进行具体的分类。这个分类层可以在训练期间与转换器一起进行端到端的训练,以学习适合特定任务的分类器权重。另外,也可以选择使用不依赖梯度的方法,如随机森林,作为分类器。在这种情况下,可以提取转换器的隐藏状态作为特征,并将其输入随机森林中进行分类。由于随机森林是一种基于树的方法,它不需要梯度信息,因此隐藏状态可以直接作为输入。总体来说,使用转换器作为特征提取器是一种强大的方法,可以从输入序列中提取丰富的语义信息,并将其用于各种任务,包括分类。通过冻结转换器权重和使用隐藏状态作为特征,可以在转换器的基础上构建一个有效的分类器,无论是神经分类层还是不依赖梯度的方法。

如果没有可用的 GPU 资源,使用转换器作为特征提取器仍然是一个方便的方法,因为只需要在预处理阶段计算隐藏状态一次,然后将其用作后续分类任务的特征。转换器的计算是高度并行的,因此在 GPU 上进行训练和推断通常可以加速计算过程。但如果没有 GPU 可用,仍然可以通过在 CPU 上进行计算来获取转换器的隐藏状态。当然,这可能会比使用 GPU 慢一些,但只需要计算一次隐藏状态,然后将其存储下来,后续的分类任务可以直接使用这些预计算的特征进行分类,而无须再次计算。预计算隐藏状态的过程可能会消耗一些时间和计算资源,特别是对于较大的输入数据集和较复杂的转换器模型。但一旦完成预计算,就可以在之后的分类任务中重复使用这些特征,而无须再次计算。这种预计算的方法可以提高整体的效率,并降低对 GPU 资源的依赖。因此,即使没有 GPU 可用,使用转换器作为特征提取器仍然是一种方便的方法,你可以预计算隐藏状态一次,然后将其用作后续的分类任务特征。这种方法可以帮助在没有 GPU 资源的情况下进行有效的特征提取和分类。

6.3.1.1　使用预训练模型

下面将使用 Transformers 库中另一个方便的自动类,称为 AutoModel。与 AutoTokenizer 类似,Automodel 有一个 from_pretrained() 方法来加载预训练模型的权重。使用此方法加载 DistilBERT 检查点。

```
from transformers import AutoModel

model_ckpt="distilbert-base-uncased"
device=torch.device("cuda" if torch.cuda.is_available() else "cpu")
model=AutoModel.from_pretrained(model_ckpt).to(device)
```

在这里,使用 PyTorch 来检查 GPU 是否可用,然后将 PyTorch 的 nn.Module.to() 方法链接到模型加载器。这样可以确保如果有 GPU 可用,模型将在 GPU 上运行。如果没有 GPU,模型将在 CPU 上运行,但这可能会显著降低速度。

AutoModel 类将标记编码转换为嵌入,然后通过编码器堆栈提供它们以返回隐藏状态。来看看如何从语料库中提取这些隐藏状态。

6.3.1.2　抽取最后的隐含层

首先用一个简单的例子说明怎样检索单个字符串的最后隐藏状态。然后需要做的第一件事是对字符串进行编码并将标记转换为 PyTorch 张量。这可以通过向分词器提供

"return_tensors＝"pt""参数来完成,如下所示。

```
text="this is a test"
inputs=tokenizer(text, return_tensors="pt")
print(f"输入张量形状: {inputs['input_ids'].size()}")
```

输出:

```
输入张量形状: torch.Size([1, 6])
```

正如我们所见,生成的张量具有[batch_size,n_tokens]的形状。现在已经将编码作为张量,最后一步是将它们放置在与模型相同的设备上(GPU 或 CPU)并按如下方式传递输入。

```
inputs={k:v.to(device) for k,v in inputs.items()}
with torch.no_grad():
    outputs=model(* * inputs)
print(outputs)
```

输出:

```
BaseModelOutput(last_hidden_state=tensor([[[-0.1565, -0.1862, 0.0528, ⋯,
        -0.1188, 0.0662, 0.5470],
        [-0.3575, -0.6484, -0.0618, ⋯, -0.3040, 0.3508, 0.5221],
        [-0.2772, -0.4459, 0.1818, ⋯, -0.0948, -0.0076, 0.9958],
        [-0.2841, -0.3917, 0.3753, ⋯, -0.2151, -0.1173, 1.0526],
        [ 0.2661, -0.5094, -0.3180, ⋯, -0.4203, 0.0144, -0.2149],
        [ 0.9441, 0.0112, -0.4714, ⋯, 0.1439, -0.7288, -0.1619]]],
    device='cuda:0'), hidden_states=None, attentions=None)
```

在进行推理阶段时,通常不需要计算梯度,因为不会对模型进行参数更新。因此,在推理过程中禁用梯度的自动计算可以显著减少内存的占用,使推理过程更高效。在 PyTorch 中,可以使用 torch.no_grad()上下文管理器来禁用梯度的自动计算。将推理代码放在 torch.no_grad()的上下文中,PyTorch 将不会跟踪计算图中的梯度信息,从而节省了内存并提高了推理的速度。

根据模型配置和任务需求,模型的输出可以包含多个对象,如隐藏状态、损失或注意力分布等。为了组织和返回这些输出,通常会使用类似于 Python 中的命名元组(namedtuple)的类。命名元组是 Python 中的一种数据结构,它类似于元组,但可以通过属性名进行访问。这使得命名元组在需要轻松访问和组织多个相关值时非常有用。在深度学习模型中,可以使用命名元组的类作为输出对象,其中每个属性对应于一个输出。每个属性可以是张量、标量或其他对象,具体取决于模型的输出。在示例中,模型输出是 BaseModeloutput 的一个实例,可以简单地通过名称访问它的属性。当前模型只返回一个属性,即最后一个隐藏状态,所以检查一下它的形状。

```
outputs.last_hidden_state.size()
```

输出:

```
torch.Size([1, 6, 768])
```

查看隐藏状态张量,确定它的形状为[batch_size,n_tokens,hidden_dim]。隐藏状态张量的形状为[1，6，768]。这意味着它是一个三维张量，其中包含了批处理大小（batch_size）为 1，标记数量（n_tokens）为 6，隐藏维度（hidden_dim）为 768 的数据。对于分类任务，通常的做法是仅使用与"[CLS]"标记关联的隐藏状态作为输入特征。由于这个标记出现在每个序列的开头，可以通过简单地索引到 outputs.last_hidden_state 来提取它，如下所示。

```
outputs.last_hidden_state[:,0].size()
```

输出：

```
torch.Size([1, 768])
```

现在已知如何获取单个字符串的最后隐藏状态，通过创建一个存储所有这些向量的新 hidden_state 列对整个数据集执行相同的操作。正如对分词器所做的那样，将使用 DatasetDict 的 map()方法一次性提取所有隐藏状态，需要做的第一件事是将前面的步骤包装在一个处理函数。

```
def extract_hidden_states(batch):
    #Place model inputs on the GPU
    inputs={k:v.to(device) for k,v in batch.items()
            if k in tokenizer.model_input_names}
    #Extract last hidden states
    with torch.no_grad():
        last_hidden_state=model(**inputs).last_hidden_state
    #Return vector for [CLS] token
    return {"hidden_state": last_hidden_state[:,0].cpu().numpy()}
```

此函数与之前的逻辑之间的唯一区别是最后一步，将最终隐藏状态作为 NumPy 数组放回 CPU。当使用批处理输入时，map()方法要求处理函数返回 Python 或 NumPy 对象。由于模型需要张量作为输入，接下来要做的是将输入 ID 和 attention_mask 列转换为"torch"格式，如下所示。

```
emotions_encoded.set_format("torch",
                    columns=["input_ids", "attention_mask", "label"])
```

然后可以继续并一次提取所有拆分的隐藏状态。

```
emotions_hidden=emotions_encoded.map(extract_hidden_states,batched=True)
```

请注意，在这种情况下没有设置 batch_size＝None，这意味着使用默认的 batch_size＝1000。正如预期的那样，应用 extract_hidden states()函数为数据集添加了一个新的 hidden_state 列。

```
emotions_hidden["train"].column_names
```

输出：

```
['text', 'label', 'input_ids', 'attention_mask', 'hidden_state']
```

一旦获得了与每条推文关联的隐藏状态，就可以使用这些隐藏状态来训练一个分类器。分类器可以通过学习隐藏状态与推文标签之间的关系来预测推文的类别或情感。为此，需要一个特征矩阵。

6.3.1.3 创建特征矩阵

现在，预处理后的数据集包含在其上训练分类器所需的所有信息。我们将使用隐藏状态作为输入特征，使用标签作为目标。可以轻松地以 scikit-learn 格式创建相应的数组，如下所示。

```
import numpy as np

X_train=np.array(emotions_hidden["train"]["hidden_state"])
X_valid=np.array(emotions_hidden["validation"]["hidden_state"])
y_train=np.array(emotions_hidden["train"]["label"])
y_valid=np.array(emotions_hidden["validation"]["label"])
X_train.shape, X_valid.shape
```

输出：

```
((16000, 768), (2000, 768))
```

在训练隐藏状态的模型之前，最好进行快速检查以确保提供了进行情感分类的有用表示。在 6.3.1.4 节中，将看到可视化功能如何提供一种快速的方法来实现这一目标。

6.3.1.4 可视化训练集

由于在 768 维中可视化隐藏状态至少可以说是棘手的，因此，将使用强大的 UMAP 算法将向量向下投影到二维。

UMAP（uniform manifold approximation and projection）是一种非线性降维算法，它通过保留数据的局部结构来创建低维表示。UMAP 基于流形学习的概念，即数据在高维空间中存在的局部结构可以在低维空间中保留。UMAP 可以通过减少数据的维数来更好地可视化和理解数据，并且可以用于许多机器学习和数据分析任务，如聚类和分类。UMAP 通过以下 2 个步骤来实现降维。

⬦ 构建高维空间中的图形：UMAP 使用 k-最近邻算法来在高维空间中构建数据点之间的图形。对于每个数据点，UMAP 找到其 k 个最近邻，并使用它们来构建基于距离的图形。UMAP 还使用了一种称为"Fuzzy-Simplicial Set"的技术来创建一个多分辨率图形，以便在不同的距离尺度上保留数据的局部结构。

⬦ 优化低维空间中的表示：UMAP 通过最小化高维空间图形和低维空间图形之间的差异来优化低维表示。UMAP 使用一种称为交叉熵的损失函数来量化高维空间图形和低维空间图形之间的相似度。然后使用随机梯度下降法来优化低维表示，以使低维空间图形尽可能地接近高维空间图形。

UMAP 可以有效地处理大量数据，并且通常比其他流形学习算法具有更好的性能和更快的计算速度。因此，它已成为数据可视化和分析中常用的工具之一。在使用 UMAP 算法对隐藏状态进行降维之前，进行特征缩放是一个很好的做法，可以确保数据在相同的尺度范围内。使用 MinMaxScaler 将隐藏状态的特征缩放到区间 [0,1] 是一个合适的选择。然后，使用 umap-learn 库中的 UMAP 实现来减少隐藏状态的维度。

```
from umap import UMAP
from sklearn.preprocessing import MinMaxScaler

#Scale features to [0,1] range
```

```
X_scaled=MinMaxScaler().fit_transform(X_train)
#Initialize and fit UMAP
mapper=UMAP(n_components=2, metric="cosine").fit(X_scaled)
#Create a DataFrame of 2D embeddings
df_emb=pd.DataFrame(mapper.embedding_, columns=["X", "Y"])
df_emb["label"]=y_train
df_emb.head()
```

输出：

	X	Y	label
0	4.303291	6.428003	0
1	-3.329211	5.953135	0
2	5.076424	2.803705	3
3	-2.633108	3.448808	2
4	-3.353831	3.989833	3

创建 UMAP 对象，并根据需要设置参数。可以根据数据集的特点调整参数，如 n_neighbors(邻居数)、min_dist(最小距离)和 n_components(降维后的维度)等。上面代码的结果是一个包含相同数量训练样本的数组，但只有 2 个特征，而不是开始时的 768 个。进一步研究压缩数据并分别绘制每个类别的点密度。

```
fig, axes=plt.subplots(2, 3, figsize=(7,5))
axes=axes.flatten()
cmaps=["Greys", "Blues", "Oranges", "Reds", "Purples", "Greens"]
labels=emotions["train"].features["label"].names

for i, (label, cmap) in enumerate(zip(labels, cmaps)):
    df_emb_sub=df_emb.query(f"label=={i}")
    axes[i].hexbin(df_emb_sub["X"], df_emb_sub["Y"], cmap=cmap,
                gridsize=20, linewidths=(0,))
    axes[i].set_title(label)
    axes[i].set_xticks([]), axes[i].set_yticks([])


plt.tight_layout()
plt.show()
```

输出：如图 6-7 所示。一方面，在这个图中可以看到一些清晰的模式："sadness""anger"和"fear"等负面情感都占据相似的区域，但分布略有不同；另一方面，"joy"和"love"也共享一个相似的空间，与负面情感很好地分开；最后，"surprise"区域是发散的。当使用 UMAP 或其他降维方法来减少隐藏状态的维度时，必须认识到这些方法只是根据数据的统计特性进行投影，而无法直接理解和学习数据的语义或含义。特别是在文本处理任务中，如情感分析，模型可能没有经过训练来真正理解不同情感之间的区别，而只是通过对文本中的模式进行学习和预测。

UMAP 是一种非线性降维方法，它在低维空间上对数据进行投影，可以保留原始数据中的局部结构。虽然在投影空间中，某些类别可能重叠，但这并不意味着它们在原始空间中不可分离。UMAP 的目标是在保持全局结构的同时，尽可能保留数据的局部结构。这使得在低维空间中的数据点保持了一定的邻近关系。因此，如果在 UMAP 投影的低维空间中，

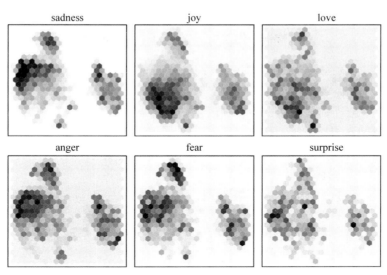

图 6-7 使用 UMAP 降维后的点密度

某些类别是可分离的,那么它们在原始空间中也可能是可分离的。然而,需要注意的是,UMAP 仍然是一种基于概率的方法,并且具体的降维效果取决于数据集的特点和参数的选择。在一些情况下,可能需要调整 UMAP 的参数或尝试其他降维方法来更好地捕捉原始空间中的数据分离性。降维是一个复杂的问题,需要根据具体的应用场景和数据集特征进行实验和评估。

要深入理解和学习情感分类之间的区别,通常需要进行更复杂的模型训练和语义理解。这可能涉及使用具有标记情感的训练数据对模型进行训练,或使用预训练的语言模型进行特征提取和情感分析。降维只是在某些情况下用于可视化或数据处理的工具,而真正的情感分析需要更多的语义理解和上下文理解。现在已经对数据集的特征有了一些了解,最后在它上面开始训练一个模型吧!

6.3.1.5 训练分类器

情感分类之间的隐藏状态是不同的,尽管其中一些没有明显的界线。使用这些隐藏状态通过 scikit-learn 训练逻辑回归模型。训练这样一个简单的模型很快并且不需要 GPU。

```
from sklearn.linear_model import LogisticRegression

lr_clf=LogisticRegression(max_iter=3000)
lr_clf.fit(X_train, y_train)
lr_clf.score(X_valid, y_valid)
```

输出:

```
0.633
```

从准确性上看,模型似乎只比随机模型好一点,但由于我们处理的是不平衡的多类数据集,它实际上要好得多。

人们可以通过将模型与简单的基线进行比较来检查模型是否有用。scikit-learn 库中的 DummyClassifier 类提供了一种分类器,是一个基于启发式规则①的简单分类器,可以用于构建基准分类器或进行比较。DummyClassifier 根据不同的策略进行预测,包括以下几种常见的策略。

  ◇ most_frequent:始终预测多数类。这是当有一个不平衡的数据集时,作为一个基准模型可以使用的策略。
  ◇ stratified:根据训练集中每个类别的比例进行随机预测。这个策略可以用于处理平衡或接近平衡的数据集。
  ◇ uniform:随机选择一个类别进行预测。这个策略适用于多类别问题,并假设各个类别的概率是均匀的。
  ◇ constant:始终预测指定的常数类别。可以使用 constant 参数指定要预测的常数类别。

在下面的示例中,使用 DummyClassifier,并选择了"most_frequent"策略,其产生的准确度约为 35%:

```
from sklearn.dummy import DummyClassifier

dummy_clf=DummyClassifier(strategy="most_frequent")
dummy_clf.fit(X_train, y_train)
dummy_clf.score(X_valid, y_valid)
```

输出:

```
0.352
```

因此,带有 DistilBERT 嵌入的简单分类器明显优于基线。可以通过查看分类器的混淆矩阵进一步研究模型的性能,它表明了真实标签和预测标签之间的关系。

```
from sklearn.metrics import ConfusionMatrixDisplay, confusion_matrix

def plot_confusion_matrix(y_preds, y_true, labels):
    cm=confusion_matrix(y_true, y_preds, normalize="true")
    fig, ax = plt.subplots(figsize=(6, 6))
    disp=ConfusionMatrixDisplay(confusion_matrix=cm, display_labels=labels)
    disp.plot(cmap="Blues", values_format=".2f", ax=ax, colorbar=False)
    plt.title("Normalized confusion matrix")
    plt.show()

y_preds=lr_clf.predict(X_valid)
plot_confusion_matrix(y_preds, y_valid, labels)
```

---

① 启发式的分类器是一种基于简单规则或经验性策略进行分类决策的方法。它们通常是为了快速建立一个基准分类器或用作比较参照。启发式规则是根据经验、直觉或领域知识来定义的,并且不是通过数据驱动的机器学习算法学习得到的。启发式分类器不会考虑特征之间的复杂关系或进行参数调整,而是依赖于一些简单的规则来进行分类。常见的启发式分类器包括 DummyClassifier 中提供的始终预测多数类、始终预测随机类或始终预测特定常量等策略。启发式分类器的优点在于简单易懂、计算效率高,并且可以用作基准来评估其他更复杂的分类模型的性能。然而,它们往往不能达到复杂模型的准确性和泛化能力,因为它们忽略了大量的数据信息和特征之间的复杂关系。在实际应用中,启发式分类器可能在某些特定场景下有用,例如处理高度不平衡的数据集或在资源有限的环境下进行快速预测。然而,在大多数情况下,更复杂的分类算法通常会提供更好的性能和预测能力。

输出：如图 6-8 所示，可以看到“anger”（0.29）和“fear”（0.17）比较容易被错误预测为“sadness”，这与在可视化嵌入时所做的观察一致（图 6-7）；此外，“love（0.46）”和“surprise（0.37）”经常被错误预测为“joy”。

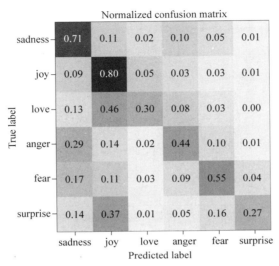

图 6-8　分类器的混淆矩阵

深度学习模型通常需要更多的计算资源，特别是在训练阶段。这是因为深度学习模型通常包含大量的参数和复杂的计算图结构，需要更多的计算能力来进行训练和推断。相比之下，传统机器学习方法通常对计算资源的需求较低。传统机器学习算法通常基于特征工程，通过手动选择和提取数据的特征来训练模型。这些方法通常使用相对较少的参数，并且不需要进行复杂的计算操作。因此，在计算资源受限的情况下，基于特征的方法可以是一种折中选择。通过仔细设计和选择适当的特征，可以在不过多依赖深度学习的情况下构建有效的机器学习模型。这样可以节省计算资源，并且在一些任务中可能具有更好的解释性。当然，深度学习在某些任务中表现出色，特别是在需要处理大量数据和复杂模式的情况下。如果您有足够的计算资源，并且问题的复杂度需要更高级的模型来进行建模，那么深度学习可能是一个更好的选择。综上所述，选择基于特征的方法还是深度学习方法，取决于您的具体情况，包括可用的计算资源、问题的复杂度，以及对模型解释性的需求。

6.3.2 节将探索微调方法，这会带来更好的分类性能。但是，请务必注意，这样做需要更多的计算资源，如 GPU。

6.3.2　微调转换器

现在探讨如何全面的微调转换器。当使用微调方法时，可以训练整个模型，包括隐藏状态。微调是指在一个预训练的模型基础上进行额外的训练，以适应特定的任务或数据集。如图 6-9 所示，隐藏状态不被视为固定特征，而是通过微调来训练它们。这意味着在微调过程中，会对整个模型进行反向传播和参数更新，包括隐藏状态的参数。为了使分类头可微分，通常使用神经网络进行分类。这是因为神经网络的结构和参数可以通过反向传播进行优化，以最小化分类任务的损失函数。通过微调整个模型，包括分类头和隐藏状态，可以在特定任务上获得更好的性能。总结起来,微调方法不仅训练分类头,还训练隐藏状态,并使用可微分的神经网络进行分类。这种方法可以提高模型在特定任务上的性能,并允许在训练过程中对整个模型进行优化。

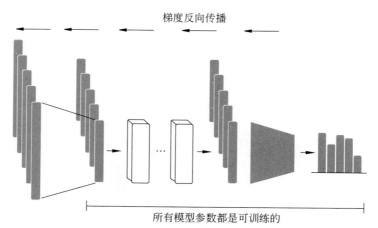

梯度反向传播

所有模型参数都是可训练的

图 6-9   当使用微调方法时,整个 DistilBERT 模型与分类头一起训练

当使用微调方法时,将隐藏状态作为分类模型的输入有助于避免处理可能不太适合分类任务的数据的问题,并提高模型的性能。隐藏状态是模型在处理输入序列时所学到的信息表示。这些表示可能包含一些关于输入序列的上下文信息和语义含义。通过将隐藏状态作为分类模型的输入,模型可以从这些表示中受益,并利用它们进行分类任务。在微调过程中,初始隐藏状态会进行调整以减少模型的损失。这是通过反向传播和梯度下降等优化算法实现的。通过调整隐藏状态,模型可以逐渐学习到适合分类任务的特征表示,并提高其性能。这种方法的优势在于,它利用了预训练模型在大规模数据上学到的知识,同时允许模型通过微调过程自适应特定的分类任务。隐藏状态的调整过程使得模型能够更好地捕获输入序列的相关特征,并更准确地进行分类。因此,将隐藏状态作为分类模型的输入,并通过微调过程调整隐藏状态,可以帮助改善模型的性能,并提高其在特定分类任务上的表现。

使用 Transformers 库的 Trainer API 可以极大地简化训练循环的过程。Trainer API 提供了一个高级的训练接口,使得配置和执行训练过程变得更加方便。下面是使用 Trainer API 进行训练的一般步骤。

◇ 准备数据集:首先,需要准备好您的训练数据集,并进行适当的预处理和数据加载。可以使用 Transformers 库提供的工具和函数来帮助您进行这些操作。

◇ 定义模型和训练参数:使用 Transformers 库中的模型类来定义模型。可以选择预训练的模型,如 BERT、GPT 等,或者自定义模型。然后,需要定义训练参数,如优化器、学习率和损失函数等。

◇ 创建训练器:使用 Trainer 类创建一个训练器对象。可以指定训练器的模型、训练参数及其他必要的配置选项。

◇ 训练模型:使用训练器的 train 方法开始训练过程。Trainer API 会自动处理训练循环,包括前向传播、反向传播、参数更新等步骤。只需要提供合适的输入数据和标签。

◇ 评估模型:在训练过程中,可以定期使用验证集或测试集对模型进行评估。Trainer

API 提供了方便的评估方法,也可以使用它来计算模型的性能指标。

◇ 保存和加载模型:一旦训练完成,可以使用 Trainer API 提供的方法保存模型的权重和配置。还可以随时加载已保存的模型,以便后续的推理或微调。

通过使用 Trainer API,可以更加专注于模型的设计和调整,而无须过多关注训练循环的实现细节。Trainer API 还提供了一些方便的功能,如学习率调度器、早停策略等,以帮助您更好地管理和控制训练过程。现在,来看看设置 Trainer API 所需要的组件。

6.3.2.1　加载预训练模型

预训练的 DistilBERT 模型与基于特征的方法中使用的模型一样。唯一的细微修改是使用 AutoModelForSequenceClassification 模型而不是 AutoModel。不同之处在于 AutoModelForSequenceClassification 模型在预训练模型输出之上有一个分类头,可以很容易地使用基础模型进行训练,只需要指定模型必须预测多少个标签(在例子中是 6 个),因为这决定了分类头的输出数量。

```
from transformers import AutoModelForSequenceClassification

num_labels=6
model=(AutoModelForSequenceClassification
        .from_pretrained(model_ckpt, num_labels=num_labels)
        .to(device))
```

此处将有一条警告,指出模型的某些部分是随机初始化的。这是正常的,因为分类头还没有被训练。下一步是定义用于在微调期间评估模型性能的指标。

6.3.2.2　性能指标

为了在训练期间监控指标,需要为 Trainer 定义一个 compute_metrics() 函数。此函数接收一个 EvalPrediction 对象(它是一个具有预测和 label_ids 属性的命名元组)并且需要返回一个字典,该字典将每个指标的名称映射到它的值。对于应用程序,须计算模型的 F1-score 和准确性,如下所示。

```
from sklearn.metrics import accuracy_score, f1_score

def compute_metrics(pred):
    labels=pred.label_ids
    preds=pred.predictions.argmax(-1)
    f1=f1_score(labels, preds, average="weighted")
    acc=accuracy_score(labels, preds)
    return {"accuracy": acc, "f1": f1}
```

准备好数据集和指标后,在定义 Trainer 类之前,只需要定义训练运行的所有超参数,会在 6.3.2.3 节中处理这些步骤。

6.3.2.3　训练模型

要定义训练参数,可以使用 TrainingArguments 类。这个类存储了大量信息,可以对训练和评估进行细粒度控制。要指定的最重要的参数是 output_dir,这是存储所有来自训练的工件的地方。这是 TrainingArguments 的一个例子。

```
from transformers import Trainer, TrainingArguments

batch_size=64
logging_steps=len(emotions_encoded["train"]) // batch_size
model_name=f"{model_ckpt}-finetuned-emotion"
training_args=TrainingArguments(output_dir=model_name,
                    num_train_epochs=2,
                    learning_rate=2e-5,
                    per_device_train_batch_size=batch_size,
                    per_device_eval_batch_size=batch_size,
                    weight_decay=0.01,
                    evaluation_strategy="epoch",
                    disable_tqdm=False,
                    logging_steps=logging_steps,
                    log_level="error")
```

这里还设置了批量大小、学习率和周期数(epoch),并指定在训练运行结束时加载最佳模型。现在,就可以使用 Trainer 实例化和微调模型。

```
from transformers import Trainer

trainer=Trainer(model=model, args=training_args,
            compute_metrics=compute_metrics,
            train_dataset=emotions_encoded["train"],
            eval_dataset=emotions_encoded["validation"],
            tokenizer=tokenizer)
trainer.train();
```

输出:

Epoch	Training Loss	Validation Loss	Accuracy	F1
1	0.846800	0.318663	0.903500	0.899600
2	0.253700	0.216600	0.923000	0.923031

查看日志,可以看到模型在验证集上的得 F1-score 约为 92%,这是对基于特征的方法的重大改进。训练指标可以通过计算混淆矩阵被更详细地了解。为了可视化混淆矩阵,首先需要获得对验证集的预测。Trainer 类的 predict()方法返回了几个可以用来评估的有用对象。

```
preds_output=trainer.predict(emotions_encoded["validation"])
```

predict()方法的输出是一个 PredictionOutput 对象,其中包含预测数组和标签 ID,以及传递给训练器的指标。例如,可以按如下方式访问验证集上的指标。

```
preds_output.metrics
```

输出:

```
{'test_loss': 0.2221141904592514,
 'test_accuracy': 0.926,
 'test_f1': 0.9258830912598326,
 'test_runtime': 1.5,
```

```
'test_samples_per_second': 1333.336,
'test_steps_per_second': 21.333}
```

这段代码还包含了每个类别的原始预测结果,可以使用 np.argmax()函数对预测结果进行贪心解码,从而得到预测的标签。这样得到的标签与基于特征的方法中 scikit-learn 模型返回的标签格式相同。

```
y_preds=np.argmax(preds_output.predictions, axis=1)
```

有了预测,可以再次绘制混淆矩阵。

```
plot_confusion_matrix(y_preds, y_valid, labels)
```

输出:如图 6-10 所示,这更接近于理想的对角线混淆矩阵。"fear"(0.04)会被错误预测为"sadness""love"(0.10)和"surprise(0.09)"分类仍然会错误的预测为"joy",但是都已经改进了很多。总体而言,该模型的性能似乎相当不错。

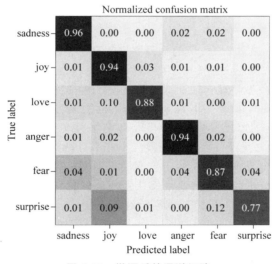

图 6-10 微调后的混淆矩阵

第7章

实体识别案例分析

到目前为止,本书已经应用转换器来解决英语语料库的自然语言处理任务,但是有时候会遇到其他语言。一种方法是在 Hugging Face Hub 中搜索合适的预训练语言模型,并根据手头的任务对其进行微调,然而这些预训练模型往往仅适用于"高资源"语言,如德语、俄语或汉语等,其中有大量网络文本可用于预训练。维护多个单语言模型确实会带来很多工作量和挑战。当处理多语言数据时,许多常见的自然语言处理任务,如文本分类、命名实体识别、文本翻译等,需要针对每种语言单独训练和维护一个模型。为了减轻这个挑战,一种解决方案是使用跨语言模型,即能够处理多种语言的模型。这种模型通常使用多语言语料库进行训练,因此能够更好地处理跨语言任务。例如,Google 的翻译模型就是一个跨语言模型,可以处理多种语言的翻译任务。另一种解决方案是使用零样本学习(zero-shot learning)技术。在自然语言处理中,Zero-Shot 是指使用一个模型处理它在训练时没有见过的任务或语言时的能力。通常,机器学习模型在训练时需要大量的数据,并且需要针对具体的任务进行专门的调整。例如,将模型针对文本分类进行训练。但是在实际应用中,可能需要处理没有出现在训练数据中的任务或语言,或者需要在多个语言之间进行翻译或转换。零样本迁移通常是指在一个标签集上训练模型,然后在另一个标签集上进行评估的任务。在转换器网络的背景下,零样本学习也可以指语言模型(如 GPT-3)在没有进行微调的下游任务上进行评估的情况。这种技术可以使用一个已训练好的模型来处理一种新语言的任务,而无须针对该语言进行单独的训练。这种技术通常使用一些语言中的相似性来进行转移学习,从而实现跨语言学习。总体来说,要处理多语言数据,需要考虑使用跨语言模型和零样本学习技术,以减轻训练和维护多个单语言模型的工作量和挑战。

本章将探讨如何对一种名为 XLM-RoBERTa 的转换器网络模型进行微调,以在多种语言上执行命名实体识别。命名实体识别是一项常见的自然语言处理任务,用于识别文本中的人物、组织或地点等实体。这些实体可以用于各种应用。例如,从公司文件中获取洞察信息、提高搜索引擎的质量,或者仅仅是从语料库构建结构化数据库。假设要为客户执行实体识别,有 4 种国家语言(英语通常作为它们之间的桥梁),首先需要为这个问题获取一个合适的多语言语料库。

7.1 数 据 集

在本章中,将使用多语言编码器的跨语言迁移评估(cross-lingual tRansfer evaluation of multilingual encoders,XTREME)基准测试[①]的一个子集,称为 WikiANN 或 PAN-

---

① XTREME 是一个用于评估多语言编码器的跨语言迁移任务基准测试。它旨在测试模型在不同语言之间的迁移能力和泛化能力。XTREME 数据集涵盖了多种自然语言处理任务,包括命名实体识别(NER)、词义消歧(WSD)、文本分类(TC)、问答(QA)等。通过在多个任务和多种语言上进行评估,XTREME 提供了对多语言模型性能和跨语言迁移性能的全面评估。

X[①]。该数据集由多种语言的维基百科文章组成。每篇文章都以 IOB2 格式标注 LOC（位置）、PER（人员）和 ORG（组织）标签。IOB2 格式是一种常用的命名实体识别标注格式，它用于标记文本中的实体，并表示这些实体的类型。IOB2 格式使用了 B、I 和 O 三种标记，分别表示实体的开始、中间和结束，同时还可以表示实体的类型。这种标注方式旨在解决传统的 BIO 格式（也称为 IOB1 格式）的一些问题，例如不容易区分实体边界和缺乏表示不属于任何实体的标记。在 IOB2 格式中，"B-"表示实体的开始，"I-"表示实体的中间，"O-"表示实体的外部。同时，"B-"和"I-"后面还可以跟一个表示实体类型的标记。例如，B-PER 表示人名实体的开始，I-PER 表示人名实体的中间。当一个新的实体开始时，使用"B-"标记；当同一类型的实体在句子中继续出现时，使用"I-"标记；当一个实体结束时，使用"O-"标记。同时，如果在一个实体结束后，紧接着另一个同类型的实体开始，也需要使用"B-"标记来表示新实体的开始。例如，下面的句子：

```
Ivan Lee is a computer scientist at KgraphX in Beijing
```

如果以 IOB2 格式标记，如图 7-1 所示。

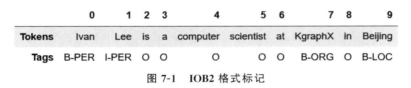

图 7-1　IOB2 格式标记

要在 XTREME 中加载 PAN-X 子集，可以使用 get_dataset_config_names() 函数来获取可用的数据集配置。这将返回一个包含可用数据集配置名称的列表。然后，可以将所需的配置名称传递给 load_dataset() 函数以加载相应的数据集。以下是示例代码，展示了如何获取 PAN-X 子集的数据集配置名称和加载该数据集。

```
from datasets import get_dataset_config_names

xtreme_subsets=get_dataset_config_names("xtreme")
print(f"XTREME has {len(xtreme_subsets)} configurations")
```

输出：

```
XTREME has 183 configurations
```

通过查找以"PAN"开头的配置来缩小搜索范围。

```
panx_subsets=[s for s in xtreme_subsets if s.startswith("PAN")]
panx_subsets[:3]
```

输出：

[①]　WikiANN 和 PAN-X 都是用于多语言自然语言处理研究的数据集，其中包含了来自不同语言的人名实体识别标注数据。WikiANN 数据集包含了 282 种语言的维基百科文章，而 PAN-X 数据集包含了 60 种语言的新闻文章。这两个数据集都提供了训练、开发和测试数据集，以支持跨语言自然语言处理任务的评估。使用 WikiANN 或 PAN-X 的多语言编码器是一种流行的方法，它可以为不同的语言提供统一的表示形式，从而支持跨语言自然语言处理任务的可迁移性和通用性。

```
['PAN-X.af', 'PAN-X.ar', 'PAN-X.bg']
```

前面已经确定了 PAN-X 子集的语法：每个子集都有一个两个字母的后缀，似乎是 ISO639-1 语言代码。这意味着要加载汉语语料库，将"zh"代码传递给 load_dataset() 的 "name"参数，如下所示。

```
from datasets import load_dataset
load_dataset("xtreme", name="PAN-X.zh")
```

输出：

```
DatasetDict({
    train: Dataset({
        features: ['tokens', 'ner_tags', 'langs'],
        num_rows: 20000
    })
    validation: Dataset({
        features: ['tokens', 'ner_tags', 'langs'],
        num_rows: 10000
    })
    test: Dataset({
        features: ['tokens', 'ner_tags', 'langs'],
        num_rows: 10000
    })
})
```

假设某一地区最常用的 4 种语言是：英语（62.9%）、汉语（22.9%）、德语（8.4%）和法语（5.9%）。为了制作真实的语料库，将根据比例从 PAN-X 中抽取英语（en）、汉语（zh）、德语（de）和法语（fr）语料库，这将模拟不平衡的数据集。数据集的不平衡性在现实世界的数据集中非常常见，特别是对于少数民族语言或使用较少的语言。由于获取这些语言的标注示例可能昂贵或困难，导致数据集中某些语言的样本数量较少。这种不平衡的数据集可以模拟处理多语言应用程序时的真实情况。当面对不平衡的数据集时，可以采取一些策略来构建适用于所有语言的模型。一种常见的策略是使用加权损失函数或样本权重来平衡不同类别之间的训练样本。通过为样本设置合适的权重，可以确保少数类别的样本在训练过程中具有更大的影响力。另一个策略是进行数据增强。通过在训练数据中应用各种变换和扩充技术，可以生成更多的样本，尤其是对于少数类别的样本。这有助于改善模型对少数类别的泛化能力。此外，可以考虑使用迁移学习或预训练语言模型来增强模型的性能。预训练语言模型可以通过在大规模数据上进行训练来学习通用的语言表示，然后可以在特定任务上进行微调。这种预训练模型可以提供对各种语言的良好表示能力，即使在少样本语言上也可以取得较好的效果。通过结合这些策略，可以构建适用于所有语言的模型，并在不平衡的数据集上获得较好的性能。

为了跟踪每种语言，创建一个 defaultdict，将语言代码存储为键，类型为 DatasetDict 的 PAN-X 语料库存储为值。

```
from collections import defaultdict
from datasets import DatasetDict

langs=["en", "zh", "de", "fr"]
```

```
fracs=[0.629, 0.229, 0.084, 0.059]
#Return a DatasetDict if a key doesn't exist
panx_ch=defaultdict(DatasetDict)

for lang, frac in zip(langs, fracs):
    #Load monolingual corpus
    ds=load_dataset("xtreme", name=f"PAN-X.{lang}")
    #Shuffle and downsample each split according to spoken proportion
    for split in ds:
        panx_ch[lang][split]=(
            ds[split]
              .shuffle(seed=0)
              .select(range(int(frac * ds[split].num_rows))))
```

在这里，使用了 shuffle( )方法来确保不会意外地偏向于某个数据集拆分，而 select( )方法允许根据 fracs 中的值对每个语料库进行下采样。通过访问 Dataset.num_rows 属性来查看训练集中每种语言有多少个示例。

```
import pandas as pd

pd.DataFrame({lang: [panx_ch[lang]["train"].num_rows] for lang in langs},
             index=["Number of training examples"])
```

输出：

	en	zh	de	fr
Number of training examples	12580	4580	1680	1180

按照设计，英语示例比所有其他语言的示例总和还要多，因此将使用它作为起点，从中执行到汉语、德语和法语的零样本跨语言迁移。检查英语料库中的一个例子。

```
element=panx_ch["en"]["train"][1]
for key, value in element.items():
    print(f"{key}: {value}")
```

输出：

```
tokens: ['Prime', 'Minister', '-', 'John', 'Howard']
ner_tags: [3, 4, 0, 1, 2]
langs: ['en', 'en', 'en', 'en', 'en']
```

与以前处理的 Dataset 对象一样，示例中的键对应于 Arrow 表的列名，而值表示每列中的条目。特别要注意的是，ner_tags 列对应于将每个实体映射到类别 ID。这可能有些晦涩，所以要创建一个新列，可以使用熟悉的 LOC、PER 和 ORG 标签。要做到这一点，首先需要注意的是 Dataset 对象具有 features 属性，该属性指定与每个列相关联的底层数据类型。

```
for key, value in panx_ch["en"]["train"].features.items():
    print(f"{key}: {value}")
```

输出：

```
tokens: Sequence(feature=Value(dtype='string', id=None), length=-1, id=None)
ner_tags: Sequence(feature=ClassLabel(names=['O', 'B-PER', 'I-PER', 'B-ORG', '
I-ORG', 'B-LOC', 'I-LOC'], id=None), length=-1, id=None)
```

```
langs: Sequence(feature=Value(dtype='string', id=None), length=-1, id=None)
```

Sequence 类指定该字段包含一个特征列表,在实体识别标签的情况下,对应于一个 ClassLabel 特征列表。从训练集中挑选出这个特征,如下所示。

```
tags=panx_ch["en"]["train"].features["ner_tags"].feature
print(tags)
```

输出:

```
ClassLabel(names=['O', 'B-PER', 'I-PER', 'B-ORG', 'I-ORG', 'B-LOC', 'I-LOC'],
id=None)
```

可以使用类标签。用 int2str() 方法在训练集中创建一个新列,其中包含每个标签的类名。将使用 map() 方法返回一个字典,其中的键对应于新的列名,值作为类名列表。

```
def create_tag_names(batch):
    return {"ner_tags_str": [tags.int2str(idx) for idx in batch["ner_tags"]]}

panx_en=panx_ch["en"].map(create_tag_names)
```

为了快速检查在标签中没有任何异常的不平衡,计算每个实体在每个拆分中的频率。

```
from collections import Counter

split2freqs=defaultdict(Counter)
for split, dataset in panx_de.items():
    for row in dataset["ner_tags_str"]:
        for tag in row:
            if tag.startswith("B"):
                tag_type=tag.split("-")[1]
                split2freqs[split][tag_type] +=1
pd.DataFrame.from_dict(split2freqs, orient="index")
```

输出:

	ORG	PER	LOC
train	5874	5735	5932
validation	2921	2876	3054
test	2972	2927	2938

这看起来不错,每个拆分的 PER、LOC 和 ORG 频率分布大致相同,因此验证集和测试集应该可以很好地衡量实体识别标记器的泛化能力。接下来,看一些流行的多语言转换器,以及如何调整它们来处理实体识别任务。

7.2　多语言转换器

多语言转换器的架构和训练过程与单语言转换器类似,唯一的区别是使用的预训练语料库包含多种语言的文档。这种方法的一个显著特点是:虽然没有明确的信息来区分语言,但由此产生的语言表示能够很好地跨语言泛化,用于各种下游任务。通过多语言转换器,可以避免为每种语言单独训练一个模型的需要。这种跨语言迁移的能力可以产生与单语言模型相媲美的结果,在某些情况下甚至可以取得更好的效果。因此,多语言转换器是一种非常有前途的技术,可以为跨语言自然语言处理任务提供有效的解决方案。

为了衡量命名实体识别的跨语言迁移能力,CoNLL-2002 和 CoNLL-2003 数据集通常被用作英语、荷兰语、西班牙语和德语的基准数据集。这些数据集由新闻文章组成,标注了地点、人名和组织机构等实体类别,并且包含一个额外的 MISC 标签,用于表示不属于前三个类别的杂项实体。这些数据集被广泛用于评估跨语言实体识别模型的性能。多语言转换器网络通常有以下三种方式进行评估。

◇ 微调英语训练数据,然后评估每种语言的测试集。

◇ 微调和评估单语测试数据以衡量每种语言的性能。

◇ 对所有训练数据进行微调,以对每种语言的测试集进行评估。

下面将对实体识别任务采用类似的评估策略,但首先需要选择一个模型进行评估。mBERT[①] 是最早的多语言转换器之一,使用与 BERT 相同的架构和预训练目标,但将来自多种语言的维基百科文章添加到预训练语料库中。mBERT 是一种非常流行的多语言转换器,但它已被更先进的模型所取代。其中一个最先进的模型是 XLM-RoBERTa(XLM-R),它使用了 RoBERTa 架构,并且在其预训练阶段使用了类似于 mBERT 的多语言数据集。相较于 mBERT,XLM-R 的预训练目标和语料库更加多样化和复杂化,因此在多语言自然语言处理任务上的性能表现更加出色。因此,本章将选择 XLM-R 作为多语言实体识别任务的评估模型。

正如所看到的,XLM-R 仅使用掩码语言建模作为其 100 种语言的预训练目标,但与它的前辈相比,它的预训练语料库规模巨大:多语言转换器的训练使用了每种语言的维基百科数据和 2.5TB 来自网络的 Common Crawl[②] 数据集。这个数据集比之前的模型使用的数据集大了几个数量级,对于像缅甸语和斯瓦希里语这样的低资源语言来说,提供了显著的信号增强。在这些低资源语言中,只有很少的维基百科文章可用。RoBERTa 的开发人员对BERT 进行了多项改进,包括使用更长的训练时间和更大的预训练数据集,以及删除下一句预测任务等。XLM-R 在 RoBERTa 的基础上进一步进行了修改,包括删除语言嵌入和使用SentencePiece 直接标记原始文本,以及使用更大的预训练语料库和更大的词汇表。这些修改都有助于提高模型的性能,特别是在多语言环境下。除了其多语言特性外,XLM-R 和RoBERTa 之间的一个显著区别是各自词汇表的大小,分别是 250 000 个和 55 000 个。

XLM-R 是多语言 NLU 任务的绝佳选择。7.3 节将探讨如何有效地跨多种语言进行标记化。

---

① mBERT(multilingual bidirectional encoder representations from transformers)是一种由 Google 开发的预训练语言模型,它使用 Transformer 架构在 104 种不同的语言上进行了训练。与单语言的 BERT 模型不同,mBERT 在大量的多语言数据集上进行了预训练,从而可以处理多种语言的任务,而不需要针对每种语言单独训练模型。mBERT 的输出可以用于各种自然语言处理任务,如文本分类、命名实体识别和机器翻译。由于其能够处理多语言任务,mBERT 已成为许多跨语言自然语言处理任务的基准模型之一。

② Common Crawl 是一个非营利组织,致力于收集和提供免费的 Web 数据集,以促进研究和创新。他们通过爬取互联网上公共可访问的网页,创建了一个包含数亿个网页的数据集。这些数据可以被用于各种任务,如机器学习、自然语言处理、数据挖掘等。在自然语言处理领域,Common Crawl 数据被广泛用于训练语言模型、信息抽取、实体识别、关系提取等任务。

7.3 标记化管道

XLM-R 没有使用 WordPiece 分词器,而是使用了一个名为 SentencePiece 的分词器,在所有一百种语言的原始文本上进行了训练。为了了解 SentencePiece 与 WordPiece 的比较,以通常的方式使用 Transformers 库加载 BERT 和 XLM-R 分词器。

```
from transformers import AutoTokenizer

bert_model_name="bert-base-cased"
xlmr_model_name="xlm-roberta-base"
bert_tokenizer=AutoTokenizer.from_pretrained(bert_model_name)
xlmr_tokenizer=AutoTokenizer.from_pretrained(xlmr_model_name)
```

通过对一小段文本进行编码,还可以检索每个模型在预训练期间使用的特殊标记。

```
text="Ivan Lee lives in Beijing."
bert_tokens=bert_tokenizer(text).tokens()
xlmr_tokens=xlmr_tokenizer(text).tokens()
df=pd.DataFrame([bert_tokens, xlmr_tokens], index=["BERT", "XLM-R"])
df
```

输出:

	0	1	2	3	4	5	6	7
BERT	[CLS]	Ivan	Lee	lives	in	Beijing	.	[SEP]
XLM-R	\<s\>	_Ivan	_Lee	_lives	_in	_Beijing	.	\</s\>

XLM-R 不使用 BERT 用于句子分类任务的"[CLS]"和"[SEP]"标记,而使用"＜s＞"和"＜\s＞"表示序列的开始和结束。这些标记在标记化的最后阶段添加,接下来将看到。

目前把标记化视为一种将字符串转换为整数的单一操作,以便通过模型进行处理。然而这实际上是一个完整的处理流程,通常包含 4 个步骤,如图 7-2 所示。

规范化 预标记化 分词器模型 后处理

图 7-2 标记化管道中的步骤

- **规范化(normalization)**

规范化是指将文本转换为统一的格式或标准形式,以便于后续的处理和分析。常见的规范化操作包括去除空格、删除重音字符和使用 Unicode 规范化方案等。Unicode 规范化是一种常见的规范化操作,特别适用于处理存在多种书写相同字符的情况。例如,某些字符可能存在多种形式,但它们具有相同的抽象字符序列。在这种情况下,使用 Unicode 规范化方案可以将这些字符转换为统一的格式,使它们在后续的处理中可以被视为相同的字符。另一个常见的规范化操作是小写化。如果模型只接受和使用小写字符,那么对文本进行小写化可以减少所需的词汇量,并且可以减轻模型处理大小写不一致的问题。在文本预处理中进行规范化可以帮助我们更好地理解和处理文本数据,从而提高机器学习模型的性能和准确性。

- **预标记化（pretokenization）**

预标记化是标记器流程中的初始步骤,用于将输入文本分割成预先标记化的单位或块。这些预先标记化的单位通常比单个标记更大,并作为进一步标记化的基础。预标记化的目的是将输入文本分解为可管理的块,以便有效地进行处理。它有助于处理长文本,处理特殊情况,并满足标记化的特定要求。预标记化的过程可能因具体的标记器及其配置而异。它可以根据空格、标点符号或特定模式来分割文本。例如,一种预标记化策略可以根据预定义的规则将文本分割成句子、段落或部分。一旦输入文本被预标记化成块,这些块将通过标记器流程的其余步骤进行进一步处理,包括文本规范化、标记化、词汇映射和特殊标记处理。预标记化步骤有助于对输入文本进行结构化,并为后续的标记化和建模任务做准备。对于一些语言,如英语、德语等印欧语系语言,可以使用空格和标点符号作为分割符号来将文本拆分为单词。这些词在流程的下一个步骤中可以更容易地被字节对编码（byte-pair encoding, BPE）或 Unigram 算法分割成子词。然而,将词分割为"单词"并不总是一个简单且确定的操作,甚至有时可能是没有意义的。例如,在中文、日语、韩语等语言中将符号组合成语义单位的操作是一个非确定性的过程,并且存在多种同样有效的组合方式。这主要是由于这些语言的特点,如中文中的字词合并、日语中的假名拼音和汉字混合等。在这种情况下,使用针对特定语言的库进行预标记化是一个更好的选择,而不是进行通用的预处理。这些语言的库通常会提供特定语言的语言处理功能和分词工具,可以更好地处理符号的组合方式,并将文本划分为语义单位,如词或字。这些预标记化的库能够识别出词汇和语法结构,有助于更好地理解和处理这些语言的文本。使用这些库可以提高文本处理的准确性,并确保在特定语言的上下文中进行正确的处理和分析。因此,对于中文、日语、韩语等语言,使用专门针对这些语言的预标记化库是一种推荐的方法,以便更好地处理这些语言的文本数据。

- **分词器模型（tokenizer model）**

一旦输入文本被规范化和预标记化,分词器会在单词上应用一个子词拆分模型。这部分是需要在语料库上进行训练的(或者如果使用预训练的分词器,则已经进行了训练)。模型的作用是将单词拆分为子词,以减少词汇表的大小并尽量减少词汇外的标记数量。存在几种子词标记化算法,包括 BPE、Unigram 和 WordPiece。下面介绍每种算法的基本原理和特点。

  - BPE:BPE 是一种基于统计的子词标记化算法,最早由 Philip Gage 在 1994 年提出。它通过逐步合并最频繁出现的字符或字符序列,将文本中的词汇分割成子词。BPE 算法的核心思想是将低频的字符或字符序列合并成高频的子词,从而有效地捕捉语言中的常见词汇和复杂结构。BPE 算法通常与统计语言模型一起使用,可以处理未登录词和领域特定词汇。

  - Unigram:Unigram 是一种基于统计的子词标记化算法,最早由 Frederick Jelinek 等在 1997 年提出。Unigram 算法将词汇表中的每个单词视为一个初始的子词,并使用统计模型来确定是否将两个相邻的子词合并成一个新的子词。这个过程重复进行,直到达到指定的词汇量或停止合并的条件。Unigram 算法更加简单直观,易于实现,并且在某些任务中可以产生具有较好效果的子词划分。

  - WordPiece:WordPiece 是一种基于迭代训练的子词标记化算法,由 Google 在 2016

年提出,被用于 Transformer 模型的训练。WordPiece 算法将文本中的单词分割成子词,以便在训练和推理过程中更好地处理未登录词和罕见词。与 BPE 算法类似,WordPiece 算法通过迭代地合并最频繁出现的子词,逐渐构建出子词表。WordPiece 算法在训练过程中还可以自适应地调整子词表,以更好地适应特定任务和语言。

这些子词标记化算法都有各自的优势和适用场景,选择哪种算法取决于具体的任务需求和语言数据特点。一般而言,BPE 和 WordPiece 在处理领域特定词汇和未登录词方面具有优势,而 Unigram 算法在简单性和实现效率方面更为突出。分词器模型输出的整数列表将成为模型的输入,并在模型的内部进一步转换成表示文本语义的向量或矩阵形式,以供下游任务使用。

- **后处理**(**postprocessing**)

后处理是标记化流程中的最后一步,它可以对标记列表进行一些额外的转换操作,以进一步处理和调整生成的标记序列。一个常见的后处理操作是在输入的标记索引序列的开头或结尾添加特殊标记。这些特殊标记可以用于指示句子的开始或结束,或者用于表示其他语义信息。例如,在输入的标记索引序列的开头或结尾添加特殊标记。添加特殊标记可以帮助模型在生成的序列中正确地处理语法结构和上下文信息。当训练时,模型可以学习到这些特殊标记的含义,并在生成时将其用于指导生成过程。除了添加特殊标记,后处理步骤还可以包括其他操作,如过滤无关的标记、调整标记的顺序或重复等。这些操作可以根据具体任务和应用需求进行定义和定制,以获得更好的生成结果。回到对 XLM-R 和 BERT 的比较,在后处理步骤中 SentencePiece 添加的是"＜s＞"和"＜\s＞",而不是"[CLS]"和"[SEP]"。让我们回到 SentencePiece 分词器,看看它有什么特别之处。SentencePiece 是一种基于子词的分词方法,它可以将输入文本分割成较小的子词单元。与传统的基于词的分词方法不同,SentencePiece 的特殊之处在于它可以处理不同语言的单词、子词和字符,并在一个共享的词汇表中进行编码。这使得 SentencePiece 在处理多语言文本时非常灵活和高效。

- SentencePiece 使用了一种称为 Unigram 语言模型的算法来构建词汇表。它通过学习文本数据的统计信息,自动确定最佳的分割点,以创建包含子词单元的词汇表。这使得 SentencePiece 可以处理未登录词(out-of-vocabulary,OOV)问题,并提供对罕见或专有词汇的良好覆盖。SentencePiece 的另一个优点是它的可扩展性和适应性。它可以根据应用的需求进行配置,如设置最大词汇表大小、控制子词划分的粒度等。这种灵活性使得 SentencePiece 成为多种自然语言处理任务的首选分词器之一。总之,SentencePiece 通过基于子词的分词方法和自适应的词汇表构建算法,提供了一种灵活、高效且可扩展的分词解决方案,适用于多语言处理任务。

现在了解了标记化的工作原理,看看如何以适合实体识别的形式对简单示例进行编码。我们要做的第一件事是加载带有标记分类头的预训练模型,但不是直接从转换器网络加载这个头部,而是构建它。通过深入研究 Transformers 库,只需几个步骤即可完成此操作,接下来将看到 Transformers 库如何通过微小的修改支持许多其他任务。

7.4　模型类剖析

Transformers 库的组织方式是针对不同架构和任务专门设立类,与不同任务相关的模型类根据"＜ModelName＞For＜Task＞"约定进行命名,或者在使用 AutoModel 类时使用 AutoModelFor＜Task＞。而且,Transformers 库旨在能够针对特定用例轻松扩展现有模型,可以从预训练模型加载权重,并且可以访问特定于任务的辅助函数。这能够实现以极少的开销为特定目标构建自定义模型的目标。本节将会介绍如何实现自定义模型。

7.4.1　模型体和头

转换器网络的主要概念之一是将架构分为身体和头部。当从预训练任务切换到下游任务时,需要将模型的最后一层替换为适合该任务的一层。最后一层称为模型头,这是特定于任务的部分。模型的其余部分称为模型体,包括与任务无关的标记嵌入和转换器层。

这种架构的分离方式使得在不同任务之间共享身体变得更加容易。例如,当使用 Fine-tuning 对预训练模型进行下游自然语言理解任务时,可以仅冻结模型的主体,并针对特定任务训练模型头。这种方法被称为迁移学习,在自然语言处理领域得到了广泛应用。在 Transformers 框架中,模型体通常由返回最后一层隐藏状态的类实现,如 BertModel 或 GPT2Model。而特定于任务的模型,则是在这些基本模型之上添加任务特定头部的扩展,如 BertForMaskedLM 或 BertForSequenceClassification,以适应特定的任务。同样,GPT2ForCausalLM 或 GPT2ForSequenceClassification 等类也是在 GPT2Model 基本模型之上添加任务特定头部的扩展,如图 7-3 所示。

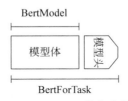

图 7-3　**BertModel** 类只包含模型体,而 **BertForTask** 类将主体与给定任务的专用头部结合在一起

正如接下来将看到的,这种模型体和模型头的分离能够为任何任务构建一个自定义头部,并将其安装在预训练模型之上。

7.4.2　创建自定义模型

由于 XLM-R 使用与 RoBERTa 相同的模型架构,接下来将使用 RoBERTa 作为基础模型,但增加了特定于 XLM-R 的设置。这只是一项练习,展示如何构建自定义模型。XLMRobertaForTokenclassification 类已经存在,可以从 Transformers 导入该类。首先,需要一个数据结构来表示 XLM-R 实体识别标记器。作为第一次尝试,需要一个配置对象来初始化模型,以及一个 forward() 函数来生成输出。下面继续构建 XLM-R 类进行标记分类。

```
import torch.nn as nn
```

```
from transformers import XLMRobertaConfig
from transformers.modeling_outputs import TokenClassifierOutput
from transformers.models.roberta.modeling_roberta import RobertaModel
from transformers.models.roberta.modeling_roberta import RobertaPreTrainedModel

class XLMRobertaForTokenClassification(RobertaPreTrainedModel):
    config_class=XLMRobertaConfig

    def __init__(self, config):
        super().__init__(config)
        self.num_labels=config.num_labels
        #Load model body
        self.roberta=RobertaModel(config, add_pooling_layer=False)
        #Set up token classification head
        self.dropout=nn.Dropout(config.hidden_dropout_prob)
        self.classifier=nn.Linear(config.hidden_size, config.num_labels)
        #Load and initialize weights
        self.init_weights()

    def forward(self, input_ids=None, attention_mask=None, token_type_ids=
None,
               labels=None, * * kwargs):
        #Use model body to get encoder representations
        outputs=self.roberta(input_ids, attention_mask=attention_mask,
                      token_type_ids=token_type_ids, * * kwargs)
        #Apply classifier to encoder representation
        sequence_output=self.dropout(outputs[0])
        logits=self.classifier(sequence_output)
        #Calculate losses
        loss=None
        if labels is not None:
            loss_fct=nn.CrossEntropyLoss()
            loss=loss_fct(logits.view(-1, self.num_labels), labels.view(-1))
        #Return model output object
        return TokenClassifierOutput(loss=loss, logits=logits,
                            hidden_states=outputs.hidden_states,
                            attentions=outputs.attentions)
```

config_class 确保在初始化新模型时使用标准 XLM-R 设置。如果要更改默认参数,可以通过覆盖配置中的默认设置来实现。通过 super() 方法,调用了 RobertaPreTrainedModel 类的初始化函数。这个抽象类处理预训练权重的初始化或加载。然后加载模型主体,即 RobertaModel,并使用自己的分类头对其进行扩展,该分类头由一个随机失活(dropout)和一个标准前馈层组成。请注意,设置 add_pooling_layer=False 以确保返回所有隐藏状态,而不仅仅是与"[CLS]"标记关联的状态。最后,通过调用继承自 RobertaPreTrainedModel 的 init_weights() 方法来初始化所有权重,该方法将为模型主体加载预训练权重,并随机初始化标记分类头的权重。

剩下要做的就是使用 forward() 方法定义模型在前向传播中应该做什么。在前向传递过程中,数据首先通过模型主体馈送。前向传递过程中,输入变量 input_ids 和 attention_mask 通过模型主体进行处理,产生隐藏状态作为模型的中间表示。隐藏状态是模型主体的输出之一,它是在处理输入序列时学习到的特征表示。隐藏状态可以被视为模型对输入序列的编码表示,其中每个隐藏状态向量对应输入序列中的一个标记位置。这些隐藏状态经过随机失活层和分类层的处理,最终生成模型的输出。如果在前向传播中也提供标签,可以直接计算损失。如果有注意力掩码,需要做更多的工作以确保只计算未掩码标记的损失。最后,将所有输出包装在一个 TokenClassifierOutput 对象中,该对象允许访问前面章节中熟悉的命名元组中的元素。

通过只实现一个简单类的两个函数,可以构建自己的自定义转换器网络。由于继承自 PreTrainedModel,可以立即访问所有有用的 Transformers 实用程序,如 from_pretrained()。看看如何将预训练的权重加载到自定义模型中。

7.4.3　加载自定义模型

现在准备加载标记分类模型。除了模型名称外,还需要提供一些附加信息,包括将用于标记每个实体的标签以及每个标签与 ID 之间的映射关系。所有这些信息都可以从 tags 变量中获取,作为 ClassLabel 对象,它具有一个 names 属性,可以使用它来获取映射关系。

```
index2tag={idx: tag for idx, tag in enumerate(tags.names)}
tag2index={tag: idx for idx, tag in enumerate(tags.names)}
```

AutoConfig 对象中存储这些映射和 tags.num_classes 属性。将关键字参数传递给 from_pretrained()方法会覆盖默认值。

```
from transformers import AutoConfig

xlmr_config=AutoConfig.from_pretrained(xlmr_model_name,
                        num_labels=tags.num_classes,
                        id2label=index2tag, label2id=tag2index)
```

AutoConfig 类包含模型架构的蓝图。当使用 AutoModel.from_pretrained(model_ckpt)加载模型时,会自动下载与该模型关联的配置文件。但是,如果想要修改类的数量或标签名称等内容,那么可以先使用想要自定义的参数加载配置。

现在,可以像往常一样使用带有附加配置参数的 from_pretrained()函数加载模型权重。请注意,没有在自定义模型类中实现加载预训练权重,通过从 RobertaPreTrainedModel 继承来自动获得。

```
import torch

device=torch.device("cuda" if torch.cuda.is_available() else "cpu")
xlmr_model=(XLMRobertaForTokenClassification
            .from_pretrained(xlmr_model_name, config=xlmr_config)
            .to(device))
```

为了快速检查是否正确初始化了 tokenizer 和 model,在已知实体的小序列上测试预测结果。

```
input_ids=xlmr_tokenizer.encode(text, return_tensors="pt")
pd.DataFrame([xlmr_tokens, input_ids[0].numpy()], index=["Tokens", "Input
IDs"])
```

输出：

	0	1	2	3	4	5	6	7
Tokens	<s>	_Ivan	_Lee	_lives	_in	_Beijing	.	</s>
Input IDs	0	23698	19824	60742	23	134288	5	2

正如在此处看到的，开始标记"<s>"和结束标记"</s>"的 ID 分别被赋予 0 和 2。最后，需要将输入传递给模型并通过使用 argmax 来提取预测，确定预测结果中每个标记的最可能类别。通过应用 argmax 函数来找到具有最高概率的类别索引。argmax 函数将返回最大概率的索引，即表示最可能类别的整数。

```
outputs=xlmr_model(input_ids.to(device)).logits
predictions=torch.argmax(outputs, dim=-1)
print(f"在序列中的标记数: {len(xlmr_tokens)}")
print(f"输出形状: {outputs.shape}")
```

输出：

```
在序列中的标记数: 8
输出形状: torch.Size([1, 8, 7])
```

在这里，可以看到的形状为[batch_size, num_tokens, num_tags]，其中每个标记都分配了 7 个可能的实体识别标签中的一个对数概率。通过枚举序列，可以快速查看预训练模型的预测结果。

```
preds=[tags.names[p] for p in predictions[0].cpu().numpy()]
pd.DataFrame([xlmr_tokens, preds], index=["Tokens", "Tags"])
```

输出：

	0	1	2	3	4	5	6	7
Tokens	<s>	_Ivan	_Lee	_lives	_in	_Beijing	.	</s>
Tags	I-ORG	B-ORG	B-ORG	I-ORG	B-ORG	I-ORG	I-ORG	B-PER

目前，具有随机权重的标记分类层还有很多不足之处，对一些标记数据进行微调以使其更好。在这样做之前，将前面的步骤包装到一个辅助函数中以备后用。

```
def tag_text(text, tags, model, tokenizer):
    #Get tokens with special characters
    tokens=tokenizer(text).tokens()
    #Encode the sequence into IDs
    input_ids=xlmr_tokenizer(text, return_tensors="pt").input_ids.to(device)
    #Get predictions as distribution over 7 possible classes
    outputs=model(input_ids)[0]
    #Take argmax to get most likely class per token
    predictions=torch.argmax(outputs, dim=2)
    #Convert to DataFrame
    preds=[tags.names[p] for p in predictions[0].cpu().numpy()]
    return pd.DataFrame([tokens, preds], index=["Tokens", "Tags"])
```

在可以训练模型之前，还需要标记输入并准备标签。

7.5　标　记　文　本

　　现在已经确定分词器和模型可以对单个示例进行编码,下一步是对整个数据集进行分词,以便可以将其传递给 XLM-R 模型进行微调。实际上,datasets 库提供了用于对 Dataset 对象进行转换和操作的 map() 函数,但它主要用于对数据集中的示例应用函数进行映射。要对数据集中的文本进行标记化,需要使用适当的分词器库(如 Hugging Face 的 transformers 库)中的函数来标记化文本,然后使用 datasets 库的 map() 函数将标记化后的结果应用到数据集中。为此,回想一下,首先需要定义一个具有最小签名的函数。

```
function(examples: Dict[str, List]) ->Dict[str, List]
```

其中,examples 相当于数据集的一部分,如 panx_de['train'][：10]。使用 XLM-R 分词器对文本进行标记化,它将返回模型输入所需的输入 ID 序列。但是,还可以使用注意力掩码和标签 ID 来扩充这些信息,以提供有关每个标记与实体识别标签相关联的信息。一种常见的方法是使用特殊的标签 ID 来表示不同的实体识别标签,并将其与输入 ID 序列一起传递给模型。可以根据实体识别任务需求,为每个标签定义一个唯一的标签 ID。然后,在模型训练过程中,可以将这些标签 ID 用作损失函数的目标。另外,注意力掩码可以指示模型在处理输入序列时应该忽略的位置。在实体识别任务中,通常使用一个二进制掩码,其中"1"表示要注意的标记,"0"表示要忽略的标记。可以根据需要创建注意力掩码,并将其与输入 ID 序列和标签 ID 一起传递给模型。当使用 Transformers 库处理单词和标签时,一种常见的做法是将它们收集为普通列表,然后将其与单个示例一起使用。

```
words, labels=de_example["tokens"], de_example["ner_tags"]
```

　　如果已经将输入序列拆分为单词,并且希望告知分词器输入序列已经被拆分为单词,可以使用 is_split_into_words＝True 参数来标记每个单词。这样,分词器将正确处理单词级别的标记化。

```
tokenized_input=xlmr_tokenizer(en_example["tokens"], is_split_into_words=
True)
tokens=xlmr_tokenizer.convert_ids_to_tokens(tokenized_input["input_ids"])
pd.DataFrame([tokens], index=["Tokens"])
```

　　tokenized_input 是 Hugging Face Transformers 框架中用于表示经过 tokenization 处理的文本输入的类。它包含多个函数,其中 word_ids() 函数可以返回输入文本中每个单词对应的 token 序列。在命名实体识别任务中,需要对输入文本进行标记化处理,然后将每个标记与其对应的标签进行匹配。由于一些单词可能包含多个标记,因此需要使用 word_ids() 函数来获取每个单词对应的标记序列,以便正确地匹配每个标签。通过这种方式,可以确保仅将 B-LOC 标签与第一个子词相关联,而忽略后续子词的标签。

```
word_ids=tokenized_input.word_ids()
pd.DataFrame([tokens, word_ids], index=["Tokens", "Word IDs"])
```

　　这里可以看到,word_ids 已经将每个子词映射到单词序列中的相应索引,还可以看到像＜s＞和这样的特殊标记＜/s＞被映射到 None。将－100 设置为这些特殊标记的标签,以及在训练期间屏蔽的子词。

```
previous_word_idx=None
label_ids=[]

for word_idx in word_ids:
    if word_idx is None or word_idx==previous_word_idx:
        label_ids.append(-100)
    elif word_idx!=previous_word_idx:
        label_ids.append(labels[word_idx])
    previous_word_idx=word_idx

labels=[index2tag[l] if l!=-100 else "IGN" for l in label_ids]
index =["Tokens", "Word IDs", "Label IDs", "Labels"]

pd.DataFrame([tokens, word_ids, label_ids, labels], index=index)
```

选择将标签设置为 -100 是因为在 PyTorch 中,交叉熵损失函数 torch.nn.CrossEntropyLoss 有一个名为 ignore_index 的属性,其默认值为 -100。ignore_index 的作用是指定在计算损失时应忽略的目标索引,即将其视为无效。通过将标签设置为 -100,可以利用 ignore_index 属性来忽略与连续子词相关联的标记,从而在训练期间有效地屏蔽它们。

现在可以清楚地看到标签 ID 如何与标记对齐,因此通过定义一个包装所有逻辑的函数将其扩展到整个数据集。

```
def tokenize_and_align_labels(examples):
    tokenized_inputs=xlmr_tokenizer(examples["tokens"], truncation=True,
                            is_split_into_words=True)
    labels=[]
    for idx, label in enumerate(examples["ner_tags"]):
        word_ids=tokenized_inputs.word_ids(batch_index=idx)
        previous_word_idx=None
        label_ids=[]
        for word_idx in word_ids:
            if word_idx is None or word_idx==previous_word_idx:
                label_ids.append(-100)
            else:
                label_ids.append(label[word_idx])
            previous_word_idx=word_idx
        labels.append(label_ids)
    tokenized_inputs["labels"]=labels
    return tokenized_inputs
```

现在拥有了对每个拆分进行编码所需的所有代码,编写一个可以迭代的函数。

```
def encode_panx_dataset(corpus):
    return corpus.map(tokenize_and_align_labels, batched=True,
                remove_columns=['langs', 'ner_tags', 'tokens'])
```

通过将此函数应用于 DatasetDict 对象,在每个拆分中获得一个编码的 Dataset 对象。用它来编码英语语料库。

```
panx_en_encoded=encode_panx_dataset(panx_ch["en"])
```

现在有了一个模型和一个数据集,还需要定义一个性能指标。

7.6 绩 效 衡 量

评估实体识别模型类似于评估文本分类模型,通常会报告精度、召回率和 F1-score 的结果。评估实体识别模型通常与评估文本分类模型有一些不同之处。在实体识别任务中,每个实体的所有单词都需要被正确预测,才能将预测算作正确。为了方便进行实体识别模型的评估,可以使用名为 seqeval 的库,它专为此类任务而设计。seqeval 库提供了计算序列标注任务的精确度、召回率和 F1-score 的功能。它支持多种标签方案,如 BIO、IOB2 等。可以使用这些指标来评估模型在实体识别任务中的性能,并获得更详细的评估结果。例如,给定一些占位符实体识别标签(y_true)和模型预测(y_pred),可以通过 seqeval 的 classification_report()函数计算指标。

```
from seqeval.metrics import classification_report

y_true=[["O", "O", "O", "B-MISC", "I-MISC", "I-MISC", "O"],
        ["B-PER", "I-PER", "O"]]
y_pred=[["O", "O", "B-MISC", "I-MISC", "I-MISC", "I-MISC", "O"],
        ["B-PER", "I-PER", "O"]]
print(classification_report(y_true, y_pred))
```

输出:

	precision	recall	f1-score	support
MISC	0.00	0.00	0.00	1
PER	1.00	1.00	1.00	1
micro avg	0.50	0.50	0.50	2
macro avg	0.50	0.50	0.50	2
weighted avg	0.50	0.50	0.50	2

在 seqeval 中,预测和标签都需要作为列表的列表传递,其中每个内部列表对应于验证或测试集中的单个示例。这是为了能够逐个比较每个预测序列和相应的标签序列。y_pred 和 y_true 都是列表的列表,其中每个内部列表对应于验证或测试集中的单个示例。每个内部列表表示预测或真实标签序列。通过将预测和标签作为列表的列表传递给 seqeval 的评估函数,可以计算精确度、召回率和 F1-score 等评估指标,并获得针对每个标签的详细报告。为了在训练期间整合这些指标,需要一个函数来获取模型的输出并将它们转换为 seqeval 期望的列表。以下通过确保忽略与后续子词关联的标签 ID 来解决问题。

```
import numpy as np

def align_predictions(predictions, label_ids):
    preds=np.argmax(predictions, axis=2)
    batch_size, seq_len=preds.shape
    labels_list, preds_list=[], []

    for batch_idx in range(batch_size):
        example_labels, example_preds=[], []
```

```
    for seq_idx in range(seq_len):
        #Ignore label IDs=-100
        if label_ids[batch_idx, seq_idx]!=-100:
            example_labels.append(index2tag[label_ids[batch_idx][seq_idx]])
            example_preds.append(index2tag[preds[batch_idx][seq_idx]])

    labels_list.append(example_labels)
    preds_list.append(example_preds)

return preds_list, labels_list
```

配备性能指标后，可以继续实际训练模型。

7.7   微调 XLM-R

现在拥有微调模型的所有要素了。第一个策略是在 PAN-X 的英语子集上微调基本模型，然后评估其在法语、汉语和德语上的零样本跨语言性能。像往常一样，将使用 Trainer 来处理训练循环，因此首先使用 TrainingArguments 类定义训练属性。

```
from transformers import TrainingArguments

num_epochs=3
batch_size=24
logging_steps=len(panx_de_encoded["train"]) // batch_size
model_name=f"{xlmr_model_name}-finetuned-panx-de"
training_args=TrainingArguments(
    output_dir=model_name, log_level="error", num_train_epochs=num_epochs,
    per_device_train_batch_size=batch_size,
    per_device_eval_batch_size=batch_size, evaluation_strategy="epoch",
    save_steps=1e6, weight_decay=0.01, disable_tqdm=False,
    logging_steps=logging_steps)
```

每个周期结束时可评估模型对验证集的预测，调整权重衰减，并将 save_steps 设置为较大的数字以禁用检查点，从而加快训练速度，还需要告诉 Trainer 如何在验证集上计算指标，因此这里可以使用之前定义的 align_predictions()函数提取预测和标签，以符合 seqeval 计算 F1-score 所需的格式。

```
from seqeval.metrics import f1_score

def compute_metrics(eval_pred):
    y_pred, y_true=align_predictions(eval_pred.predictions,
                                      eval_pred.label_ids)
    return {"f1": f1_score(y_true, y_pred)}
```

最后一步是定义一个数据整理器，这样就可以将每个输入序列填充到批次中的最大序列长度。Transformers 为标记分类提供了一个专用的数据整理器，它将与输入一起填充标签：填充标签是必要的，因为与文本分类任务不同，标签也是序列。这里的一个重要细节是标签序列用值−100 填充，正如我们所见，PyTorch 损失函数忽略了该值。

下面将在本章中训练多个模型，因此将通过创建模型 init()方法来避免为每个 Trainer

初始化一个新模型。该方法加载一个未经训练的模型，并在 train() 开始时被调用。

```
def model_init():
    return (XLMRobertaForTokenClassification
            .from_pretrained(xlmr_model_name, config=xlmr_config)
            .to(device))
```

现在可以将所有这些信息与编码数据集一起传递给 Trainer。

```
from transformers import Trainer

trainer=Trainer(model_init=model_init, args=training_args,
            data_collator=data_collator, compute_metrics=compute_metrics,
            train_dataset=panx_de_encoded["train"],
            eval_dataset=panx_de_encoded["validation"],
            tokenizer=xlmr_tokenizer)
```

然后按如下方式运行训练循环。

```
trainer.train()
```

输出：

Epoch	Training Loss	Validation Loss	F1
1	0.485600	0.384179	0.747049
2	0.310100	0.365975	0.781415
3	0.210100	0.376443	0.810890

这些 F1-score 对于实体识别模型来说相当不错。为了确认模型是否按预期工作，在简单示例的德语翻译上对其进行测试。

```
text_zh ="李伊凡是北京 KgraphX 的计算机科学家"
tag_text(text_de, tags, trainer.model, xlmr_tokenizer)
```

输出：

	0	1	2	3	4	5	6	7	8	9	10	11	12
Tokens	\<s\>	_李	伊	凡	是	北京	K	graph	X	的	计算机	科学家	\</s\>
Tags	O	B-PER	I-PER	I-PER	O	B-ORG	O	I-ORG	I-ORG	O	O	O	O

但是，不应该基于单个示例对性能过于自信，相反应该对模型的错误进行适当和彻底的调查。7.8 节将探讨如何为实体识别任务执行此操作。

7.8　错 误 分 析

在深入研究 XLM-R 的多语言方面之前，花点时间调查一下模型的错误，对模型进行彻底的错误分析是训练和调试转换器网络时较重要的方面之一。有几种故障模式，看起来模型表现良好，但实际上它有一些严重的缺陷，训练可能失败的例子包括以下 3 点。

◇ 在模型训练过程中，有可能会因为一些错误的设置或参数选择，导致模型过度掩盖标记，即将一些有用的信息在训练过程中隐藏起来。在这种情况下，模型在训练集上的表现可能看起来不错，但在实际应用中可能会出现严重的问题。因为过度掩盖标记会导致模型无法学习到正确的特征,从而无法在新数据上进行准确的预测。因此,在模型训练时需要仔细检查和调整参数,以确保模型可以正确地学习到数据中的有用信息。

◇ compute_metrics()函数是用来计算模型在测试集或验证集上的性能指标的函数。在某些情况下,这个函数可能存在错误。例如,计算指标时可能忽略了一些重要的细节或误判了一些实例。这可能会导致模型的真实性能被高估,从而误导人们对模型的表现有误判。因此,当使用 compute_metrics()函数时,需要注意检查其实现细节,确保它可以正确计算所需的指标并排除任何潜在的错误。同时,也可以在模型评估过程中使用多个不同的指标和评估方法,以更全面和准确地了解模型的性能表现。

◇ "O"是实体识别任务中的一种特殊的实体类型,表示 other 或 none,即未被标记为特定实体类型的标记。将"O"实体类型视为普通类别会导致模型在准确性和 F-score 等评估指标上出现偏差,因为它是在训练数据中出现最频繁的类别。正确的做法是将"O"实体类型视为一种特殊情况,并在评估模型时进行适当的处理,例如使用微平均或宏平均等指标来平衡不同实体类型之间的重要性。

当模型的性能比预期差很多时,查看错误可以产生有用的见解,并揭示仅通过查看代码很难发现的错误。即使模型表现良好并且代码中没有错误,错误分析仍然是了解模型优缺点的有用工具。这些是在生产环境中部署模型时始终需要牢记的方面。

对于分析,将再次使用较强大的工具之一,即查看损失最高的验证示例,可以重用构建的用于分析序列分类模型的大部分函数,但现在将计算样本序列中每个标记的损失。定义一个可以应用于验证集的方法。

```python
from torch.nn.functional import cross_entropy

def forward_pass_with_label(batch):
    #Convert dict of lists to list of dicts suitable for data collator
    features=[dict(zip(batch, t)) for t in zip(*batch.values())]
    #Pad inputs and labels and put all tensors on device
    batch=data_collator(features)
    input_ids=batch["input_ids"].to(device)
    attention_mask=batch["attention_mask"].to(device)
    labels=batch["labels"].to(device)
    with torch.no_grad():
        #Pass data through model
        output=trainer.model(input_ids, attention_mask)
        #Logit.size: [batch_size, sequence_length, classes]
        #Predict class with largest logit value on classes axis
        predicted_label=torch.argmax(output.logits, axis=-1).cpu().numpy()
    #Calculate loss per token after flattening batch dimension with view
    loss=cross_entropy(output.logits.view(-1, 7),
                    labels.view(-1), reduction="none")
    #Unflatten batch dimension and convert to numpy array
    loss=loss.view(len(input_ids), -1).cpu().numpy()

    return {"loss":loss, "predicted_label": predicted_label}
```

现在可以使用 map()将此函数应用于整个验证集,并将所有数据加载到 DataFrame 中以供进一步分析。

```
valid_set=panx_de_encoded["validation"]
valid_set=valid_set.map(forward_pass_with_label, batched=True, batch_size=32)
df=valid_set.to_pandas()
```

标记和标签仍然使用它们的 ID 进行编码,因此将标记和标签映射回字符串,以便更容易读取结果。对于标签为−100 的填充标记,分配了一个特殊标签"IGN",以便稍后过滤它们,还可通过将 loss 和 predicted_label 字段截断为输入的长度来去除所有填充。

```
index2tag[-100]="IGN"
df["input_tokens"]=df["input_ids"].apply(
    lambda x: xlmr_tokenizer.convert_ids_to_tokens(x))
df["predicted_label"]=df["predicted_label"].apply(
    lambda x: [index2tag[i] for i in x])
df["labels"]=df["labels"].apply(
    lambda x: [index2tag[i] for i in x])
df['loss']=df.apply(
    lambda x: x['loss'][:len(x['input_ids'])], axis=1)
df['predicted_label']=df.apply(
    lambda x: x['predicted_label'][:len(x['input_ids'])], axis=1)
df.head(1)
```

输出:

	input_ids	attention_mask	labels	loss	predicted_label	input_tokens
0	[0, 111767, 87, 1529, 5861, 1650, 194397, 70, ...	[1, 1, 1, 1, 1, 1, 1, 1, 1, 1, 1, 1]	[IGN, O, B-ORG, I-ORG, IGN, I-ORG, I-ORG, I-OR...	[0.0, 0.00022480344, 0.004163289, 0.001767622,...	[I-ORG, O, B-ORG, I-ORG, I-ORG, I-ORG, I-ORG, ...	[<s>, _", _I, _He, ard, _It, _Through, _the, ...

每列包含一个样本的标记、预测标记等的令牌列表。下面通过展开这些列表来逐个查看令牌。pandas.Series.explode() 函数是一个用于 Series 对象的方法,用于将包含列表的单个元素的行转换为包含每个元素的单独行。这对于展开嵌套的列表结构很有用。由于一行中的所有列表具有相同的长度,因此,可以对所有列进行并行操作,还删除了称为"IGN"的填充标签,因为它们的损失值为 0。如果对 DataFrame 中的所有列进行并行操作,并且删除具有特定填充标签的行,可以使用 DataFrame.apply() 函数和条件筛选来实现。最后,将仍然是 numpy.Array 对象的损失转换为标准的浮点数。

```
df_tokens=df.apply(pd.Series.explode)
df_tokens=df_tokens.query("labels != 'IGN'")
df_tokens["loss"]=df_tokens["loss"].astype(float).round(2)
df_tokens.head(7)
```

输出:

	input_ids	attention_mask	labels	loss	predicted_label	input_tokens
0	111767	1	O	0.0	O	_"
0	87	1	B-ORG	0.0	B-ORG	_I
0	1529	1	I-ORG	0.0	I-ORG	_He
0	1650	1	I-ORG	0.0	I-ORG	_It
0	194397	1	I-ORG	0.0	I-ORG	_Through
0	70	1	I-ORG	0.0	I-ORG	_the
0	6524	1	I-ORG	0.0	I-ORG	_Gra

有了这种形状的数据,可以按输入标记对其进行分组,并将每个标记的损失与计数、平均值和总和相加。最后,根据损失总和对聚合数据进行排序,看看哪些标记在验证集中累积的损失最多。

```
(
    df_tokens.groupby("input_tokens")[["loss"]]
    .agg(["count", "mean", "sum"])
    .droplevel(level=0, axis=1) #Get rid of multi-level columns
    .sort_values(by="sum", ascending=False)
    .reset_index()
    .round(2)
    .head(10)
    .T
)
```

输出:

	0	1	2	3	4	5	6	7	8	9
input_tokens	_	_of	_(	_)	_the	_and	_The	_in	_A	_'
count	4891	1184	1683	1679	984	634	298	788	142	1120
mean	0.2	0.53	0.29	0.29	0.34	0.34	0.55	0.19	1.04	0.11
sum	960.9	628.87	487.95	487.76	336.42	213.09	162.97	149.85	147.82	122.95

可以在这个列表中观察到几种模式。

◇ 空白标记的总损失最高,这并不奇怪,因为它也是列表中最常见的标记,但是它的平均损失远低于列表中的其他标记,这意味着该模型不会费力对其进行分类。

◇ 像"of""the""and"和"in"这样的词出现得比较频繁,经常与命名实体一起出现,有时是它们的一部分,这解释了为什么模型可能会混淆它们。

◇ 单词开头的括号、斜杠和大写字母比较少见,但平均损失相对较高。下面将进一步调查它们。

还可以对标签 ID 进行分组并查看每个类别的损失。

```
(
    df_tokens.groupby("labels")[["loss"]]
    .agg(["count", "mean", "sum"])
    .droplevel(level=0, axis=1)
    .sort_values(by="mean", ascending=False)
    .reset_index()
    .round(2)
    .T
)
```

输出:

	0	1	2	3	4	5	6
labels	B-ORG	I-LOC	B-LOC	I-ORG	I-PER	B-PER	O
count	2921	4056	3054	7231	4680	2876	25621
mean	0.83	0.79	0.6	0.58	0.56	0.47	0.09
sum	2437.63	3224.09	1829.84	4173.3	2607.74	1365.41	2283.33

　　B-ORG 的平均损失最高意味着确定组织的开头对模型提出了挑战。可以通过绘制标记分类的混淆矩阵来进一步分解它,也可以看到组织的开头经常与后续的 I-ORG 标记混淆。

```python
from sklearn.metrics import ConfusionMatrixDisplay, confusion_matrix
import matplotlib.pyplot as plt

def plot_confusion_matrix(y_preds, y_true, labels):
    cm=confusion_matrix(y_true, y_preds, normalize="true")
    fig, ax=plt.subplots(figsize=(6, 6))
    disp=ConfusionMatrixDisplay(confusion_matrix=cm, display_labels=labels)
    disp.plot(cmap="Blues", values_format=".2f", ax=ax, colorbar=False)
    plt.title("Normalized confusion matrix")
    plt.show()
plot_confusion_matrix(df_tokens["labels"], df_tokens["predicted_label"],
                      tags.names)
```

　　输出:如图 7-4 所示,模型最容易混淆 B-ORG 和 I-ORG 实体。但是,模型非常擅长对剩余实体进行分类,混淆矩阵的近对角线性质清楚地表明了这一点。混淆矩阵的近对角线性质是指在分类问题中,混淆矩阵的主对角线元素(对应于真实标签和预测标签完全匹配的情况)相对较大,而非对角线元素(对应于预测错误的情况)相对较小。

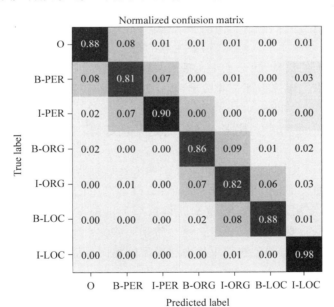

图 7-4　标记分类的混淆矩阵

第 8 章

文本生成案例分析

文本生成任务是指通过语言模型生成新的文本内容,可以是一段话、一篇文章甚至是一个故事或诗歌等。这样的任务要求模型能够理解上下文、语法和语义,并以合适的方式组织和表达信息。在文本生成任务中,语言模型可以基于给定的提示或上下文生成连贯的文本。这可以用于多种应用。

⬦ 自动作文:模型可以根据给定的主题或关键词生成一篇文章或段落。

⬦ 内容创作助手:模型可以提供创意和灵感,帮助写作故事、歌词、剧本等。

⬦ 机器翻译:模型可以将一种语言的文本自动翻译成另一种语言。

⬦ 对话系统:模型可以生成自然流畅的回复,进行人机对话。

⬦ 文本摘要:模型可以提取一篇文章或段落的关键信息,并生成摘要。

这些任务需要模型具备丰富的词汇和语法知识,理解上下文的语义和逻辑,并能够生成准确、连贯和有创造性的文本。然而,需要注意的是,文本生成任务也存在一些挑战。例如,生成不完整或不准确的信息、缺乏上下文理解、缺乏常识判断能力等。因此,在实际应用中,对于生成的文本结果应该进行评估和筛选,确保其质量和准确性。

8.1 生成连贯文本

本书一直专注于通过结合预训练和监督微调来处理自然语言处理任务。对于序列或标记分类等任务特定的头部,生成预测非常简单;该模型产生的一些输出,要么取最大值来获得预测的类别,要么应用 Softmax 函数来获得每个类别的预测概率。相比之下,将模型的概率输出转换为文本需要一种解码方法,这会带来一些文本生成独有的挑战。

⬦ 解码是迭代完成的,因此与简单地通过模型的前向传播传递一次输入相比,涉及的计算要多得多。

⬦ 生成文本的质量和多样性取决于解码方法和相关超参数的选择。

与其他自回归或因果语言模型类似,GPT-2 被预训练用于估计在给定某个初始提示或上下文序列 $x=x_1,x_2,\cdots,x_k$ 的情况下,文本中出现序列 $y=y_1,y_2,\cdots,y_t$ 的概率 $P(y|x)$。由于直接估计 $P(y|x)$ 所需的训练数据量巨大且不切实际,常常使用概率的链式法则将其因子分解为条件概率的乘积。

$$P(y_1,y_2,\cdots,y_t \mid x)=\prod_{t=1}^{N} P(y_t \mid y_{<t},x)$$

其中,$y_{<t}$ 是序列 $y_1,y_2,\cdots,y_{t-1}$ 的简写符号。正是从这些条件概率中,得出的结论是:自回归语言建模相当于在给定句子中前面的单词的情况下预测每个单词,这正是前面等式右边

的概率所描述的。请注意,此预训练目标与 BERT 有很大不同,后者利用过去和未来的上下文来预测掩码标记。

目前已经知道如何调整下一个标记预测任务以生成任意长度的文本序列。如图 8-1 所示,从"Transformers are the"这样的提示开始,并使用模型来预测下一个标记。一旦确定了下一个标记,将其附加到提示,然后使用新的输入序列生成另一个标记,直到达到特殊的序列结束标记或预定义的最大长度。

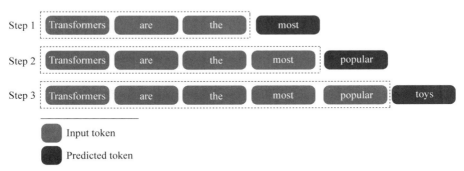

图 8-1   通过在每步向输入添加一个新词来从输入序列生成文本

注意事项:由于输出序列以输入提示的选择为条件,因此这种文本生成通常称为条件文本生成。

在这个过程的核心是一个解码方法,它决定在每个时间步骤选择哪个标记。由于语言模型头部在每个步骤为词汇表中的每个标记产生一个 $z_{t,i}$,可以通过对 $z_{t,i}$ 应用 Softmax 来获得下一个可能标记 w_i 的概率分布。

$$P\left(y_t = w_i \mid y_{<t}, x\right) = \text{Softmax}(z_{t,i})$$

大多数解码方法的目标是通过选择一个这样的序列来搜索最可能的整体序列 $\hat{y}$。

$$\hat{y} = \underset{y}{\arg\max} \, P(y \mid x)$$

查找 $\hat{y}$ 将涉及使用语言模型评估每个可能的序列。由于不存在可以在合理时间内完成此操作的算法,因此需要依赖于近似值。本章将探索其中的一些近似值,并逐渐构建更智能、更复杂的算法,这些算法可用于生成高质量的文本。

8.2   贪心搜索解码

从模型的连续输出中获取离散标记的最简单解码方法是在每个时间步长贪心地选择概率最高的标记。

$$\hat{y}_t = \underset{y_t}{\arg\max} \, P\left(y_t \mid y_{<t}, x\right)$$

为了了解贪心搜索的工作原理,首先须加载带有语言建模头部的 GPT-2(15 亿参数版本)。

```
import torch
from transformers import AutoTokenizer, AutoModelForCausalLM
```

```
device="cuda" if torch.cuda.is_available() else "cpu"
model_name ="gpt2-xl"
tokenizer =AutoTokenizer.from_pretrained(model_name)
model =AutoModelForCausalLM.from_pretrained(model_name).to(device)
```

尽管 Transformers 提供了对于像 GPT-2 这样的自回归模型的 generate() 函数,但为了了解内部运行情况,将实现这个解码方法。下面将采用如图 8-1 所示的迭代方法,将使用"Transformers are the"作为输入提示,并在 8 个时间步骤内运行解码过程。在每个时间步骤中,选择模型对提示中最后一个标记的 logits,并使用 Softmax 将其转换为概率分布。然后,选择具有最高概率的下一个标记,将其添加到输入序列,并再次运行该过程。以下代码完成了这个任务,并且还存储了每个时间步骤的 5 个最有可能的标记,以便可以可视化观察备选项。

```
import pandas as pd

input_txt="Transformers are the"
input_ids=tokenizer(input_txt, return_tensors="pt")["input_ids"].to(device)
iterations=[]
n_steps=8
choices_per_step=5

with torch.no_grad():
    for _ in range(n_steps):
        iteration=dict()
        iteration["Input"]=tokenizer.decode(input_ids[0])
        output=model(input_ids=input_ids)
        #Select logits of the first batch and the last token and apply Softmax
        next_token_logits=output.logits[0, -1, :]
        next_token_probs=torch.Softmax(next_token_logits, dim=-1)
        sorted_ids=torch.argsort(next_token_probs, dim=-1, descending=True)
        #Store tokens with highest probabilities
        for choice_idx in range(choices_per_step):
            token_id=sorted_ids[choice_idx]
            token_prob=next_token_probs[token_id].cpu().numpy()
            token_choice=(
                f"{tokenizer.decode(token_id)} ({100 * token_prob:.2f}%)"
            )
            iteration[f"Choice {choice_idx+1}"]=token_choice
        #Append predicted next token to input
        input_ids=torch.cat([input_ids, sorted_ids[None, 0, None]], dim=-1)
        iterations.append(iteration)

pd.DataFrame(iterations)
```

输出:

	Input	Choice 1	Choice 2	Choice 3	Choice 4	Choice 5
0	Transformers are the	most (8.53%)	only (4.96%)	best (4.65%)	Transformers (4.37%)	ultimate (2.16%)
1	Transformers are the most	popular (16.78%)	powerful (5.37%)	common (4.96%)	famous (3.72%)	successful (3.20%)
2	Transformers are the most popular	toy (10.63%)	toys (7.23%)	Transformers (6.60%)	of (5.46%)	and (3.76%)
3	Transformers are the most popular toy	line (34.38%)	in (18.20%)	of (11.71%)	brand (6.10%)	line (2.69%)
4	Transformers are the most popular toy line	in (46.28%)	of (15.09%)	, (4.94%)	on (4.40%)	ever (2.72%)
5	Transformers are the most popular toy line in	the (65.99%)	history (12.42%)	America (6.91%)	Japan (2.44%)	North (1.40%)
6	Transformers are the most popular toy line in the	world (69.26%)	United (4.55%)	history (4.29%)	US (4.23%)	U (2.30%)
7	Transformers are the most popular toy line in ...	, (39.73%)	. (30.64%)	and (9.87%)	with (2.32%)	today (1.74%)

这种简单的方法，能够生成"Transformers are the most popular toy line in the world"这句话，还可以在每个步骤中看到其他可能的延续，这显示了文本生成的迭代性质。与序列分类等其他任务不同，其中单个前向传播足以生成预测，对于文本生成，需要一次解码一个输出标记。

实现贪心搜索并不太难，但可以使用 Transformers 的内置 generate() 函数来探索更复杂的解码方法。为了重现简单示例，确保关闭采样（默认情况下它是关闭的，除非从状态加载检查点的模型的特定配置否则）并指定 max_new_tokens 作为新生成的标记的数量。

```
input_ids=tokenizer(input_txt, return_tensors="pt")["input_ids"].to(device)
output=model.generate(input_ids, max_new_tokens=n_steps, do_sample=False)
print(tokenizer.decode(output[0]))
```

输出：

```
Transformers are the most popular toy line in the world
```

现在尝试一些更有趣的事情，重现独角兽的故事（这是一个虚构的，只是用来测试程序）。正如之前所做的那样，使用分词器对提示进行编码，并且为 max_length 指定一个更大的值以生成更长的文本序列。

```
max_length=128
input_txt="""In a shocking finding, scientist discovered \
a herd of unicorns living in a remote, previously unexplored \
valley, in the Andes Mountains. Even more surprising to the \
researchers was the fact that the unicorns spoke perfect English.\n\n
"""
input_ids=tokenizer(input_txt, return_tensors="pt")["input_ids"].to(device)
output_greedy=model.generate(input_ids, max_length=max_length,
                             do_sample=False)
print(tokenizer.decode(output_greedy[0]))
```

贪心搜索解码的主要缺点之一：它往往会产生重复的输出序列，这在新闻文章中肯定是不受欢迎的。这是贪心搜索算法的一个常见问题，它可能无法提供最优解，在解码的上下文中，它们可能会错过总体概率较高的单词序列，因为高概率单词恰好在低概率单词之前。幸运的是，可以研究一种流行的方法，称为束搜索解码（beam search decoding）。

注意：尽管贪心搜索解码很少用于需要多样性的文本生成任务，但它对于生成短序列很有用，如算术，其中首选确定性和事实正确的输出。

8.3 集束搜索解码

集束搜索解码是一种在自然语言处理和语音识别等任务中，用于生成最优解的算法。在序列生成任务中，如机器翻译和语音识别等，集束搜索解码用于在可能的词序列中进行搜索，以找到概率最高的序列。在集束搜索中，搜索算法会维护一个固定大小的"束"（beam）来存储当前最有可能的候选解。搜索算法会沿着解空间向前推进，根据每个时间步的概率计算候选解的得分，并将得分最高的若干候选解保留在束中。在后续的搜索过程中，算法会继续生成新的候选解，并更新束中的候选解，直到搜索到序列的末尾。最终，算法会返回束中得分最高的序列作为最终的解。使用集束搜索解码算法可以有效地减少搜索空间,提高生成最优解的效率和准确性。

与每一步选择具有最高概率的标记进行解码不同,束搜索算法会跟踪下一步中前 b 个最有可能的标记,其中 b 被称为束数或部分假设的数量。下一组束通过考虑现有集合的所有可能的下一个标记扩展并选择 b 个最有可能的扩展来选择。该过程重复进行,直到达到最大长度或 EOS 标记,然后按照它们的对数概率对 b 个束进行排序,从中选择最可能的序列作为最终解。如图 8-2 所示,这里显示了集束搜索的示例。

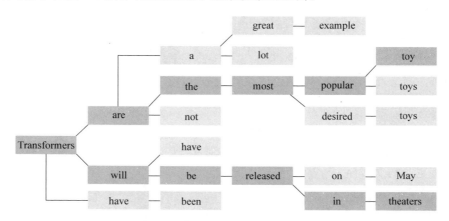

图 8-2　带有两个波束的集束搜索

为什么要使用对数概率而不是概率本身来评分序列呢？计算序列的整体概率 $P(y_1, y_2, \cdots, y_t | x)$ 涉及计算条件概率 $P(y_t | y_{<t}, x)$ 的乘积,这是一个原因。由于每个条件概率通常是一个取值范围在 $[0,1]$ 的小数,将它们相乘可能会导致整体概率下溢。这意味着计算机无法准确表示计算结果。例如,假设有一个包含 $t=1024$ 个标记的序列,并慷慨地假设每个标记的概率为 0.5。这个序列的整体概率将是一个非常小的数值($0.5^{1024}=5.562\ 684\ 646\ 268\ 003e-309$)。在计算机中,浮点数表示具有一定的精度限制,可以表示的数值范围是有限的。当乘积中包含许多小于 1 的概率时,结果可能会小到无法被计算机精确表示,导致下溢(underflow)。为了避免这个问题,通常使用对数概率来评分序列。对数概率可以将乘法转换为加法。通过取对数,乘法操作变为对数概率的加法操作,这样可以避免数值下溢问题。对数概率的范围是 $(-\infty, 0]$,因此即使是非常小的概率乘积也可以以较高的精度进行表示。总之,使用对数概率评分序列可以避免数值下溢问题,并且更易于计算和处理。如果将对数应用于联合概率和条件概率,那么在对数乘积规则的帮助下,可以得到

$$\log P(y_1, y_2, \cdots, y_t | x) = \sum_{t=1}^{N} \log P(y_t | y_{<t}, x)$$

换句话说,之前看到的概率乘积变成了对数概率之和,这不太可能遇到数值不稳定。例如,计算与前面相同例子的对数概率。

```
import numpy as np
sum([np.log(0.5)] * 1024)
```

输出:

```
-709.7827128933695
```

这是一个可以轻松处理的数字,这种方法仍然适用于更小的数字。由于只想比较相对概率,所以可以直接用对数概率来做。

计算并比较贪心搜索和束搜索生成文本的对数概率,以查看束搜索是否可以改善整体概率。由于转换器模型返回给定输入标记的下一个标记的非归一化 logits,首先需要将 logits 归一化,以创建整个词汇表上每个标记的概率分布。其次,需要选择仅在序列中出现的标记概率。下面的函数实现了这些步骤。

```
import torch.nn.functional as F

def log_probs_from_logits(logits, labels):
    logp=F.log_Softmax(logits, dim=-1)
    logp_label=torch.gather(logp, 2, labels.unsqueeze(2)).squeeze(-1)
    return logp_label
```

这提供了单个标记的对数概率,因此要获得序列的总对数概率,只需要对每个标记的对数概率求和。

```
def sequence_logprob(model, labels, input_len=0):
    with torch.no_grad():
        output=model(labels)
        log_probs=log_probs_from_logits(
            output.logits[:, :-1, :], labels[:, 1:])
        seq_log_prob=torch.sum(log_probs[:, input_len:])
    return seq_log_prob.cpu().numpy()
```

在一些序列生成的任务中,可能会忽略输入序列的对数概率,因为它们并不是由模型生成的内容。而且,在对齐 logits 和标签方面确实非常重要。在通常情况下,模型会生成一个序列,如一个句子或一段文本。对于序列中的每个位置,模型都会输出一个 logits 向量,表示该位置可能的标记。为了训练模型,会使用一个标签序列作为参考,然后计算模型输出的 logits 与标签之间的差异。然而,有时候可能只关注模型生成序列的一部分,而不关心输入序列的对数概率。在这种情况下,可以忽略输入序列的对数概率部分。另外,对齐 logits 和标签也非常重要。对齐是指将模型输出的 logits 与标签对应起来,确保每个位置的 logits 都与正确的标签进行比较。在训练过程中,可以使用一些对齐策略。例如,使用对齐函数或者注意力机制,确保模型生成的 logits 与标签对齐。需要注意的是,在某些任务中,例如,语言模型生成下一个标记,模型可能不会为第一个标记生成 logits,因为它没有先前的上下文信息。同样,最后一个 logits 可能也不是必需的,因为没有它的基本事实标签来进行对比。

使用这些函数首先计算贪心解码器在 OpenAI 提示符下的序列对数概率。

```
logp=sequence_logprob(model, output_greedy, input_len=len(input_ids[0]))
print(tokenizer.decode(output_greedy[0]))
print(f"\nlog-prob: {logp:.2f}")
```

输出:

In a shocking finding, scientist discovered a herd of unicorns living in a remote, previously unexplored valley, in the Andes Mountains. Even more surprising to the researchers was the fact that the unicorns spoke perfect English.

The researchers, from the University of California, Davis, and the University of Colorado, Boulder, were conducting a study on the Andean cloud forest, which is home to the rare species of cloud forest trees.

The researchers were surprised to find that the unicorns were able to communicate with each other, and even with humans.

The researchers were surprised to find that the unicorns were able

log-prob: -87.43

现在将其与使用束搜索生成的序列进行比较。要使用 generate()函数激活束搜索,只需要使用 num_beams 参数指定束的数量。选择的束越多,可能获得的结果就越好,然而生成过程变得更慢,因为要为每个光束生成并行序列。

```
output_beam=model.generate(input_ids, max_length=max_length, num_beams=5,
                           do_sample=False)
logp=sequence_logprob(model, output_beam, input_len=len(input_ids[0]))
print(tokenizer.decode(output_beam[0]))
print(f"\nlog-prob: {logp:.2f}")
```

输出:

In a shocking finding, scientist discovered a herd of unicorns living in a remote, previously unexplored valley, in the Andes Mountains. Even more surprising to the researchers was the fact that the unicorns spoke perfect English.

The discovery of the unicorns was made by a team of scientists from the University of California, Santa Cruz, and the National Geographic Society.

The scientists were conducting a study of the Andes Mountains when they discovered a herd of unicorns living in a remote, previously unexplored valley, in the Andes Mountains. Even more surprising to the researchers was the fact that the unicorns spoke perfect English

log-prob: -55.23

可以看到,与使用简单的贪心解码相比,使用束搜索获得了更好的对数概率(越高越好)。但是,集束搜索也存在重复文本的问题。使用 no_repeat_ngram_size 参数可以在生成文本时施加 n-gram 惩罚,以避免生成重复的 n-gram 序列。该参数用于跟踪已经生成的 n-gram,并且如果下一个标记的生成将导致出现先前看到的 n-gram 序列,则将其概率设置为 0。通过将 no_repeat_ngram_size 设置为一个正整数值,您可以指定要限制的 n-gram 的长度。当生成文本时,模型会考虑当前已生成的 n-gram 序列,并将下一个标记的概率设置为 0,如果该标记会导致生成重复的 n-gram 序列。这种方法对于生成更多样化和流畅的文本很有帮助,避免了生成过于重复的短语或句子。然而,需要注意的是,设置较大的 no_repeat_ngram_size 可能会导致生成文本的多样性下降,因为更多的短语组合将被限制。

```
output_beam=model.generate(input_ids, max_length=max_length, num_beams=5,
                    do_sample=False, no_repeat_ngram_size=2)
logp=sequence_logprob(model, output_beam, input_len=len(input_ids[0]))
print(tokenizer.decode(output_beam[0]))
print(f"\nlog-prob: {logp:.2f}")
```

输出：

```
In a shocking finding, scientist discovered a herd of unicorns living in a remote,
previously unexplored valley, in the Andes Mountains. Even more surprising to the
researchers was the fact that the unicorns spoke perfect English.

The discovery was made by a team of scientists from the University of California,
Santa Cruz, and the National Geographic Society.

According to a press release, the scientists were conducting a survey of the area
when they came across the herd. They were surprised to find that they were able to
converse with the animals in English, even though they had never seen a unicorn in
person before. The researchers were

log-prob: -93.12
```

现在已经设法阻止了重复，尽管得分较低，但文本仍然连贯。集束搜索与 n-gram 惩罚相结合是一种常用的方法，用于在生成文本时平衡高概率标记和减少重复的需求。集束搜索是一种生成文本的技术，它考虑了多个候选序列，并根据每个序列的得分进行排序。它通过在每一步选择得分最高的候选标记来生成文本，并保持多个候选序列以便进行后续扩展。通过保持多个候选序列，集束搜索可以在生成文本时保持多样性，同时还能够保持整体的一致性。然而，集束搜索本身可能会导致生成文本过度倾向于高概率标记，从而导致重复和缺乏多样性。为了解决这个问题，可以使用 n-gram 惩罚来限制生成的重复 n-gram 序列。n-gram 惩罚是通过跟踪已经生成的 n-gram 序列，并在下一个标记的生成中将重复的 n-gram 概率设置为 0 来实现的。这样做可以防止模型生成过于重复的短语或句子，增加生成文本的多样性。结合集束搜索和 n-gram 惩罚可以在生成文本时找到权衡，既能关注高概率标记，又能减少重复。这在许多应用程序中特别有用，如摘要和机器翻译，因为在这些应用中，生成的文本需要确保事实的正确性，并且过于重复的信息可能会降低生成文本的质量。需要注意的是，集束搜索和 n-gram 惩罚可以根据具体的应用和需求进行调整和优化，以获得最佳的生成结果。

另外，当事实正确性不如生成输出的多样性重要时，例如，在开放域聊天或故事生成中，减少重复同时提高多样性的另一种替代方法是使用抽样。通过检查一些最常见的采样方法来完善我们对文本生成的探索。

8.4　抽样方法

在开放域聊天或故事生成等情境中，多样性比事实正确性更重要。在这些情况下，使用抽样方法可以在减少重复的同时提高生成文本的多样性。最简单的抽样方法是在每个时间步长从模型输出在整个词汇表上的概率分布中随机抽样。

$$P(y_t = w_i \mid y_{<t}, x) = \text{Softmax}(z_{t,i}) = \frac{\exp(z_{t,i})}{\displaystyle\sum_{j=1}^{|V|} \exp(z_{t,j})}$$

其中，$|V|$ 表示词汇表的基数。可以通过添加一个温度参数 T，在进行 Softmax 之前重新缩放概率，来轻松地控制输出的多样性。

$$P(y_t = w_i \mid y_{<t}, x) = \frac{\exp(z_{t,i}/T)}{\displaystyle\sum_{j=1}^{|V|} \exp(z_{t,j}/T)}$$

通过调整 T 可以控制概率分布的形状。当 $T \ll 1$ 时，分布在原点附近达到峰值，稀有标记被抑制；另一方面，当 $T \gg 1$ 时，分布变平并且每个标记变得同等可能。T 对标记概率的影响，如图 8-3 所示。通过调整生成模型的温度参数，可以控制生成文本的多样性。较高的温度（如 1.0）会增加输出的随机性，从而增加多样性；较低的温度（如 0.5）会减少随机性，生成更加确定性和一致性的文本。

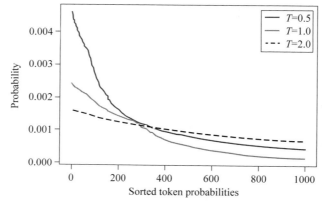

图 8-3　三个选定温度的随机生成的标记概率分布

要了解如何使用温度来影响生成的文本，通过在 generate() 函数中设置温度参数 $T = 2$ 来进行示例。

```
output_temp=model.generate(input_ids, max_length=max_length, do_sample=True,
                    temperature=2.0, top_k=0)
print(tokenizer.decode(output_temp[0]))
```

输出：

```
In a shocking finding, scientist discovered a herd of unicorns living in a remote,
previously unexplored valley, in the Andes Mountains. Even more surprising to the
researchers was the fact that the unicorns spoke perfect English.

Leédockerur's right flank had swesley. Dillon territnton Gokmin NicolDirector
Flaramble BaldKT sealing electrons HarleyBright Monkware Nerfi Foster Lum
related Network Neural Skywolf Bright Ride ConservationCtrie illustCHDBfully
fluids 2008 KDutsche ownpour DA inscription castle shut ZeusDebado beating
Column Chief woes compliance vet BEnvironmental ultimate pictures phones
Filipino East territory Sick Sho Conservative BAS cornerstone cardboard
```

以上可以清楚地看到高 T 值产生了大部分乱码，通过强调稀有标记，让模型创建了奇怪的语法和相当多的虚构词,下面看看如果降低 T 值会发生什么。

```
output_temp=model.generate(input_ids, max_length=max_length, do_sample=True,
                          temperature=0.5, top_k=0)
print(tokenizer.decode(output_temp[0]))
```

输出:

```
In a shocking finding, scientist discovered a herd of unicorns living in a remote,
previously unexplored valley, in the Andes Mountains. Even more surprising to the
researchers was the fact that the unicorns spoke perfect English.

The researchers released a video of the unicorn herd, which was filmed by a drone,
on YouTube. The footage shows the herd of unicorns, which were spotted by the
drone in the Andes Mountains in Peru. The camera was used to record the unicorns'
movement and behavior.

The researchers believe that the unicorns are a new species, and that the
discovery is a major breakthrough for the
```

温度参数的作用是在控制输出的多样性和质量之间找到一个平衡点。具体来说,较低的温度可以减少不必要的随机性,生成更加一致和可靠的输出,但也可能会导致输出过于保守和缺乏多样性。相反,较高的温度可以增加输出的多样性,但可能会导致不合理的输出和缺乏一致性,因此需要根据具体的任务需求和模型性能来选择合适的温度值,以平衡输出的一致性和多样性。

当控制连贯性和多样性之间的权衡时,另一种方法是截断词汇分布,以限制生成低概率词的数量。截断词汇分布的目的是限制生成低概率词的数量,从而提高输出的连贯性和合理性。通过截断词汇分布,可以排除那些在给定上下文中出现概率较低的词语,从而使生成的文本更加可理解和自然。这种方法的实现可以通过不同的策略,其中两种常见的方法是 Top-k 采样和 Nucleus 采样。通过这些方法,可以调整截断的范围,从而灵活地控制生成文本的多样性。这可以在一定程度上提高输出的连贯性和合理性。以下是两种主要的截断词汇分布的方法。

- ◇ Top-k 采样:在 Top-k 采样中,只有词汇表中概率最高的前 k 个词被保留作为候选项。生成过程中会计算所有词语的概率分布,然后从中选择概率最高的 k 个词作为候选项。这个方法可以控制多样性,因为它限制了生成的词汇范围,但保持了高概率的词语,从而提高了连贯性。

- ◇ Nucleus 采样(或 Top-p 采样):在 Nucleus 采样中,根据累积概率超过预先定义的阈值 p 来截断词汇分布。这意味着只有词汇表中的最高概率词被保留,直到累积概率超过 p。这个方法允许动态地调整生成的词汇范围,以控制多样性。与 Top-k 采样相比,Nucleus 采样可以包含更多的词汇,因此可能产生更多的多样性。

需要注意的是,截断词汇分布虽然可以提高连贯性和合理性,但也可能带来一定的信息丢失。因为截断了概率较低的词语,一些潜在的合理的但较罕见的词汇可能被排除在生成的文本之外。因此,在使用这种方法时需要权衡好连贯性和多样性之间的取舍,以满足具体的生成需求。与 Top-k 采样相比,Top-p 采样可以包括更多的词,因此可能会生成更多的低概率词,但同时也可以生成更多的高概率词,从而提高输出的连贯性。Top-k 和 Top-p 采样都是控制生成多样性和连贯性之间的权衡的两种常见方法。它们都基于限制每个时间步长可以采样的可能标记的数量,从而在一定程度上限制了生成的可能性。在 Top-k 采样中,只考虑词汇表中概率最高的前 k 个标记,并在其中随机采样一个作为下一个标记。这种方法可以在保持一定的多样性的同时,避免生成低概率标记,从而提高输出的连贯性。Top-p 采样限制了考虑的标记集合的大小,只选择概率累加大于一个特定的阈值 p 的标记。这个阈值 p 被称为核,因此该方法也被称为核采样。与 Top-k 采样相比,这种方法不会忽略低概率标记,因此可以生成更多的多样性输出,但同时也可以保持输出的连贯性。无论是 Top-k 采样还是 Top-p 采样,它们都可以与温度参数一起使用,以进一步控制输出的多样性和连贯性。为了解其工作原理,首先可视化模型输出的累积概率分布(设置 $T=1$),如图 8-4所示。

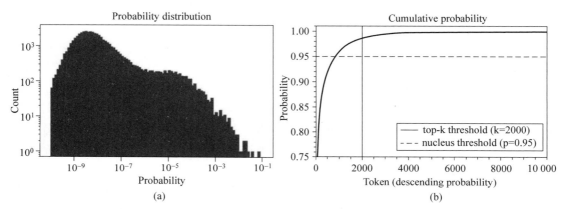

图 8-4   下一个标记预测的概率分布和下降标记概率的累积分布

图 8-4(a)为标记概率的直方图。它在值 10^{-8} 附近有一个峰值,在 10^{-4} 附近有一个较小的第二个峰值,然后急剧下降,只有少量标记出现,概率在 10^{-2} 和 10^{-1} 之间。查看此图可知以最高概率(在 10^{-1} 处的孤立条)挑选标记的概率为 1/10。如图 8-4(b)所示,按降序概率对标记进行了排序,并计算了前 10 000 个标记的累计和(GPT-2 的词汇表中总共有 50 257 个标记)。曲线表示选择前面任何标记的概率。例如,对于概率最高的 1000 个标记中的任何一个,大约有 96% 的概率被选择。可以看到,在前面的几千个标记中,概率迅速上升,但只有在数千个标记后,概率接近 100%。该图表显示,有 1/100 的概率不选择甚至不在前2000 个标记中的任何标记。

尽管这些数字乍一看可能很小,但它们变得重要,因为当生成文本时,每个标记采样一次。因此,即使只有 1/100 或 1/1000 的机会,如果我们进行数百次采样,则有很大的机会在某个时刻选择一个不太可能的标记。在采样时选择这些标记会严重影响生成的文本质量,因此通常要避免这些非常不太可能的标记。这就是 Top-k 和 Top-p 采样发挥作用的地方。

Top-k 采样的思想是通过仅从具有最高概率的 k 个标记中采样来避免低概率选择。这在分布的长尾上设置了一个固定的截断,确保仅从可能的选择中进行采样。回到图 8-4,Top-k 采样相当于定义一条垂直线,并从左侧的标记中进行采样。同样,generate() 函数提供了一个简单的方法来使用 Top_k 参数实现这一点。

```
output_topk=model.generate(input_ids, max_length=max_length, do_sample=True,
                           top_k=50)
print(tokenizer.decode(output_topk[0]))
```

输出：

In a shocking finding, scientist discovered a herd of unicorns living in a remote, previously unexplored valley, in the Andes Mountains. Even more surprising to the researchers was the fact that the unicorns spoke perfect English.

The wild unicorns roam the Andes Mountains in the region of Cajamarca, on the border with Argentina (Picture: Alamy/Ecole Nationale Supérieure d'Histoire Naturelle)

The researchers came across about 50 of the animals in the valley. They had lived in such a remote and isolated area at that location for nearly a thousand years that

　　这可能是生成的最类似人类写作的文本了。但是如何选择 k 值呢？k 的值是手动选择的，对于序列中的每个选择，它是相同的，独立于实际的输出分布。可以通过查看一些文本质量指标来找到一个好的 k 值，这些指标将在第 9 章中进行探索，但是固定的截断值可能不是非常令人满意。另一种选择是使用动态截断。对于 Top-k 或 Top-p 采样，不是选择一个固定的截断值，而是设定一个条件来确定何时截断。这个条件是在所选内容中达到一定的概率质量。比如说，将这个值设为 95％，然后按概率值降序排列所有标记，并依次从列表顶部添加标记，直到所选标记的概率之和达到 95％。回到图 8-4，p 的值在概率累积图上定义了一条水平线，只从线下的标记中采样。根据输出分布，这可能只是一个（非常可能）标记，也可能是一百个（概率更平均）标记。此时，generate() 函数也提供了一个参数来激活 Top-p 采样。

```
output_topp=model.generate(input_ids, max_length=max_length, do_sample=True,
                           top_p=0.90)
print(tokenizer.decode(output_topp[0]))
```

输出：

In a shocking finding, scientist discovered a herd of unicorns living in a remote, previously unexplored valley, in the Andes Mountains. Even more surprising to the researchers was the fact that the unicorns spoke perfect English.

The scientists studied the DNA of the animals and came to the conclusion that the herd are descendants of a prehistoric herd that lived in Argentina about 50,000 years ago.

According to the scientific analysis, the first humans who migrated to South America migrated into the Andes Mountains from South Africa and Australia, after the last ice age had ended.

Since their migration, the animals have been adapting to

　　Top-p 抽样也生成了一个连贯的故事，并且这次加入了一个有关从澳大利亚到南美洲的移民的新情节。你甚至可以将这两种抽样方法结合起来,以获取最佳效果。将 Top_k＝50 和 Top_p＝0.9 设置为在至多 50 个标记中选择具有 90％概率质量的标记规则。注意:还可以在使用采样时应用集束搜索。可以对它们进行采样并以相同的方式构建集束,而不是贪心地选择下一批候选标记。

没有普遍适用的"最佳"解码方法。不同的解码方法适用于不同的生成任务和应用场景。如果需要模型执行精确任务。例如,进行算术计算或提供确切的问题答案,则可以选择降低温度或使用确定性方法,如贪心搜索和集束搜索。这样可以保证获得最有可能的答案。然而,如果需要模型生成更长的文本或需要一定的创造力,如生成故事或诗歌,那么可能需要切换到采样方法,并增加温度或使用 Top-k 和 Top-p 采样来提高生成文本的多样性。因此,对于不同的生成任务和应用场景,需要评估和选择适当的解码方法。

第 9 章

文本摘要案例分析

有时，可能需要总结一份文件，无论是研究文章、财务收益报告还是一系列电子邮件。如果你仔细想想，这需要一系列的能力。比如，理解长篇文章、对内容进行推理，以及产生流利的文本，其中包含原始文档的主要主题。此外，准确总结新闻文章与总结法律合同有很大不同，因此能够做到这一点需要复杂程度的领域泛化。由于这些原因，文本摘要对于包括转换器在内的神经语言模型来说是一项艰巨的任务。尽管存在这些挑战，文本摘要为领域专家提供了显著加快工作流程的前景，并被企业用来浓缩内部知识、总结合同、自动生成社交媒体发布的内容等。

为了帮助理解所涉及的挑战，本章将探讨如何利用预训练的转换器来总结文档。摘要是一个经典的序列到序列任务，具有输入文本和目标文本，这就是编码器-解码器转换器的优势所在。本章将构建自己的编码器-解码器模型，将几个人之间的对话浓缩成一个清晰的摘要。但在开始之前，先看一下用于摘要的规范数据集之一：CNN/DailyMail 语料库。

9.1 数 据 集

CNN/DailyMail 数据集包含大约 300 000 对新闻文章及其相应的摘要，这些摘要由 CNN 和 DailyMail 附加在其文章中的要点组成。数据集的一个重要方面是摘要是抽象的而不是提取的，这意味着它们由新句子而不是简单的摘录组成。该数据集在 Hub 上可用，将使用版本 3.0.0，这是一个为汇总而设置的非匿名版本。可以使用"version"关键字来选择版本。

```
from datasets import load_dataset

dataset=load_dataset("cnn_dailymail", version="3.0.0")
print(f"Features: {dataset['train'].column_names}")
```

输出：

```
Features: ['article', 'highlights', 'id']
```

数据集包含三列："article"包含新闻文章、带摘要的"highlights"，以及用于唯一标识每篇文章的"id"。下面来看一篇文章的节选。

```
sample=dataset["train"][2]
print(f"""
Article (excerpt of 500 characters, total length: {len(sample["article"])}):
""")
print(sample["article"][:500])
print(f'\nSummary (length: {len(sample["highlights"])}):')
print(sample["highlights"])
```

与目标摘要相比,文章可能会很长,在这种特殊情况下,差异是 17 倍。对于大多数转换器网络,长文章确实构成挑战。由于模型的上下文大小限制在 1000 个标记左右,这相当于几段文本,处理长文章的摘要通常需要简单地截断超出模型上下文大小的部分。这种简单的截断方法是一种标准但粗略的处理方式。然而,这可能导致一些问题,特别是当摘要的重要信息出现在文本的末尾时。由于模型无法捕捉到超出上下文范围的内容,这些重要信息可能会被忽略或丢失。解决这个问题的一种方法是使用更大的模型或采用更高级的模型架构。一些新的转换器变体,如 Longformer 和 BigBird,通过引入全局注意力机制或层次化结构,试图扩展模型的上下文范围,从而更好地处理长文本。这些模型可以更有效地捕捉长文本中的信息,并生成更准确的摘要。然而,即使使用这些更高级的模型,处理非常长的文章仍然可能存在限制。这是因为模型的计算资源、内存需求和训练时间都会随着输入长度的增加而增加。因此,在实际应用中,仍然需要在摘要和输入长度之间进行权衡,并根据具体情况选择合适的处理方法。

9.2　文本摘要管道

先定性地查看前面示例的输出,看看一些最流行的用于汇总的转换器网络是如何执行的。尽管将探索的模型架构具有不同的最大输入,但将输入文本限制为 2000 个字符,以使所有模型具有相同的输入,从而使输出更具可比性。

```
sample_text=dataset["train"][1]["article"][:2000]
#将把每个模型生成的摘要收集到一个字典中
summaries={}
```

9.2.1　基线

总结新闻文章的一个常见基准是简单地使用文章的前三个句子。借助 NLTK 的句子分词器,可以轻松实现这样的基线。

```
def three_sentence_summary(text):
    return "\n".join(sent_tokenize(text)[:3])
summaries["baseline"]=three_sentence_summary(sample_text)
```

在摘要中的一个惯例是使用换行符将摘要句子分隔开,可以在每个句号后添加一个换行符标记,但这种简单的启发式方法对于像"U.S."或"U.N."这样的字符串会失效。自然语言工具包(NLTK)包括一个更复杂的算法,可以区分句子的结尾和出现在缩写中的标点符号。sent_tokenize 函数是 NLTK 包中的一个工具函数,用于将文本分割成句子。它可以根据语法和上下文信息来确定句子的边界,并返回一个包含分割后句子的列表。这个函数实现了一个更复杂的算法,能够区分句子的结尾和出现在缩写中的标点符号。通过使用 sent_tokenize 函数,可以确保在摘要中适当地使用换行符来分隔句子。

在接下来的部分中,将加载几个大型模型。如果内存不足,可以用较小的检查点替换大型模型,如 gpt、t5-small 等。

9.2.2　GPT-2

可以在输入文本的末尾附加"TL;DR",以获得 GPT-2 生成的摘要。GPT-2 模型是一种基于自然语言处理技术的人工智能模型,可以根据给定的输入生成相应的输出文本。如果使用 GPT-2 来生成摘要,可以将原始文本输入模型,然后在文本的末尾添加"TL;DR"。模型会尝试理解原始文本的内容,并根据其理解生成一个简短的摘要,以便用户可以快速了解原始文本的主要内容。需要注意的是,生成的摘要可能不是完美的,因为摘要是根据模型对原始文本的理解生成的。因此,可能需要根据需要对生成的摘要进行编辑和调整,以确保其准确地传达原始文本的主要内容。通过使用 Transformers 中的 pipeline( )函数可以重新创建原始论文的过程来开始摘要实验。创建一个文本生成管道并加载大型 GPT-2 模型如下。

```
from transformers import pipeline, set_seed

set_seed(42)
pipe=pipeline("text-generation", model="gpt2-xl")
gpt2_query=sample_text +"\nTL;DR:\n"
pipe_out=pipe(gpt2_query, max_length=512, clean_up_tokenization_spaces=True)
summaries["gpt2"] ="\n".join(
    sent_tokenize(pipe_out[0]["generated_text"][len(gpt2_query) :]))
```

在这里,只是通过切掉输入查询来存储生成文本的摘要,并将结果保存在 Python 字典中以供以后比较。

9.2.3　T5

接下来试试 T5 转换器。该模型的开发人员对自然语言处理中的迁移学习进行了全面研究,发现它们可以通过将所有任务制定为文本到文本任务来创建通用的转换器网络。T5检查点是用于自然语言处理的预训练模型,可以在多项任务中使用,包括文本摘要。当使用 T5 模型执行文本摘要时,输入应该是以下格式:"summarize:＜ARTICLE＞",其中"ARTICLE"是要摘要的文本。模型会将此文本作为输入,并生成一个摘要作为输出。需要注意的是,T5 检查点已经在无监督和监督数据的混合体上进行了训练,并且已经具有很强的泛化能力,因此可以直接用于执行摘要任务,而无须进行微调或使用预训练期间使用的相同提示。这使得使用 T5 模型进行文本摘要变得更加简单和方便。可以直接加载 T5 以使用 pipeline( )函数进行汇总,该函数还负责将输入格式化为文本到文本格式,因此不需要在它们前面加上"summarize"。

```
pipe=pipeline("summarization", model="t5-large")
pipe_out=pipe(sample_text)
summaries["t5"]="\n".join(sent_tokenize(pipe_out[0]["summary_text"]))
```

在这个例子中,只需要将要摘要的文本赋值给 sample_text 变量,然后调用 pipe(sample_text)即可生成摘要。每个摘要以字典的形式返回,可以使用 summary_text 键来获取摘要的文本。

9.2.4 BART

BART 是一种基于编码器到解码器架构的模型,经过训练后可以用于生成摘要,并且还具备重建损坏输入的能力。BART 是一种基于转换器的模型,它采用了编码器-解码器架构,并使用了自回归训练和填充重建任务。与 BERT 和 GPT-2 相比,BART 在预训练和微调的过程中有一些不同的设计和目标。BERT 是一个预训练的自编码器模型,其目标是通过使用遮盖输入标记的方法来学习上下文无关的词表示。它的重点是双向上下文的建模,即使用左右两侧的上下文信息来预测被遮盖的标记。GPT-2 是一个基于自回归模型的预训练语言模型,通过自回归地生成下一个标记来学习语言模型的概率分布。它强调了单向上下文的建模,即只使用左侧的上下文信息来生成下一个标记。相比之下,BART 模型的预训练目标更接近于 GPT-2。它通过自回归训练来生成下一个标记,同时也使用了填充重建任务来学习输入文本的表示和重建能力。这使得 BART 模型在生成文本摘要和重建损坏输入方面表现出色。因此,虽然 BART、BERT 和 GPT-2 都是基于转换器的预训练模型,但它们的预训练方案和目标有所不同。

下面将使用 facebook/bart-large-ccn 检查点,它已经在数据集上进行了专门微调 CNN/DailyMail。

```
pipe=pipeline("summarization", model="facebook/bart-large-cnn")
pipe_out=pipe(sample_text)
summaries["bart"]="\n".join(sent_tokenize(pipe_out[0]["summary_text"]))
```

使用 facebook/bart-large-cnn 检查点是一个很好的选择,该检查点已经在 CNN/DailyMail 数据集上进行了专门微调。facebook/bart-large-cnn 是 BART 模型的一个预训练版本,它在大规模的数据上进行了预训练,然后在 CNN/DailyMail 数据集上进行了微调。CNN/DailyMail 数据集是一个常用的用于文本摘要任务的数据集,其中包含来自 CNN 和 Daily Mail 新闻文章的摘要。通过使用 facebook/bart-large-cnn 检查点,可以利用 BART 模型在 CNN/DailyMail 数据集上的微调,以生成与新闻文章相关的摘要。这个微调过的模型已经在 CNN 和 Daily Mail 的文章上进行了训练,因此当处理类似的新闻文本时,它可能会产生更好的摘要结果。

9.2.5 PEGASUS

与 BART 类似,PEGASUS 也采用了编码器到解码器架构,并且在训练时使用了自监督学习技术。作者认为,预训练目标越接近下游任务,模型就越能够学习到有用的知识,并在下游任务中获得更好的性能。因此,PEGASUS 的预训练目标与文本摘要这一下游任务密切相关,可以帮助模型学习到更好的文本表示和摘要能力。PEGASUS 已经在多项文本摘要任务中取得了很好的表现,证明了它在文本摘要领域的有效性。

PEGASUS 模型的预训练目标是通过对大规模语料库中的句子进行筛选和重建,来找到一个比一般语言建模更接近文本摘要的预训练目标。具体来说,PEGASUS 的训练数据是从维基百科、新闻文章、论坛帖子等多个来源中抽取的大量句子。然后,通过一个启发式的方法,即使用文本摘要评估指标来判断一个句子是否包含其周围段落的大部分内容。这样就得到了一个包含大量内容丰富的句子数据集。PEGASUS 模型的预训练目标是通过将这些句子中的一些单词进行随机掩码,并让模型预测掩码位置上的单词,来学习更好的句子表示和文本摘要能力。使用这种预训练方法,PEGASUS 在文本摘要任务中取得了最先进的性能,并在其他自然语言处理任务中也表现出色。这表明使用更接近下游任务的预训练目标可以帮助模型学习更有用的知识,并在下游任务中获得更好的性能。这个模型有一个特殊的换行标记,这就是为什么不需要 sent_tokenize() 函数。

```
pipe=pipeline("summarization", model="google/pegasus-cnn_dailymail")
pipe_out=pipe(sample_text)
summaries["pegasus"]=pipe_out[0]["summary_text"].replace(" .<n>", ".\n")
```

PEGASUS 的预训练目标是使用无监督的方式从大规模文本语料中学习,其中包括了一个特殊的换行标记。这个特殊的换行标记在 PEGASUS 的预训练过程中扮演了重要的角色。当训练时,PEGASUS 会利用这个换行标记来将输入文本分割成多个段落,并通过预测下一个段落的方式进行自监督学习。这样的预训练目标使得 PEGASUS 学习到了对段落和文本结构的理解。因此,当使用 PEGASUS 进行下游任务(如文本摘要)时,不再需要使用传统的句子切分函数,如 sent_tokenize() 来将文本分割成句子。相反,可以直接将原始文本输入 PEGASUS 模型,它会利用预训练过程中学到的段落结构信息来生成摘要或执行其他任务。这种预训练目标与下游任务的关联性较高的做法被广泛认为是提高模型性能的有效方式。通过使用更接近下游任务的预训练目标,模型可以学习到更有用的知识和任务相关的特征,从而在下游任务中取得更好的性能。

9.2.6 比较不同

现在已经用 4 种不同的模型生成了摘要,比较一下结果。请记住,GPT-2 模型根本没有在数据集上进行过训练,T5 模型已经针对此任务进行了微调,并且两个 BART 和 PEGASUS 模型专门针对此任务进行了微调。看一下这些模型生成的摘要。

```
print("GROUND TRUTH")
print(dataset["train"][1]["highlights"])
print("")

for model_name in summaries:
    print(model_name.upper())
    print(summaries[model_name])
    print("")
```

将模型摘要与基本事实进行比较,发现存在显著的重叠,PEGASUS 的输出具有最惊人的相似性。现在已经检查了几个模型,试着决定在生产环境中使用哪一个。所有 4 个模型似乎都提供了定性合理的结果,可以生成更多示例来帮助我们做出决定。但是,这不是确定最佳模型的系统方法。在理想情况下,会定义一个指标,在某个基准数据集上为所有模型测量它,然后选择性能最好的那个。文本生成的度量标准确实是一个相对困难的问题。目前,没有一个单一的度量标准可以完全准确地评估文本生成模型的性能,因为文本生成是一种非常主观的任务,而且不同的人对于好的生成结果可能有不同的看法。然而,有一些指标被广泛使用来评估文本生成模型的性能。9.3 节将介绍一些为衡量生成文本的质量而开发的常用指标。

9.3　衡量指标

良好的评估指标很重要,因为不仅在训练模型时使用它们来衡量模型的性能,而且在以后的生产中也使用它们来衡量模型的性能。如果指标不好,可能对模型退化视而不见,如果它们与业务目标不一致,可能无法创造任何价值。

对于文本生成任务,如机器翻译,确实存在许多有效的翻译可能性,这使得简单的精确匹配度量标准并不适用于这种任务。事实上,即使对于人类,它们的写作风格和语言习惯可能在不同的时间和场合下略有不同,导致多种有效的表达方式。请注意,这些指标也有一些限制,因为它们仍然只是一种近似方法,不能完全代表人类对于生成文本质量的评估。在实践中,对于文本生成任务的性能评估,还需要结合人类评估和其他实用性指标,以获得更全面的评估结果。用于评估生成的文本的两个最常见的指标是 BLEU 和 ROUGE。来看看它们是如何定义的。

9.3.1　BLEU

双语评估替换(bilingual evaluation understudy,BLEU)是一种常用的评估指标,主要用于衡量机器翻译系统输出与参考翻译之间的相似程度,是由 Kishore Papineni 等在 2002 年提出的。BLEU 指标的计算方式基于 n-gram 的精度及短文本惩罚因子。它将机器翻译系统生成的文本与一个或多个参考翻译进行比较,从而评估系统的翻译质量。具体而言,BLEU 使用 n-gram 精度来度量机器翻译系统生成的文本中与参考翻译相匹配的 n-gram 数量。这些 n-gram 可以是单个词(1-gram)、连续的两个词(2-gram)、连续的三个词(3-gram),以此类推。BLEU 计算这些 n-gram 的精度,并将其求几何平均值作为 n-gram 精度。此外,BLEU 还引入了短文本惩罚因子,用于惩罚过短的机器翻译输出。这是为了避免机器翻译系统简单地生成短文本来获得高精度得分。综合考虑 n-gram 精度和短文本惩罚因子,BLEU 计算得出一个介于 0~1 的分数,表示机器翻译系统输出与参考翻译之间的相似程度。在通常情况下,BLEU 分数越高表示机器翻译系统的性能越好。需要注意的是,BLEU 作为一种评估指标并不完美,它可能无法准确捕捉到诸如语义等高级翻译质量的因素。BLEU 用于比较候选语句(即机器翻译的译文,用 Candidate 表示)与多个参考语句(即人工给出的译文,用 Reference 表示)之间的相似程度。BLEU 基本原理是统计 Candidate 中的词汇有多少个出现在 Reference,是一种精度(precision),公式如下:

$$\text{BLEU} = \text{BP} \times \exp\left(\sum_{n=1}^{N} w_n \log p_n\right) = \text{BP} \times \prod_{n=1}^{N} p_n^{w_n} \qquad \text{BP} = \begin{cases} 1 & \text{if } l_c > l_r \\ e^{(1-l_r/l_c)} & \text{if } l_c \leqslant l_r \end{cases}$$

BP 表示惩罚因子(brevity penalty),当候选语句的长度短于参考语句,降低其评分。w_n 表示对于不同 n-gram 的权重,通常设置为 $\dfrac{1}{N}$,使得每个 n-gram 的权重之和为 1,满足 $\sum_{n=1}^{N} w_n = 1$,一般 N 的取值小于或等于 4;l_r 表示参考语句(reference)的长度,l_c 表示(机器翻译的)候选语句(candidate)的长度,如果生成的句子长度 l_c 大于参考句子长度 l_r,则短句子惩罚 BP 为 1,表示无须进行惩罚;如果生成的句子长度 l_c 小于或等于参考句子长度 l_r,

则短句子惩罚 BP 按指数形式进行计算,惩罚程度随 l_c 相对于 l_r 的比值减小而增加,如果有多个参考语句,会把最接近候选语句长度(即 l_c)的那个参考语句的长度赋值给 l_r,上述公式仅表示了短句子惩罚的一种常见计算方式,实际应用中可能会根据任务需求进行调整或使用其他变体公式;p_n 表示在某个 n-gram 下,Candidate 中的词汇有多少个出现在 Reference 中。

$$p_n = \frac{\sum\limits_{c \in \text{Candidates}} \sum\limits_{w \in c} \text{Count}_{\text{clip}}(w)}{\sum\limits_{c' \in \text{Candidates}} \sum\limits_{w' \in c'} \text{Count}(w')}$$

这里将解释分母中的 w' 和分子中的 w。在公式中,候选集合(Candidates)是指机器生成的翻译结果,而 w' 表示这些候选集合中的词汇(Words)。因此,分母中的求和符号 $\sum\limits_{w' \in c'} \text{Count}(w')$ 表示对每个候选集合中的词汇进行求和,从而计算出所有候选集合中的词汇总数。另一方面,分子中的求和符号 $\sum\limits_{w \in c}$ 表示对每个候选集合中的词汇进行求和,但这些词汇已经经过了一个修剪函数 $\text{Count}_{\text{clip}}(w)$。修剪函数的目的是限制每个词汇在参考语句中的出现次数,以避免机器生成的翻译结果在词汇上过于激进地匹配参考答案。因此,分母中的 w' 代表未经修剪的候选词汇,而分子中的 w 代表修剪后的候选词汇。两者在含义上是相同的,都指代候选集合中的词汇,但分子中的词汇经过了修剪函数的处理。因此,$\sum\limits_{w' \in c'} \text{Count}(w')$ 表示为一个 Candidate(表示为:c')中的词汇个数,整个分母表示为所有 Candidate(表示为:Candidates,其中每一个 Candidate 表示一次语句翻译)中词汇的个数,因为计算时可能有多个句子;$\sum\limits_{w \in c} \text{Count}_{\text{clip}}(w)$ 表示某一个 Candidate(表示为:c)中的词汇在 Reference 中出现的次数,整个分子表示所有 Candidate 中的词汇在 Reference 中出现的次数,所以整个分子就是在给定的 Candidate 中有多少个 n-gram 词语出现在 Reference 中;由于参考语句往往是多个,所以 $\sum\limits_{w \in c} \text{Count}_{\text{clip}}(w)$ 的计算如下:

$$\text{Count}_{\text{clip}}(w) = \min(\text{Count}(w), \text{Ref\_Count}(w))$$
$$\text{Ref\_Count}(w) = \max(\text{Ref\_Count}_j(w))$$

其中,$\text{Count}(w)$ 表示词汇 w 在 Candidate 中出现的次数;$\text{Ref\_Count}(w)$ 表示词汇 w 在 Reference 集合中出现的最大次数;$\text{Ref\_Count}_j(w)$ 表示词汇 w 在第 j 个 Reference 中出现的次数。

在机器翻译中,BLEU 通过比较机器翻译输出与参考答案之间的相似性来计算分数。BLEU 分数的计算依赖于 n-gram 匹配,其中 n 表示 n-gram 的长度。当计算 BLEU 分数时,如果一个 n-gram 在机器翻译输出中没有出现在参考答案中,那么对应的 p_n(精确度)为 0。这意味着如果有一个 n-gram 在机器翻译中没有匹配到参考答案的任何一个,BLEU 分数会为 0。这种情况可能会不够合理,特别是当翻译质量较高但存在一些不精确的翻译时。为了解决这个问题,BLEU 引入了平滑函数(smoothing function),用于处理 $p_n = 0$ 的情况。平滑函数的作用是在计算 BLEU 分数时,当一个 n-gram 的 p_n 为 0 时,为其指定一个非 0 的值,以减轻对整体 BLEU 分数的影响。平滑函数的具体实现方式有多种,常用的包括加一平滑(add-one smoothing)和加法平滑(additive smoothing)。加一平滑,也称为拉普拉斯平滑(laplace smoothing),将所有 $p_n=0$ 的 n-gram 的值设为 1,并在计算 BLEU 分数时将这些 n-gram 的数量加 1。这样可以确保所有的 n-gram 都有非零的 p_n 值,从而避免 BLEU 分数为 0 的情况。加法平滑通过引入一个平滑参数(smoothing parameter)来平衡未匹配的 n-gram 的权重。平滑参数的取值范围通常是 0~1。较小的平滑参数会更强调匹配的 n-gram,而较大的平滑参数则更加平均地分配权重。选择合适的平滑函数和平滑参数可以根据具体的应用场景和需求进行调整,以获得更准确和合理的 BLEU 分数。

当使用 BLEU 进行机器翻译性能评估时,这里有一个简单的例子来说明如何计算 BLEU 分数。假设有一个机器翻译系统生成的句子和一个参考翻译的句子。假设机器翻译系统生成的句子是:"I love cats",而参考翻译的句子是:"I adore cats"。首先,计算 n-gram 精度。假设使用 1-gram 和 2-gram。

◇ 对于 1-gram 精度,p_1:
- 机器翻译句子中的 1-gram:"I"、"love"、"cats"。
- 参考翻译句子中的 1-gram:"I"、"adore"、"cats"。

在这种情况下,"I"在机器翻译中出现 1 次,在参考翻译中出现 1 次;"love"在机器翻译中出现 1 次,在参考翻译中没有出现;"cats"在机器翻译中出现 1 次,在参考翻译中出现 1 次,机器翻译句子和参考翻译句子共享 2 个 1-gram("I"和"cats"),因此 $p_1=(1+0+1)/(1+1+1)=2/3\approx0.6667$。

◇ 对于 2-gram 精度,p_2:
- 机器翻译句子中的 2-gram:"I love""love cats"。
- 参考翻译句子中的 2-gram:"I adore""adore cats"。

在这种情况下,"I adore"和"adore cats"在机器翻译中没有出现,因此 $p_2=0/2$。然后,计算短文本惩罚因子 BP。在这个例子中,机器翻译句子和参考翻译句子都是 3 个词,因此 BP=1。最后,将 n-gram 精度和短文本惩罚因子结合起来计算 BLEU 分数。BLEU 使用几何平均值来平衡不同 n-gram 的精度。在这个例子中,只有 1-gram 和 2-gram,因此计算几何平均值如下:

$$BLEU = \exp(0.5 \times \log(p_1) + 0.5 \times \log(p_2)) = \exp(0.5 \times \log(0.6667) + 0.5 \times \log(0))$$
$$= \exp(-\inf) = 0$$

因此,在这个例子中 BLEU 分数为 0,表示机器翻译系统生成的句子与参考翻译句子没有相匹配的 n-gram。但是,这是没有考虑对 p_n 进行平滑处理,可以看到平滑函数对于 BLEU 分数的作用。

现在,有一个问题:为什么在机器翻译评估中通常不使用类似 F1-Score 的召回率来衡量翻译质量,而是使用 BLEU 分数。在机器翻译任务中,参考翻译通常有多个句子,而不仅仅是一个。这是因为在实际应用中,对于一个给定的源语言句子,可能会有多个人提供不同的参考翻译作为参考标准。这些参考翻译之间可能存在一定的差异,因为翻译是一个主观性较强的任务。如果使用类似 F1-Score 的召回率来衡量翻译质量,那么鼓励翻译尽可能多地包含所有参考翻译中的所有单词。这样的评估方式可能会导致翻译偏向于冗长和啰唆,以尽可能多地覆盖参考翻译中的内容。相比之下,BLEU 分数通过比较候选翻译和参考翻译之间的 n-gram 重叠来评估翻译质量。BLEU 考虑了候选翻译与参考翻译之间的相似性,但并不要求完全匹配。它鼓励翻译尽可能多地包含与参考翻译相匹配的 n-gram,而不是强调覆盖所有参考翻译中的单词。此外,BLEU 还对候选翻译和参考翻译的长度进行了考虑,以避免过度依赖翻译长度的指标。这是通过引入惩罚项来衡量长度差异的方式来实现的。这样可以确保候选翻译在长度上与参考翻译相似,而不是仅仅追求冗长的翻译。所以,使用BLEU 分数而不是类似 F1-Score 的召回率来评估机器翻译的原因是为了考虑多个参考翻译的存在,并且更加关注翻译的准确性和长度的相似性,而不是简单地追求完全覆盖参考翻译的内容。

文本生成领域一直在致力于寻找更好的评估指标,以克服现有指标如 BLEU 的局限性。BLEU 指标在机器翻译和文本生成任务中广泛使用,但它有一些弱点。首先,BLEU 指标期望文本已经被分词。如果使用不同的分词方法,将导致结果不一致,使得比较变得困难。为了解决这个问题,SacreBLEU 指标被提出,它内部化了分词步骤。这意味着当计算BLEU 分数时,SacreBLEU 会对参考答案和生成的文本进行统一的分词处理,从而消除了分词带来的差异性。其次,BLEU 指标只是一种基于 n-gram 重叠的浅层次评估指标,它不能很好地捕捉语义和上下文信息。在文本生成领域,尤其是在生成长文本、故事或文章等任务中,BLEU 指标的相关性和准确性有限。因此,研究人员一直在寻找更加全面和准确的评估指标,以更好地衡量生成文本的质量。一些替代性的评估指标已经被提出,如 ROUGE(recall-oriented understudy for gisting evaluation)、METEOR(metric for evaluation of translation with explicit ORdering)、CIDEr(consensus-based image description evaluation)等。这些指标尝试通过考虑语义、上下文、词序等更高级的特征来改进评估结果。总体来说,文本生成领域仍在积极探索和研究更好的评估指标,以提高对生成文本质量的准确评估。SacreBLEU 是一种解决 BLEU 指标分词问题的方法,但仍然存在其他挑战和待解决的问题,需要进一步的研究和发展。

现在已经研究了一些理论,但真正想做的是计算一些生成文本的分数。这是否意味着需要在 Python 中实现所有这些逻辑。在 Transformers 库中,Datasets 提供了加载和处理各种自然语言处理任务数据集的功能。与加载数据集类似,可以使用指标来评估模型在特定任务上的性能。

```
from datasets import load_metric

bleu_metric=load_metric("sacrebleu")
```

要使用 BLEU 指标,可以首先创建一个 BLEU 指标对象,通常可以命名为 bleu_metric。这个对象是 Metric 类的一个实例,它可以像聚合器一样工作。然后,可以使用 add()方法将单个实例添加到指标,或使用 add_batch()方法将整个批次的实例添加到指标。这样,可以逐步将要评估的样本添加到指标对象中。当添加完所有需要评估的样本后,可以调用compute()方法来计算指标。这将返回一个包含多个值的字典,其中包括每个 n-gram 的精度、长度惩罚及最终的 BLEU 分数。以下是一个示例代码,展示了如何使用 BLEU 指标对象进行评估。

```
import pandas as pd
import numpy as np

bleu_metric.add(
```

```
    prediction="the the the the the the", reference=["the cat is on the mat"])
results=bleu_metric.compute(smooth_method="floor", smooth_value=0)
results["precisions"]=[np.round(p, 2) for p in results["precisions"]]
pd.DataFrame.from_dict(results, orient="index", columns=["Value"])
```

输出：

	Value
score	0.0
counts	[2, 0, 0, 0]
totals	[6, 5, 4, 3]
precisions	[33.33, 0.0, 0.0, 0.0]
bp	1.0
sys_len	6
ref_len	6

BLEU 分数在存在多个参考翻译时也能正常工作。这就是为什么参考翻译作为一个列表(list)传递的原因。为了使指标在 n-gram 中存在零计数时更加平滑,BLEU 集成了修改精度计算的方法。其中一种方法是将一个常数添加到分子中。这样,缺失的 n-gram 不会导致分数自动变为 0。为了解释这些值,可以通过将平滑值设置为 0 来关闭它。可以看到 1-gram 的精度是 2/6,而 2/3/4-gram 的精度都是 0。这意味着几何平均值为 0,因此 BLEU 分数也为 0。看另一个几乎正确的例子。

```
bleu_metric.add(
    prediction="the cat is on mat", reference=["the cat is on the mat"])
results=bleu_metric.compute(smooth_method="floor", smooth_value=0)
results["precisions"]=[np.round(p, 2) for p in results["precisions"]]
pd.DataFrame.from_dict(results, orient="index", columns=["Value"])
```

输出：

	Value
score	57.893007
counts	[5, 3, 2, 1]
totals	[5, 4, 3, 2]
precisions	[100.0, 75.0, 66.67, 50.0]
bp	0.818731
sys_len	5
ref_len	6

观察到精度分数要好得多,预测中的 1-gram 全部匹配,只有在精度分数中才能看到一些问题。对于 4-gram,只有两个候选项,["the", "cat", "is", "on"]和["cat", "is", "on", "mat"],其中后者不匹配,因此精度为 0.5。

一方面,BLEU 是一种广泛应用于机器翻译领域的评估指标,用于衡量自动生成的翻译结果与参考翻译之间的相似度。BLEU 分数主要关注翻译的准确性,即生成的翻译与参考翻译在词汇和短语级别上的重叠程度。BLEU 分数越高,表示生成的翻译越接近参考翻译,从而可以认为是较好的翻译结果。另一方面,ROUGE 是一种用于评估文本摘要生成的指标。在摘要生成任务中,希望生成的摘要能够涵盖原始文本的关键信息。因此,与 BLEU

不同,ROUGE 主要关注生成摘要中包含的重要信息的召回率。ROUGE 分数通过比较生成的摘要与参考摘要之间的重叠来衡量其质量,其中重叠可以在词级别、短语级别或其他级别进行计算。因此,在机器翻译领域中,BLEU 分数被广泛应用于评估翻译的准确性和流畅性,而在摘要生成领域,ROUGE 分数更适合评估摘要的全面性和信息覆盖度。这些指标有助于研究人员和从业者了解自动文本生成系统的性能,并进行模型选择和改进。

9.3.2　ROUGE

ROUGE 指标主要关注生成文本和参考文本之间的召回率,即生成文本中包含的重要信息与参考文本中的信息的覆盖程度。与 BLEU 不同,ROUGE 关注的是内容的涵盖度,而不是准确匹配。ROUGE 指标可以计算不同级别(通常是 n-gram)的重叠,如 ROUGE-1、ROUGE-2 和 ROUGE-L 等。ROUGE-1 衡量的是生成文本与参考文本之间的单个词的召回率,ROUGE-2 考虑的是 2 个连续词的重叠,而 ROUGE-L 则关注最长公共子序列(longest common subsequence, LCS)。通过使用不同级别的 n-gram 重叠,ROUGE 可以提供更全面的评估,从而适应不同的任务需求。ROUGE 指标在自动摘要、文本生成和问答系统等自然语言处理任务中被广泛应用。通过使用 ROUGE 指标,研究人员和从业者可以量化生成文本与参考文本之间的相似度,并评估生成文本的质量和信息涵盖度。这有助于改进和优化自动文本生成系统,以产生更准确和全面的文本摘要或回答。

ROUGE 分数的计算方法与 BLEU 分数相似,都使用 n-gram 的重叠来衡量生成文本与参考文本之间的相似度。ROUGE 关注的是参考文本中的 n-gram 在生成文本中的出现情况,而不是生成文本中的 n-gram 在参考文本中的出现情况。这是因为在摘要生成等任务中,更关注生成文本对参考文本的涵盖程度,即参考文本中的重要信息在生成文本中的召回率。具体来说,ROUGE 分数计算分为多个变种,如 ROUGE-1、ROUGE-2 和 ROUGE-L。以 ROUGE-1 为例,它衡量生成文本与参考文本之间的单个词(1-gram)重叠。分子部分计算生成文本中包含的参考文本中的 1-gram 的数量,而分母部分计算参考文本中的 1-gram 的总数。通过计算分子与分母的比值,可以得到 ROUGE-1 分数。在计算其他级别的 n-gram 重叠时,如 ROUGE-2 和 ROUGE-L,方法类似,只是将 n-gram 的长度进行相应的调整。ROUGE-L 使用最长公共子序列来衡量生成文本和参考文本之间的重叠。通过使用 ROUGE 分数,可以量化生成文本与参考文本之间的相似度,并衡量生成文本对参考文本的召回率。这有助于评估文本生成系统的性能,并进行模型选择和改进。

$$\text{ROUGE-}N = \frac{\sum_{S \in \text{ReferenceSummaries}} \sum_{\text{gram}_n \in S} \text{Count}_{\text{match}}(\text{gram}_n)}{\sum_{S \in \text{ReferenceSummaries}} \sum_{\text{gram}_n \in S} \text{Count}(\text{gram}_n)}$$

这是 ROUGE 的最初提案。很明显,ROUGE-N 是与召回率相关的度量标准,因为公式的分母是参考摘要中出现的 n-gram 总数。而与之密切相关的度量标准 BLEU,则是用于自动评估机器翻译的基于精确度的度量标准。BLEU 通过计算候选翻译与参考翻译中重叠的 n-gram 的百分比来衡量候选翻译与参考翻译的匹配程度。最初的 ROUGE 提议包括计算召回率作为评估自动摘要的重要指标,忽略了精确度。然而,后续研究发现完全忽略精确度会导致严重的负面影响。为了解决这个问题,研究人员回到了没有截断计数的 BLEU 公式,该公式可以测量精确度。在这种方法中,精确度和召回率的 ROUGE 得分被结合在调和平均数中,以计算 F1-Score。F1-Score 是精确度和召回率的调和平均数,通常被报告为 ROUGE 指标的一部分。通过将精确度考虑在内,F1-Score 提供了对自动摘要和机器翻译质量的更全面的评估。因此,目前通常报告的 ROUGE 指标是基于 F1-Score 计算得出的。

ROUGE-L 是用于衡量文本摘要生成任务中生成文本与参考文本之间的相似度的评价指标之一。它通过计算最长公共子序列来度量两个文本的相似性,然后对其进行归一化处理,以消除较长文本的长度差异的影响。LCS 是指在两个序列中具有相同顺序的字符组成的最长子序列。在 ROUGE-L 中,LCS 的长度会被归一化,通过将其除以参考文本和生成文本的长度之间的较大值。这是为了确保较长的文本不会在评估中占据过大的优势。为了实现这一点,ROUGE 的发明者提出了一种类似于 F-Score 的方案,其中 LCS 与参考文本和生成文本的长度进行归一化,然后将两个归一化得分混合在一起。

$$R_{\text{LCS}} = \frac{\text{LCS}(X,Y)}{m} \quad P_{\text{LCS}} = \frac{\text{LCS}(X,Y)}{n} \quad F_{\text{LCS}} = \frac{(1+\beta^2)R_{\text{LCS}}P_{\text{LCS}}}{R_{\text{LCS}} + \beta P_{\text{LCS}}} \quad \beta = P_{\text{LCS}}/R_{\text{LCS}}$$

这三个公式对应于 ROUGE-L 中的三个度量标准：R_{LCS}、P_{LCS} 和 F_{LCS}。这些度量标准量化了基于 LCS 的相似度测量的召回率、精确度和 F-Score。公式是用于计算 LCS(最长公共子序列)的相关性评估指标,其中 X 和 Y 是两个序列,m 是序列 X 的长度,n 是序列 Y 的长度。首先,公式中的 R_{LCS} 表示 LCS 的相对重复率(relative common subsequence),即序列 X 和 Y 的 LCS 占序列 X 的比例。它的计算方法是将 $\text{LCS}(X,Y)$ 除以序列 X 的长度 m。这个值表示序列 X 中有多少内容与序列 Y 共享。接下来,公式中的 P_{LCS} 表示 LCS 的相对完整度(relative completeness subsequence),即序列 X 和 Y 的 LCS 占序列 Y 的比例。它的计算方法是将 $\text{LCS}(X,Y)$ 除以序列 Y 的长度 n。这个值表示序列 Y 中有多少内容与序列 X 共享。然后,公式中的 F_{LCS} 表示 LCS 的 F-Score。F-Score 是综合考虑相对重复率和相对完整度的度量,用于评估序列 X 和 Y 之间的相似程度。它的计算方法是根据相对重复率 R_{LCS} 和相对完整度 P_{LCS},以及一个权重因子 β(等于 P_{LCS} 除以 R_{LCS})来计算。F-Score 通过平衡 R_{LCS} 和 P_{LCS} 之间的权衡关系,综合考虑了两个指标的影响。这个公式可以用于比较不同序列之间的相似程度,特别是在文本匹配、DNA 序列比对等应用中。通过计算 LCS 的相对重复率和相对完整度,并结合 F-Score 来评估序列的相似性,可以帮助判断序列之间的关联性和重要性。

这样,LCS 分数就会被适当地归一化,并且可以跨样本进行比较。在 Datasets 实现中,计算了 ROUGE 的两种变体：一种计算每个句子的分数并将其平均为摘要(ROUGE-L),另一种直接计算整个摘要(ROUGE-Lsum)。可以按如下方式加载。

```
rouge_metric=load_metric("rouge")
```

已经用 GPT-2 和其他模型生成了一组摘要,现在有了一个指标来系统地比较这些摘要,将 ROUGE 分数应用于模型生成的所有摘要如下。

```
reference=dataset["train"][1]["highlights"]
records=[]
rouge_names=["rouge1", "rouge2", "rougeL", "rougeLsum"]
```

```
for model_name in summaries:
    rouge_metric.add(prediction=summaries[model_name], reference=reference)
    score=rouge_metric.compute()
    rouge_dict=dict((rn, score[rn].mid.fmeasure) for rn in rouge_names)
    records.append(rouge_dict)
pd.DataFrame.from_records(records, index=summaries.keys())
```

第 10 章

问答系统案例分析

问答系统有多种形式,但最常见的是提取式问答系统,它涉及的问题的答案可以识别为文档中的一段文本,其中文档可能是网页、法律合同或新闻文章。提取式问答系统是当前最常见的问答系统形式之一,也是许多现代问答系统的基础。在提取式问答系统中,系统需要先对用户提出的问题进行理解和分析,然后从预定义的文档中提取出最相关的信息作为答案。这些文档可以是各种形式的数据源,如网页、法律合同、新闻文章、数据库等。提取式问答系统主要包括以下 2 个主要阶段。

◇ 文档检索:使用自然语言处理技术,将用户的问题与文档进行匹配,找到最相关的文档。

◇ 答案提取:从文档中提取出最相关的信息,将其作为答案返回给用户。

除了提取式问答系统,还有一些其他的问答系统形式,如生成式问答系统和混合式问答系统。生成式问答系统不仅可以从文档中提取信息,还可以生成全新的答案。混合式问答系统则结合了提取式和生成式问答系统的优点,既可以从文档中提取信息,又可以生成全新的答案。本章将应用此过程来解决电子商务网站面临的一个常见问题:帮助消费者回答特定查询以评估产品。客户评论可以用作问答系统的丰富且具有挑战性的信息来源,并且在此过程中,可以了解转换器如何充当强大的阅读理解模型,也可以从文本中提取含义。

10.1 基于评审的问答系统

如果曾经在线购买过产品,可能会依赖客户评论来帮助做出决定。这些评论通常可以帮助回答具体问题。然而,受欢迎的产品可能有成百上千条评论,因此很难找到相关的评论。一种替代方法是在购物网站提供的社区问答系统平台上发布问题,但通常需要几天时间才能得到答案。如果能立即得到答案,那不是很好吗。看看是否可以使用转换器网络来做到这一点。可以使用转换器网络来解决这个问题。转换器网络是一种深度学习模型,能够处理自然语言,它可以帮助我们快速准确地回答这些具体问题。

具体来说,可以使用转换器网络来训练一个基于问题的搜索引擎,以从产品评论中检索与问题相关的答案。这个搜索引擎可以使用 BERT 等转换器网络来训练,以学习如何将问题与评论中的内容进行匹配。当用户输入问题时,可以使用这个搜索引擎来快速找到最相关的评论,并从中提取答案。这种方法可以大大减少用户需要浏览的评论数量,从而提高用户的体验。此外,还可以使用转换器网络来训练一个社区问答系统,以帮助用户在购物网站上发布问题并得到快速回答。这个问答系统可以使用类似 BERT 等转换器网络来训练,以学习如何理解问题并回答它们。这样,用户就可以获得快速准确的答案,而无须等待几天时间。

总之,转换器网络可以帮助我们快速准确地回答具体问题,从而提高用户的体验和满意度。

10.1.1　数据集

为了构建问答系统,将使用 SubjQA 数据集。SubjQA 是一个针对主观性问题和答案的数据集,用于自然语言处理领域的研究。该数据集包含超过 4000 个主观性问题和答案对,其中包括问题、答案、答案类型(是肯定还是否定答案)和问题主题等元数据信息。SubjQA 数据集中的问题来自各种主题,如电影、音乐、书籍、电视节目和个人生活等。答案则来自社交媒体平台推特上的推文、网站 Quora 上的回答,以及来自普通人的自由文本回答。这使得该数据集中的答案具有很高的主观性和多样性。SubjQA 数据集的创建旨在帮助研究人员探索和解决主观性问题和答案的挑战。主观性问题和答案的复杂性使得这些问题的回答具有很高的不确定性和多样性,因此对于自然语言处理中的许多任务(如问答、文本分类和信息检索等)都具有挑战性。SubjQA 数据集可以用于许多自然语言处理任务的研究,如问题回答、文本分类、信息检索等。此外,该数据集还可以用于评估和比较不同模型的性能,以及探索不同模型在解决主观性问题和答案方面的优缺点。

首先,从 Hugging Face Hub 下载数据集,可以使用 get_dataset_config_names()函数找出哪些子集可用。

```
from datasets import get_dataset_config_names

domains=get_dataset_config_names("subjqa")
domains
```

输出:

```
['books', 'electronics', 'grocery', 'movies', 'restaurants', 'tripadvisor']
```

为了用例,将专注于为"electronics"领域构建一个问答系统。要下载电子子集,只需要将该值传递给 load_dataset()函数的 name 参数即可。

```
from datasets import load_dataset

subjqa=load_dataset("subjqa", name="electronics")
```

与 Hub 上的其他问答数据集一样,SubjQA 将每个问题的答案存储为嵌套字典。例如,如果检查答案列中的其中一行。

```
print(subjqa["train"]["answers"][1])
```

输出:

```
{'text': ['Bass is weak as expected', 'Bass is weak as expected, even with EQ
adjusted up'], 'answer_start': [1302, 1302], 'answer_subj_level': [1, 1], 'ans_
subj_score': [0.5083333253860474, 0.5083333253860474], 'is_ans_subjective':
[True, True]}
```

可以看到答案存储在文本字段中,而起始字符索引在 answer_start 中提供。为了更轻松地探索数据集,将使用 flatten()方法展平这些嵌套列,并将每个拆分转换为 Pandas

DataFrame，如下所示。

```
import pandas as pd

dfs={split: dset.to_pandas() for split, dset in subjqa.flatten().items()}

for split, df in dfs.items():
    print(f"问题数在{split}: {df['id'].nunique()}")
```

输出：

```
问题数在 train: 1295
问题数在 test: 358
问题数在 validation: 255
```

请注意，数据集相对较小，总共只有 1908 个示例。这模拟了真实世界的场景，因为让领域专家标记提取问答系统数据集是一项劳动密集型且昂贵的工作。关注这些列，并查看一些训练示例。可以使用 sample() 方法来选择一个随机样本。

```
qa_cols=["title", "question", "answers.text",
         "answers.answer_start", "context"]
sample_df=dfs["train"][qa_cols].sample(2, random_state=7)
sample_df
```

输出：

	title	question	answers.text	answers.answer_start	context
791	B005DKZTMG	Does the keyboard lightweight?	[this keyboard is compact]	[215]	I really like this keyboard. I give it 4 star...
1159	B00AAIPT76	How is the battery?	[]	[]	I bought this after the first spare gopro batt...

从这些示例中，可以得出几个观察结果。首先，这些问题在语法上并不正确，这在电子商务网站的常见 FAQ 部分中很常见。其次，空的 answers.text 条目表示无法回答的问题，其答案无法在评论中找到。最后，可以使用答案跨度的开始索引和长度来切片评论中对应于答案的文本范围。

```
start_idx=sample_df["answers.answer_start"].iloc[0][0]
end_idx=start_idx+len(sample_df["answers.text"].iloc[0][0])
sample_df["context"].iloc[0][start_idx:end_idx]
```

输出：

```
'this keyboard is compact'
```

接下来，通过统计以一些常见起始词开头的问题数量来了解训练集中的问题类型。

```
import matplotlib.pyplot as plt

counts={}
question_types=["What", "How", "Is", "Does", "Do", "Was", "Where", "Why"]

for q in question_types:
    counts[q]=dfs["train"]["question"].str.startswith(q).value_counts()[True]
```

```
pd.Series(counts).sort_values().plot.barh()
plt.title("Frequency of Question Types")
plt.show()
```

输出：如图 10-1 所示，以"How""What"和"Is"开头的问题是最常见的，所以看一些例子。

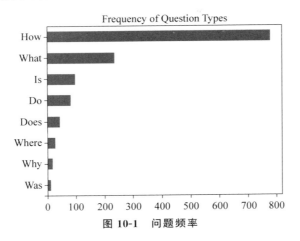

图 10-1　问题频率

```
for question_type in ["How", "What", "Is"]:
    for question in (
        dfs["train"][dfs["train"].question.str.startswith(question_type)]
        .sample(n=3, random_state=42)['question']):
        print(question)
```

输出：

```
How is the camera?
How do you like the control?
How fast is the charger?
What is direction?
What is the quality of the construction of the bag?
What is your impression of the product?
Is this how zoom works?
Is sound clear?
Is it a wireless keyboard?
```

SQuAD 是一个广泛应用的问答数据集，它在构建 QA 系统和文本摘要等自然语言处理任务中发挥了重要作用。最初的 SQuAD 数据集（SQuAD 1.1）采用了（question，context，answer）的格式，其中每个数据点由一个问题、一个相关的上下文段落和一个确切的答案组成。在 SQuAD 1.1 中，数据集的每个样本都包含以下三个主要组成部分。

◇ Question（问题）：这是一个提出问题的字符串，通常涉及对给定上下文的特定信息进行询问。

◇ Context（上下文）：这是一个包含了相关信息的文本段落或文档，用于提供问题的背景和上下文。回答问题需要参考这个上下文。

◇ Answer（答案）：这是一个确切的答案字符串，表示对给定问题的准确回答。该答案通常从上下文中抽取出来，并且是基于文本的精确匹配。

通过这种格式,SQuAD 1.1 数据集为模型训练和评估提供了准确的问题-答案对,并且要求模型能够在给定的上下文中定位并生成正确的答案。后续的 SQuAD 版本(如 SQuAD 2.0)可能会对数据集格式进行了一些修改和扩展,以引入更复杂的问题类型和答案标记。这种格式的目标是通过提供上下文信息来让模型更准确地回答问题。然而,随着序列模型的发展,模型在提取答案文本范围和生成答案方面取得了很大进展,超过了人类的表现。为了提高任务的难度并更贴近实际情况,SQuAD 2.0 引入了对抗性问题(adversarial questions)。对抗性问题与给定的段落相关,但不能从文本中直接回答。这些问题要求阅读者进行更深入的推理和理解,而不仅仅是在给定文本中查找答案。SQuAD 2.0 的这一改进使得该数据集更具挑战性,并成为评估机器阅读理解和问答系统性能的重要基准。它鼓励研究人员开发能够进行更深层次的推理和理解的模型,而不仅仅是依赖于提取和匹配答案文本范围。总体来说,SQuAD 及其变体为研究人员和开发者提供了一个丰富的问答数据集,可以用于训练和评估问答系统的性能,并推动自然语言处理领域的发展。

SQuAD 2.0 基准测试是在 SQuAD 1.1 的基础上提出的,并引入了一些新的挑战。SQuAD 2.0 的目标是要求模型不仅仅在找到确切答案的情况下进行回答,还要能够识别无法从给定上下文中确定答案的问题,并给出合理的"impossible"答案。与 SQuAD 1.1 不同,SQuAD 2.0 的数据集中引入了一类问题,即"unanswerable"或"impossible"问题。这些问题在给定的上下文中没有明确的答案,而模型需要正确地识别这些问题并提供一个特定的"impossible"答案标记。这种改进使得 SQuAD 2.0 成为一个更具挑战性的基准测试,可以更好地评估模型在处理真实世界问答任务中的能力。相比于 SQuAD 1.1,SQuAD 2.0 要求模型在回答问题时不仅要有正确性,还要有适当的置信度估计和无法回答的能力。要了解有关 SQuAD 2.0 基准测试的最新进展,请参考相关研究论文、竞赛结果以及最新的 NLP 会议或比赛的更新[1]。

另外,谷歌自然问题(natural questions,NQ)数据集确实是为了解决一些问题而创建的,其中包括那些无法从给定上下文中明确回答的问题。NQ 数据集的目标是评估模型在真实世界中从大规模文本中提取信息和回答问题的能力。与 SQuAD 等数据集不同,NQ 数据集的问题是根据真实用户在谷歌搜索中提出的问题构建的,这使得它更接近真实的信息需求和阅读理解任务。NQ 数据集中的问题通常需要模型在整个互联网上搜索相关信息,收集不同来源的答案,并综合得出一个准确的回答。这要求模型能够有效地处理文本中的信息、理解问题的意图,并根据可用的证据进行推理。通过引入 NQ 数据集,研究人员可以更全面地评估模型的阅读理解和信息检索能力,包括处理"无法回答"问题的能力。这有助于推动问答系统在更接近实际使用情境中的发展,并促使模型在从大规模文本中获取信息和生成答案方面取得进展。

现在我们已经稍微探索了数据集,深入了解转换器如何从文本中提取答案。

10.1.2 从文本中提取答案

问答系统首先需要找到一种方法,将可能的答案识别为客户评论中的文本范围。问题

---

[1] https://paperswithcode.com/sota/question-answering-on-squad20。

答案识别是问答系统中的重要任务之一。对于给定的问题和评论段落,模型需要找到一个合适的文本范围,该范围内包含可能作为答案的信息。在例子中,问题是"它防水吗?",而评论段落是"这个手表可以在 30m 深的水下防水"。在这种情况下,模型需要识别出"在 30m 深的水下"作为可能的答案文本范围。为了实现这样的答案识别,问答系统通常采用文本抽取的方法。这涉及将评论段落中的一部分作为答案返回,而不是生成一个新的答案。这样可以确保答案的准确性,因为它是从原始文本中提取出来的。

在实践中,常用的文本抽取方法包括使用启发式规则、基于机器学习的模型(如序列标注模型或区域提取模型)及预训练的语言模型(如 BERT、RoBERTa 等)进行文本范围的标定和提取。这样的答案识别方法可以帮助问答系统定位和提取可能的答案,从而为用户提供准确和相关的信息。然而,具体的实现方法可能因具体应用场景、数据集和模型选择而有所不同。为了做到这一点,需要了解以下内容。

◇ 构建监督学习问题的框架。

◇ 对于问答任务进行文本的标记化和编码。

◇ 处理超过模型最大上下文大小的长篇文章。

先来看看如何构建监督学习问题的框架。

10.1.2.1　跨度分类任务

从文本中提取答案的最常见方法是将问题构建为跨度分类任务(span classification task),其中答案跨度的开始和结束标记充当模型需要预测的标签。跨度分类任务是一种自然语言处理任务,其目标是从给定的文本中确定并分类出一个或多个跨度(span)的信息。在这种任务中,通常会提供一个问题或查询及相应的文本段落,模型需要预测出包含答案的文本片段的起始和结束位置。模型通过在文本中选择适当的起始和结束标记来确定答案跨度。这可以通过对文本进行编码并在编码表示中应用分类器来实现。模型可以使用各种深度学习模型,如循环神经网络、卷积神经网络或注意力机制来完成跨度分类任务。跨度分类任务在问答系统、信息提取和阅读理解等领域中非常常见,因为它提供了一种直接从文本中定位和提取相关信息的方式。模型需要学会理解问题并准确地定位答案跨度,这对于实现准确的自动问答系统非常关键。

由于训练集相对较小,因此一个好的策略是从已经在像 SQuAD 这样的大规模问答数据集上进行微调的语言模型开始。总体来说,这些模型具有很强的阅读理解能力,可以作为构建更准确系统的良好基线。这与前几章采用的方法有些不同,前几章是从预训练模型开始,然后微调特定任务的头部。例如,在文本分类中,不得不微调分类头部,因为类别的数量与手头的数据集相关联。对于提取式问答,实际上可以从已经微调的模型开始,因为标签的结构在数据集之间保持不变。可以通过访问 Hugging Face Hub 并在"Models"选项卡上搜索"squad"来找到一系列提取式问答模型。

如图 10-2 所示,当撰写本文时,有超过 4173 个可供选择的问答模型,那么应该选择哪一个呢? 一般来说,答案取决于各种因素。比如,你的语料库是单语还是多语言,以及在生产环境中运行模型的约束条件。以下是 Hugging Face Hub 上的一些提取式问答模型的选择。

◇ bert-base-uncased:基于 BERT 模型的提取式问答模型,使用小写输入。它是一个通用的预训练模型,适用于各种 NLP 任务。

图 10-2　Hugging Face Hub 上的一些提取式问答模型的选择

◇ bert-large-uncased-whole-word-masking-finetuned-squad：基于 BERT 模型的大型提取式问答模型，使用全词遮蔽和在 SQuAD 数据集上进行微调。它具备更强大的表征能力和阅读理解能力。

◇ distilbert-base-uncased-distilled-squad：基于 DistilBERT 模型的提取式问答模型，使用小写输入，并在 SQuAD 数据集上进行了蒸馏（distillation）。它是一个轻量级的模型，具有较快的推理速度。

◇ roberta-base-squad2：基于 RoBERTa 模型的提取式问答模型，针对 SQuAD 2.0 数据集进行了微调。RoBERTa 是对 BERT 进行了改进和优化的模型。

◇ albert-base-v2-squad2：基于 ALBERT 模型的提取式问答模型，使用 SQuAD 2.0 数据集进行了微调。ALBERT 是一种轻量级的模型，具有相当于大型模型的性能。

这些模型只是提取式问答模型中的一小部分示例，你可以在 Hugging Face Hub 上进一步浏览并找到更多适合你任务需求的模型。正如这里所列的，有一些模型可供选择，它们可以为构建问答系统提供良好的基础。但最终选择哪个模型取决于你的具体需求和条件。如果语料库是单语的，那么可以选择针对特定语言进行了优化的模型。如果语料库是多语言的，那么可以选择支持多语言的模型。此外，还需要考虑模型的规模和计算资源的限制。对于生产环境，通常需要选择轻量级的模型，以便在实际应用中获得高效的性能。总的来说，选择哪个模型取决于多个因素，包括语言、规模、计算资源等。上面所列模型可以作为构建基于问答的系统的良好基础，但需要根据具体需求和条件进行进一步的评估和选择。

本章将使用经过微调的 MiniLM 模型。MiniLM 是一种轻量级的语言模型，它在相对较小的资源和训练时间内可以提供良好的性能。这将使您能够更快地进行实验和探索不同的技术，以进一步改进您的提取式问答系统。由于 MiniLM 模型的训练时间较短，可以更迅速地进行调整和迭代。这对于探索新的方法、进行参数调整，以及评估不同的技术变体非常有帮助。可以尝试不同的超参数设置、数据增强技术、模型结构变体等，以找到最佳的性能和效率平衡点。使用经过微调的 MiniLM 模型作为起点，可以建立一个基本的提取式问答系统，并在其基础上进行改进和优化。首先需要一个分词器来对文本进行编码，来看看如何用于问答系统任务。

10.1.2.2　标记文本

为了对文本进行编码，将像往常一样从 Hugging Face Hub 加载 MiniLM 模型检查点。

```
from transformers import AutoTokenizer

model_ckpt="deepset/minilm-uncased-squad2"
tokenizer=AutoTokenizer.from_pretrained(model_ckpt)
```

为了看到模型的运行效果,首先尝试从一段短文本中提取一个答案。在提取式问答任务中,输入以(question,context)对的形式提供,因此将它们一起传递给分词器,如下所示。

```
question="How much music can this hold?"
context="""An MP3 is about 1 MB/minute, so about 6000 hours depending on \
file size."""
inputs=tokenizer(question, context, return_tensors="pt")
```

这里返回了 PyTorch 的 Tensor 对象,因为需要它们来运行模型的前向传播。如果将标记化的输入视为表格。

```
input_df = pd.DataFrame.from_dict(tokenizer(question, context), orient=
"index")
input_df
```

输出:

	0	1	2	3	4	5	6	7	8	9	...	18	19	20	21	22	23	24	25	26	27
input_ids	101	2129	2172	2189	2064	2023	2907	1029	102	2019	...	2061	2055	25961	2847	5834	2006	5371	2946	1012	102
token_type_ids	0	0	0	0	0	0	0	0	0	1	...	1	1	1	1	1	1	1	1	1	1
attention_mask	1	1	1	1	1	1	1	1	1	1	...	1	1	1	1	1	1	1	1	1	1

3 rows × 28 columns

可以看到熟悉的 input_ids 和 attention_mask 张量,而 token_type_ids 张量表示输入的哪一部分对应于问题和上下文(0 表示问题标记,1 表示上下文标记)。为了理解分词器如何对问答任务进行输入格式化,下面解码 input_ids 张量的内容。

```
print(tokenizer.decode(inputs["input_ids"][0]))
```

输出:

```
[CLS] how much music can this hold? [SEP] an mp3 is about 1 mb / minute, so about
6000 hours depending on file size. [SEP]
```

对于每个问答示例,输入采用以下格式。

[CLS] 问题标记 [SEP] 上下文标记 [SEP]

其中第一个[SEP]标记的位置由 token_type_ids 确定。现在文本已标记化,只需要用问答头实例化模型并通过前向传播运行输入。

```
import torch
from transformers import AutoModelForQuestionAnswering

model=AutoModelForQuestionAnswering.from_pretrained(model_ckpt)

with torch.no_grad():
    outputs=model(**inputs)
print(outputs)
```

输出：

```
QuestionAnsweringModelOutput(loss=None, start_logits=tensor([[-0.9862,
-4.7750, -5.4025, -5.2378, -5.2863, -5.5117, -4.9819, -6.1880,
    -0.9862, 0.2596, -0.2144, -1.7136, 3.7806, 4.8561, -1.0546, -3.9097,
    -1.7374, -4.5944, -1.4278, 3.9949, 5.0391, -0.2018, -3.0193, -4.8549,
    -2.3107, -3.5110, -3.5713, -0.9862]]), end_logits=tensor([[-0.9623,
-5.4733, -5.0326, -5.1639, -5.4278, -5.5151, -5.1749, -4.6233,
    -0.9623, -3.7855, -0.8715, -3.7745, -3.0161, -1.1780, 0.1758, -2.7365,
    4.8934, 0.3046, -3.1761, -3.2762, 0.8937, 5.6606, -0.3623, -4.9554,
    -3.2531, -0.0914, 1.6211, -0.9623]]), hidden_states=None, attentions=
    None)
```

这里得到了一个 QuestionAnsweringModelOutput 对象作为问答头部的输出。问答头部对应于一个线性层，它接收编码器的隐藏状态并计算起始和结束跨度的 logits。这意味着将问答任务视为一种类似于命名实体识别的标记分类任务。为了将输出转换为答案跨度，首先需要获取起始和结束标记的 logits。

```
start_logits=outputs.start_logits
end_logits=outputs.end_logits
```

如果将这些 logits 的形状与输入 ID 进行比较。

```
print(f"输入 ID形状: {inputs.input_ids.size()}")
print(f"开始 logits 形状: {start_logits.size()}")
print(f"结束 logits 形状: {end_logits.size()}")
```

输出：

```
输入 ID形状: torch.Size([1, 28])
开始 logits 形状: torch.Size([1, 28])
结束 logits 形状: torch.Size([1, 28])
```

每个输入标记都有两个 logits(一个起始和一个结束)与之相关联。如图 10-3 所示，较大且正值的 logits 对应于更可能是起始和结束标记的候选项。在这个例子中，我们可以看到模型将最高的起始标记 logits 分配给数字"1"和"6000"，这是有道理的，因为问题是询问一个数量。同样地，可以看到具有最高 logits 的结束标记是"minute"和"hours"。

为了得到最终的答案，可以计算起始和结束标记 logits 的 argmax，并从输入中截取相应的跨度。以下代码执行这些步骤，并解码结果，以便可以打印出最终的文本结果。

```
import torch

start_idx=torch.argmax(start_logits)
end_idx=torch.argmax(end_logits) +1
answer_span=inputs["input_ids"][0][start_idx:end_idx]
answer=tokenizer.decode(answer_span)
print(f"Question: {question}")
print(f"Answer: {answer}")
```

输出：

```
Question: How much music can this hold?
Answer: 6000 hours
```

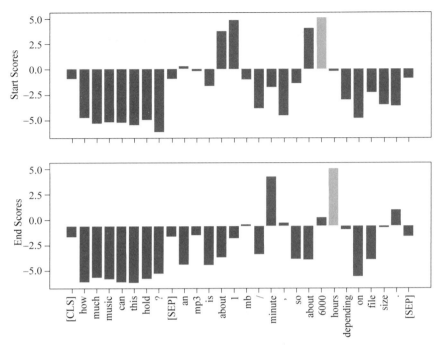

图 10-3 起始和结束标记的预测 logits，得分最高的标记为橙色

在 Transformers 中，所有这些预处理和后处理步骤都方便地包装在专用管道中，可以通过传递分词器和微调模型来实例化管道，如下所示。

```
from transformers import pipeline

pipe=pipeline("question-answering", model=model, tokenizer=tokenizer)
pipe(question=question, context=context, topk=3)
```

输出：

```
[{'score': 0.2651624083518982, 'start': 38, 'end': 48, 'answer': '6000 hours'},
 {'score': 0.2208293229341507,
  'start': 16,
  'end': 48,
  'answer': '1 MB/minute, so about 6000 hours'},
 {'score': 0.10253463685512543,
  'start': 16,
  'end': 27,
  'answer': '1 MB/minute'}]
```

除了答案外，该管道还在 score 字段中返回模型的概率估计（通过对 logits 进行 Softmax 计算得到）。当在单个上下文中比较多个答案时，这是非常方便的。该管道还展示了通过指定 top_k 参数，可以让模型预测多个答案。有时候，可能存在一些无法回答的问题。比如，在 SubjQA 中的空答案示例（answer_start 为空）。在这些情况下，模型会给"[CLS]"标记分配较高的起始和结束得分，并且管道将此输出映射为空字符串。

```
pipe(question="Why is there no data?", context=context,
    handle_impossible_answer=True)
```

输出：

```
{'score': 0.906841516494751, 'start': 0, 'end': 0, 'answer': ''}
```

在这个的简单示例中，通过对应的 logits 取 argmax 来获得起始和结束索引。然而，这种启发式方法可能会选择属于问题而不是上下文的标记，从而产生超出范围的答案。启发式方法是指当缺乏完全准确解决方案或面临计算复杂度较高的问题时，采用一种基于经验和规则的近似方法来寻找解决方案的策略。它通常基于一些规则、经验或启示，以较低的计算成本或较短的时间内找到一个可接受的解决方案。启发式方法并不保证找到最优解，但它们可以提供一种快速而有效的方式来处理实际问题。启发式方法通常通过遵循一些规则或模式来引导搜索过程，并根据特定的评估标准进行选择和调整。这些方法可以在多个领域和问题中应用，包括优化问题、决策问题和搜索问题等。在文本提取式问答中，启发式方法可以帮助在给定一段文本和问题的情况下，通过考虑约束条件和规则来确定最佳答案跨度。它可以帮助排除一些不合理或超出范围的答案，从而提高答案的准确性和相关性。在实践中，管道会在各种约束条件下计算最佳的起始和结束索引组合。例如，在范围内、要求起始索引在结束索引之前等。

10.1.2.3 处理长段落

阅读理解模型面临的一个细微问题是，上下文通常包含的标记数超过了模型的最大序列长度（通常最多几百个标记）。如图 10-4 所示，SubjQA 训练集的相当一部分包含的问题和上下文对超出了 MiniLM 的上下文大小限制，即 512 个标记。这意味着当上下文超过模型的最大序列长度时，需要采取一些策略来处理这种情况。通常，这些策略包括截断上下文以适应模型的输入大小、使用滑动窗口方法将上下文分成多个部分进行处理，或者使用其他技术来处理长文本。当上下文超过模型的最大长度时，需要仔细考虑如何选择适当的上下文片段，以确保关键信息仍然包含在内，并且能够生成准确的答案。这对于构建一个有效的阅读理解系统非常重要，因为正确理解和处理长文本对于正确回答问题至关重要。

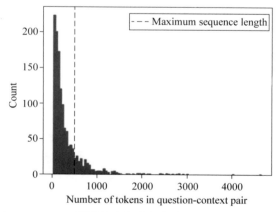

图 10-4 SubjQA 训练集中每个问题和上下文对的标记分布

对于其他任务（如文本分类），通常会假设足够的信息包含在[CLS]标记的嵌入中，以生成准确的预测,并且简单地截断长文本。然而,对于问答任务来说,这种策略是有问题的,因为问题的答案可能位于上下文的末尾,因此会被截断而丢失。如图 10-5 所示,处理这个问题的标准方法是在输入上应用滑动窗口,其中每个窗口包含适合模型上下文的标记片段。通过滑动窗口,可以覆盖整个上下文并确保答案所在的部分仍然可见。滑动窗口方法允许模型在每个窗口上进行预测,然后通过合并或比较窗口的预测结果来得出最终答案。这样,即使上下文超过了模型的最大长度,仍然能够获取完整的信息,并尽可能包含答案所在的上下文片段,以提高答案提取的准确性。

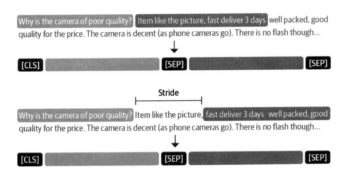

图 10-5　滑动窗口为长文本创建多个问题和上下文对,第一个栏对应问题,而第二个栏是每个窗口中捕获的上下文

在 Transformers 库中,可以通过在分词器(tokenizer)中设置 return_overflowing_tokens=True 来启用滑动窗口机制。滑动窗口允许处理超过 max_seq_length 限制的长文本。max_seq_length 参数定义了输入序列的最大长度。如果文本长度超过该限制,滑动窗口机制将文本分割成多个窗口,以确保每个窗口的长度不超过 max_seq_length。滑动窗口的移动步幅(stride)由 doc_stride 参数控制。doc_stride 定义了两个连续窗口之间的重叠部分的大小。通过设置适当的 doc_stride 值,可以确保在滑动窗口处理期间覆盖文本的所有部分。从训练集中获取第一个示例并定义一个小窗口来说明其工作原理。

```
example=dfs["train"].iloc[0][["question", "context"]]
tokenized_example=tokenizer(example["question"], example["context"],
                    return_overflowing_tokens=True, max_length=100,
                    stride=25)
```

在这种情况下,现在得到一个 input_ids 列表,每个窗口一个。检查每个窗口中的标记数量。

```
for idx, window in enumerate(tokenized_example["input_ids"]):
    print(f"Window #{idx} has {len(window)} tokens")
```

输出:

```
Window #0 has 100 tokens
Window #1 has 88 tokens
```

最后,可以通过解码输入来查看两个窗口重叠的位置。

```
for window in tokenized_example["input_ids"]:
    print(f"{tokenizer.decode(window)} \n")
```

输出：

[CLS] how is the bass? [SEP] i have had koss headphones in the past, pro 4aa and qz - 99. the koss portapro is portable and has great bass response. the work great with my android phone and can be " rolled up " to be carried in my motorcycle jacket or computer bag without getting crunched. they are very light and do not feel heavy or bear down on your ears even after listening to music with them on all day. the sound is [SEP]

[CLS] how is the bass? [SEP] and do not feel heavy or bear down on your ears even after listening to music with them on all day. the sound is night and day better than any ear -bud could be and are almost as out as the pro 4aa. they are " open air " headphones so you cannot match the bass to the sealed types, but it comes close. for $ 32, you cannot go wrong. [SEP]

参 考 文 献

二维码

图书资源支持

感谢您一直以来对清华版图书的支持和爱护。为了配合本书的使用，本书提供配套的资源，有需求的读者请扫描下方的"书圈"微信公众号二维码，在图书专区下载，也可以拨打电话或发送电子邮件咨询。

如果您在使用本书的过程中遇到了什么问题，或者有相关图书出版计划，也请您发邮件告诉我们，以便我们更好地为您服务。

我们的联系方式：

清华大学出版社计算机与信息分社网站：https://www.shuimushuhui.com/

地　　址：北京市海淀区双清路学研大厦 A 座 714

邮　　编：100084

电　　话：010-83470236　010-83470237

客服邮箱：2301891038@qq.com

QQ：2301891038（请写明您的单位和姓名）

资源下载：关注公众号"书圈"下载配套资源。

资源下载、样书申请

书圈

图书案例

清华计算机学堂

观看课程直播